21 世纪全国高职高专机电系列技能型规划教材

电气安装与调试技术

主　编　卢　艳　江月新

副主编　林国辉　沈建位

主　审　陈卫君

内 容 简 介

本书以工程实例为载体，以完成工作任务为主线，系统地介绍了电气安装与调试技术的相关内容。本书内容由简到难，并按实际工程项目的完成过程进行结构安排，使读者在学、做、练中获得电气安装与调试的必备知识，并转化为职业基本技能。

本书根据知识的难易程度及应用范围的不同，共分 5 个学习情境，包括 16 个工作任务，主要内容有：电工基本操作技能、照明装置的安装与调试、室内外线路的安装与调试、变配电装置的安装与调试、三相异步电动机的安装与调试。书中所有的实验案例都来自企业应用实例，可以直接使用。

本书可作为高职高专院校的供用电技术、电气自动化技术、光伏应用技术等相关专业的专业教材，也可作为从事电气工作的工程技术人员的参考用书。

图书在版编目(CIP)数据

电气安装与调试技术/卢艳，江月新主编. —北京：北京大学出版社，2015.8
(21 世纪全国高职高专机电系列技能型规划教材)
ISBN 978-7-301-26201-6

Ⅰ.①电… Ⅱ.①卢…②江… Ⅲ.①电气设备—设备安装—高等职业教育—教材②电气设备—调试方法—高等职业教育—教材 Ⅳ.①TM05

中国版本图书馆 CIP 数据核字(2015)第 192795 号

书　　名　电气安装与调试技术
著作责任者　卢　艳　江月新　主编
策 划 编 辑　刘晓东
责 任 编 辑　李婷婷
标 准 书 号　ISBN 978-7-301-26201-6
出 版 发 行　北京大学出版社
地　　址　北京市海淀区成府路 205 号　100871
网　　址　http://www.pup.cn　新浪微博：@北京大学出版社
电 子 信 箱　pup_6@163.com
电　　话　邮购部 62752015　发行部 62750672　编辑部 62750667
印 刷 者　三河市博文印刷有限公司
经 销 者　新华书店
787 毫米×1092 毫米　16 开本　17 印张　395 千字
2015 年 8 月第 1 版　2015 年 8 月第 1 次印刷
定　　价　38.00 元

前　言

“电气安装与调试技术”课程是衢州职业技术学院校企合作开发的重点建设课程。“电气安装与调试技术”课程按照“帮助学生养成良好的职业道德，使学生掌握适应就业需要的专业技能，注重知识的系统性，促进学生可持续发展”的理念安排教学，重视学生校内学习与实践工作的一致性，综合考虑学生专业能力、方法能力和社会活动能力的培养。本书编写时将“电工工艺与技能实训”及“供配电设备实训”课程的内容进行重组，选择既能满足知识和技能要求，又有利于实施“做中教，做中学”的典型工作任务，来确定学习情境，并建立突出职业能力培养的课程标准。编者多年来致力于与企业专家共同研讨、开发能满足教学和学习需要的各类教学资源，建设促进学生实践操作能力培养的教学环境；利用校企合作建设“双师”结构的课程教学团队，教授学生专业知识。编者希望通过实施本书的工作任务使学生能够掌握专业技能，运用专业知识。本书参照行业企业的技能考核标准进行学习情境的技能考核，实现课程考核与岗位考核的融合，充分体现教学过程的实践性、开放性和职业性，为学生可持续发展奠定良好的基础。

本书设置了5个学习情境：电工基本操作技能、照明装置的安装与调试、室内外线路的安装与调试、变配电装置的安装与调试、三相异步电动机的安装与调试。每个学习情境都是一个完整的工作过程，考虑职业能力培养的过程性和认知规律，按照从简单到复杂、从单一到综合的原则组织教材内容，将发电厂及变电站主要电气设备的作用、应用、检测，安装工具的使用，安装工艺，技术规范等专业知识和专业技能融入其中。

本书由衢州职业技术学院供用电技术专业带头人卢艳、衢州职业技术学院高级工程师江月新担任主编；巨化集团公司热电厂的林国辉、浙江开关厂有限公司的沈建位等参与编写。全书由江月新统稿，由巨化集团公司锦纶厂的电气主管陈卫君担任主审。在编写过程中，得到浙江晋巨化工有限公司高级工程师史国平和浙江开关厂有限公司教授级高工俞慧忠的大力支持，在此表示衷心的感谢！

由于时间紧迫，书中不足之处在所难免，恳请读者批评指正。

编　者

2015年1月

目　录

绪 论

一、课程定位与设计

1. 课程定位

供用电技术专业的培养目标是为电力企业培养从事电气设备安装、运行、检修、测试及管理工作的生产一线高素质技能型人才。按照国家对高职院校建设的要求，本专业在广泛调研学生就业岗位工作任务、岗位任职要求的基础上，组织电力企业专家、学院骨干教师根据专业培养目标和典型工作任务，打破原专业学科体系的知识结构，重构了基于工作过程的课程体系。本课程作为校企合作开发课程进行重点建设，着重体现岗位技能要求，促进学生实践操作能力的提高和职业素养的养成。

电气安装与调试技术主要学习发电厂、变电站电气设备的结构、工作原理、安装工艺、技术规范等内容，是电力技术类高职高专供用电技术专业的一门实践性很强的主干课程。通过课程的学习，使学生具备电气安装与调试的基本知识、岗位操作技能和基本的职业素养，并培养学生良好的学习方法、工作方法和较强的社会活动能力。

在新的专业课程体系中，本课程承接着电气试图与制图、电工技术的学习，为后续高电压技术、继电保护技术、变电站综合自动化系统安装调试与运行等课程的学习奠定基础，对学生职业能力的培养和专业素养的养成起到主要的支撑作用。

2. 课程设计理念和思路

本课程按照“帮助学生养成良好的职业道德，使其具有适应就业需要的专业技能，注重知识的系统性，促进学生可持续发展”的理念安排教学，重视学生校内学习与实际工作的一致性，综合考虑专业能力、方法能力和社会活动能力的培养，明确课程的培养目标。本课程将原学科体系中电工工艺与技能实训及供配电设备实训进行重组，选择既能满足教学要求，又有利于实施“做中教，做中学”的典型工作任务，并以此确定学习情境，建立突出职业能力培养的课程标准。本课程与企业专家共同研讨、开发能满足教学和学习需要的各类教学资源，营造促进学生实践操作能力培养的教学环境；利用校企合作建设“双师”结构的课程教学团队，不仅教授学生专业知识，并通过实施工作任务使学生能够运用专业知识，掌握专业技能。本课程参照行业企业的技能考核标准进行教学情境的技能考核，实现课程考核与岗位考核的融合，充分体现教学过程的实践性、开放性和职业性，使学生校内学习与实际工作保持一致性，为学生可持续发展奠定良好的基础。

二、 课程培养目标

1. 能力目标

(1) 总体能力目标。以工矿企业常用高低压电气设备为载体，围绕检修电工典型工作任务展开电气安装与调试技术理论学习和技能实训，使学生熟练掌握相关专业知识和技能，使学生具备高级检修电工的水平，对学生职业能力的培养和职业素养的养成起促进作用。

(2) 单项能力目标如下所述。

① 能使用常用电工工具和电动工具。

② 能根据要求安装三相异步电动机。

③ 能根据要求安装小型电力变压器。

④ 能根据要求安装高低压成套设备。

⑤ 能根据要求敷设电缆和接线。

⑥ 能对新安装电气设备的主要交接试验项目进行调试和测量。

2. 知识目标

① 掌握电气安装所需的基本操作工艺。

② 了解常用电气设备的工作原理和结构分类。

③ 掌握常用电气设备的安装程序、安装内容、安装方法和施工规范。

④ 掌握新安装电气设备主要交接试验的内容、标准和调试方法。

⑤ 了解电气安全规定、电气装置工程施工及验收规范。

三、 课程教学内容

为达到课程培养目标，选取电气设备的工作原理、结构特点、安装调试及其用途等知识，形成系统的课程知识体系；并从众多的工作任务中，选取既能满足知识和技能的教学要求，又有利于实施“做中教，做中学”的5个典型工作任务，作为职业技能和职业素养培养的载体。考虑学生职业能力培养的过程性和认知规律，按照从简单到复杂、从单一到综合的原则组织教学内容，将电气设备专业知识的学习、典型工作任务的实施以及对学习的评价与考核，按照工作过程系统化进行综合开发，形成本课程的5个学习情境。课程内容难度逐步增加，有利于学生快速有效地掌握知识。

本课程选取的每个学习内容都是一个完整的工作过程，能将专业知识和技能有机融合在整个学习过程中。课程给学生提供独立进行计划工作的机会，在一定的时间范围内学生可以自行组织、安排自己的学习行为，要求学生不仅能对已有知识、技能进行运用，而且还要在一定范围内学习新的知识技能，解决过去从未遇到的问题。在学习结束时，要求师生共同对工作过程以及工作和学习的方法进行评价。

四、 教学实施建议

本课程是一门实践性较强的专业课程，建议利用“教、学、做”为一体的教学环境，采用“双师”教学团队组织，实施具有电力行业特色的教学模式。灵活运用多种教学手段，使学生获得电气安装与调试的专业知识和技能，全面掌握课程内容，培养学生分析问

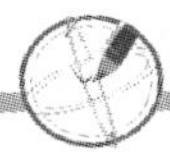

题、解决问题的能力。

“双师”教学团队由主讲、实训教师和企业兼职教师组成，二者相互协作实施教学。主讲教师负责课堂教学设计、分工和组织，以及理论教学和成绩综合评定，参与指导学生操作；实训教师准备场地和设备，配合企业兼职教师进行操作示范和指导学生操作；企业兼职教师负责操作示范，指导、检查和监督标准化流程作业，以及控制安装调试质量。

本课程的实施应采用具有行业特色的教学模式。在教学过程中，教师可灵活运用多媒体教学法、引导文教学法、演示教学法、分组讨论法、角色扮演法、自主学习法和对比学习法等教学方法教学，提高学生学习的积极性和学习效率，提高教学效果。

在教学中可以增加部分国家对电气安装与调试技术的相关文件、标准与规范，拓宽学生的学习范围。

五、 课程考核建议

本课程每个学习情境可作为独立的教学模块进行单独考核和成绩评定。各学习情境的考核包括综合评价、技能评价和理论考试，可采用小组自评、小组互评和教师评价等手段对情境中的学习情况进行综合评价，对专业理论知识可采用口试或笔试。课程成绩由各学习情境成绩综合形成，课程考核应突出实践性、开放性和职业性。

学习情境一

电工基本操作技能

情境描述

通过对电工基本操作工艺内容的学习，要求了解常用电工工具和测量仪表的种类和作用；熟悉电工工具和常用测量仪表的基本结构；学会常用电工工具和测量仪表的使用方法；掌握电工工具和测量仪表使用的注意事项。

学习目标

(1) 掌握导线的连接、剖削、焊接及绝缘层的恢复的要求及方法。
(2) 掌握常用电工工具的种类及作用。
(3) 能够熟练使用电工工具。
(4) 掌握常用测量仪表的种类及作用。
(5) 能够熟练使用测量仪表。
(6) 培养标准化作业实施能力。

学习内容

(1) 导线的连接、剖削、焊接及绝缘层的恢复方法。
(2) 常用电工工具的作用及使用方法。
(3) 常用测量仪表的作用及使用方法。
(4) 测量仪表的安装与测量。

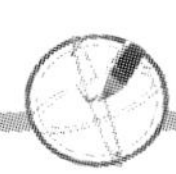

任务一　导线线头绝缘层的剖削和连接

一、导线线头层的剖削

1. 塑料硬线线头绝缘层的剖削

塑料硬线如图 1.1 所示，它的绝缘层的剖削有两种方式。

1）用钢丝钳剖削塑料硬线绝缘层

线芯截面在 $4mm^2$ 以下的塑料硬线，一般可用钢丝钳剖削，如图 1.2 所示。

操作步骤如下。

(1) 在线头所需长度交界处，用钢丝钳口轻轻切破绝缘层表皮。

(2) 左手拉紧导线，右手适当用力捏住钢丝钳头部，向外、用力勒去绝缘层。在勒去绝缘层时，不可在钳口处加剪切力，这样会伤及线芯，甚至将导线剪断。

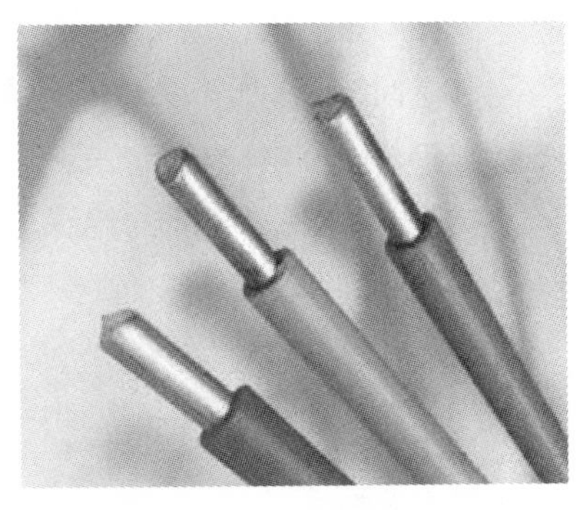

图 1.1　塑料硬线

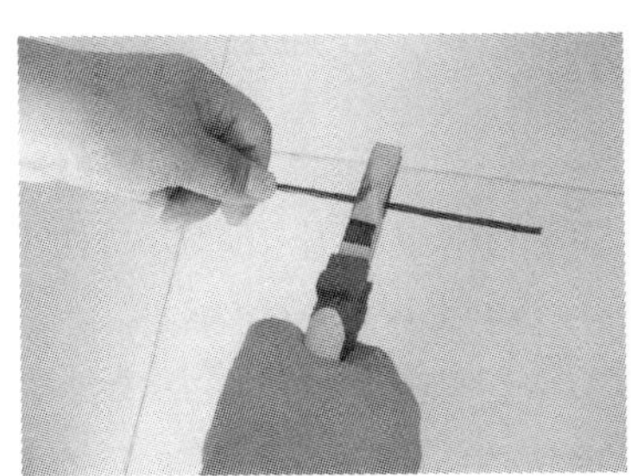

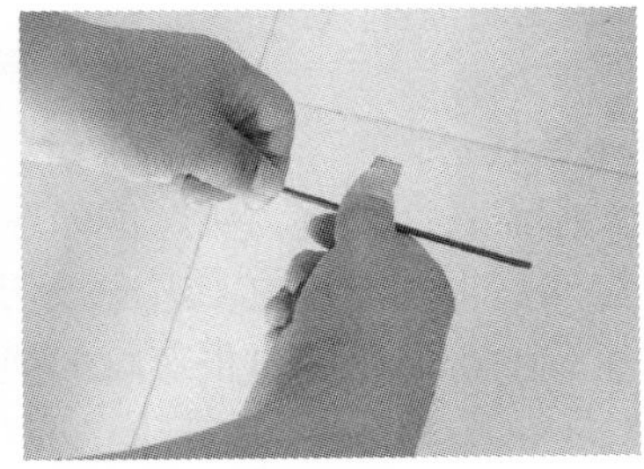

图 1.2　钢丝钳剖削塑料硬线线头绝缘层

2）用电工刀剖削塑料硬线绝缘层

对于规格大于 $4mm^2$ 的塑料硬线的绝缘层，直接用钢丝钳剖削较为困难，可用电工刀剖削，如图 1.3 所示。

操作步骤如下所述。

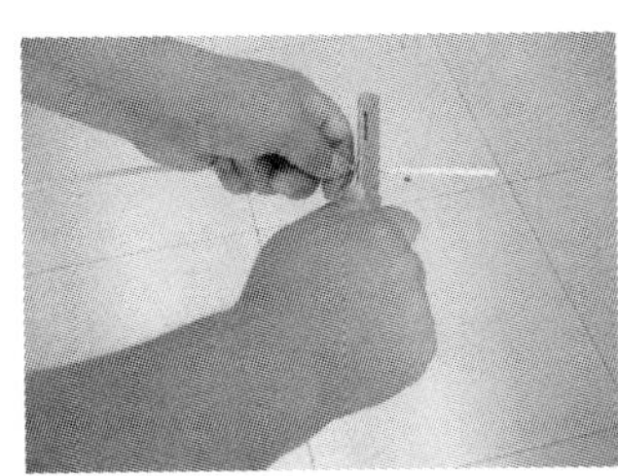

(a) 切入塑料绝缘层

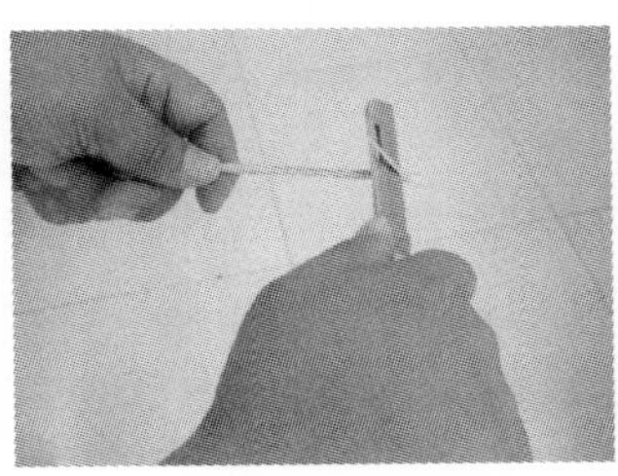

(b) 绝缘层削出缺口

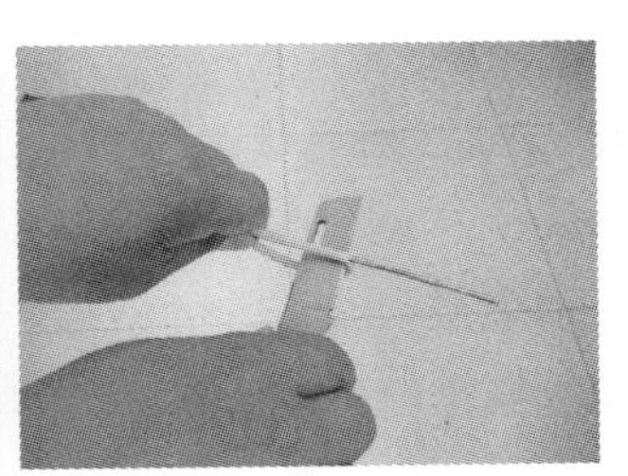

(c) 绝缘层向后扳翻

图 1.3　电工刀剖削塑料硬线线头绝缘层

(1) 根据线头所需长度，用电工刀刀口对导线成45°切入塑料绝缘层，注意掌握刀口刚好削透绝缘层而不伤及线芯，如图1.3(a)所示。

(2) 调整刀口与导线间的角度以25°向前推进，将绝缘层削出一个缺口，如图1.3(b)所示。

(3) 将未削去的绝缘层向后扳翻，再用电工刀切齐，如图1.3(c)所示。

2. 塑料软线线头绝缘层的剖削

塑料软线如图1.4所示，绝缘层剖削除用剥线钳外，仍可用钢丝钳直接剖削截面为4mm²及以下的导线，方法与用钢丝钳剖削塑料硬线绝缘层相同。

3. 塑料护套线线头绝缘层的剖削

塑料护套线如图1.5所示，只有端头连接，不允许进行中间连接，其绝缘层分为外层的公共护套层和内部芯线的绝缘层，公共护套层通常都采用电工刀进行剖削。

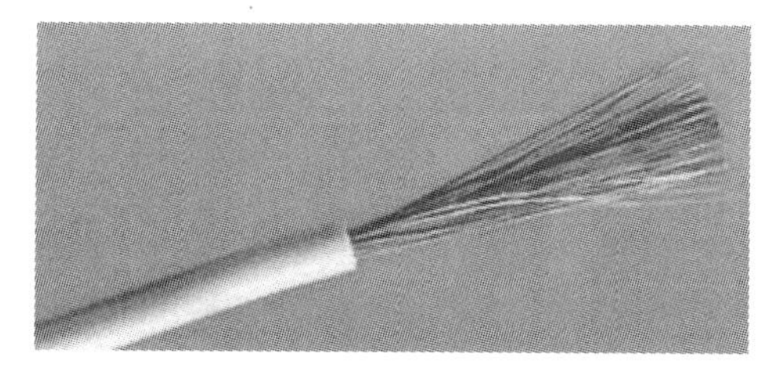

图1.4 塑料软线

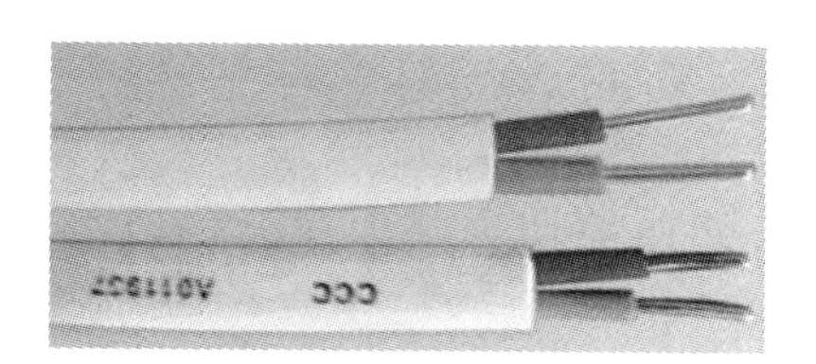

图1.5 塑料护套线

操作步骤如下所述。

(1) 先按线头所需长度，将刀尖对准两股芯线的中缝划开护套层，如图1.6(a)所示。

(2) 将护套层向后扳翻，用电工刀齐根切去，如图1.6(b)所示。

(3) 用钢丝钳或电工刀剖削每根芯线的绝缘层，切口应离护套层5～10mm。

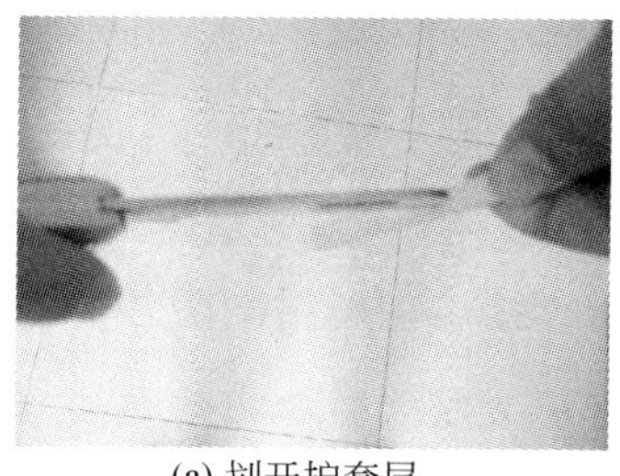

(a) 划开护套层

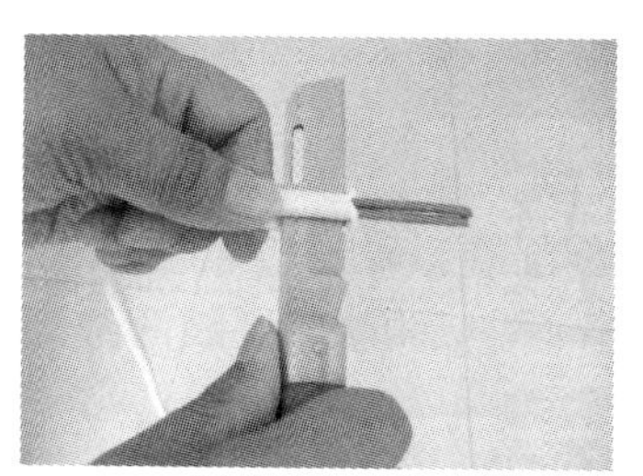

(b) 翻起切去护套层

图1.6 电工刀剖削塑料护套线线头绝缘层

4. 花线线头绝缘层的剖削

花线的外形如图1.7所示，现在多用来作为各种家用电热器具的电源引线。它的结构较复杂，多股铜质细芯线先由棉纱包扎层裹捆，接着是橡胶绝缘层，然后再套有棉质管保护层。

图1.7 花线

花线绝缘层的剖削步骤如下所述。

(1) 从端口处开始松散编织的棉纱，松散15mm以上，

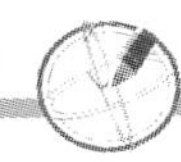

如图 1.8(a)所示。

(2) 把松散的棉纱分成左右两组，分别捻成线状，并向后推缩至线头连接所需长度与错开长度之和 10mm 处，如图 1.8(b)所示。

(3) 将推缩的棉纱线进行扣结，紧扎住橡皮绝缘层，不让棉织管向线头端部复伸，如图 1.8(c)所示。

(4) 距棉织管约 10mm 处，用钢丝钳刀口剖削橡胶绝缘层，不能损伤芯线，如图 1.8(d)所示。

(5) 最后露出棉纱层，把棉纱层按缠包方向散开，散到橡套切口根部后，拉紧后切断即可，如图 1.8(e)、图 1.8(f)所示。

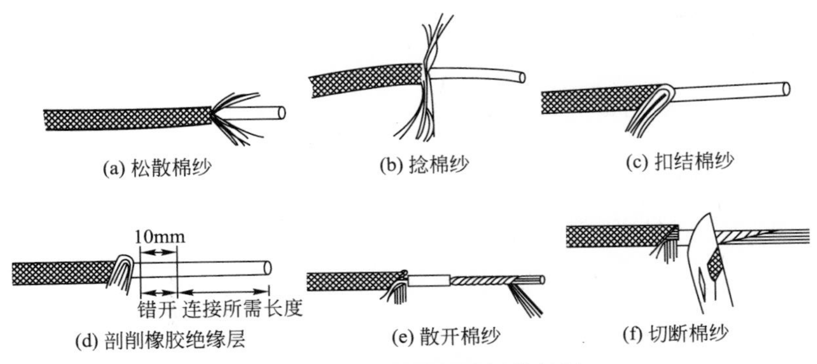

(a) 松散棉纱　(b) 捻棉纱　(c) 扣结棉纱

(d) 剖削橡胶绝缘层　(e) 散开棉纱　(f) 切断棉纱

图 1.8　花线线头绝缘层的剖削

5. 橡皮线线头绝缘层的剖削

橡套软线俗称橡皮软线，如图 1.9 所示，因为它的护套层呈圆形，不能按照塑料护套线的方法剖削线头。

图 1.9　橡皮线

橡套软线线头绝缘层的剖削步骤如下所述。

(1) 用电工刀从橡皮软线端头任意两芯线缝隙中割破部分橡皮护套层。

(2) 把已分成两半的橡皮护套层反向分拉，撕破护套层，当撕拉难以破开护套层时，再用电工刀补割，直到所需长度为止，如图 1.10(a)所示。

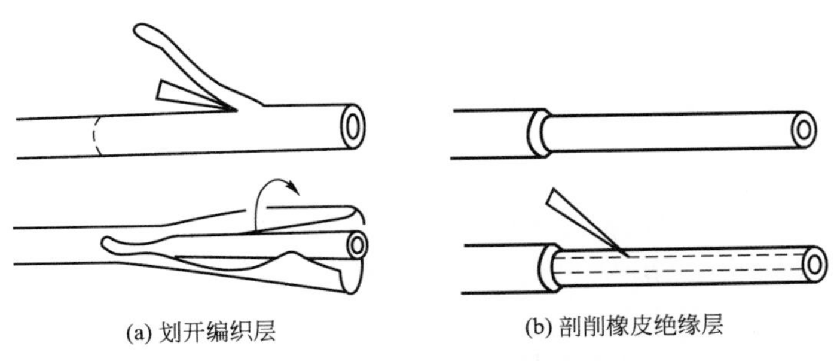

(a) 划开编织层　(b) 剖削橡皮绝缘层

图 1.10　橡皮线线头绝缘层的剖削

(3) 扳翻已被割开的橡皮护套层，在根部分别切断。

(4) 由于这种橡皮软线一般均作为电源引线，受外界的拉力作用较大，故在护套层内除有芯线外，尚有 2～5 根加强麻线。这些麻线不应在橡皮护套层切口根部同时剪去，应扣接加固。

(5) 每根芯线的绝缘层按所需长度用塑料软线的剖削方法进行剖削，如图 1.10(b) 所示。

6. 铅包线线头绝缘层的剖削

铅包线如图 1.11 所示，它的绝缘层的剖削步骤如下所述。

(1) 先用电工刀在铅包层上切下一个刀痕，如图 1.12(a) 所示。

(2) 用双手来回扳动切口处，将其折断，将铅包层拉出来，如图 1.12(b)所示。

(3) 内部芯线的绝缘层的剖削与塑料硬线绝缘层的剖削方法相同，如图 1.12(c)所示。

图 1.11　铅包线

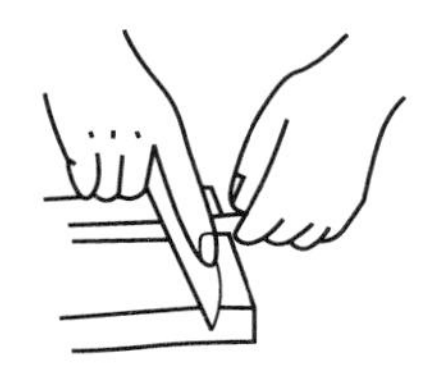

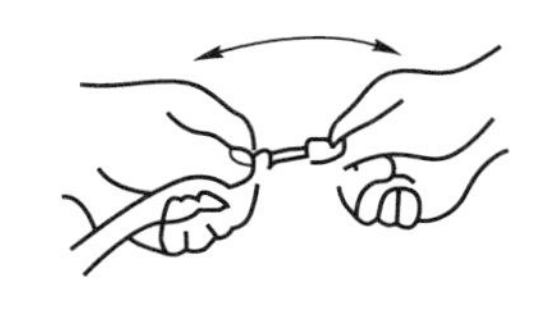

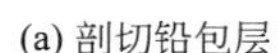

(a) 剖切铅包层　(b) 折扳和拉出铅包层　(c) 剖削芯线绝缘层

图 1.12　铅包线线头绝缘层的剖削

二、 导线的连接

1. 对导线连接的基本要求

(1) 接触紧密，接头电阻小，稳定性好。与同长度同截面积导线的电阻比应不大于 1。

(2) 接头的机械强度应不小于导线机械强度的 80%。

(3) 耐腐蚀。对于铝与铝连接，应采用熔焊法，主要防止残余熔剂或熔渣的化学腐蚀；对于铝与铜连接，主要防止电化腐蚀。在接头前后，要采取措施避免这类腐蚀的存在。

(4) 接头的绝缘层强度应与导线的绝缘强度一样。

2. 铜芯导线的连接

当导线不够长或要采用分接支路时，就要将导线与导线进行连接。常用导线的线芯有单股、7 股和 19 股多种，连接方法随芯线的股数不同而不同。

1) 单股铜芯导线的直接连接(绞接)

(1) 绞接法是先将已剖除绝缘层并去掉氧化层的两根线头呈“×”形相交，互相绞合 2～3 圈，如图 1.13(a)、图 1.13(b)所示。

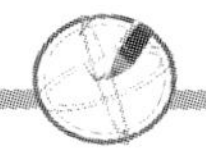

(2) 扳直两个线头的自由端，如图 1.13(c)所示。

(3) 然后将每个线头围绕芯线紧密缠绕 6 圈，并用钢丝钳把余下的芯线切去，最后钳平芯线的末端，如图 1.13(d)、图 1.13(e)所示。

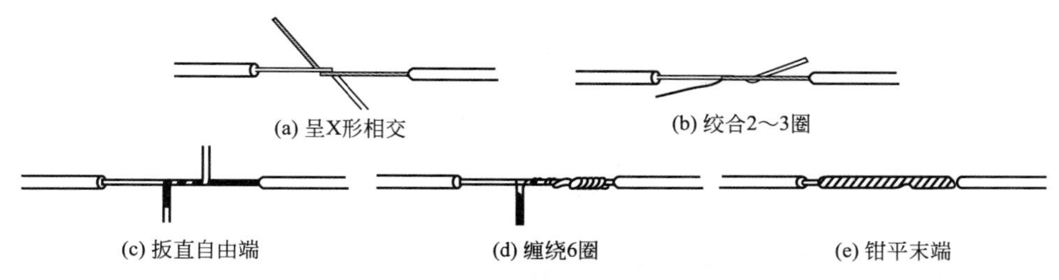

(a) 呈X形相交　(b) 绞合2～3圈

(c) 扳直自由端　(d) 缠绕6圈　(e) 钳平末端

图 1.13　单股铜芯导线的直接连接

2) 单股铜芯导线的 T 形分支连接

(1) 将除去绝缘层和氧化层的线头与干线剖削处的芯线十字相交，注意在支路芯线根部留出 3～5mm 裸线，如图 1.14(a)所示。

(2) 按顺时针方向将支路芯线在干中芯线上紧密缠绕 6～8 圈。剪去多余线头，修整好毛刺，如图 1.14(b)所示。

(3) 较小截面积芯线的 T 形分支连接可按图 1.15 所示方法，在支路芯线根部留出3～5mm 裸线，把支路芯线在干线上缠绕成结状。然后再把支路芯线线头抽紧并扳直，紧密缠绕在干路芯线 6～8 圈，剪去多余芯线，钳平切口毛刺。

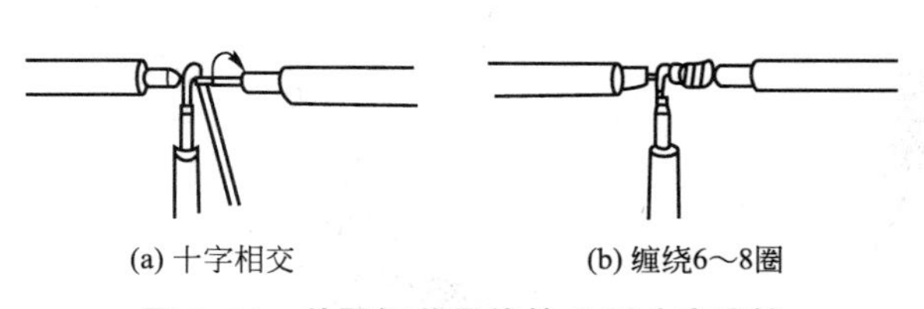

(a) 十字相交　(b) 缠绕6～8圈

图 1.14　单股铜芯导线的 T 形分支连接

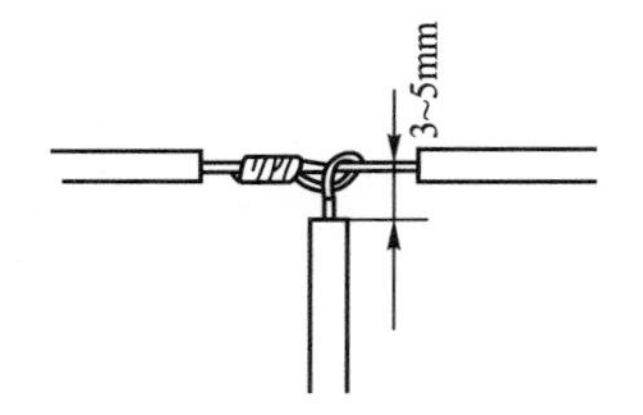

图 1.15　较小截面单股铜芯导线的 T 形分支连接

3) 单股铜芯导线与多股铜芯导线的 T 形分支连接

(1) 按单股铜芯导线芯线直径约 20 倍的长度剖削多股铜芯导线连接处的绝缘层，并在离多股导线的左端绝缘层切口 3～5cm 处的芯线上，用螺钉旋具把多股铜芯导线分成均匀的两组，如图 1.16(a)所示。

(2) 按多股铜芯导线的单根铜芯线直径约 100 倍长度剖削单股铜芯导线端的绝缘层，并勒直芯线，把单股芯线插入多股铜芯线的两组芯线中间，但单股铜芯线不可插到底，应使绝缘层切口离多股芯线 5mm 左右，如图 1.16(b)所示。

(3) 用钢丝钳把多股铜芯线的插缝钳平钳紧，并把单股芯线按顺时针方向紧密缠绕在多股线上，务必要使每圈直径垂直于多股芯线的内轴心，并应圈圈紧挨密排，绕足 10 圈，

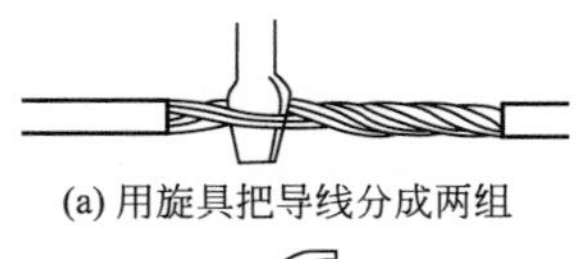

(a) 用旋具把导线分成两组

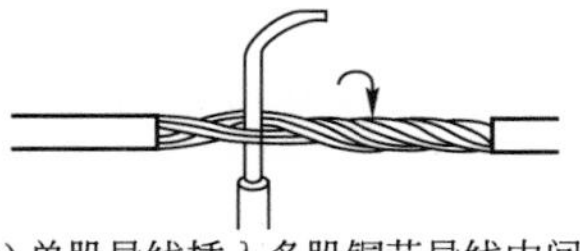

(b) 单股导线插入多股铜芯导线中间

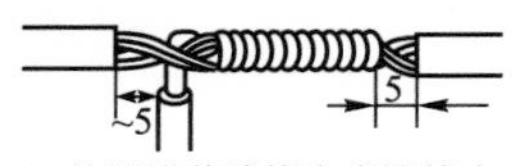

(c) 单股线芯缠绕在多股线上

图 1.16　单股铜芯导线与多股铜芯导线的 T 形分支连接

钳断余端，钳平切口毛刺，如图 1.16(c)所示。

4）7 股铜芯导线的直线连接

(1) 先将剖去绝缘层的芯线头散开并拉直，然后把靠近绝缘层约 1/3 线段(l)的芯线绞紧，接着把余下的 2/3 芯线分散成伞状，并将每根芯线拉直，如图 1.17(a)所示。

(2) 把两个伞状芯线隔根对叉，并将两端芯线拉平。如图 1.17(b)、图 1.17(c)所示。

(3) 把其中一端的 7 股芯线按两根、3 根分成 3 组，把第一组两根芯线扳起，垂直于芯线紧密缠绕，如图 1.17(d)所示 。

(4) 缠绕两圈后，把余下的芯线向右拉直，如图 1.17(e)所示，再把第二组的两根芯线扳直，与第一组芯线的方向一致，压着前两根扳直的芯线紧密缠绕，如图 1.17(f)所示。

(5) 缠绕两圈后，也将余下的芯线向右扳直，把第 3 组的 3 根芯线扳直，与前两组芯线的方向一致，压着前 4 根扳直的芯线紧密缠绕，如图 1.17(g)所示。

(6) 缠绕 3 圈后，切去每组多余的芯线，钳平线端，如图 1.17(h)所示。

(7) 除了芯线缠绕方向相反，用同样方法缠绕另一端芯线。

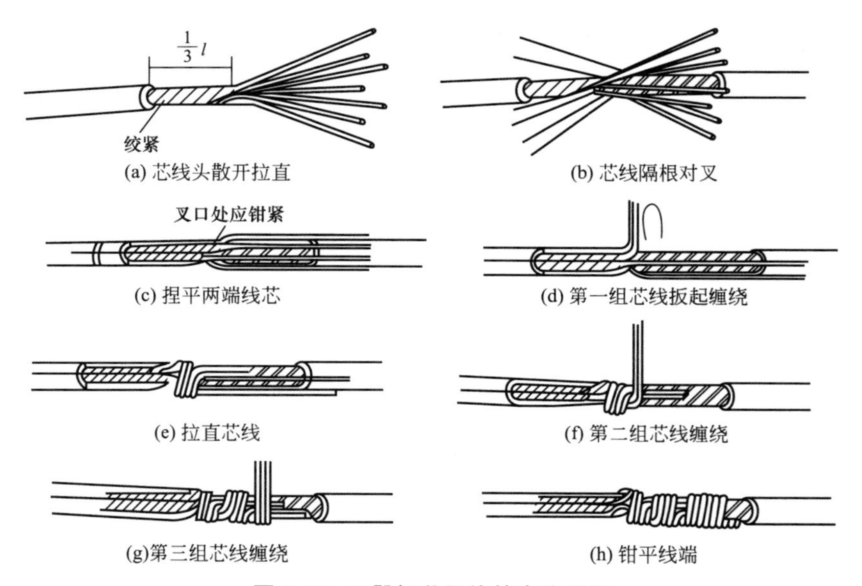

(a) 芯线头散开拉直　(b) 芯线隔根对叉　(c) 捏平两端线芯　(d) 第一组芯线扳起缠绕　(e) 拉直芯线　(f) 第二组芯线缠绕　(g)第三组芯线缠绕　(h) 钳平线端

图 1.17　7 股铜芯导线的直线连接

5）7 股铜芯导线的 T 形分支连接

(1) 把分支芯线散开并钳直，接着把离绝缘层最近的 1/8 段芯线绞紧，把支线线头 7/8 的芯线分成两组(一组 4 根，另一组 3 根)，并排齐，如图 1.18(a)所示。然后用螺钉旋具把干线的芯线撬分两组，再把支线中 4 根芯线的一组插入干线两组芯线中间，而把 3 根芯线的一组支线放在干线的前面，如图 1.18(b)所示。

(2) 把右边 3 根芯线的一组在干线一边按顺时针方向仅仅缠绕 4～5 圈，钳平线端，如图 1.18(c)所示。再把左边 4 根芯线的一组芯线按逆时针方向缠绕 4～5 圈，如图 1.18(d)所示。

(3) 钳平线端。

6）19 股铜芯导线的支线连接

19 股铜芯导线的直线连接方法与 7 股芯线基本相同。连接后，在连接处还需进行钎

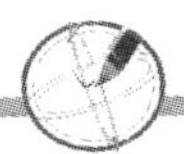

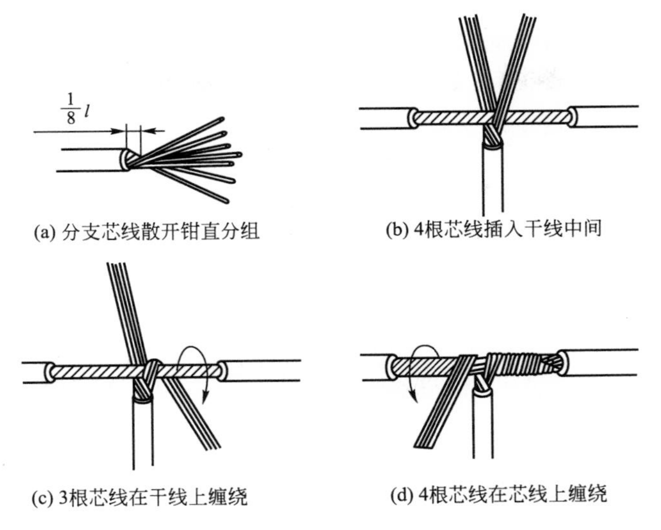

图 1.18　7 股铜芯导线的 T 形分支连接

焊，以增加其机械强度并改善导电性能。

7）19 股铜芯导线的 T 形分支连接

19 股铜芯导线的 T 形分支连接与 7 股导线基本相同。只是将支路导线的芯线分成 9 根和 10 根，并将 10 根芯线插入干线芯线中，各向左右缠绕。

8）瓷接头的直线或分支连接

这种方法适用于截面积为 $4mm^2$ 及以下的导线，连接方法如图 1.19 所示。

(1) 把削去绝缘层的铝芯线头用钢丝刷刷去表面的铝氧化膜，并涂上中性凡士林，如图 1.19(a)所示。

(2) 作直线连接时，先把每根铝芯导线在接近线端处卷上 2～3 圈，以备线头断裂后再次连接用，然后把 4 个线头两两对插入两只瓷接头(又称为接线桥)的 4 个接线柱上，然后旋紧螺钉，如图 1.19(b)所示。

(3) 若要作分支连接时，要把支路导线的两个芯线头分别插入两个瓷接头的两个接线柱上，然后旋紧螺钉，如图 1.19(c)所示。

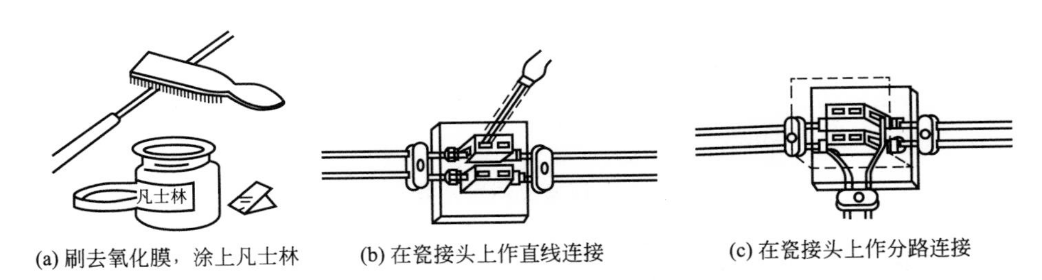

图 1.19　单股铝芯导线的螺钉压接法连接

(4) 最后在瓷接头上加罩铁皮盒盖或木盒盖。

如果连接处在插座或熔断器附近，则不必用瓷接头，可用插座或熔断器上的接线桩进行过渡连接。

9）U形轧的直线或T形分支连接

采用U形轧连接的方法如图1.20所示。两副U形轧相隔距离通常应为150～200mm。每个导线接头应用2～3副U形轧，由导线截面积和按照条件而定。相邻的两副U形轧，不可同向安装，应反向安装。

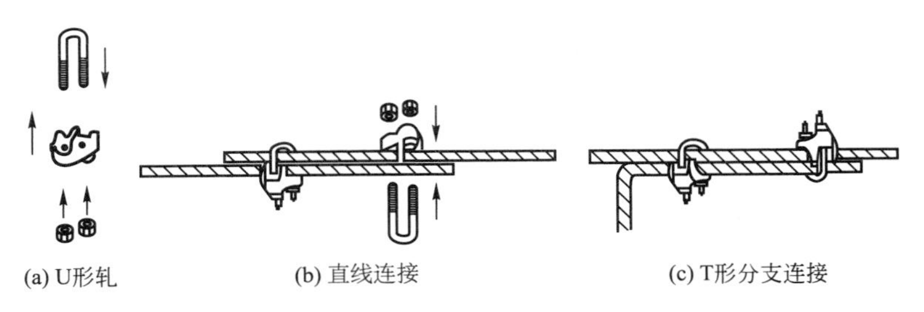

图1.20　采用U形轧连接的方法

3．铝芯导线的连接

由于铝极易氧化，且铝氧化膜的电阻率极高，所以铝芯导线不宜采用铜芯导线的方法进行连接，否则容易发生事故。铝芯导线连接的方法如下所述。

1）螺钉压接法连接

螺钉压接法连接适用于符合较小的单股铝芯导线的连接，在线路上可通过开关、灯头和瓷接头上的接线端子螺钉进行连接。连接前将铝芯线头用钢丝刷刷去表面的铝氧化膜，并涂上中性凡士林，然后方可进行螺钉压接。若是两个或两个以上线头共同接在一个接线端子上时，则应先把几个接头拧成一体，然后压接。

2）压接管压接法连接

压接管压接法连接适用于负荷较大的多根铝芯导线的直线连接。压接方法是：选用适合导线规格的压接管，清除掉压接管内孔和线头表面的铝氧化层，并涂上中性凡士林。按图1.21(a)所示方法和要求，把两线头插入压接管内，并使线端穿出压接管20～30mm，用压接钳进行压接。若是钢芯铝绞线，两线之间则应衬垫一条铝质垫片，如图1.21(b)所示。

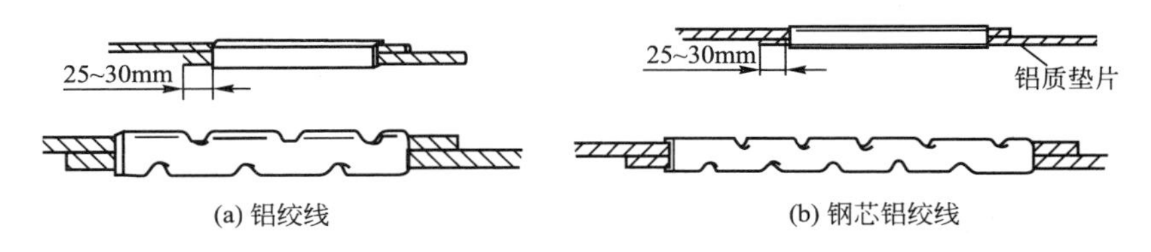

图1.21　压接管和导线插入要求

4．沟线夹螺钉压接的分支连接

沟线夹螺钉压接的分支连接适用于架空线路的分支连接。对导线截面积在75mm²以下的，用一副小型沟线夹把分支线头末端于干线进行绑扎，如图1.22(a)所示。对导线截面积在75mm²以上的，需用两副大沟线夹把分支头末端与干线进行绑扎，如图1.22(b)所示。两副线夹相隔应保持在300～400mm。

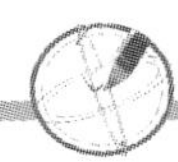

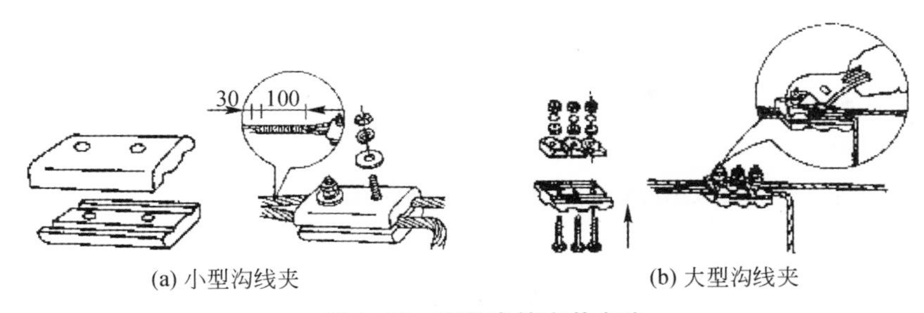

图 1.22　沟线夹的安装方法

5. 线头和接线桩的连接

各种电气设备、电气装置和电器用具均设有供连接导线用的接线桩，常用的接线桩有针孔式(又称为柱型)接线桩和螺钉平压式(又称为螺钉型)接线桩两种。

1) 线头和接线桩连接时的基本要求

(1) 多股线芯的线头，应将线头绞紧，再与接线桩连接。

(2) 需分清相位的接线桩，必须先分清导线相序，然后方可连接。单相电路必须分清相线和中性线，并应按电气装置的要求进行连接(如安装照明电路时，相线必须与开关的接线桩连接)。

(3) 小截面积铝芯导线与铝接线桩连接时，必须留有再剖削 2～3 次线头的保留长度，否则线头断裂后将无法再与接线桩相连。留出余量的导线盘成弹簧状，如图 1.23 所示。

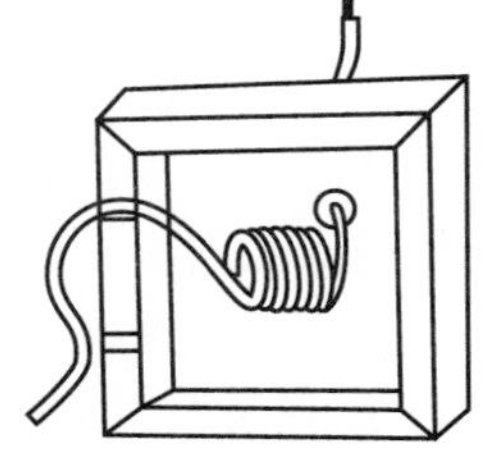

图 1.23　余量导线的处理方法

(4) 小截面积铝芯导线与铝接线桩连接前必须涂上凡士林锌膏粉或中性凡士林，以清除氧化层。大截面积铝芯导线与铜接线桩连接时，应采用铜铝过渡接头。

(5) 导线绝缘层与接线桩之间，应保持适当距离，绝缘层既不可贴着接线桩，也不可离接线桩太远，使芯线裸露得太长。

(6) 软导线线头与接线桩连接时，不允许出现多股细线线芯松散、断股和外露等现象。

(7) 线头与接线桩必须连接得平整、紧密和牢固可靠，使连接处的接触电阻减少到最低程度。

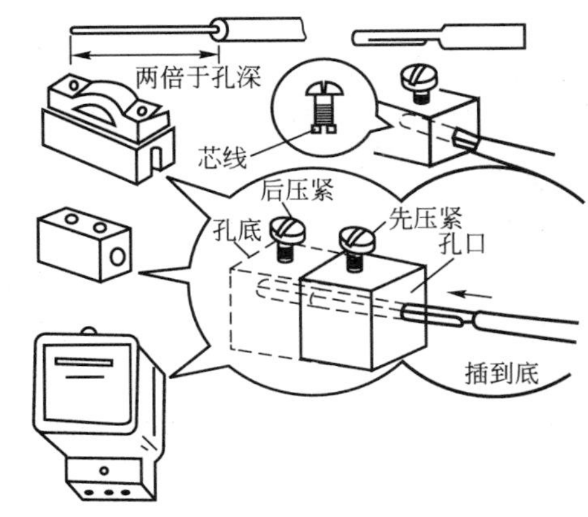

图 1.24　单股导线线头与针孔接线桩的连接方法

2) 线头与针孔式接线桩的连接

这种接线桩是依靠置于孔顶部的压紧螺钉压住线头(线芯端)来完成电连接的。电流容量较小的接线桩，一般只有一个压紧螺钉；电流容量较大的或连接要求较高的，通常有两个压紧螺钉。连接时的操作要求和方法如下所述。

(1) 单股线芯头的连接方法。在通常情况下，只要将芯线插入孔内，如芯线较细则可将线头的线芯折成双股并列后插入孔内，并应使压紧螺钉顶住在双股芯线的中间，如图 1.24 所示。

(2) 多股线芯头的连接方法。连接时，必须把多股线芯按原拧绞方向用钢丝钳进一步绞缠紧密，要保证多股线芯受压紧螺钉顶压时而不松散。由于多股线芯载流量较大，孔上部往往有两个压紧螺钉，连接时应先拧紧第一个近端口的压紧螺钉，后拧第二个，然后再加拧第一个及第二个，要反复加拧两次。在连接时，线芯直径与孔径的匹配一般应比较对成，尽量避免出现孔过大或过小的现象。三种情况下的工艺处理方法如下：

① 在芯线直径与孔径大小较匹配时，在一般用电场所，把线芯进一步绞紧后装入孔中即可，如图 1.25(a)所示。

② 在孔径过大时，可用一根单股线芯在已作进一步绞紧后的线芯上紧密地排绕一层，如图 1.25(b)所示，然后进行连接。

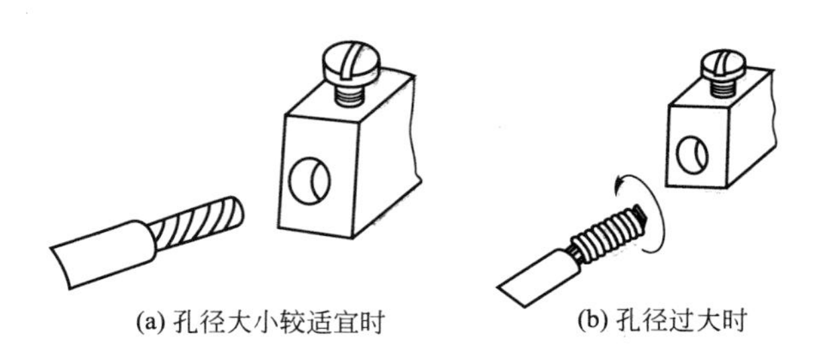

(a) 孔径大小较适宜时　　(b) 孔径过大时

图 1.25　多股线芯与针孔式接线桩的连接

③ 孔径过小时，可把多股线芯处于中心部位的芯线剪去(7 股线芯剪去 1 股，19 股芯线剪去 1～7 股)，然后重新绞紧，进行连接。

注意：不管单股线芯或多股线芯的线头，在插入孔时必须插到底。同时，导线绝缘层不得插入孔内。

3) 线头与螺钉平压式接线桩的连接

这种接线桩时依靠开槽盘头螺钉的平面，并通过垫圈紧压导线线芯来完成电连接的。对于电流容量较小的单股线芯，在连接前应把线芯弯成压接圈(俗称羊眼圈)；对于电流容量较大的多股线芯，在连接前一般都应在线芯断头上安装接线耳；但在电流容量不太大且芯线截面积不超过 $10mm^2$ 的 7 股芯线连接时，也允许把芯线头弯成多股线芯的压接圈进行连接。各种连接的工艺要求和操作方法如下所述。

(1) 连接的工艺要求。压接圈和接线耳必须压在垫圈下面，压接圈的弯曲方向必须与螺钉旋紧方向保持一致，导线绝缘层切不可压进垫圈内，螺钉必须旋得足够紧，但不得用弹簧垫圈来防止松动。连接时应清除垫圈、压接圈和接线耳上的油污。

(2) 线头与螺钉平压式接线桩连接的工艺步骤和操作方法如图 1.26 所示。

在螺钉平压式接线桩接线时，如果是单股硬导线，要先用尖嘴钳把芯线弯成一个圆圈，套在螺钉上，芯线弯曲的方向和螺钉旋紧的方向一致，再旋紧螺钉，如图 1.26(a)所示。

如果是多根细丝的软线芯线，则要把芯线绞紧后顺着螺钉旋紧的方向绕螺钉一圈，再在线头的根部绕一圈，然后旋紧螺钉，剪去余下的芯线，如图 1.26(b)所示。

不合格的接线如图 1.26(c)所示。

(3) 单股导线压接圈的弯法。其工艺步骤和操作方法如图 1.27 所示。

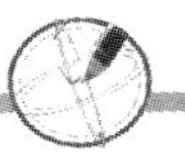

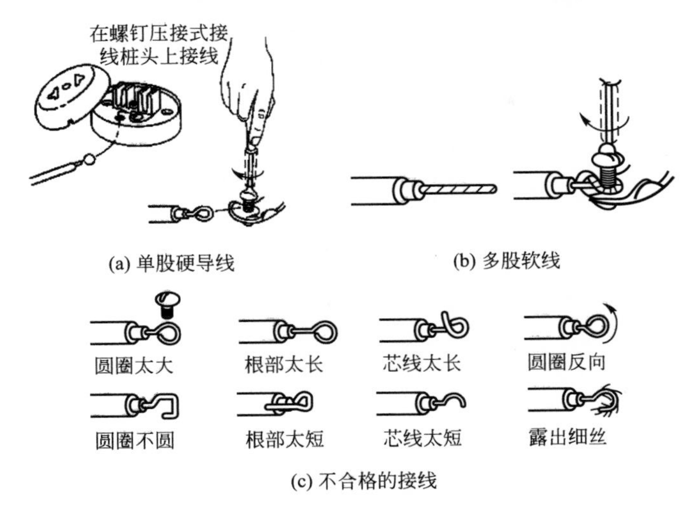

图 1.26　线头与螺钉平压式接线桩的连接

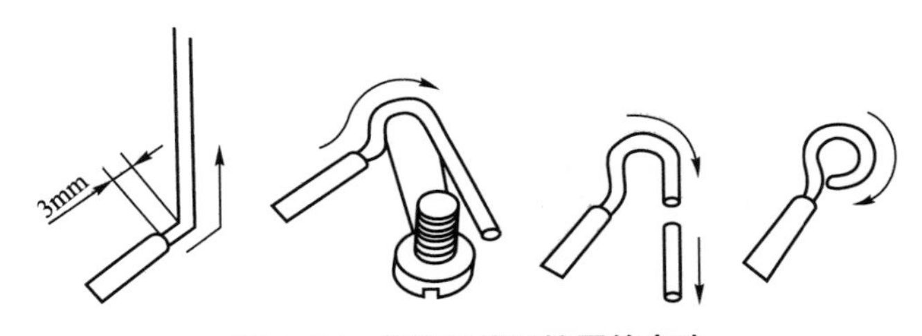

图 1.27　单股导线压接圈的弯法

(4) 7 股导线压接圈的弯法。其工艺步骤和操作方法可按下述步骤进行。

① 把距离绝缘层根部约 1/2 线芯重新绞紧，越紧越好，如图 1.28(a)所示。

② 把重新绞紧部分线芯，在 1/3 处向左外折角约 45°，然后开始弯曲成圆弧状，如图 1.28(b)所示。

③ 当圆弧弯曲得将成圆圈(剩下 1/4)时，应把余下的芯线一根根理直，并紧贴根部芯线，使之成圆，如图 1.28(c)所示。

④ 把弯成压接圈后的线端翻转 180°，然后将处于最外侧且邻近的两根芯线扳成直角，如图 1.28(d)所示。

⑤ 在离圈外沿约 5mm 处进行缠绕，缠绕方法与 7 股芯线直线对接相同，如图 1.28

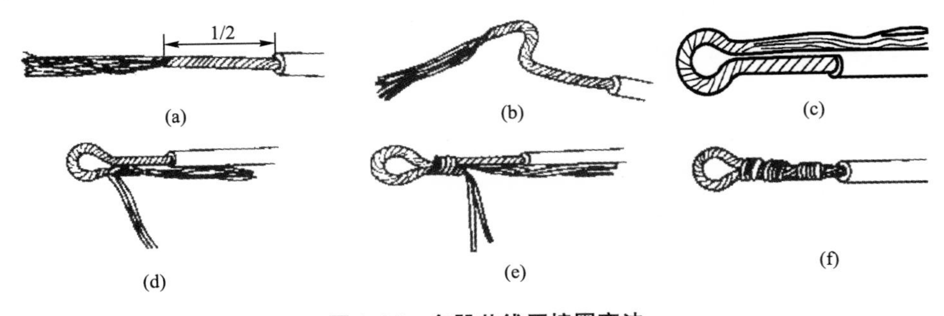

图 1.28　多股芯线压接圈弯法

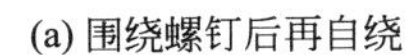
(a) 围绕螺钉后再自绕

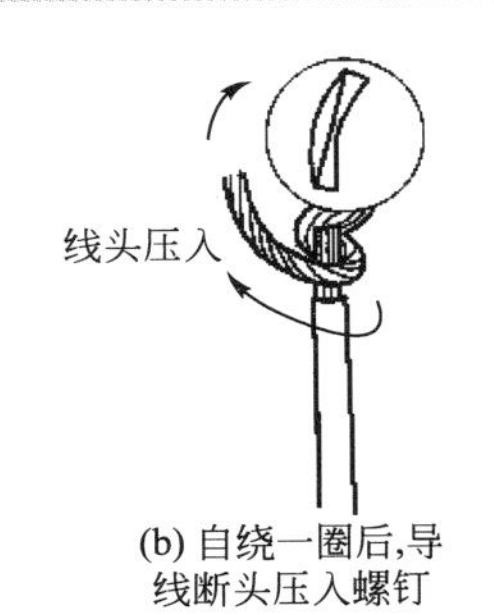

(b) 自绕一圈后,导线断头压入螺钉

图 1.29　软导线线头和螺钉平压式接线桩的连接

(e)所示。

⑥ 缠绕后的压接圈如图 1.28(f)所示，并使压接圈及根部平整挺直。对于载流量较大的导线，应在弯成压接圈后再进行搪锡处理。

4) 软导线线头的连接方法

软导线线头的连接方法应按如图 1.29 所示方法进行连接。具体步骤如图 1.29(a)、图 1.29(b)所示。

三、 导线绝缘层的恢复

绝缘导线的绝缘层，因连接需要被剥离后，或遭到意外损伤后，均需恢复绝缘层；而且经恢复的绝缘性能不能低于原有的标准。在低压电路中，常用的恢复材料有黄蜡布带、聚氯乙烯塑料带和黑胶布等多种。一般选择 20mm 宽的黄蜡带和黑胶带，包缠也较为方便。

1. 绝缘带的包缠方法

将黄蜡带从导线左边完整的绝缘层上开始包缠，包缠两根带宽后方可进入无绝缘层的芯线部分，见图 1.30(a)。包缠时，黄蜡带与导线保持约 45°的倾斜角，每圈压叠带宽的 1/2，如图 1.30(b)所示。

包缠一层黄蜡带后，将黑胶带放在黄蜡带的尾端，按另一斜叠方向包缠黑胶带，也要每圈压叠带宽的 1/2，如图 1.30(c)、图 1.30(d)所示。

图 1.30　绝缘带的包缠方法

2. 注意事项

(1) 用在 380V 线路上的导线恢复绝缘时，必须包缠 1～2 层黄蜡带，然后再包缠一层黑胶带。

(2) 用在 220V 线路上的导线恢复绝缘时，必须包缠 1～2 层黄蜡带，然后再包缠一层黑胶带；也可只包缠两层黑胶带。

(3) 绝缘带包缠时，不能过疏，更不允许露出芯线，以免造成触电或短路事故。

(4) 绝缘带平时不可放在温度高的地方，也不可浸染油类。

任务二　常用电工工具的使用

一、 电工钢丝钳

1. 结构

钢丝钳有铁柄和塑料绝缘柄两种，电工使用的是带塑料绝缘柄的，耐压为 500V 以上。

常用的规格由150mm、175mm和200mm 3种。钢丝钳由钳口、齿口、刀口和铡口4部分组成，如图1.31所示。

2. 功能

钢丝钳钳口用来弯绞或钳夹导线线头，齿口用来固紧或起松螺母，刀口用来剪断导线或剖切软导线绝缘层，铡口用来铡切电线线芯和钢丝、铅丝等金属。

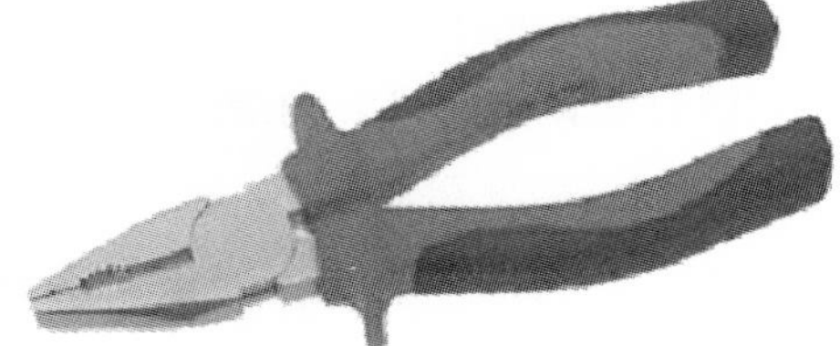

图1.31　电工钢丝钳

二、尖嘴钳

1. 结构

尖嘴钳有钳头和钳柄及钳柄上有耐压500V的绝缘套等部分。

2. 功能

尖嘴头部细长成圆锥形，接受端部的钳口上有一段棱形齿纹，由于它的头部尖而长，适合在较窄小的工作环境中夹持轻巧的工件或线材，剪切、弯曲细导线，如图1.32所示。

图1.32　尖嘴钳

3. 规格

根据钳头的长度可分为短钳头(钳头为钳子全长的1/5)和长钳头(钳头为钳子全长的2/5)两种。规格以钳身长度计有125mm、140mm、160mm、200mm 4种。

三、斜口钳

1. 结构

斜口钳有钳头、柄和钳柄及耐压为1000V的绝缘套等部分，其特点为剪切口与钳柄成一角度。

2. 功能

用以剪断较粗的导线和其他金属线，还可以直接剪断低压带电导线。在工作场所比较狭窄和设备内部，用以剪切薄金属片、切薄金属片、细金属丝和剖切导线绝缘层，如图1.33所示。

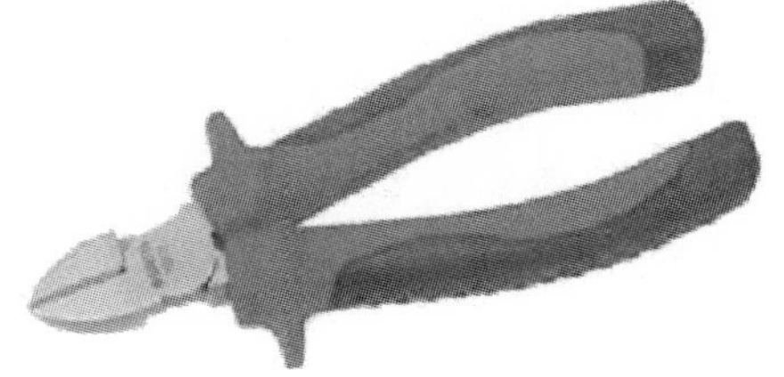

图1.33　斜口钳

四、螺钉旋具

螺丝刀又称起子、改锥或旋凿。它的种类很多，按头部形状不同，可分为“一”字形和“十”字形两种；按柄部材料和结构不同，可分为木柄、塑料柄两种，其中塑料柄具有较好的绝缘性能，适合电工使用。

1. 结构

由金属杆头和绝缘柄组成，按金属杆头部形状，分成“十”字(螺丝刀等)、“一”字和多用螺钉旋具，如图 1.34 所示。

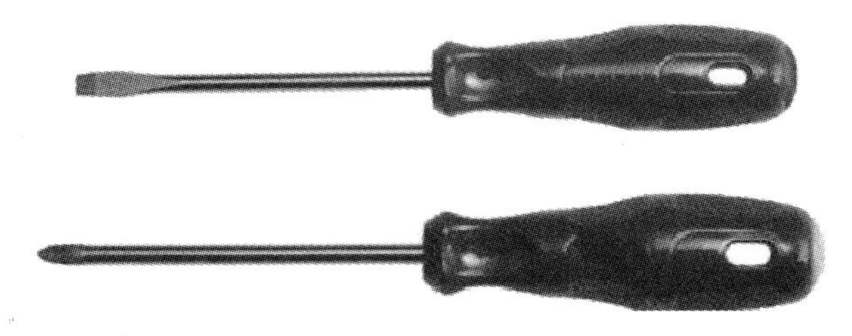

图 1.34　螺钉旋具

2. 功能

用来旋动头部带一字形或十字形槽的螺钉。使用时，应按螺钉的规格选用合适的旋具刀口。任何“以大代小，以小代大”使用旋具均会损坏螺钉和电气元件。电工不可使用金属杆直通柄根的旋具，必须使用带有绝缘柄的。为了避免金属杆触及皮肤及邻近带电体，宜在金属杆上穿套绝缘管。

五、 剥线钳

1. 结构

由钳头和手柄两部分组成，钳头由压线钳和切口组成，分为直径为 0.5～3mm 的多个切口，以适用不同规格线芯的剥削，如图 1.35 所示。

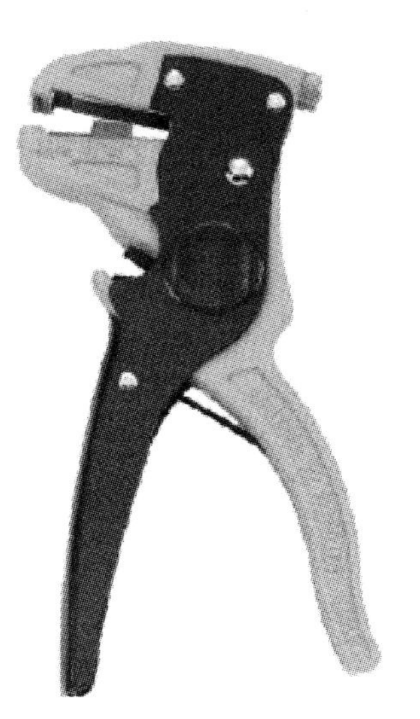

图 1.35　剥线钳

2. 功能

是电工专用剥离导线头部的一段表面绝缘层。结构使用时切口大小应略大于导线芯线直径，否则会切断芯线。它的特点是使用方便。剥离绝缘层不伤线芯，适用芯线 $6mm^2$ 以下绝缘导线。

3. 使用注意

不允许带电剥线。

六、 电工刀

1. 结构

电工刀也是电工常用的工具之一，是一种切削工具，其外形如图 1.36 所示。

2. 功能

在剥削导线绝缘层、木榫等时操作。有的多用电工刀还带有手锯和尖锥，用于电工材料的切割。

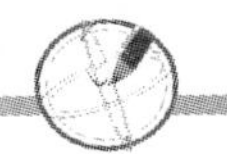

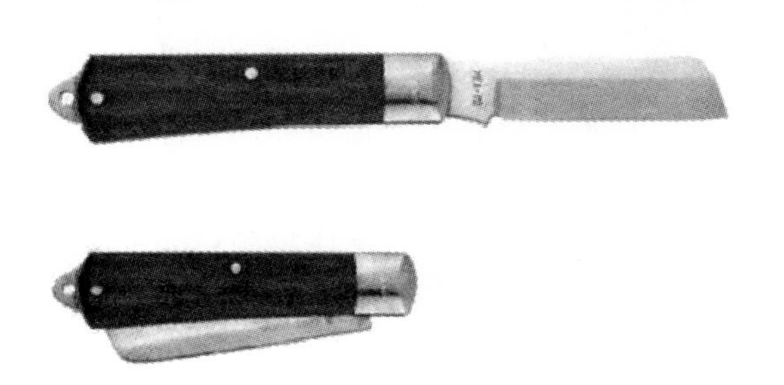

图 1.36　电工刀

3. 使用注意

使用时刀口应朝外，以免伤手。用毕，随即把刀身折入刀柄。因为电工刀柄不带绝缘装置，所以不能带电操作，以免触电。

七、活扳手

1. 结构

它由头部和柄部组成。头部由定唇、活动唇、蜗轮和轴销组成。旋动蜗轮可调节扳口的大小，以便在它规格范围内适应不同大小螺母的使用，其结构如图 1.37 所示。

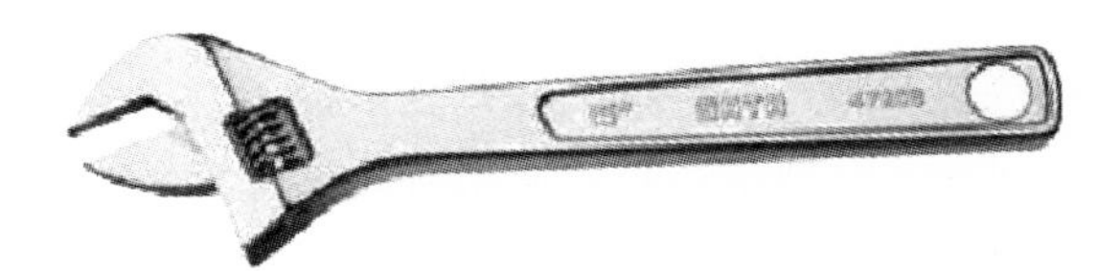

图 1.37　活扳手结构

2. 功能及使用

活扳手是用来紧固和装拆旋转六角或方角螺钉、螺母的一种专用工具。使用活扳手时，应按螺母大小选择适当规格的活扳手。板大螺母时，常用较大力矩，所以手应握在手柄尾部，以加大力矩，利于扳动；扳小螺母时，需要的力矩不大，但容易打滑，手可握在靠近头部的位置，可用拇指调节和稳定螺杆。

八、低压验电笔

低压验电笔也叫测电笔、试电笔，是一种检验低压电线和电器是否带电的安全工具。验电笔由氖管、电阻、弹簧和笔身组成，常见的验电笔有钢笔式和螺丝刀式两种，如图 1.38 所示，其测量电压为 60～500V。

图 1.38　低压验电笔

使用验电笔之前，应进行外观检查，检查无误后，应在有电的电源上进行验电，以检查验电笔是否良好，然后再到要验电的导线上检验是否带电。检查时，应让笔尾的金属件与手接触；使用时，手指不要触及笔尖的金属部分为了安全起见，螺丝刀或电笔尖金属，应套上塑料管保护；验电时，应使氖管背光，窗口朝向自己。氖管发红光，表明验电笔有电，不发光时，应多触划几下，看是否接触不良，仍不亮，则是无电。测交流电时，氖管两极发光；测直流电时，氖管单极发光。并且电压越高，亮度越大，电笔氖管在使用中易损坏，平时应注意检验。

九、 手枪钻

图 1.39　手枪钻

1. 结构及功能说明

手枪钻又称手电钻，是以交流电源或直流电池为动力的钻孔工具，是手持式电动工具的一种。手枪钻主要由钻头夹、输出轴、齿轮、转子、定子、机壳、开关和电缆线构成。一般用于金属材料、木材、塑料等的钻孔。其外形如图 1.39 所示。

2. 使用注意

(1) 面部朝上作业时，要戴上防护面罩。在生铁铸件上钻孔要戴好防护眼镜，以保护眼睛。钻头夹持器应妥善安装。

(2) 作业时钻头处在灼热状态，应注意防止灼伤肌肤。

(3) 钻 ϕ12mm 以上的手持电钻钻孔时应使用有侧柄手枪钻。

(4) 站在梯子上工作或高处作业应做好防高处坠落措施，梯子应有地面人员扶持。

3. 作业前应注意事项

(1) 使用前必须仔细阅读使用说明书，依据使用说明进行安装、维修维护、生产加工。

(2) 操作电动机具的相关人员，着装应符合要求，防止松散的衣角不慎卷入转动部位。

(3) 工作场所应保持清洁，不得在雨天室外或潮湿的地方使用电动机具。

(4) 使用前应开机空转检查，确认电动机具有无故障隐患。

(5) 所使用的磨、钻、削等工具头应紧固，不得松动，所使用的专用紧固工具(如钥匙扳手)必须及时拆下来。

(6) 工具转动部位应按规定加注润滑脂。使用的磨、钻、刀(片、头)应符合规定要求。

(7) 作业时脚要站稳，身体姿势要保持平衡，不得用力过猛或过大。

(8) 电动机具移动时不得拖着导线拉动工具，严禁拉导线拔插头。

(9) 停止使用、维修及更换切、磨、削夹具等，必须切断电源。

(10) 使用完后应及时清扫机具，保持工具安全、整齐、清洁。

(11) 确认现场所接电源与电钻铭牌是否相符，是否接有漏电保护器。

(12) 钻头与夹持器应适配，并妥善安装。

(13) 确认电钻上开关接通锁扣状态，否则插头插入电源插座时电钻将会立刻转动，

从而可能招致人员伤害危险。

（14）若作业场所远离电源的地点，需延伸线缆时，应使用容量足够，安装合格的延伸线缆。延伸线缆如通过人行过道，应使用高架或做好防止线缆被碾压损坏的措施。

4. 电钻的正确操作方法

（1）在金属材料上钻孔应首先在被钻位置处打样冲眼。

（2）在钻较大孔眼时，预先用小钻头钻穿，然后再使用大钻头钻孔。

（3）如需长时间在金属上进行钻孔时可采取一定的冷却措施，以保持钻头的锋利。

（4）钻孔时产生的钻屑严禁用手直接清理，应用专用工具清屑。

十、 台虎钳

台虎钳，又称虎钳、台钳。台虎钳装置在工作台上，用以夹稳加工工件，为钳工车间必备工具，常用的有固定式和回转式两种，回转式的钳体可旋转，使工件旋转到合适的工作位置。台虎钳外形如图 1.40 所示。

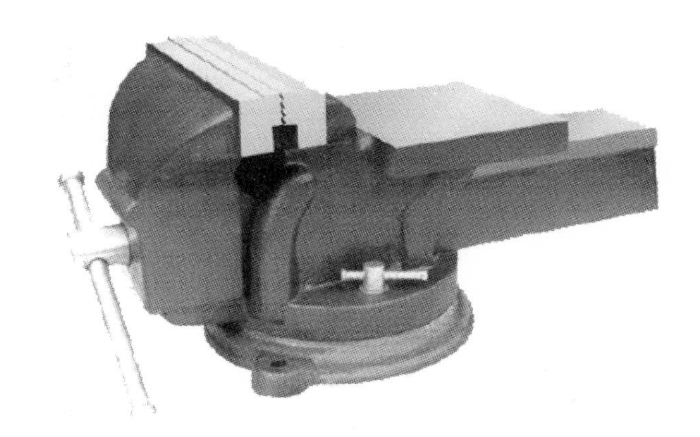

图 1.40　台虎钳

1. 结构说明

台虎钳是由钳体、底座、导螺母、丝杠、钳口体等组成。活动钳身通过导轨与固定钳身的导轨作滑动配合。固定钳身装在转座上，并能绕转座轴心线转动，当转到要求的方向时，扳动夹紧手柄使夹紧螺钉旋紧，便可在夹紧盘的作用下把固定钳身固紧。丝杠装在活动钳身上，可以旋转，但不能轴向移动，并与安装在固定钳身内的丝杠螺母配合。当摇动手柄使丝杠旋转，就可以带动活动钳身相对于固定钳身做轴向移动，起夹紧或放松的作用。弹簧借助挡圈和开口销固定在丝杠上，其作用是当放松丝杠时，可使活动钳身及时地退出。在固定钳身和活动钳身上，各装有钢制钳口，并用螺钉固定。钳口的工作面上制有交叉的网纹，使工件夹紧后不易产生滑动。钳口经过热处理淬硬，具有较好的耐磨性。转座上有 3 个螺栓孔，用以与钳台固定。

2. 使用其注意事项

（1）夹紧工件时要松紧适当，只能用手扳紧手柄，不得借助其他工具加力。

（2）强力作业时，应尽量使力朝向固定钳身。

(3) 不许在活动钳身和光滑平面上敲击作业。

(4) 对丝杠、螺母等活动表面应经常清洗、润滑，以防生锈。

十一、 手锯(手锯弓)

1. 主要组成及功能

锯弓可分为固定式和可调式两种，图 1.41 为常用的可调式锯弓。锯条由碳素工具钢制成，并经淬火和低温退火处理，锯条规格用锯条两端安装孔之间的距离表示。常用的锯条约长 300mm、宽 12mm、厚 0.8mm。锯条齿形如图 1.41 中 5 所示，锯齿按齿距 t 大小可分为粗齿(t=1.6mm)、中齿(t=1.2mm)及细齿(t=0.8mm)3 种。锯齿的粗细应根据加工材料的硬度和厚薄来选择。锯削铝、铜等软材料或厚材料时，应选用粗齿锯条；锯硬钢、薄板及薄壁管子时，应该选用细齿锯条；锯削软钢、铸铁及中等厚度的工件则多用中齿锯条。锯削薄材料时至少要保证 2～3 个锯齿同时工作。

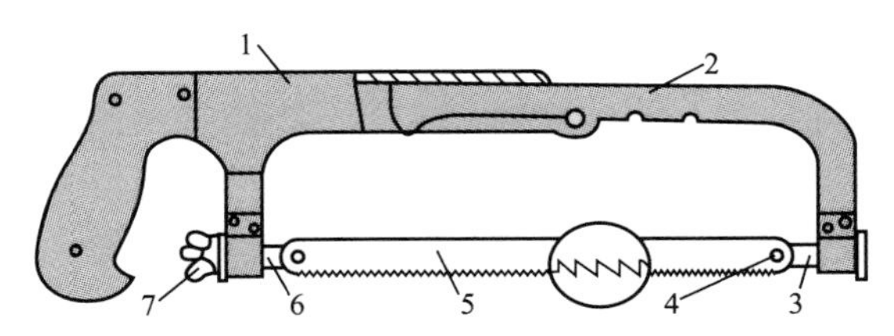

图 1.41　手锯弓结构详解图

1—固定部分；2—可调部分；3—固定拉杆；4—削子；5—锯条；6—活动拉杆；7—蝶形螺母

2. 锯削基本操作

(1) 锯条安装根据工件材料及厚度选择合适的锯条，安装在锯弓上。锯齿应向前，松紧应适当，一般用两个手指的力能旋紧为止。锯条安装好后，不能有歪斜和扭曲，否则锯削时易折断。

(2) 工件安装工件伸出钳口不应过长，防止锯削时产生振动。锯线应和钳口边缘平行，并夹在台虎钳的左边，以便操作。工件要夹紧，并应防止变形和夹坏已加工表面。

(3) 锯削姿势与握锯锯削时站立姿势。身体正前方与台虎钳中心线成大约 45°右脚与台虎钳中心线成 75°，左脚与台虎钳中心线成 30°。握锯时右手握柄，左手扶弓，如图 1.42(a)所示。推力和压力的大小主要由右手掌握，左手压力不要太大。

(4) 锯削的姿势。锯削的姿势有两种：一种是直线往复运动，适用于锯薄形工件和直槽；另一种是摆动式，锯割时锯弓两端做类似锉外圆弧面时的锉刀摆动一样，这种操作方式，两手动作自然，不易疲劳，切削效率较高。

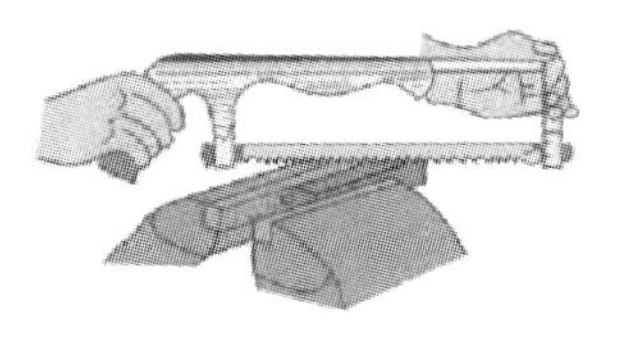

(a) 手锯的握法

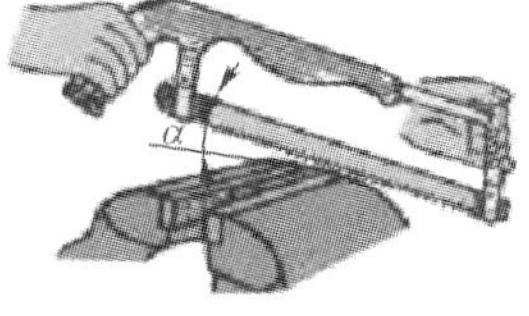

(b) 远起锯

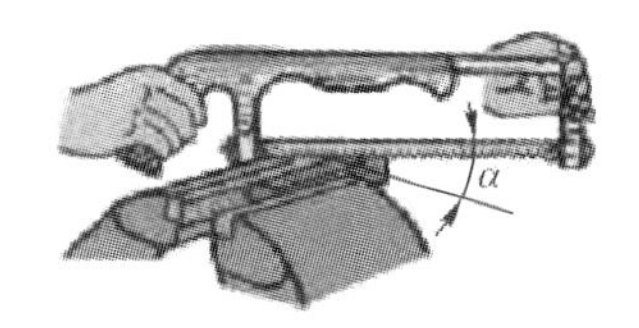

(c) 近起锯

图 1.42　起锯方法

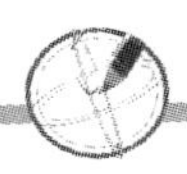

(5) 起锯方法。起锯的方式有两种：一种是从工件远离自己的一端起锯，称为远起锯；另一种是从工件靠近操作者身体的一端起锯，称为近起锯。如图 1.42(b)、图 1.42(c)所示。一般情况下采用远起锯较好。无论用哪一种起锯的方法，起锯角度都不要超过 15°。为使起锯的位置准确和平稳，起锯时可用左手大拇指挡住锯条的方法来定位。

(6) 锯削速度和往复长度。锯削速度以每分钟往复 20～40 次为宜；速度过快锯条容易磨钝，反而会降低切削效率；速度太慢，效率不高。

(7) 锯削时最好使锯条的全部长度都能进行锯割，一般锯弓的往复长度不应小于锯条长度的 2/3。

十二、弯管器

弯管器就是弯曲圆管的专用工具，如图 1.43 所示。

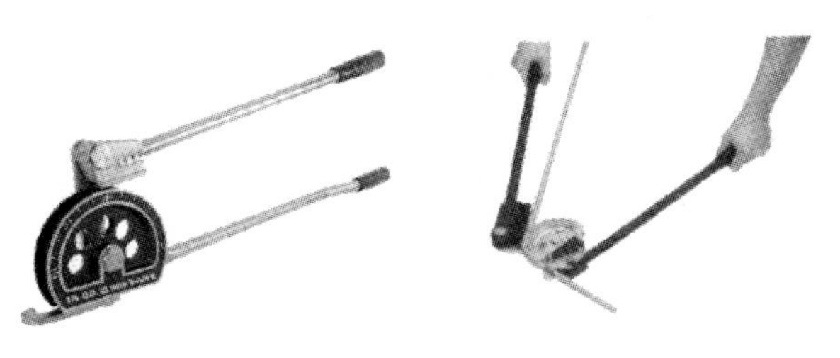

图 1.43　弯管器

1. 弯管器的结构和使用方法

(1) 把 PVC/金属管(部分管需要)放入带导槽的固定轮与固定杆之间。

(2) 用活动杆的导槽导住圆管，用固定杆紧固住圆管。

(3) 将弹簧放入在需要弯曲的圆管部位，活动杆柄顺时针方向平稳转动。操作时用力要缓慢平稳用力，尽量以较大的半径加以弯曲，弹簧可以保持圆管在一定的范围内铜管不会被弯扁，避免出现死弯或裂痕。

2. 弯管器的使用注意事项

(1) 必须按加工管(排)径选用模具，并按序号放到位。

(2) 不得在被压管(排)与模具之间加油。

(3) 夹紧机件，导板支承机构应按被弯管(排)的方向及时进行换向。

(4) 在操作加压过程中严禁人员停留在顶模前方。

十三、人字梯

人字梯结构如图 1.44 所示，人字梯的使用及注意事项如下所述。

(1) 人字梯使用时必须为两人在场，一人使用，一人扶梯；梯子底脚必须采取可靠措施拉牢；梯子张开角度不得大于 45°，禁止两人同时在梯上作业；禁止在梯顶作业。

(2) 上下梯时必须面向梯子，不得手持器物；梯脚底部应结实，不得垫高、不得缺档使用，梯子的上端应有固定措施、扎牢，下端采取防滑措施；禁止两人同时上下梯子。

(3) 梯子如需加长使用，必须有可靠的连接措施，且接头处不得超过 1 处。

(4) 作业人员应从规定的通道上下，不得在非规定通道进行攀登。

(5) 不可把人字梯用做直梯使用。

(6) 不应站在人字梯上以“步行”方式移动梯子，这是非常危险的，如图 1.45(a) 所示。

图 1.44　人字梯

(a) 梯子的移动

(b) 梯子的使用

图 1.45　人字梯的操作

(7) 应穿安全鞋，确保鞋底干爽防滑。

(8) 使用者应面向梯子，身体重心于两边扶手之间，身体四肢中的三肢任何时间均应接触梯子。

(9) 在梯子上工作应携带工具包，防止落物。

(10) 当使用人字梯时应全面打开及锁好限制跨度的拉链，必须安放在平稳的表面上，如图 1.45(b)所示。

(11) 当打开或关折梯子时手部远离梯绞和梯锁角夹口。

(12) 不应踏在梯子顶端工用人字梯时离梯子顶端不应少于两步。

(13) 人字梯应摆放于工作地方的正前方，身体不应偏向侧面进行工作，否则容易失去重心而跌落。

十四、 工具腰包

工具腰包在配电作业及登高作业时应佩戴于腰部，用于携带各种工具器材，便于工作环境下使用，工具腰包外形如图 1.46 所示。

图 1.46　工具腰包

十五、 六角扳手

六角扳手用于装拆大型六角螺钉或螺母，外线电工可用它装卸铁塔之类的钢架结构，形状如图 1.47 所示。

图 1.47　六角扳手

十六、 平锉刀

锉削是利用锉刀对工件材料进行切削加工的操作。其应用范围很广，可锉工件的外表面、内孔、沟槽和各种形状复杂的表面，形状如图 1.48 所示。

图 1.48　平锉刀

1. 锉刀种类

(1) 普通锉。按断面形状不同分为 5 种，即平锉、方锉、圆锉、三角锉、半圆锉。

(2) 整形锉。用于修整工件上的细小部位。

(3) 特种锉。用于加工特殊表面。

2. 选择锉刀

(1) 根据加工余量选择。若加工余量大，则选用粗锉刀或大型锉刀；反之，则选用细锉刀或小型锉刀。

(2) 根据加工精度选择。若工件的加工精度要求较高，则选用细锉刀；反之，则用粗锉刀。

3. 工件夹持

将工件夹在虎钳钳口的中间部位，伸出不能太高，否则易振动，若表面已加工过，则垫铜钳口。

4. 锉削方法

(1) 锉刀握法。锉刀大小不同，握法不一样。

(2) 锉削姿势。开始锉削时身体要向前倾斜 10°左右，左肘弯曲，右肘向后。锉刀推出 1/3 行程时身体向前倾斜 15°左右，此时左腿稍直，右臂向前推；推到 2/3 时，身体倾斜到 18°左右；最后左腿继续弯曲，右肘渐直，右臂向前使锉刀继续推进至尽头，身体随锉刀的反作用方向回到 15°位置。

(3) 锉削力的运用。锉削时有两个力，一个是推力，一个是压力。其中推力由右手控制，压力由两手控制，而且在锉削中，要保证锉刀前后两端所受的力矩相等，即随着锉刀的推进左手所加的压力由大变小，右手的压力由小变大，否则锉刀不稳易摆动。

(4) 注意问题。锉刀只在推进时加力进行切削，返回时不加力、不切削，把锉刀返回即可，否则易造成锉刀过早磨损；锉削时利用锉刀的有效长度进行切削加工，不能只用局部某一段，否则局部磨损过重，造成寿命降低。

（5）速度。一般 30～40/min，速度过快，易降低锉刀的使用寿命。

（6）锉削方法。①顺向锉；②交叉锉；③推锉。

（7）曲面外圆弧的锉削。①运动形式：横锉、顺锉；②方法：横向圆弧锉法，用于圆弧粗加工；③顺锉法用于精加工或余量较小时。

（8）曲面内圆弧的锉削。运动形式：横锉、推锉。前进、向左或向右移动，绕锉刀中心线转动 3 个运动同时完成。

5. 锉刀使用及安全注意事项

（1）不能用锉刀敲击其他物体，硬而脆的锉刀易断。

（2）不使用无柄或柄已裂开的锉刀，防止刺伤手腕。

（3）不能用嘴吹铁屑，防止铁屑飞进眼睛。

（4）锉削过程中不要用手抚摸锉面，以防锉时打滑。

（5）锉面堵塞后，用铜锉刷顺着齿纹方向刷去铁屑。

（6）锉刀放置时不应伸出钳台以外，以免碰落砸伤脚。

十七、 钢卷尺

图 1.49　钢卷尺

1. 外形

钢卷尺用于测量较长工件的尺寸或距离。其外形如图 1.49 所示。

2. 钢卷尺组成及原理

钢卷尺主要由尺带、盘式弹簧(发条弹簧)、卷尺外壳 3 部分组成。当拉出刻度尺时，盘式弹簧被卷紧，产生向回卷的力，当松开刻度尺的拉力时，刻度尺就被盘式弹簧的拉力拉回。

3. 使用前

根据所要测量尺寸的精度和范围选择合格的卷尺，保证所用卷尺是带合格标识。

4. 使用注意事项

钢卷尺的尺带一般镀铬、镍或其他涂料，所以要保持清洁，测量时不要使其与被测表面摩擦，以防划伤。使用卷尺时，拉出尺带不得用力过猛，而应徐徐拉出，用毕也应让它徐徐退回。对于制动式卷尺，应先按下制动按钮，然后徐徐拉出尺带，用毕后按下制动按钮，尺带自动收卷。尺带只能卷，不能折。不允许将卷尺放在潮湿和有酸类气体的地方，以防锈蚀。为了便于夜间或无光处使用，有的钢卷尺的尺带的线纹面上涂有发光物质，在黑暗中能发光，使人能看清楚线纹和数字，在使用中应注意保护涂膜。

5. 使用方法

一手压下钢卷尺上的按钮，一手拉住卷尺的头，就能拉出来测量了。

6. 直接读数法

测量时钢卷尺零刻度对准测量起始点，施以适当拉力，直接读取测量终止点所对应的尺上刻度。

7. 间接读数法

在一些无法直接使用钢卷尺的部位，可以用钢尺或直角尺，使零刻度对准测量点，尺身与测量方向一致；用钢卷尺量取到钢尺或直角尺上某一整刻度的距离，余长用读数法量出。

8. 误差

钢卷尺的使用中，产生误差的主要原因有下列几种：①温度变化的误差；②拉力误差；③钢尺不水平的误差。

9. 使用后的保养

首先，钢卷尺使用后，要及时把尺身上的灰尘用布擦拭干净，然后用没有使用过的机油润湿，机油用量不宜过多，以润湿为准，存放备用。

十八、 水平尺

水平尺为口字形镁铝合金框架，表面喷塑处理，测量面铣加工处理。其外形如图 1.50 所示。

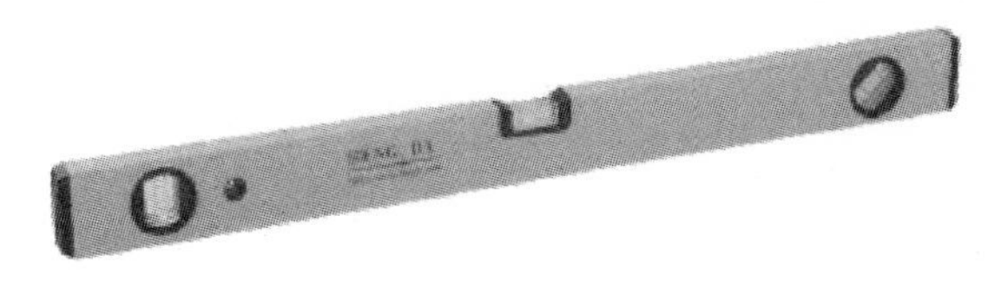

图 1.50　水平尺外形图

1. 构造

水平尺由 3 个有机玻璃水准泡和塑料件组成。3 个水准泡分别指示 90°、180°、45°。

2. 特点

水平尺为镁铝合金材料，经过冲压成型，再经过人工刮研处理，所以本产品精度相当高，可以用于高精度水平测量，也可以做平行平尺使用，并且质量轻、不易变形，带有挂孔。

3. 用途

水平尺主要用于检验各种机床以及其他设备导轨的平直度，并可检验微小倾角。水平尺是设备的安装、检验、测量、划线、工业工程施工时使用测量水平的工具。水平尺是以铣加工面，测量 90°、180°、45°时，测量精度可达 0.057°=1mm/m。常用产品规格有：300、400、500、600、800、1000、1200、1500、1800mm。

4. 使用方法

将水平尺放在待测平面上，然后观察水平尺中间的气泡：如果气泡在中间，那么表示该平面水平；如果气泡偏向左边，表示该平面的右边低；如果气泡偏向右边，表示该平面的左边低。

5. 仪器保护

水平尺不易生锈，使用期间不用涂油；长期不使用，存放时涂上薄薄的一层一般工业油即可。

十九、 高压验电器

验电器是一种验明需检修的设备或装置上有没有电源存在的器具，分高压和低压两种，高压的通常叫高压验电器，是变电站必备的器具，其结构如图 1.51 所示。

使用高压验电器先要在确实带电的设备上检验电器是否完好。在测量时，要注意安全，雨天不可在户外测验，测验时要戴符合耐压要求的绝缘手套，不可一个人单独测验，身旁要有人监护。测验时，要防止发生相间或对地短路事故。人体与带电体应保持足够的安全距离，10kV 高压时为 0.7m 以上，高压验电器每半年做一次定期预防性试验。

使用高压验电器时，应特别注意手握部位不得超过护环，如图 1.52 所示。

图 1.51　高压验电器

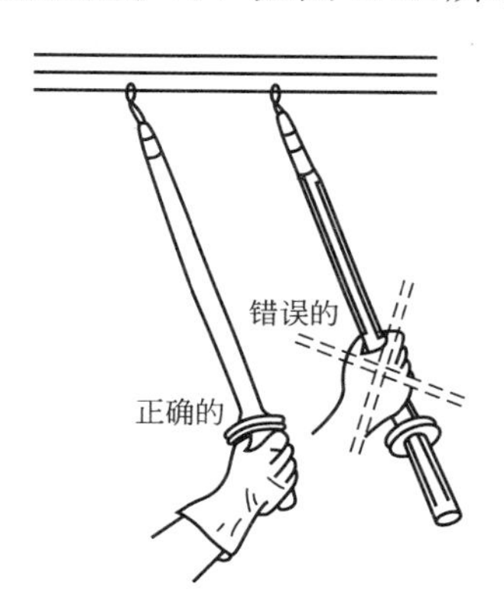

图 1.52　高压验电器握法

电工在维修电气线路、设备和装置之前，务必要用验电器验明无电，方可着手检修。应经常在带电体上(如在插座孔内)测试，以检查性能是否完好。性能不可靠的验电器，不准使用。

任务三　电工仪表的使用

一、 电流表与电压表

电流表又称为安培表，用于测量电路中的电流。测量电流时，电流表必须与被测电路串联。

电压表又称为伏特表，用于测量电路中的电压。测量电压时，电压表必须与被测电路

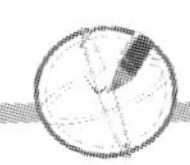

并联。

电工仪表按工作原理的不同，分为磁电式、电磁式、电动式 3 种类型，其原理与结构分别如图 1.53(a)、图 1.53(b)、图 1.53(c)所示。

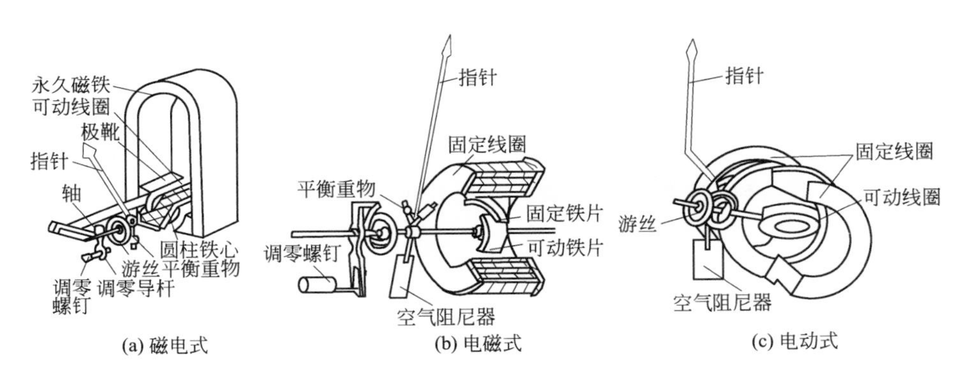

图 1.53　电流表、电压表的原理与结构

1. 磁电式仪表的结构与工作原理

(1) 结构。主要由永久磁铁、极靴、铁心、可动线圈、游丝、指针等组成。

(2) 工作原理。当被测电流流过线圈时，线圈受到磁场力的作用产生电磁转矩绕中心轴转动，带动指针偏转，游丝也发生弹性形变。当线圈偏转的电磁力矩与游丝形变的反作用力矩相平衡时，指针便停在相应位置，在面板刻度标尺上指示出被测数据。

2. 电磁式仪表的结构与工作原理

(1) 结构。主要由固定部分和可动部分组成。以排斥型结构为例，固定部分包括圆形的固定线圈和固定于线圈内壁的铁片，可动部分包括固定在转轴上的可动铁片、游丝、指针、阻尼片和零位调整装置。

(2) 工作原理。当固定线圈中有被测电流通过时，线圈电流的磁场使定铁片和动铁片同时被磁化，且极性相同而互相排斥，产生转动力矩，定铁片推动动铁片运动，动铁片通过传动轴带动指针偏转。当电磁偏转力矩与游丝形变的反作用力矩相等时，指针停转，面板上指示值即为所测数值。

3. 电动式仪表的结构与工作原理

(1) 结构。由固定线圈、可动线圈、指针、游丝和空气阻尼器等组成。

(2) 工作原理。当被测电流流过固定线圈时，该电流变化的磁通在可动线圈中产生电磁感应，从而产生感应电流。可动线圈受固定线圈磁场力的作用产生电磁转矩而发生转动，通过转轴带动指针偏转，在刻度板上指出被测数值。

4. 电流的测量

1) 交流电流的测量

通常采用电磁式电流表。在测量量程范围内将电流表串入被测电路即可，如图 1.54 所示。测量较大电流时，必须扩大电流表的量程。可在表头上并联分流电阻或加接电流互感器，其接法如图 1.55 所示。

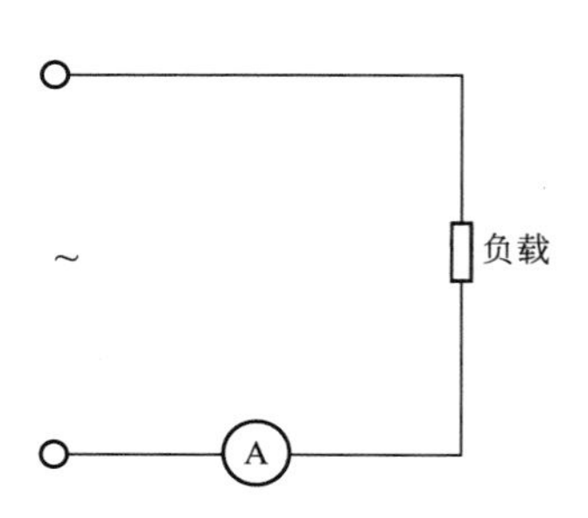

图 1.54　交流电流的测量

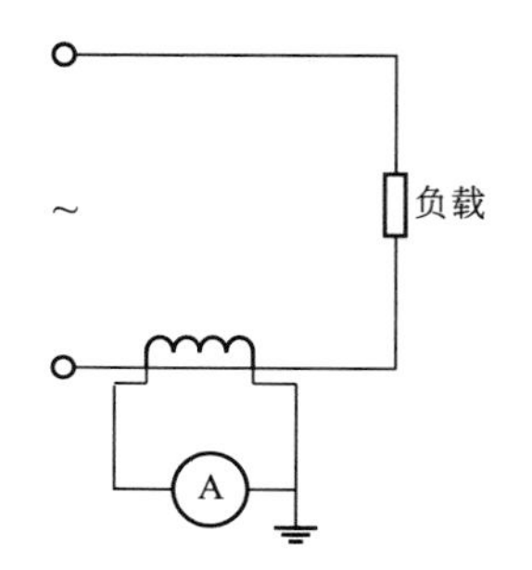

图 1.55　用互感器扩大交流电流表量程

2）直流电流的测量

通常采用磁电式电流表。

直流电流表有正、负极性，测量时，必须将电流表的正端钮接在被测电路的高电位端，负端钮接在被测电路的低电位端，如图 1.56 所示。

被测电流超过电流表允许量程时，须采取措施扩大量程。对磁电式电流表，可在表头上并联低阻值电阻制成的分流器，如图 1.57 所示。

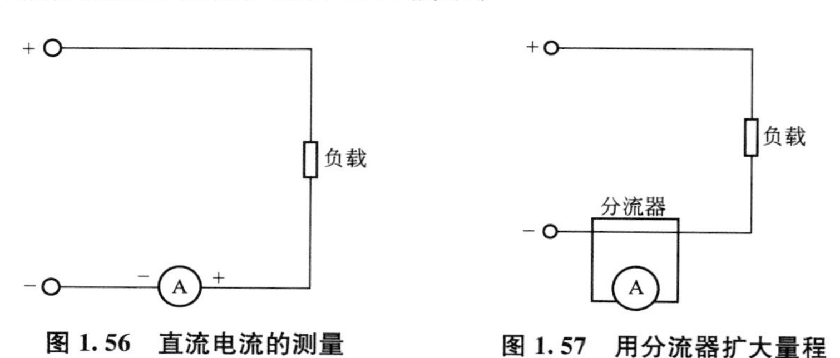

图 1.56　直流电流的测量　　图 1.57　用分流器扩大量程

5. 电压的测量

1）交流电压的测量

测量交流电压通常采用电磁式电压表。

在测量量程范围内将电压表直接并入被测电路即可，如图 1.58 所示。用电压互感器来扩大交流电压表的量程，如图 1.59 所示。

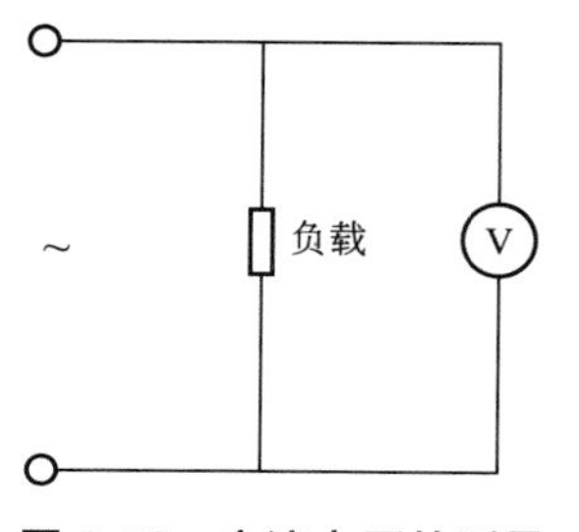

图 1.58　交流电压的测量

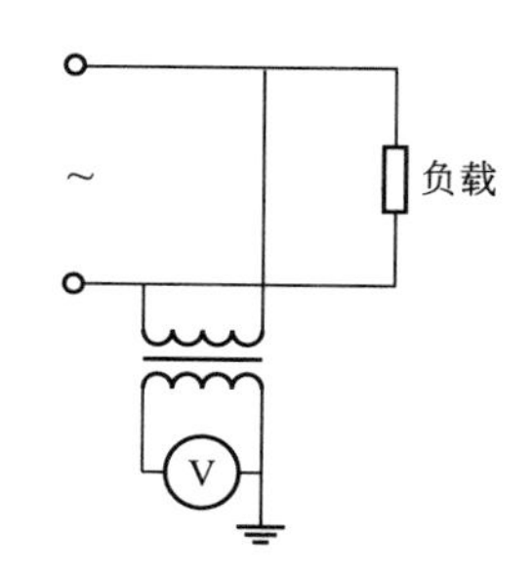

图 1.59　用互感器扩大交流电压表量程

2）直流电压的测量

通常采用磁电式电流表。

直流电压表有正、负极性，测量时，必须将电压表的正端钮接在被测电路的高电位端，负端钮接在被测电路的低电位端，如图 1.60 所示。

被测电压超过电压表允许量程时，须采取措施扩大量程。对磁电式电流表，可在表头上串联高阻值电阻制成的倍压器，如图 1.61 所示。

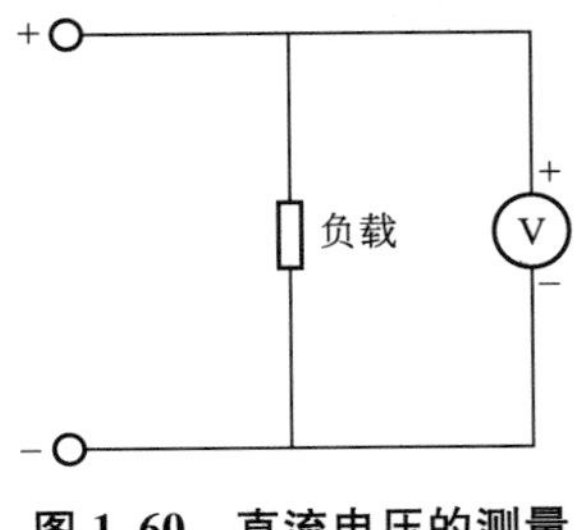

图 1.60　直流电压的测量

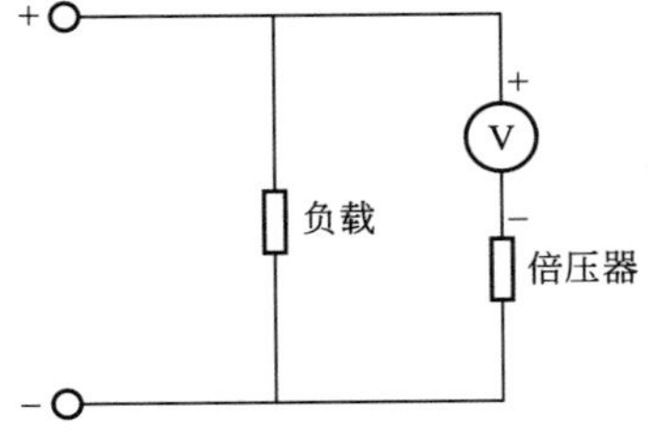

图 1.61　用倍压器扩大量程

二、 钳形电流表

1. 钳形电流表概述

钳形电流表又叫卡表，是由"穿心式"电流互感器和电流表组成，它可以不断开电路直接测量线路电流，其结构如图 1.62 所示。

2. 钳形电流表的操作技能

（1）钳形电流表在使用之前，应检查仪表指针是否处于零位，如不在零位，用调零电位器将指针调至零位。

（2）测量电流时旋转开关把量程开关转到合适位置，只要握紧铁心开关(扳手)，使钳形铁心张口，让被测的载流导线卡在钳口中间，然后放开扳手，使钳形铁心闭合，则钳形电流表的指针便会指出导线中电流值。

（3）测量交流电压时旋转开关至电压最大挡，把红、黑测试表笔插入仪表侧面的插孔，将两测表笔以被测电路的两端并联，指示器即指示读数。如指示电压值太小时，可转换至较低量程，以读取更精确的读数。

图 1.62　钳形电流表

3. 使用注意事项

（1）测前，先估计一下被测电流值在什么范围，然后选择好量程转换开关位置(一般有 5A、10A、25A、50A、250A 挡)。或者先用大量程测量，然后逐渐减少量程以适应实际电流大小的量程。

（2）被测载流导线应放在钳口中央，否则会产生较大误差。

（3）保持钳口铁心表面干净，钳口接触要严密，否则测量不准。

（4）不能用于高压带电测量。

（5）为了测量小于 5A 的电流，可把导线在钳口上多绕几匝。测出的实际电流应除以穿过钳口内侧的导线匝数。

(6) 不要在测量过程中，切换量程挡。

(7) 测完后，将调节开关调到最大电流量程上，以保证下次测量时安全使用。

三、 绝缘电阻表

1. 绝缘电阻表概述

绝缘电阻表又叫兆欧表或摇表，如图 1.63 所示。常用的绝缘电阻表有 500V、1000V、2500V 3 种规格，根据电气设备和线路电压等级来选择绝缘电阻表的规格，绝缘电阻表的选用见表 1-1。

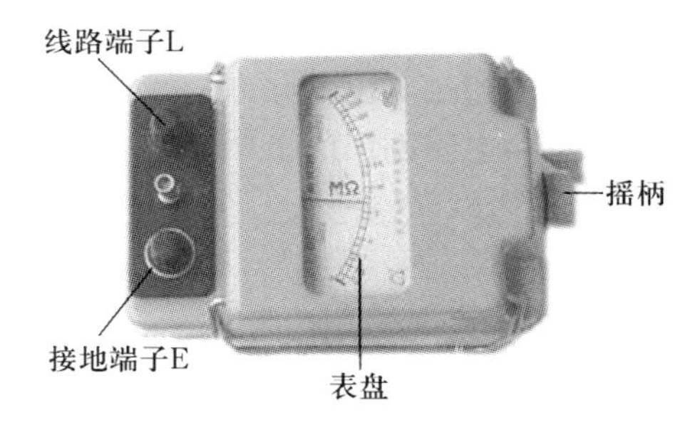

图 1.63 绝缘电阻表

表 1-1 绝缘电阻表的选用

被测对象	被测设备或线路额定电压/V	选用的兆欧表/V
线圈的绝缘电阻	≤500	500
	>500	1000
电机绕组绝缘电阻	≤500	1000
变压器、电机绕组绝缘电阻	>500	1000～2500
电器设备和电路绝缘	≤500	500～1000
	>500	2500～5000

绝缘电阻表是专供用来检测电气设备、供电线路的绝缘电阻的一种可携式仪表。电气设备绝缘性能的好坏，关系到电气设备的正常运行和操作人员的人身安全，为了防止绝缘材料由于发热、受潮、污染、老化等原因所造成的损坏，为使检查修复后的设备绝缘性能达到规定的要求，都需要经测量其绝缘电阻。

一般的绝缘电阻表主要是由手摇式发电机、比率型磁电系测量机构以及测量电路等组成。

2. 绝缘电阻表在测量前的准备工作

(1) 切断被测设备的电源，任何情况都不允许带电测量。

(2) 切断电源后应对带电体短接，及时放电，以确保人身和设备的安全。

(3) 被测件表面应擦拭干净，以消除被测件表面放电带来的误差。

(4) 用绝缘电阻表测量被测件前，应摇动手摇发电机至额定转速，一般为 120r/min，绝缘电阻表指针应指在“∞”处，然后将 L 和 E 两接线端子短接，缓慢摇动摇柄，绝缘电阻表指针应在“0”处。如果达不到上述要求，说明绝缘电阻表有故障需检修后再使用。

(5) 绝缘电阻表应放在平稳处使用，以免摇动摇柄时晃动。

3. 绝缘电阻表的操作技能

1) 使用前的开路、短路检查试验

使用前要检查绝缘电阻表是否正常，为此要做一次“开路”和“短路”检查试验。

① 做开路检查试验。此时是将绝缘电阻表的 L、E 接线端隔开(开路)，用右手摇动手

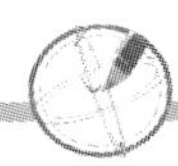

柄，左手拿表的接线端钮，并用左手掌按住绝缘电阻表，以防摇动手柄时仪表晃动，使测量不准。正常时表的指针指向“∞”处说明开路试验合格。

② 做短路检查试验。此时把表的两个接线端 L、E 合在一起(短路)，缓慢摇动手柄，正常时绝缘电阻指针应指向“0”处，如果摇几下，指针便指零，要马上停止摇动手柄，此时表明此表“短路”试验合格，如果再继续摇下去，会损坏仪表的。

如果上面两个检验不合格，则说明绝缘电阻表异常，需修理好之后再使用。

2) 使用后的操作

使用后，绝缘电阻表的 L、E 两接线端子的导线必须短接，使其放电，以免触电。

3) 使用注意事项

(1) 在进行测量前，应先切断被测线路或设备的电源，并进行充分放电(约需 2～3min)，以保证设备及人身安全。

(2) 绝缘电阻表与被测物之间的连接导线必须使用绝缘良好的单根导线，不能使用双股绞线，且与 L 端连接的导线一定要有良好的绝缘，因为这一根导线的绝缘电阻与被测物的绝缘电阻想并联，对测量结果影响很大。

(3) 绝缘电阻表要放在平稳的地方，摇动手柄时，要用另一只手扶住表，以防表身摆动而影响读数。

(4) 摇动手柄时要先慢后渐快，控制在 120±24 r/min 左右的转速，当表针指示稳定时，切忌摇动的速度忽快忽慢，以免指针摆动。一般摇动 1min 时作为标准读数。

(5) 测量电容器及较长电缆等设备绝缘电阻时，一旦测量完毕，应立即将 L 端钮的连线断开，以免绝缘电阻表向被测设备放电而损坏被测设备。

(6) 测量完毕后，在手柄未完全停止转动及被测对象没有放电之前，切不可用手触及被测对象的测量部分及拆线，以免触电。

(7) 测量完毕后，应先将连线端钮从被测物移开，再停止摇动手柄。测量后要将被测物对地充分放电。

四、 万用表

1. 万用表概述

一般万用电表(简称万用表)是一种可以测量多种电的物理量的多量程便携式仪表。万用表可以测量直流电压、直流电流、交流电压、交流电流、电阻等物理量，有的万用表还可以测量电容、电感以及晶体管的 β 值等。目前市场上万用表种类繁多，有袖珍式万用表，如 M15、MF16、MF30 等；中型便携式万用表，如 500 型、MF4、MF10 和 MF25 等；数字式万用表，如 PF5、PF3、VC890D 和 DT890D 等。

数字式万用表采用集成电路和液晶数字显示技术，具有准确度高、读数直观方便、耗电少、体积小、功能多等特点。图 1.64 为常用的 VC890D 型数字式万用表。

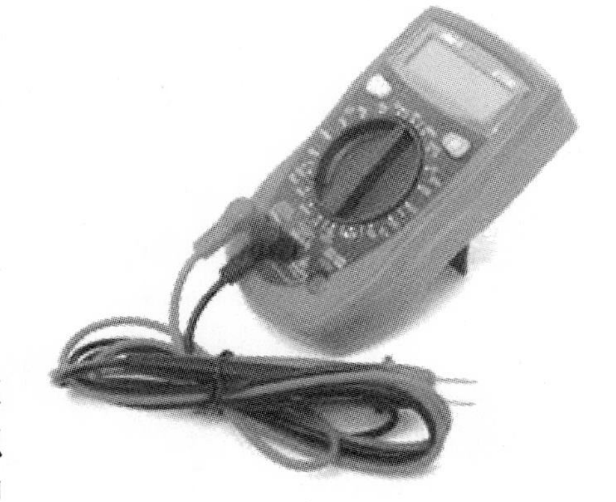

图 1.64　VC890D 型数字万用表

2. 万用表的使用和维护

万用表能测量的物理量种类多、量程多，而且表的结构形式各异，使用时一定要仔细观察，小心操作，以获得较准确的测量结果，同时注意保护万用表或设备免遭损坏。正确使用万用表应注意以下各点。

(1) 首先要选好插孔和转换开关的位置，红色测棒为“+”，黑色测棒为“-”，测棒插入表孔时，一定要严格按颜色和正负插入。测量直流电时，要注意正负极性；测量电流时，测棒与电路串联；测量电压时，测棒与电路并联。根据测量对象，将转换开关旋至所需位置，量程选择应和测量值接近，这样测量误差较小。在测量的量大小不详时应先用高挡试测，然后再改用合适量程。

(2) 万用表有多条标尺，一定要认清所对应的读数标尺(即被测量的种类、电流性质和量程)，不能图省事而把交流和直流标尺任意混用，更不能看错。

(3) 首先要注意人身安全，在测量 20V 以上电压量程时，人体不可接触表笔的金属部分，量程应确认选择正确。

(4) 当转换开关置于测电流或是电阻的位置上时，切勿用来测电压，更不能将两测棒直接跨接在电源上，否则万用表会因通过大电流而立刻被烧毁。

(5) 万用表每当测量完毕，应将转换开关置于空挡或是最高电压挡，不可将开关置于电阻挡上，以免两测棒被其他金属短接而使表内电池耗尽。此外，在测电阻时，如果两测棒短接后显示屏上不显示 0，则说明电池应该更换了。如万用表长期不用，应将电池取出，以防电池腐蚀而影响电表内其他的元件。

(6) 测量电阻时，应使被测电阻接近该挡的欧姆中心值。

(7) 严禁在被测电阻带电的状态下测量。

(8) 测电阻，尤其是大电阻，不能用两手接触测棒的导电部分，以免影响测量结果。

(9) 用欧姆表内部电池作测试电源时(如判断晶体管管脚)，注意此时测棒的正、负极性恰与电池极性是否相反。

(10) 测量容量较大的电容时，应先将被测电容放电。

五、 耐压测试仪

耐压测试仪是测量被测品耐电压强度的仪器。它能够准确、快速、直观、可靠地测试各种被测对象的击穿电压及漏电流等电气安全性能指标。耐压测试仪由高压升压回路、漏电流设定及检测回路、指示仪表等组成。下面以 WB2670A 型耐压测试仪为例进行说明，其外形如图 1.65 所示。高压升压回路调整输出电压至所需的值，漏电流设定及检测回路可设定击穿(保护)电流，试验过程中的显示漏电流，指示仪表直接读出试验电压值和漏电电流值(或设定击穿电流值)。样品在要求的试验电压作用下超过规定的时间时，仪器能自动或

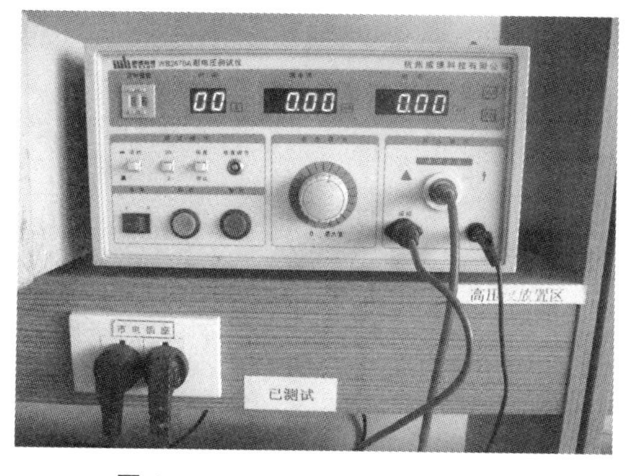

图 1.65 WB2670A 型耐压测试仪

是被动切断试验电压；一旦击穿，漏电流超过设定的击穿(保护)电流，仪器能够自动切断输出电压，并能同时报警。

六、 接地电阻测量仪

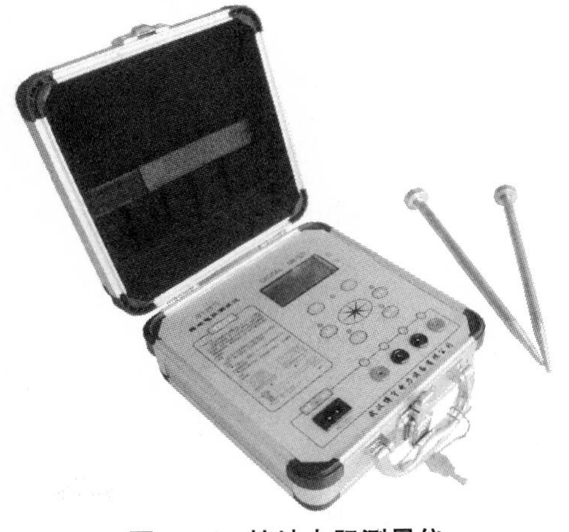

图 1.66　接地电阻测量仪

接地电阻测量仪适用于电力、邮电、铁路、通信、矿山等部门测量各种装置的接地电阻以及测量低电阻的导体电阻值；接地电阻测量仪还可以测量土壤电阻率及地电压。外形如图 1.66 所示。

接地电阻测量仪采用先进的中大规模集成电路，由机内 DC/AC 变换器将直流变为交流的低频恒流，经过辅助接地极和被测物组成回路，被测物上产生交流压降，经辅助接地极送入交流放大器放大，再经过检波送入表头显示。借助倍率开关，可得到 3 个不同的量限：0～2Ω、0～20Ω、0～200Ω。测试电路如图 1.67所示。

使用注意事项如下所示。

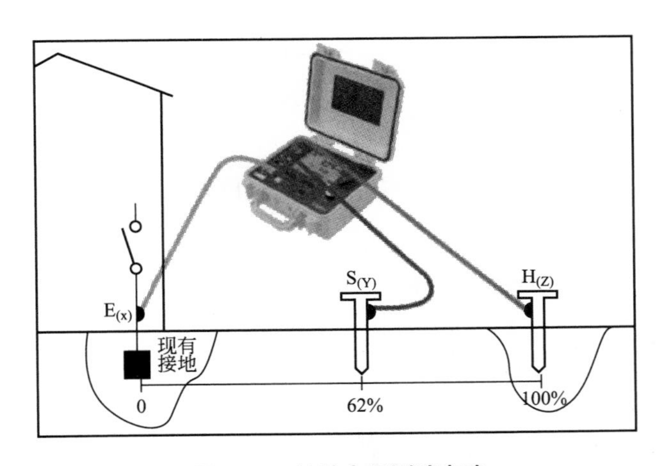

图 1.67　接地电阻测试电路

(1) 存放时，应注意环境温度湿度，应放在干燥通风的地方为宜，避免受潮，并防止酸碱及腐蚀气体。

(2) 测量保护接地电阻时，一定要断开电气设备与电源连接点。在测量小于 1Ω 的接地电阻时，应分别用专用导线连在接地体上。

(3) 测量大型接地网接地电阻时，不能按一般接线方法测量，可参照电流表、电压表测量法中的规定选定埋插点。

(4) 测量地电阻时最好反复在不同的方向测量 3～4 次，取其平均值。

(5) 仪表为交直流两用，不接交流电时，仪表使用电池供电；接入交流时，优先使用交流电。

(6) 当表头左上角显示"←"时表示电池电压不足，应更换新电池。仪表长期不用时，应将电池全部取出，以免锈蚀仪表。

课内实验　单股和7股导线的连接

一、 工具、仪器和器材

单股导线、多股导线、绝缘胶带、电工工具。

二、 工作程序及要求

(1) 单股导线直接连接。
(2) 单股导线T形连接。
(3) 多股(7股)导线的直接连接。
(4) 正确使用电工仪表与工具。

三、 评分标准(表1-2)

表1-2　评分标准

项目内容	配　分	评分标准			得　分
导线剖削	20	1. 导线剖削方法不正确，扣5分			
		2. 导线损伤	刀伤：每根扣5分		
			钳伤：每根扣5分		
导线连接	60	1. 导线缠绕方法不正确，每处扣10分			
		2. 导线缠绕不整齐，每处扣10分			
		3. 导线连接不紧、不平直、不圆，每处扣10分			
绝缘恢复	10	1. 绝缘带包缠不均匀，每处扣5分			
		2. 绝缘带包缠不紧密，每处扣5分			
		3. 绝缘带包缠有露出芯线部分，每处扣10分			
文明生产	10	每违反一次扣10分			
考核时间	40min	每超过5min扣5分，不足5min以5min计			
起始时间		结束时间		实际时间	
备　注	除超时扣分外，各项内容的最高扣分不得超过配分数			成　绩	

拓展实验　电动机的绝缘测试

一、 工具、仪器和器材

绝缘电阻表(2500V)、绝缘电阻表(1000V)、绝缘电阻（兆欧）表(500V)共3块；

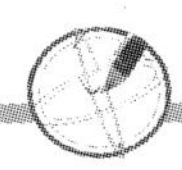

计时表、验电笔、标示牌、电工工具；额定电压 380V 三相电动机 1 台、测量用的绝缘线、接地线等。

二、 工作程序及要求

1. 电动机绝缘电阻测试

绝缘电阻表测量线路对地的绝缘电阻时，绝缘电阻表接线端钮 L 接线路的导线，接线端钮 E 接地；测量电动机绕组对地(外壳)的绝缘电阻时，绝缘电阻表接线端钮 L 与绕组接线端子连接，端钮 E 接电动机外壳，测量电动机或电气的相间绝缘电阻时，L 端钮和 E 端钮分别与两部分接线端子相连。具体步骤如下所述。

(1) 打开电动机接线盒，松开端接片。

(2) 按规定校对绝缘电阻表。

(3) 测试定子、转子绕组之间的绝缘电阻。如图 1.68 所示电动机绕组间绝缘性能测试，将绝缘电阻表的 E、L 接线柱分别接被测电动机两绕组，以 120r/min 的速度匀速摇动绝缘电阻表的手柄，待指针稳定后，读取示值并记录。用同样的方法测量其他绕组间的绝缘电阻。

(4) 测试每相绕组对地绝缘电阻。如图 1.69 所示电动机绕组对地绝缘性能测试，将绝缘电阻表的 E 接线柱与电动机的接地端子相连，L 接线柱接任意相绕组的一端，摇动绝缘电阻表，读取读数并记录。

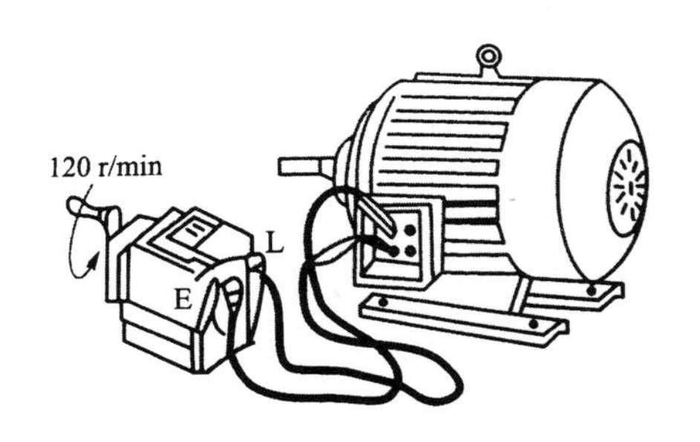

图 1.68　电动机绕组间绝缘性能测试

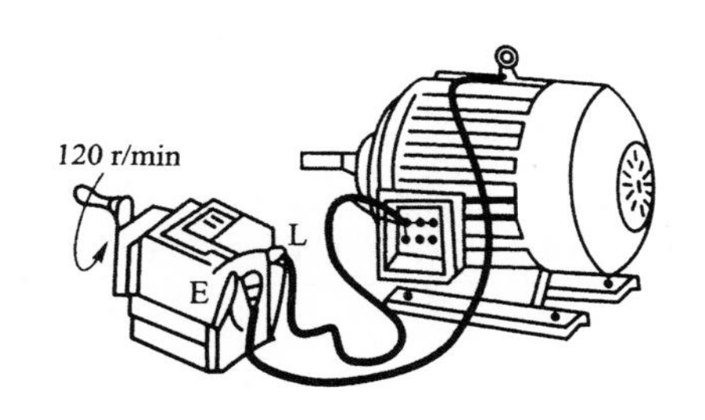

图 1.69　电动机绕组对地绝缘性能测试

(5) 将测量值与规定值进行比较。若小于规定值，必须对绕组进行干燥处理或做检修处理。

2. 交流电动机绝缘强度测试

试验电压的选择。1kW 以下电动机，试验电压为 500V 加 2 倍的额定电压，例如额定电压为 380V，则试验电压值为 1260V；1kW 以上电动机，试验电压为 1000V 加 2 倍的额定电压，例如试验电动机为 3kW/380V，则试验电压值为 1760V。高压电动机额定电压在 2～6kV 时，其试验电压规定为额定电压的 2.5 倍。

三、 评分标准(表 1 - 3)

表 1 - 3 评 分 标 准

<table>
<tr><th>项目名称</th><th>配　分</th><th colspan="3">评分标准</th><th>得　分</th></tr>
<tr><td>对电动机进行接地</td><td>5</td><td colspan="3">未对被测电动机作接地安全措施的扣 5 分</td><td></td></tr>
<tr><td>安全</td><td>5</td><td colspan="3">未作安全措施扣 5 分</td><td></td></tr>
<tr><td>表计选择</td><td>10</td><td colspan="3">绝缘电阻表电压范围选择错误扣 10 分</td><td></td></tr>
<tr><td>检查表计</td><td>10</td><td colspan="3">未对绝缘电阻表作开路和短路试验扣 10 分</td><td></td></tr>
<tr><td rowspan="2">转动摇表</td><td rowspan="2">10</td><td colspan="3">未达到所要求的转速(120r/min)扣 5 分</td><td rowspan="2"></td></tr>
<tr><td colspan="3">摇速不稳定扣 5 分</td></tr>
<tr><td rowspan="4">测量</td><td rowspan="4">20</td><td colspan="3">未逐相测试扣 5 分</td><td rowspan="4"></td></tr>
<tr><td colspan="3">未作测试记录扣 5 分</td></tr>
<tr><td colspan="3">测试基本一相时其他两相未作接地扣 5 分</td></tr>
<tr><td colspan="3">不能正确读数扣 5 分</td></tr>
<tr><td rowspan="2">对测试相放电</td><td rowspan="2">20</td><td colspan="3">绝缘电阻表未离开测试相就开始放电扣 10 分</td><td rowspan="2"></td></tr>
<tr><td colspan="3">摇测后未放电和接地扣 10 分</td></tr>
<tr><td>收拾仪表、材料、清理现场</td><td>5</td><td colspan="3">未收拾现场或不干净扣 5 分</td><td></td></tr>
<tr><td rowspan="2">安全措施及工作结束</td><td rowspan="2">15</td><td colspan="3">未撤遮栏扣 6 分</td><td rowspan="2"></td></tr>
<tr><td colspan="3">未向工作负责人汇报扣 8 分</td></tr>
<tr><td>考核时间</td><td>20min</td><td colspan="3">每超过 5min 扣 5 分，不足 5min 以 5min 计</td><td></td></tr>
<tr><td>起始时间</td><td></td><td>结束时间</td><td></td><td>实际时间</td><td></td></tr>
<tr><td>备　注</td><td colspan="3">除超时扣分外，各项内容的最高扣分不得超过配分数</td><td>成　绩</td><td></td></tr>
</table>

小　　结

本学习情境针对电工基本操作工艺的技能要求，从电工工具的使用、导线的连接及电工测量仪表的使用等方面讲述了电工操作的基本技能与方法，并结合课内试验及拓展试验对学生在导线线头连接、电工工具选择与使用、电工仪表选择与使用等进行实践技能训练。

习　　题

一、 填空题

1. 验电器又称为验电笔，是用来________、________和________是否带电的用具。除

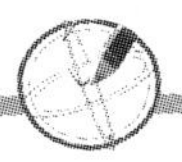

•此之外还可以用来区分________、________、________。

2. 螺丝刀又称改锥或起子，是________，适合电工使用有________和________两种。

3. 钢丝钳主要的用途是________。

4. 剥线钳是用来________的专用工具，它的手柄带有绝缘套，耐压________。

5. 断线钳是________的工具。

6. 电工刀是电工在安装和维修工作中用来________的专用工具。

7. 活络扳手是________的一种专用工具，开口可在一定范围内调节。

8. 电工仪表是________与保证各类电气设备及电力线路实现安全经济运行的重要装置。

9. 绝缘材料的主要作用是________。

10. 电工常用的绝缘材料按其化学性质不同，可分为________、________和________。

11. ________是用来测量大电阻值、绝缘电阻和吸收比的专用仪表。

12. 绝缘包扎带主要用作________。常用的有________、________、________。

13. 电工仪表按被测量性质可分为________、________、功率表、功率因数表、电能表、频率表、电阻表、绝缘电阻表和多种用途的________。

14. 常用的导线可分为________、________和________。

15. 钳式电流表实际上是由________组成的组合仪器。

二、 判断题

(　　)1. 绝缘子的主要作用是支持和固定导线。

(　　)2. 活络扳手在使用时应注意不能当撬棒和手锤使用。

(　　)3. 电工所用的带绝缘手柄的断线钳其耐压为1000V。

(　　)4. 钢丝钳在使用中可以代替榔头敲打物件。

(　　)5. 电阻系数小于$10^9\Omega \cdot cm$的材料在电工上称为绝缘材料。

(　　)6. 测量绝缘电阻前，将被测设备对地放电，测量时禁止他人接近设备。

(　　)7. 使用钳形电流表测量电流时，发现量程挡位选择不合适，应立即在测量过程中切换量程挡，使之满足要求。

(　　)8. 电气设备工作电压在500V以上时，应使用额定电压500～1000V的绝缘电阻表测量其绝缘电阻。

(　　)9. 一般不能用绝缘电阻表对电气设备进行耐压试验。

(　　)10. 绝缘电阻表、万用表都能测量绝缘电阻，只是适应范围不同，但其基本原理是一样的。

(　　)11. 万用表的转换开关是用来选择不同的被测量物理量和不同量程的切换元件。

(　　)12. 使用万用表欧姆挡先调零，是为了消除电池电压变化的误差，故连续换挡使用时可不必每次调零。

(　　)13. 使用万用表欧姆挡可以测量小电阻。

(　　)14. 测量直流电流时，除应将直流电流表与负载串联外，还应注意将电流表的正确端钮接到电路中电位较高的点。

(　　)15. 测量接地电阻时，应先将接地装置与电源断开。

三、选择题

1. 对于电动机，在选择熔体的熔断电流时，一般选额定电流的(　　)倍。

A. 1.5　　B. 1.6　　C. 2.0　　D. 2.5

2. B级绝缘材料的极限工作温度是(　　)。

A. 90℃　　B. 105℃　　C. 120℃　　D. 130℃

3. 塑料安装座不适宜用在(　　)的场合，否则容易老化，降低使用寿命。

A. 高温及受强烈阳光照射　　B. 潮湿

C. 有酸、碱等物质　　D. 空旷、开阔的空地

4. 对于新安装的和停用3个月以上的电动机和启动设备，应用500V绝缘电阻表测量其绝缘电阻。若绝缘电阻小于(　　)MΩ，则必须进行烘干处理。

A. 0.5　　B. 1　　C. 2　　D. 1.5

5. 接地电阻测量仪是用于测量(　　)的。

A. 小电阻　　B. 中值电阻　　C. 绝缘电阻　　D. 接地电阻

6. 测量直流电位时，电压表的“—”端钮要接在(　　)。

A. 电路中电位较高的点　　B. 电位较低的点

C. 负载两端中任何一端　　D. 电路中接地点

7. 用钳形电流表测量较小负载电流时，将被测线路绕2圈后夹入钳口。若钳形表读数为6A，则负载实际电流为(　　)。

A. 2A　　B. 3A　　C. 6A　　D. 12A

8. 测量交流低压50A以上大电流负载的电能，采用(　　)。

A. 专门的大电流电能表　　B. 电能表并联分流电阻接入电路

C. 电能表经电流互感器接入电路　　D. 两只电能表并联后接入电路

9. 接地电阻测量仪是用于测量(　　)的。

A. 小电阻　　B. 中值电阻　　C. 绝缘电阻　　D. 接地电阻

10. 测量工作电压为380V以下的电动机绕组绝缘电阻时应选(　　)。

A. 500型万用表　　B. 500V绝缘电阻表

C. 1000V绝缘电阻表　　D. 2500V绝缘电阻表

四、简答题

1. 电工常用的手动电工工具各有什么用处？应怎样使用与维护保养？
2. 电工常用的电动机械工具各有什么用处？怎样选用？
3. 导线分为哪两类？各有什么用途？各有哪些主要品种？
4. 恢复导线绝缘层应掌握哪些基本方法？
5. 用数字式万用表测量电阻的方法如何？应注意哪些事项？
6. 钳形电流表使用时应注意哪些事项？
7. 如何用绝缘电阻表测量照明或动力线路的绝缘电阻？
8. 如何用绝缘电阻表测量电动机的绝缘电阻？

学习情境二

照明装置的安装与调试

情境描述

通过对电气照明设备的安装、接线及调试内容的学习，要求了解照明装置的种类，掌握线管配线、敷设及布线的方法、各类照明装置的安装方法，熟悉照明装置安装接线图，并能根据接线原理图进行照明装置的正确安装、接线及调试。

学习目标

(1) 掌握室内线路的安装要求及工序。
(2) 掌握塑料护套、绝缘子及线管配线的方法。
(3) 掌握常用照明装置的安装与调试方法。
(4) 培养标准化作业实施能力。

学习内容

(1) 照明装置的种类。
(2) 室内线路的安装。
(3) 日光灯灯具、开关及插座安装。
(4) 典型照明电路的安装及接线。

任务一　照明设备的安装

一、照明装置的种类

照明以电光源最为普遍，而电光源所需的电器装置称为照明装置，它包括灯具、灯座、开关、插座及其他附件等。

照明装置的安装要求是正规、合理、牢固和整齐：①正规是指各种器具必须按照有关规范、规程和工艺标准进行安装，达到质量标准的规定；②合理是指选用的各种照明装置必须适用、经济、可靠，安装的地点位置应符合实际需要，使用要方便；③牢固是指各照明装置安装应牢固、可靠，达到安全运行和使用的功能；④整齐是指统一使用环境和统一要求的照明装置，要安装得横平竖直，品种规格要整齐统一，以达到型色协调和美观的要求。在安装的过程中，还要注意保持建筑物顶棚、墙壁、地面不被污染和损伤等。

1. 照明电光源

电光源按工作原理分类，可分为热辐射光源和气体放电光源两大类。热辐射光源主要利用电流的热效应，把具有耐高温、低发挥性的灯丝加热到白炽程度从而产生可见光，如白炽灯、卤钨灯等；气体放电光源主要是利用电流通过气体(蒸气)时，激发气体(或蒸气)电离和放电而产生可见光，按其发光物质可分为：金属、惰性气体和金属卤化物3种。高层建筑照明的电光源主要是：热辐射类有白炽灯和卤钨灯；气体放电类有荧光灯、高压汞灯、高压钠灯和金属卤化物灯。其中白炽灯和荧光灯被广泛应用在建筑物内部照明；金属卤化物灯、高压钠灯、高压汞灯和卤钨灯应用在广场道路、建筑物立面、体育馆等照明。

常用照明电光源的分类及特点见表2-1。

表2-1　常用照明电光源的分类及特点

种　类	优　　点	缺　　点	适用场合
白炽灯	结构简单，价格低廉，使用和维修方便	光效低，寿命短，不耐振动	用于室内外照度要求不高，而开关频繁的场合
碘钨灯	光效较高，比白炽灯高30%左右，构造简单，使用和维修方便，光色好，体积小	灯管必须水平安装(倾斜度小于4°)，灯管表面温度高(可达500～700℃)，不耐振动	广场、体育场、游泳池、车间、仓库等照度要求高，照射距离远的场合
荧光灯	光效较高，为白炽灯的4倍，寿命长，光色好	功率因数低，需附件多，故障比白炽灯多	广泛用于办公室、会议室和商店等场所
氙灯	光效极高，光色接近日光，功率可达到10kW到几十万瓦	启动装置复杂，需用触发器启动，灯在点燃时有大量紫外线辐射	广泛用于广场、体育场、公园、适合大面积照明

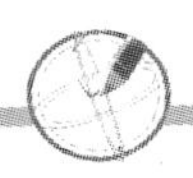

（续）

种　类	优　　点		缺　　点	适用场合
高压水银荧光灯	外附镇流器式	光效高，寿命长，耐振动	功率因数低，需附件，价格高，启动时间长，初启动4～8min，再启动5～10min	广场、大车间、车站、码头、街道、码头和仓库等场所
	自镇式	光效高，寿命高，无镇流器附件，使用方便，光色较好，初启动时无延时	价格高，不耐振动，再启动要延时3～6min	
钠灯	光效很高，省电，寿命长，紫外线辐射少，透雾性好		分辨颜色的性能差，启动时间为4～8min，再启动需10～20min	

2. 漏电开关

在低压配电线路中的主要故障为相间短路和单相接地短路故障。相间短路所产生的电流较大，可以用熔断器、断路器等开关设备来自动切断电源；而单相接地短路故障用熔断器、断路器等难以切断电源，亦即灵敏度太低，不能满足要求。

当电气线路或电气设备发生单相接地短路故障时会产生剩余电流。可以利用这种剩余电流来控制开关和继电器，达到切断故障线路或电气设备电源的目的。这类装置就是通常所说的“漏电保护电器”（又称为漏电开关）。

1）漏电开关的分类

漏电开关的分类有多种划分方法，比如按检测信号分，可分为电压型和电流型；按放大机构分，可分为电磁式和电子式；按极数分，可分为单极、二极、三极和四极；按相数分，可分为单相和三相。

另外，按漏电动作电流分，可分为高灵敏度、中灵敏度和低灵敏度；按动作时间分，可分为快速型、定时限型和反时限型。

2）漏电开关的选择

（1）型式的选择。漏电开关有电流动作型和电压动作型，电压动作型漏电开关由于在结构原理及实际使用中有不足之处，现已趋淘汰。所以一般选用电流动作型电磁式漏电开关，以求有较高的可靠性。

（2）极数的选择如下所述。

① 单相220V电源供电的电气设备，应选用二极二线式或单极二线式漏电开关。

② 三相三线制380V电源供电的电气设备，应选用三极式漏电开关。

③ 三相四线制380V电源供电的电气设备，或单相设备与三相设备共用的电路，应选用三极四线式或四极四线式漏电开关。

（3）额定动作电流快速性的选择。漏电开关的额定动作电流是指人体触电后流过人体能使漏电开关动作的电流。动作电流30mA以下，属高灵敏度；30～1000mA属中灵敏度；1000mA以上属低灵敏度。

快速性是指通过漏电开关的电流达到动作电流值时，漏电开关能迅速动作，一些说明

如下所述。

① 对于采用额定电压220V的办公室和家用电子电气设备，如计算机、电视机、电冰箱、洗衣机、微波炉、电饭锅、电熨斗等，一般应选用额定漏电动作电流不大于30mA，额定漏电动作时间在0.1s以内的快速动作型漏电开关。

② 在医院中使用的医疗电气设备，由于其经常接触病人，考虑到病人触电时的心室颤动值要比正常人低，因此在医疗电气设备供电线路中应选用额定动作电流为6mA，额定漏电动作时间在0.1s以内的快速动作型漏电开关。

③ 安装在潮湿场所的电气设备，应选用额定漏电动作时间在0.1s内的快速动作型漏电开关，其额定漏电动作电流为15～30mA。

④ 安装在游泳池、喷水池、水上游乐场、浴室等的照明线路，应选用额定漏电动作电流不大于10mA，额定漏电动作时间在0.1s以内的快速动作型漏电开关。

⑤ 在高温或特低温环境中的电气设备应优先选用电磁式漏电开关。

⑥ 雷电活动频繁地区的电气设备应选用冲击电压不动作型漏电开关。

⑦ 安装在易燃、易爆、潮湿或有腐蚀性气体等恶劣环境中的漏电开关，应根据有关标准选用特殊保护条件的漏电开关，否则应采取相应的防护措施。

⑧ 选用的漏电开关的额定漏电不动作电流，应不小于电气线路和设备的正常泄漏电流最大值的2倍。

(4) 级间协调。级间协调应保证分支线发生触电或漏电故障时不致越级跳闸。所以除动作电流值外，尚需保证动作时间的协调。一般情况下，分支线保护应为速动型，即动作时间小于0.1s；而总保护则采用延时型，其动作时间要大于0.2s。

3. 插座

插座是台灯、台扇、电视机、冰箱、电钻等各种电气设备的电源引接点。正确选择、放置和安装插座，是关系到用电安全的大事。

插座有明装插座和暗装插座；有单相两孔式、单相三孔式和三相四孔式；有扁孔插座，圆孔插座和扁孔、圆孔通用插座；有一位式(一个面板上一个插座)、多位式(一个面板上2～4个插座)；有普通型和防溅型等。

1) 插座的外形

(1) 明装插座。明装插座带后罩盒子的，后罩盒子直接带接电缆或尼龙管子的索头孔，一般工厂配电安装于墙壁上。常用明装插座的外形如图2.1所示。

(a) 单相二孔插座　　(b) 单相三孔插座　　(c) 三相四孔插座

图2.1　常用明装插座的外形

(2) 暗装插座。相对明装就是没有后罩盒子，一般用于机械设备或工程供电，安装面板上，一般五金面板都先开好安装槽，插座供电从面板里面走线。常用暗装插座的外形如

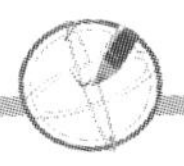

图 2.2 所示。

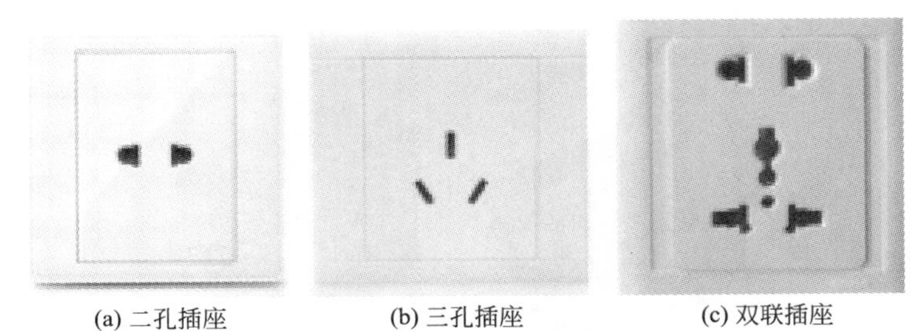

(a) 二孔插座　(b) 三孔插座　(c) 双联插座

图 2.2　常用暗装插座的外形

2）插座的选择

（1）插座质量的选择。插座的塑料零件表面应无气泡、裂纹，无明显的擦伤和毛刺等缺陷，并具有良好的光泽。

（2）插座类型的选择。

① 二孔插座是不带接地（接零）桩头的单相插座，用于不需接地（接零）保护的电气设备和家用电器；三孔插座是带接地（接零）桩头的单相插座，用于需要接地（接零）保护的电气设备和家用电器。

② 房间某处装设有多个家用电器，可选择多位插座。

③ 对专门用来使用电视机的插座，可选用带开关扁圆两用插座，使用时开、闭插座上开关，可延长电视机本身开关的使用寿命。

④ 若要在厨房、卫生间等潮湿的场所安装插座，最好选用有罩盖的防溅插座，可防止水滴进入插孔。

（3）插座额定电流的选择。插座的额定电流应根据负载的电流来选择，一般应按两倍负载电流的大小来选择。

插座的额定电流有 10A、15A 和 30A 等多种。10A 插座的接线端子上应能可靠地连接一根或两根 1～2.5mm^2的导线；15A 插座的接线端子上应能可靠地连接一根或两根 1.5～4mm^2的导线；30A 插座的接线端子上应能可靠的连接一根或两根 2.5～6mm^2的导线。

4. 开关

开关的作用是控制电路的通断，它分为明装式和暗装式两种。

1）开关的外形

（1）明装式开关。明装式开关应用最普遍的有拉线开关和平开关（又称为扳把式开关）两种，均适用于户内，其外形如图 2.3 所示。

(a) 拉线式

(b) 扳把式

图 2.3　明装式开关的外形

(2) 暗装式开关。暗装式开关适用于一般户内环境，常用的有跷板式(又称为键式)和扳把式，如图 2.4 所示。

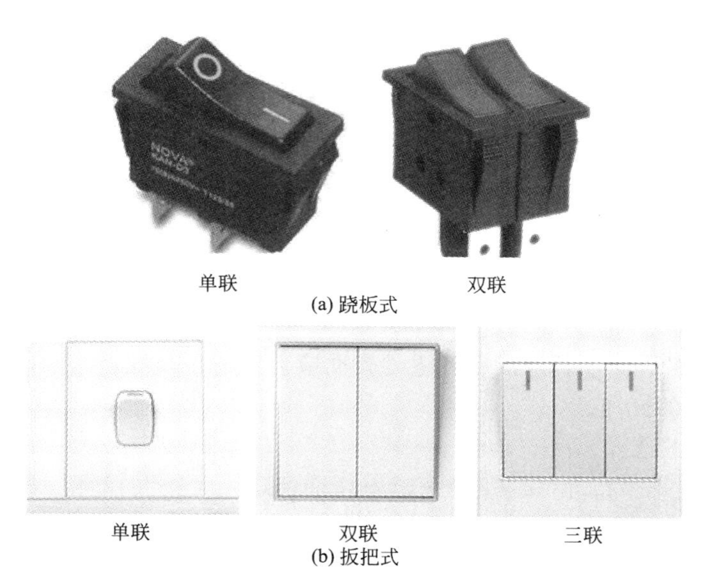
单联　双联
(a) 跷板式
单联　双联　三联
(b) 扳把式

图 2.4　暗装式开关

跷板式暗装开关的板面是开关按键，板后装有开关动、静触头和接线柱。面板分为单联、双联和三联等多种。

扳把式暗装开关由盖板和开关两部分组成。开关安装在一块桥板上，并在桥板上有承装盖板的螺栓，扳把式暗装开关也分为单联、双联和三联多种。

2) 开关的选择

(1) 开关质量的选择。各种灯开关的内部构造基本相似，都由导电部分动、静触头及操作机构和绝缘构件 3 部分组成。无论选用哪种开关，都必须选用经过国家有关部门技术鉴定的正规生产厂家的合格产品。

开关在通过额定电流时，其导电部分的温升不超过 50℃。开关的操作机构应灵活轻巧，接线端子应能可靠地连接一根或两根 1～2.5mm^2的导线。

开关的塑料或胶木表面应无气泡、裂缝、铁粉、肿胀、明显的擦痕和毛刺等缺陷，并有良好的光泽等。

(2) 开关额定电压和电流的选择。照明电一般都为 220V 电源电压，可选择额定电压为 250V 的开关，开关的额定电流由负载的额定电流来决定。

用于普通照明时，可选用 2.5～10A 的开关；用于大功率负载时，应计算出负载电流，再按两倍负载电流的大小选择开关的额定电流。

5. 低压熔断器

低压熔断器是低压配电网络和电力拖动系统中主要短路保护器。使用时，熔断器应串联在被保护的电路中。正常情况下，熔断器的熔体相当于一段导线；而当电路发生短路故障时，熔体能迅速熔断分断电路，起到保护线路和电气设备的作用。

熔断器主要由熔体、安装熔体的熔管和熔座 3 部分组成。低压熔断器的主要类型有插

式熔断器、螺旋式熔断器、封闭管式熔断器、有填料封闭管式熔断器、有填料封闭管式圆筒帽形熔断器、有填料快速熔断器、自复式熔断器等，各种类型低压熔断器如图 2.5 所示。

(a) RC1A系列瓷插式熔断器

(b) RL1系列螺旋式熔断器

(c) RM10系列封闭管式熔断器

(d) RT0系列有填料封闭管式熔断器

(e) NG30系列有填料封闭管式圆筒帽形熔断器

(f) RS0、RS3系列有填料快速熔断器

(g) 自复式熔断器

图 2.5　低压熔断器

低压熔断器在安装时要注意以下几点。

(1) 用于安装使用的熔断器应完整无损。

(2) 熔断器安装时应保证熔体与夹头、夹头与夹座接触良好。

(3) 熔断器内要安装合格的熔体。

(4) 更换熔体或熔管时，必须切断电源。

(5) 对 RM10 系列熔断器，在切断过 3 次相当于分断能力的电流后，必须更换熔断管。

(6) 熔体熔断后，应分析原因排除故障后，再更换新的熔体。

(7) 熔断器兼作隔离器件使用时，应安装在控制开关的电源进线端。

二、照明灯具的安装

1. 白炽灯的安装

白炽灯的安装有室外、室内两种。室内白炽灯的安装通常有悬吊式、吸顶式和壁式 3

种，如图 2.6 所示。

（a）悬吊式　　（b）吸顶式　　（c）壁式

图 2.6　室内白炽灯的安装

1）悬吊式白炽灯的安装

（1）木台(圆木或塑料台)的安装。先在准备安装挂线盒的地方打孔，预埋木枕或膨胀螺栓，如图 2.7(a)所示；然后在木台底面用电工刀刻两条槽，木台中间钻 3 个小孔，如图 2.7(b)所示；最后将两根导线嵌入木台槽中，并将两根电源线头分别从两个小孔中穿出，通过中间小孔用木螺钉将木台加以固定，如图 2.7(c)所示。

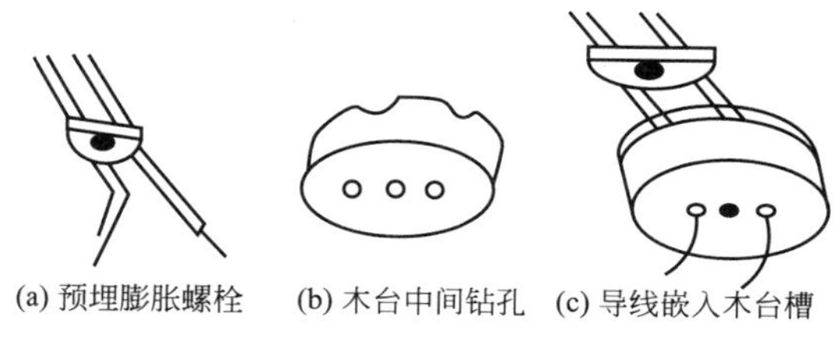

(a) 预埋膨胀螺栓　(b) 木台中间钻孔　(c) 导线嵌入木台槽

图 2.7　木台(塑料台)的固定

（2）吊线盒的安装。先将圆木上的电线从吊线盒底座孔中穿出，用木螺钉把吊线盒紧固在圆木上，如图 2.8(a)所示；接着将电线的两个线头剥去 2cm 左右长的绝缘皮，然后将线头分别旋紧在吊线盒的接线柱上，如图 2.8(b)所示；最后按灯的安装高度(离地面 2.5m) 取一股软电线作为吊线盒的灯头连接线，上端接吊线盒的接线柱，下端接灯头。在离电线上端约 5cm 处打一个结，如图 2.8(c)所示，使结正好卡在吊线盒盖的线孔里，以便承受灯具重量将电线下端从吊线盒盖孔中穿过，盖上吊线盒盖就行了，如果使用的是瓷吊线盒，软电线上先打结，两根线头分别插过瓷吊线盒两棱上的小孔固定，再与两条电源线直接相接，然后分别插入吊线盒底座平面上的两个小孔里，其他操作步骤不变。

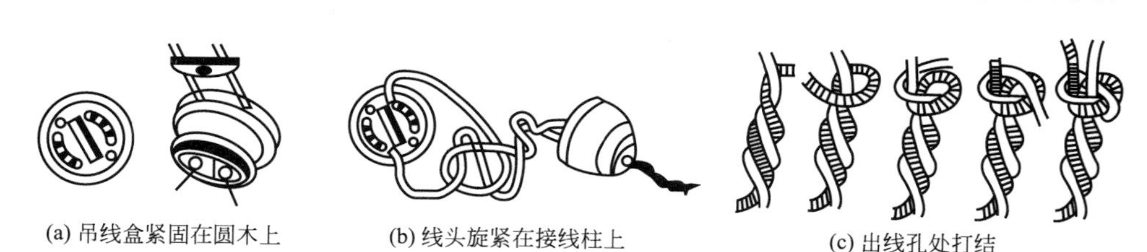

(a) 吊线盒紧固在圆木上　(b) 线头旋紧在接线柱上　(c) 出线孔处打结

图 2.8　吊线盒的安装

（3）灯头的安装。旋下灯头盖子，将软线下端穿入灯头盖孔中，在离线头 3cm 处照上述方法打一个结，把两个线头分别接在灯头的接线柱上，如图 2.9(a)所示；然后旋上灯头

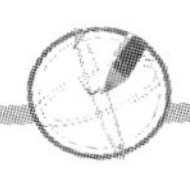

盖子，如果是口灯头，相线应接在中心铜片相连的接柱上，如图 2.9(b)所示，否则容易发生触电事故。

(4) 开关的安装。控制白炽灯的开关，应串接在通往灯头的相线上，也就是相线通过开关才进灯头。一般拉线开关的安装高度距地面 2.5m，扳把开关距地面 1.4m，安装扳把开关时，开关方向要一致，一般向上接为“合”，向下扳为“断”。首先在准备安装开关的地方打孔，预埋木枕或膨胀螺钉；再安装圆木(将圆木刻两道槽，钻 3 个小孔，把两根电线嵌入槽，经两旁小孔穿出，用木螺钉固紧在木枕上)然后在圆木上安装开关底座，最后将相线接头、灯头与开关连接的那头分别接在开关底座的两个接线柱上，旋上开头盖就行了。

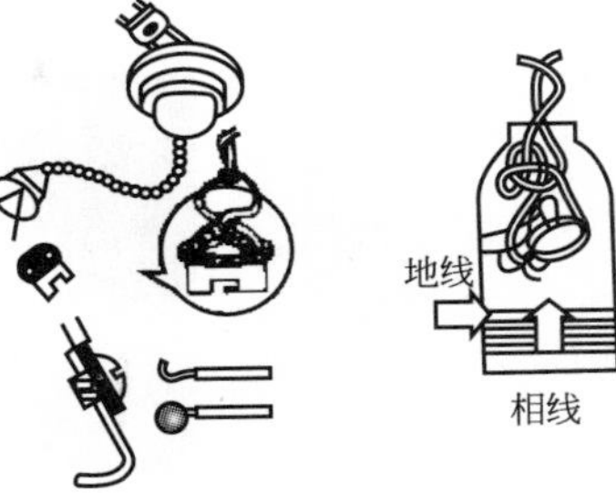

(a) 线头安装在灯头接线柱上　(b) 相线接在接线柱上

图 2.9　灯头的安装

经过以上 4 个步骤，白炽灯的安装就基本完成，装完整的全套灯具如图 2.10 所示。

2) 壁灯的安装

壁灯型号和规格繁多，壁灯安装一般在公共建筑楼梯、门厅、浴室、厨房等地方，具体的安装部位均为墙面和柱面。壁灯的灯具不重，通常是由灯罩、灯座和灯具基座 3 部分组成。其中灯具基座既是固定在建筑面上的支撑件，又是承装灯座和灯罩的连接件。壁灯的安装方法比较简单：首先，要确定安装位置，壁灯的安装高度应略超过视平线，在 1.8m 高左右，待位置确定好后进行灯座固定，先取出里面的支架在墙上做个记号，然后采用预埋件或打孔的方法，再塞进膨胀管用螺丝固定支架，再把灯接好线就可以了。不过在操作过程成要注意不要打到电线的位置。壁灯的安装如图 2.11 所示。

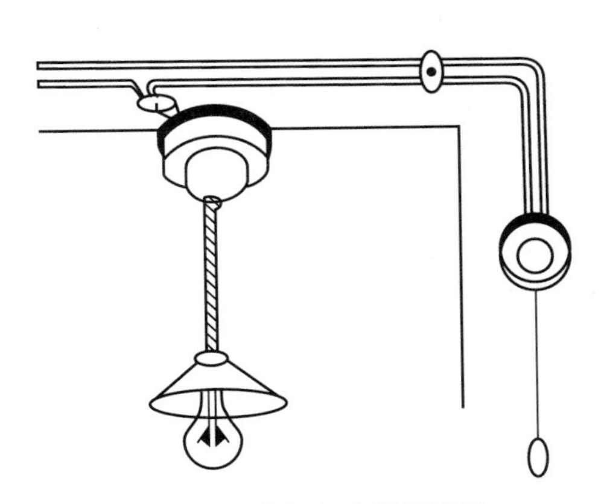

图 2.10　白炽灯安装示意图

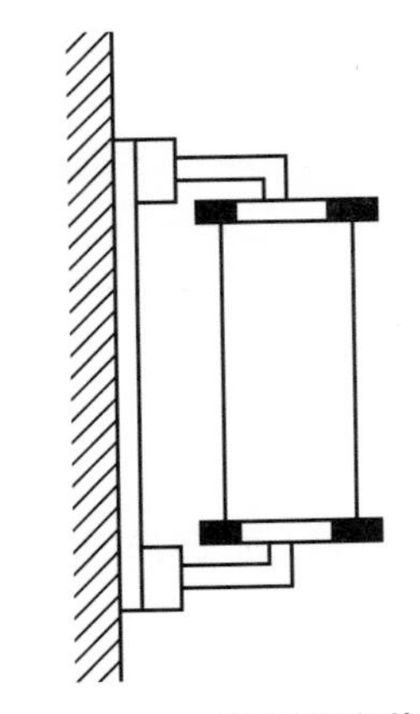

图 2.11　壁灯的安装

3) 吸顶灯的安装

吸顶灯可直接装在天花板上，安装简易。首先把吸顶灯灯罩拆开，把底座上自带的一点线头去掉，如图 2.12(a)所示；然后把灯管取出来，如图 2.12(b)所示；把底座放到预安装位置上，画好安装孔，如图 2.12(c)所示；按照吸顶灯的安装孔位，在天花上打眼，如图 2.12(d)所示；在打好眼的地方打入膨胀螺钉，用以固定灯，如图 2.12(e)所示；把

底座放上去，转个角度，带紧螺丝，如图 2.12(f)所示；接线要注意安装牢固，以免以后松动，如图 2.12(g)所示；最后把灯管和灯罩装上去即可。

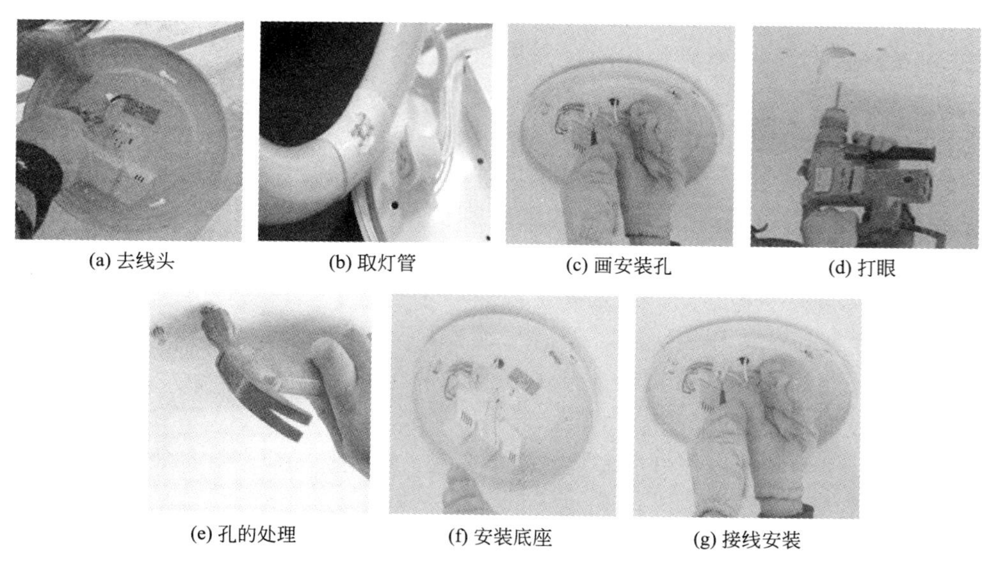

(a) 去线头　(b) 取灯管　(c) 画安装孔　(d) 打眼

(e) 孔的处理　(f) 安装底座　(g) 接线安装

图 2.12　吸顶灯的安装

2. 荧光灯的安装

荧光灯是由灯管、镇流器、启辉器、灯架 4 部分组成。现在常见的荧光灯灯架都是铁皮制作的，灯架的两头有接触头用于装入灯管，而镇流器通常用螺钉安装在灯架的中间层里。灯架的一头有一个圆孔，用于插入启辉器。安装时将灯座、启辉器和镇流器按图 2.13 所示位置安装，将这些配件位置确定后进行接线，由镇流器一端开始，镇流器接至灯管一头的灯丝一端，再由灯丝另一端接至启辉器，然后又由启辉器另一端连接至光管另一头的灯丝一端，最后将灯丝的另一端和镇流器的另一端用导线到处。注意，镇流器的引出线下一步是接至控制开关，而由灯丝一端的引出线是接至电源中性线的。然后安装开关，开关的两个接线柱一端由镇流器的引出线接入，一端由电源相线接进。再把启辉器装入底座，把荧光灯灯管转入灯座，接上电源(相线进开关，中性线接光管灯丝引出线)光管就能工作了。最后将灯管两头的触头对准灯架两端的触头，划入其中，然后转动灯管即可完成荧光灯的安装。

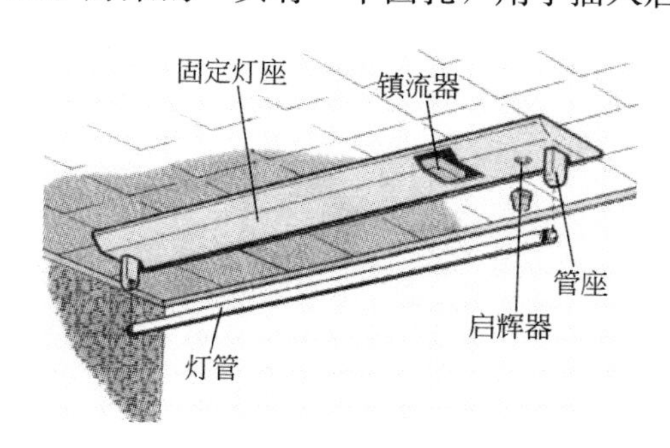

图 2.13　荧光灯的安装

3. 碘钨灯的安装

(1) 碘钨灯安装时，必须保持水平位置，水平线偏角应小于 4°，如图 2.14 所示；否则会破坏碘钨循环，缩短灯管的使用寿命。

(2) 碘钨灯发光时，灯管周围的温度很高，因此灯管必须安装在专用的有隔热装置的金属架上，切不可安装在易燃的木制灯架上，同时不可在灯管周围放置易燃物品，以免发

生火灾。

(3) 灯架离可燃建筑面的净距不得小于1m，以免出现烤焦或引燃事故。

(4) 灯架离地垂直高度不宜低于6m(指固定安装的)，以免产生眩光。

图2.14　碘钨灯的安装

4. 高压汞灯的安装

(1) 高压汞灯功率在125W及以下的，应配用E27型瓷质灯座；功率在125W以上的，应配用E40型瓷质灯座。

(2) 镇流器的规格必须与高压汞灯灯泡的功率一致，镇流器宜安装在灯具附近，并应装在人触及不到的位置，并在镇流器上覆盖保护物。镇流器装在室外时应有防雨措施。

(3) 当外壳玻璃破碎后，高压汞灯虽能点亮，但大量的紫外线会烧伤人的眼睛，所以应立即停止使用并调换灯泡。

(4) 供高压汞灯线路的电压应尽可能稳定。因为当电压降低5%时，灯泡会自灭，要再启动，需隔10～15min灯泡冷却后才能启动，所以高压汞灯不宜装在电压波动较大的线路上。

(5) 高压汞灯应垂直安装。如水平安装点亮时，其输出的光通量会减少7%，而且容易自灭。

5. 氙灯的安装

(1) 灯管悬挂高度，视功率大小而定，10kW不宜低于20m，20kW不宜低于25m。

(2) 触发器与灯管间的距离不宜超过3m，以减少高频能量在线路中的损耗；触发器接线应牢固，以防发热烧坏触发器；触发器高压出线端不应碰到金属外壳，位置固定时，必须用30kV耐压的绝缘子绝缘，以防高压对地击穿。

(3) 灯管安装完毕后，要用棉花蘸四氯化碳擦拭灯管表面，去掉污垢，以免影响使用效果。

(4) 用触发器引燃时，如发现灯管内有闪光，但没有形成一条充满管径的电弧通道时，首先检查一下电源电压是否太低(一般不宜低于210V)，然后再适当调节触发器内放电火花间隙的距离，使其控制在0.5～2mm。

6. 漏电开关的安装

1) 安装场所

下列场所应优先安装漏电开关。

(1) 对俱乐部、幼儿园、重要建筑物以及防火要求较高的场所和触电危险性大的用电设备，均应安装漏电开关。

(2) 对潮湿、高温、金属占有比例大及其他导电良好的场所，其用电设备必须安装独立的漏电开关。

(3) 建筑施工场所、临时线路的用电设备除Ⅲ类外的手持式电动工具和移动式生活用电器，以及其他移动式用电设备，必须安装漏电开关。

(4) 对新制造的低压配电柜(箱、屏)、操作台、试验台以及机床、起重机械、各种传动机械等机电设备的动力配电箱，应优先采用具有漏电开关的电气设备。

2) 安装位置

漏电开关一般安装在配电板上的总开关或熔断器后面，电源进线必须接在漏电保护器的正上方，即外壳上标有“电源”或“进线”端；出线均接在下方，即标有“负载”或“出线”端。倘若把进线、出线接反了，将会导致保护器动作后烧毁线圈或影响保护器的接通、分断能力，如图 2.15(a)所示。漏电保护器应安装在进户线截面较小的配电盘上或照明配电箱内，如图 2.15(b)所示，安装在电度表之后，熔断器之前。所有照明线路导线(包括中性线在内)，均必须通过漏电保护器，且中性线必须与地绝缘。漏电开关应垂直安装，倾斜度不得超过 5°，安装漏电保护器后，不能拆除单相闸刀开关或熔断器等，这样一是维修设备时有一个明显的断开点；二是在刀闸或熔断器起着短路或过负荷保护作用。

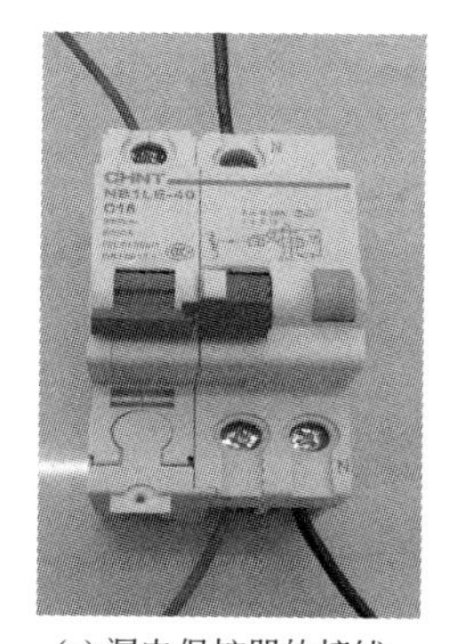

(a) 漏电保护器的接线

(b) 配电盘上的漏电保护器

图 2.15 漏电开关的安装

3) 安装接线

(1) 漏电开关标有负载侧和电源侧时，应按规定接线，不得接反。

(2) 接线时必须严格区分中性线与保护线，三相四线式漏电开关的中性线应接入漏电开关，经过漏电开关的中性线不得作为保护线，不得重复接地或连接设备外露的导电部分。保护线不得接入漏电开关。

4) 安装接线的注意事项

(1) 带有短路保护的漏电开关，必须保证在电弧喷出方向有足够的飞弧距离。飞弧距离大小按漏电开关生产厂的规定。

(2) 安装时必须严格区分中性线和保护零线，三相四线或四级式漏电开关的中性线应接入漏电开关。经过漏电开关的中性线不得作为保护零线，不得重复接地或接设备外露可导电部分。保护线不得接入漏电开关，否则可能产生误动作或拒动作现象。

(3) 安装漏电开关后，被保护电气设备的金属外壳，建议仍采用保护接地或保护接零，这样做安全性更好。专用保护接地或接零线不应通过漏电开关零序电流互感器，以免漏电开关丧失漏电保护功能。

(4) 已通过熔断器或漏电保护零序电流互感器的工作零线，均不能兼作保护零线，以

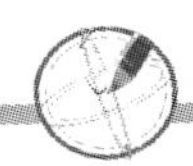

免漏电开关不起漏电保护功能。

(5) 漏电开关安装后的试验。漏电开关安装完毕后，应进行试验，试验项目有以下内容。

① 开关机构有无卡阻、滑扣。

② 测试相线与端子间，相线与外壳(地)间的绝缘电阻，其测量值不应低于 2MΩ。对于电子式漏电开关，不能在极间测量绝缘电阻，以免损坏电子元器件。

③ 在接通电源无负荷的条件下，用试验按钮试验 3 次，不应有误动作。

④ 带负载分合漏电开关或交流接触器 3 次，不应有误动作。

⑤ 各项分别用 3kΩ 试验电阻进行接地试验。

7. 开关的安装

1) 明装拉线开关的安装

具体安装步骤如下所述。

(1) 安装木榫。如图 2.16(a)所示，在固定拉线开关的中间位置，用冲击电钻打一个孔，安装木榫，供固定方木(圆木或塑料台)用。

(2) 将方木钻 3 个孔，其中中间的孔是固定螺钉用孔，其余两孔作电线穿入孔，如图 2.16(b)所示。

(3) 将电线穿入方木孔，把方木用木螺钉固定在木榫上，如图 2.16(c)所示。

(4) 固定拉线开关。把方木土的两根电线穿过拉线开关的引线孔后，摆正拉线开关在方木上的位置，用木螺钉固定好，如图 2.16(d)所示。

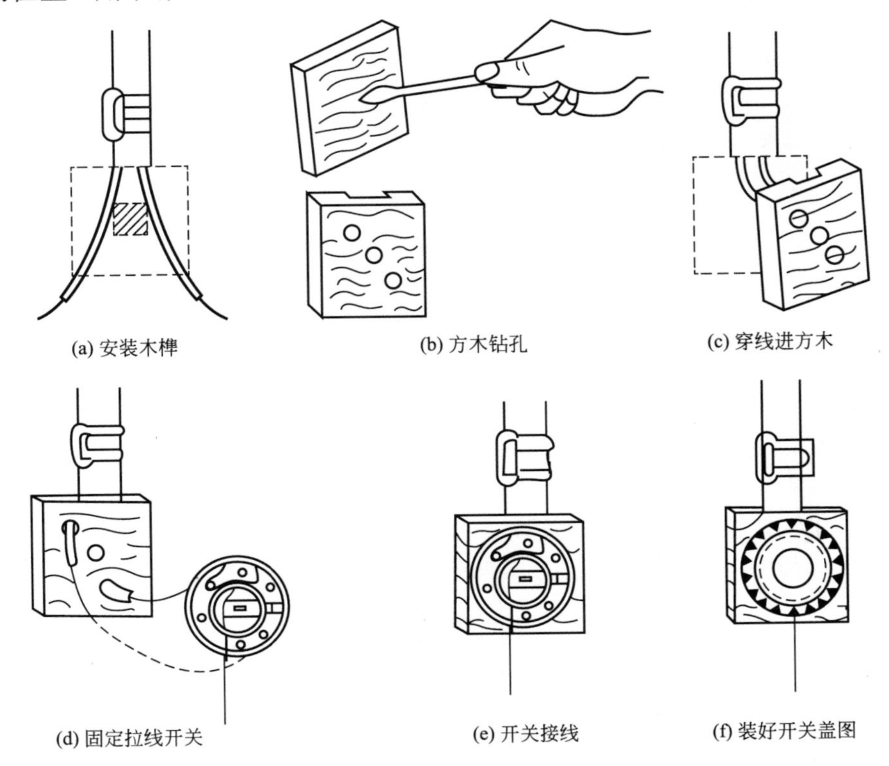

图 2.16　明装拉线开关的安装步骤

(5) 开关接线。剥去线头的绝缘层，将两线头分别拧装在开关的两个接线桩上，如图 2.16(e)所示。

(6) 接好电线，拉动线绳，合格的开关应能听到清脆的响声，且动作灵活；安装完毕，装上开关盖子，如图 2.16(f)所示。

平开关的安装方法与拉线开关相似，只是安装高度不同。

2) 暗装式开关的安装

暗装扳把式开关安装在铁皮盒内，暗装跷板式开关一般安装在塑料开关盒内，如图 2.17所示。

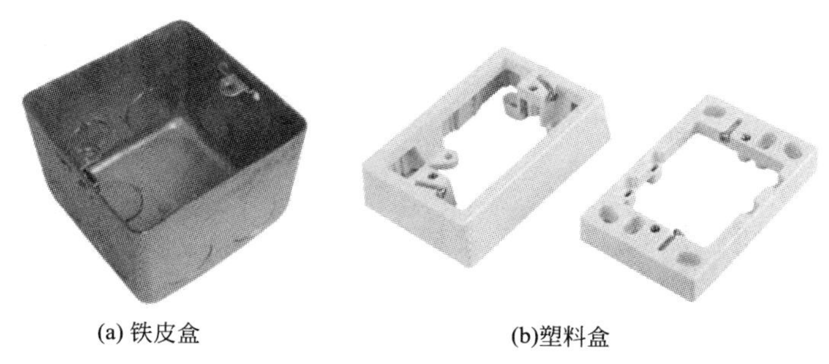

(a) 铁皮盒　　(b)塑料盒

图 2.17　暗装式开关的底盒

电线管内穿线时，开关盒内应留有足够长度的导线。安装接线如图 2.18 所示。

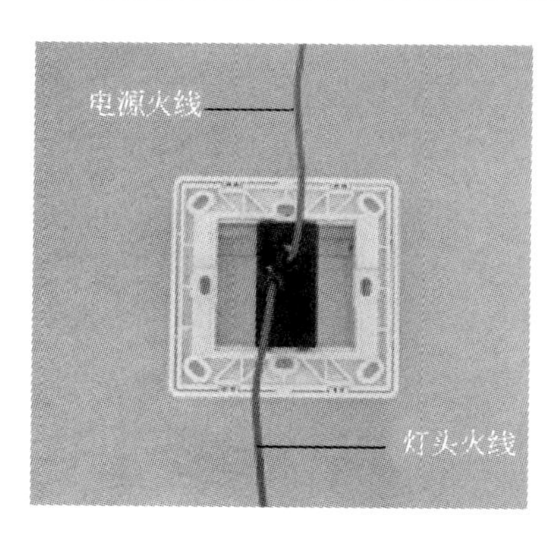

图 2.18　开关的接线

扳把式开关接线时，将电源相线接到一个静触头接线桩上，另一个动触头接触桩接来自灯具的导线，在接线时应接成扳把向上时开灯，向下时关灯，然后把开关芯连同支持架固定到预埋在墙内的铁皮盒上，应该把扳把上的白点朝下面安装，开关的扳把必须放正且不卡在盖板上，再盖好开关盖板，用螺栓将盖板固定牢固，盖板应紧贴墙面。

双联及多联暗装扳把式开关，每一联即是一只单独的开关，能分别控制一盏灯，电源相线并好头分别接到与动触头相连的接线柱上，将通往灯具的开关线接在开关的静触头接线柱上。

由两个开关在不同地点控制一盏灯时，应使用双控(又称为双联)开关。此开关应具有3 个接线桩，其中两个分别与两个静触头接通，另一个与动触头接通(称为公用桩)。双控开关用于照明线路时，一个开关的公用桩(动触头)与电源的相线连接，另一个开关的公用桩与灯座的一个接线桩连接；若采用螺口灯座时，应与灯座的中心铜片触头相连，灯座的另一个接线桩应与电源的中性线相连接。两个开关的静触头接线桩，用两根导线分别进行连接。

跷板式开关安装接线时，应使开关切断相线，并应根据开关跷板或面板上的标识确定面板的装置方向，跷板上有红色标记的应朝下安装。当开关的跷板和面板上无任何标识时，应装成跷板向下按时，处于断开的位置，即从侧面看跷板上部突出时灯亮，下部突出时灯熄，如图 2.19 所示。

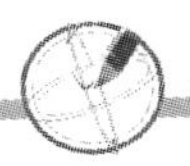

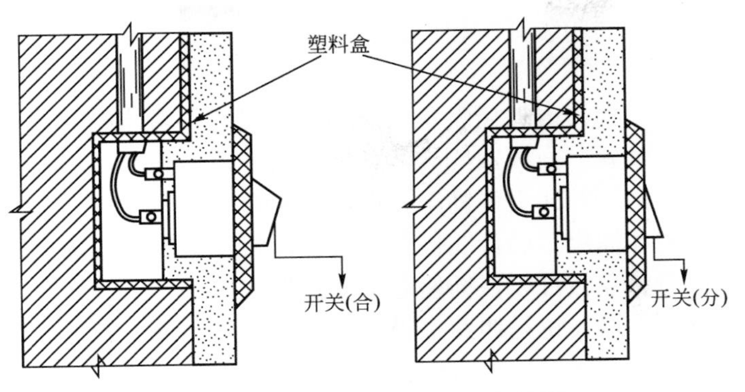

图 2.19　暗装跷板式开关通断位置

8. 插座的安装

1）插座的安装要求

(1) 插座垂直离地高度，明装插座不应低于 1.3m；暗装插座用于家庭的不应低于 0.15m，用于公共场所不应低于 1.3m，并与开关并列安装。

(2) 在儿童活动的场所，宜采用安全型插座，普通插座应装在不低于 1.8m 的位置上，否则应采取防护措施。

(3) 浴室、蒸汽房、游泳池等潮湿场所内应使用专用插座。

(4) 空调器的插座电源线，应与照明灯电源线分开敷设，应由配电板或漏电保护电器后单独敷设，插座的规格也要比普通照明、电热插座大。

2）明装插座的安装

双孔明装插座的安装步骤如图 2.20 所示。

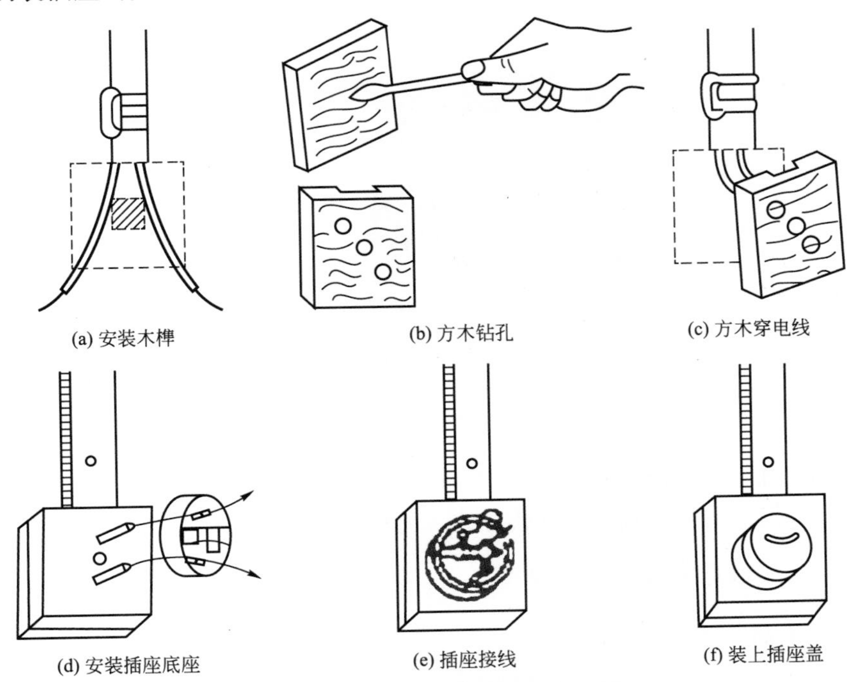

(a) 安装木榫　(b) 方木钻孔　(c) 方木穿电线

(d) 安装插座底座　(e) 插座接线　(f) 装上插座盖

图 2.20　双孔明装插座的安装步骤

明装插座的安装方法与明装开关相似。

3) 暗装插座的安装

暗装插座必须安装在墙体内的插座盒内，不应直接装入墙体内的埋盒空穴中，插座面板应与墙面齐平，不应倾斜。面板四周应紧贴墙面无缝隙、孔洞，固定插座面板的螺钉应凹进面板表面的安装孔内，并装上装饰帽，以增加美观。

安装插座时，需先在插座芯的接线桩上接线，再将固定插座芯的支持架安装在预埋墙体内的铁皮盒上，然后将盖板拧牢在插座芯的支持架上。

插座是长期带电的电器，也是线路中最容易发生故障的地方，插座的接线孔都有一定的排列位置，不能接错，尤其是单相带保护接地(接零)的三极插座，一旦接错，就容易发生触电事故。暗装插座接线时，应仔细辨别盒内分色导线，正确地与插座进行连接。

插座接线时应面对插座。单相两极插座在垂直排列时，上孔接相线(L线)，下孔接中性线(N线)，如图 2.21(a)所示；水平排列时，右孔接相线，左孔接中性线，见图 2.21(b)；单相三极插座接线时，上孔接保护接地或零线(PE线)，右孔接相线(L线)，左孔接中性线(N线)，见图 2.21(c)；三相四极插座接线时，上孔接保护接地或接零线(PE线)，左孔接相线(L1 线)，下孔接相线(L2 线)，右孔也接相线(L3 线)，见图 2.21(d)。

图 2.22 为单相三孔插座的接线的实物图。

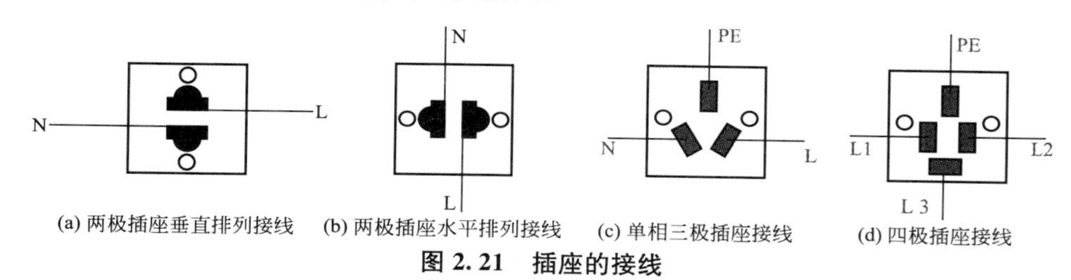

图 2.21　插座的接线

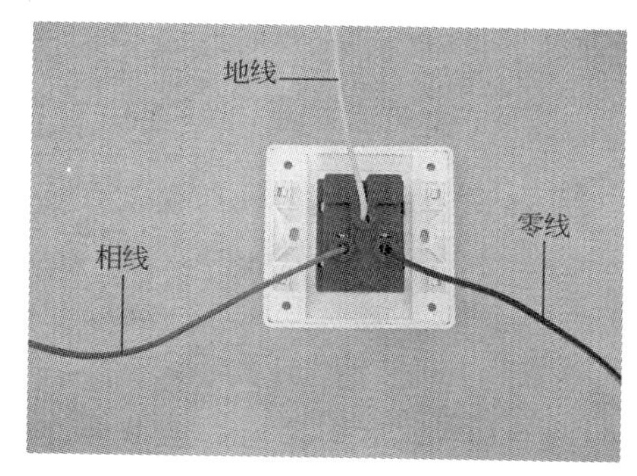

图 2.22　单相三孔插座的接线

暗装插座接线完成后，不要马上固定面板，应将盒内导线理顺，依次盘成圆圈状塞入盒内，且不允许使盒内导线相碰或损伤导线，面板安装后表面应清洁。

三、 照明装置的安装规程及竣工验收

1. 照明装置的安装规程

(1) 所有的白炽灯、荧光灯、高压水银荧光灯、碘钨灯等灯具、开关、插座、挂线盒

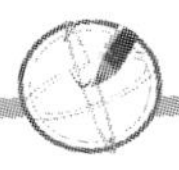

和附件等必须安装可靠、完整无缺，所有灯具、开关、插座应视工作环境的需要，如在特别潮湿、有腐蚀性蒸气和气体的场所或易燃、易爆的场所和户外等处，应分别采用合适的防潮、防爆、防雨的灯具和开关。

(2) 壁灯、吸顶灯应装牢在敷设面上，吊灯应装有挂线盒，每一只挂线盒只可装一盏电灯(多管荧光灯和特殊灯具除外)。吊灯线的绝缘必须良好，并不得有接头。在挂线盒内的接线应打好结扣，防止接线处受力使灯具跌落。超过1kg的灯具需用金属链条吊装或用其他方法支持，使吊灯线不受力。

(3) 各种吊灯离地面距离不应低于2m，潮湿、危险场所和户外应不低于2.5m，低于2.5m的灯具外壳应妥善接地，最好是用12～36V的安全电压。

(4) 各种照明开关必须串接在相线上，开关和插座离地高度一般不低于1.3m。特殊情况，插座可以装低，但离地不低于150mm，幼儿园、托儿所等处不允许装设低位插座。

(5) 明装的开关、插座和挂线盒，应装牢在合适的绝缘底座上；暗装的开关和插座应装牢在出线盒内，出线盒要有完整的盖板。

2. 照明装置的竣工验收

照明装置安装竣工以后，就要进行验收，在验收之前，安装人员必须对线路进行绝缘测试，然后对线路进行通电检查，最后对照明装置和线路的质量、安全进行竣工验收。

1) 对线路进行绝缘性能测试

线路的绝缘性能一般用ZC-25型500V绝缘电阻表进行测试。

(1) 单相线路需用绝缘电阻表测量相线与中性线两线间的绝缘电阻及相线与大地间的绝缘电阻、相线与用电设备外壳间的绝缘电阻。

(2) 三相四线制线路中，需要分别测量4根电线间的绝缘电阻及每根相线与大地间的绝缘缘电阻。

(3) 在进行线路绝缘性能测量前，应取下线路上所有的熔断器插座及接在线路上所有的用电设备和器具，然后在每段线路的熔断器下接线桩进行测试。

(4) 测量线路的绝缘电阻值，不应低于0.5MΩ。

2) 线路的通电检查

通电前，需要安装好用电器具(如灯泡、家用电器或电器设备)，并关断各用电设备及器具的开关，插上各路熔断器的熔丝，合上总开关及分路开关，用验电器检查各用电器是否带电，相线(火线)是否进开关，插座接线是否准确。

(1) 检查相线是否进开关。为了安全用电，相线必须进开关，以便调换灯泡等用电器具时，可不带电。

① 开关接在相线上。若开关已接在相线L上，如图2.23所示。

检查时，合上开关SA，灯泡亮，然后用验电器分别测试开关SA两接线桩头A和B，则验电器测试开关A端和B端氖泡均应亮；断开SA时，灯泡不亮，然后再用验电器分别测试开关SA两接线桩头A和B，别测得接在相线上开关的A桩头验电器的氖泡亮，而B桩头上氖泡不亮。此时说明相线是进开关的。

② 开关接在中性线N上。若开关错接在中性线N上，如图2.24所示。

检查时，合上开关SA，灯泡也会亮，然后用验电器分别测试开关SA两接线端桩头A和B，验电器的氖泡均不亮；断开开关SA时，灯泡不亮，然后再用验电器分别测试

开关 SA 两接线桩头 A 和 B，测得接中性线 N 的 A 桩头验电器的氖泡不亮，而接灯泡线的 B 桩头验电器的氖泡亮。说明中性线 N 进开关，而相线 L 进灯头，应将相线 L 改接进开关。

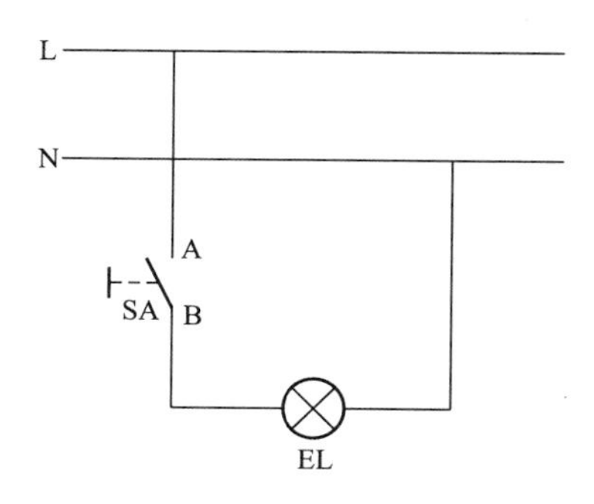

图 2.23　开关接在相线 L 上

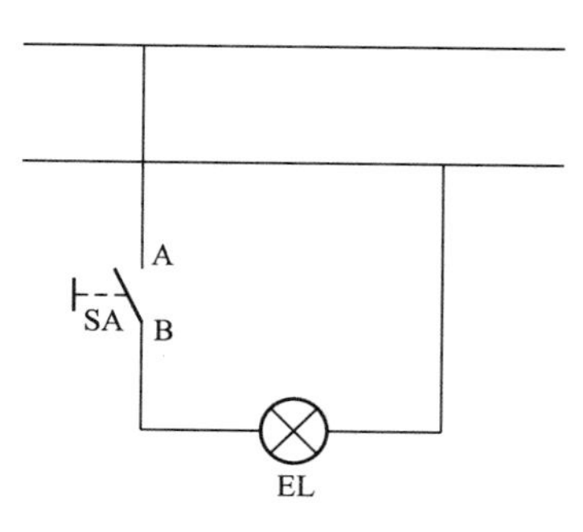

图 2.24　开关接在中性线 N 上

（2）检查插座接线。先用校灯对所有的插座进行检查，如所有插座检查时校灯均亮，然后再用验电器检查相线是否按规定接入插座，如接错应改接过来；若不改过来，虽然对正常用电不会有影响，但这是违反技术规程所规定的，对以后检修插座及使用家用电器和电气设备不利。

对于单相两孔和单相三孔插座的相线是否接线正确，只要用验电器即可测试出来，而对于单相三孔插座左孔的中性线(N 线)与上孔的保护接地线或保护零线(PE 线)接线是否正确，可以打开插座盒盖，查看 3 根引入线的颜色即可判断。一般规定，相线 L 的引入线为红色(其余两相为黄色和绿色)，中性线 N(也称为工作零线)为淡蓝色，保护接地(零)线为黄绿双色线。单相三孔插座的正确接线如图 2.25 所示。

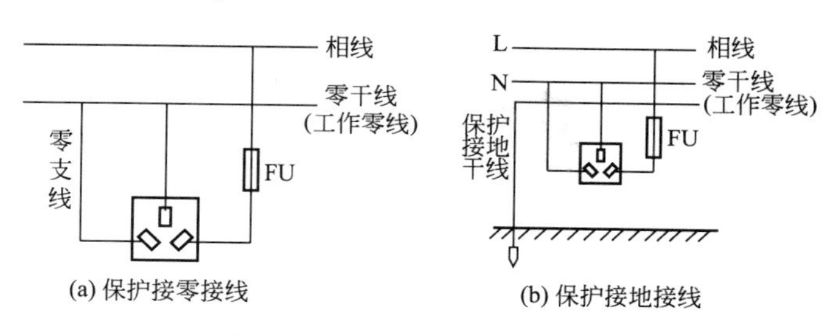

图 2.25　单向三孔插座的接线

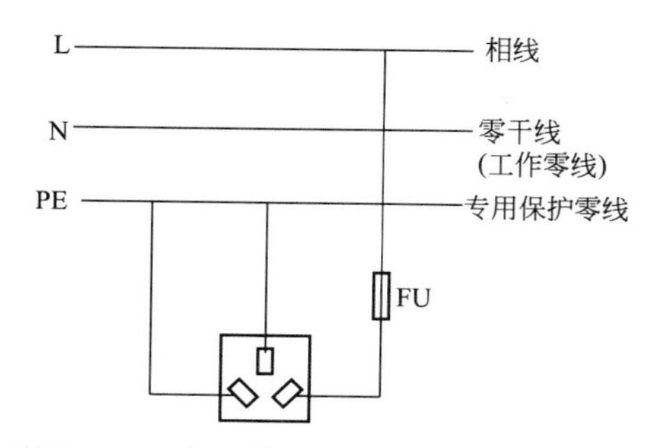

图 2.26　三相五线制供电时的三孔插座接线

图 2.26 所示为三相五线制供电的系统单相三孔插座的接线方法。对于这种供电方式下的插座接线就非常方便，用户能省去许多麻烦，而且安全、可靠，是一种正在推广的供电方式。尤其对于高层住宅楼内有变压器或变压器距住宅很近的场合，三相五线制是非常容易实现的。接线时将三孔插座的右面桩头接相线(L 线)，左面桩头接工作零线(N 线)，上面一个桩头接专用保护零线(PE 线)。

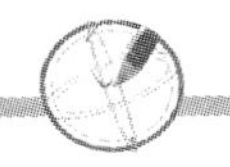

图 2.27 所示为单相三孔插座的两种错误接法。

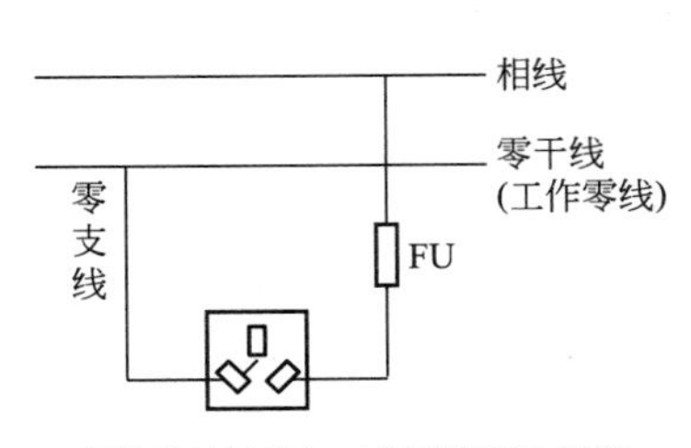

(a) 保护接地桩头与工作零线桩头连接

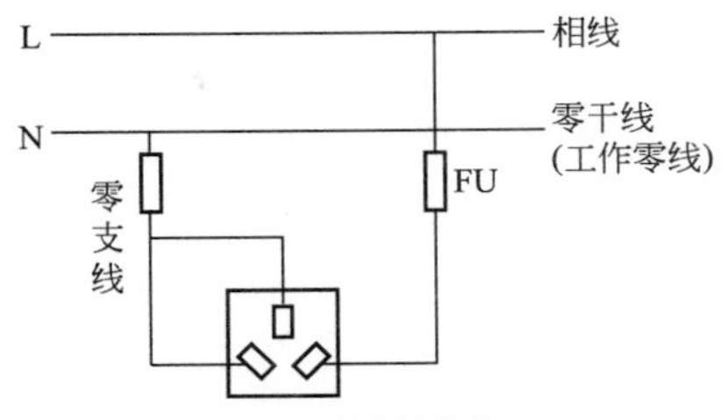

(b) 保护接地桩头与零支线连接

图 2.27　单相三孔插座的错误接法

图 2.27(a)所示为三孔插座的保护接地(接零)桩头与工作零线桩头连接后和零支线连接；而图 2.27(b)所示为三孔插座的保护接地(接零)桩头和工作零线桩头均与零支线连接。若零支线断路时，接在三孔插座上电气设备的外壳将带 220V 电压，人体触及就会触电。

当图 2.27(a)中零支线断路时，电气设备外壳带 220V 电压的通路如图 2.28 所示。

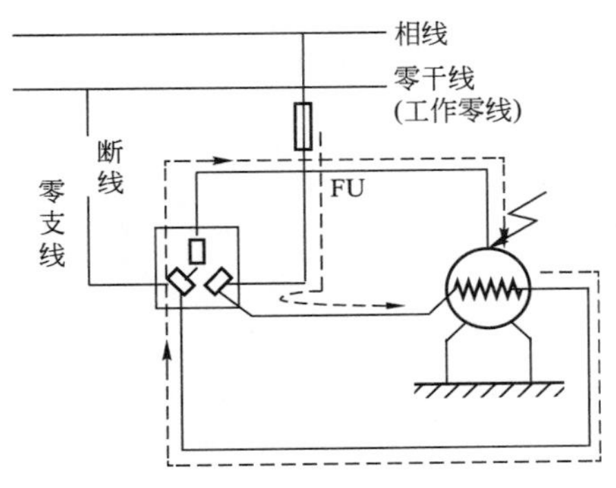

图 2.28　三孔插座接线错误使电动机外壳带电

3) 竣工验收

(1) 检查电气器具及支架安装是否牢固，是否安装在圆木、方木和梁的中心位置。

(2) 观察灯具、开关及插座安装是否平正、牢固，高度是否符合要求；其垂直度偏差应不大于 1.5mm/m，相邻高度差不能大于 2mm。

(3) 选用的导线、支持物和器材是否符合技术要求的规定。

(4) 照明配电箱安装是否平正，位置是否偏差，部件是否齐全，暗敷配电箱的箱盖是否紧贴墙面。垂直度允许偏差不应大于 1.5 mm/m。

(5) 接线是否牢固即检查是否损伤了芯线，绝缘缠绕包带是否合乎要求。

(6) 电气器具和配电箱的接地线安装是否牢固、有效，接地线与相线及中性线是否能明显区分。

四、 照明电路的常见故障及排除

1. 照明电路的常见故障

照明电路的常见故障主要有断路、短路和漏电 3 种。

1) 断路

(1) 相线、零线均可能出现断路。断路故障发生后，负载将不能正常工作。三相四线制供电线路负载不平衡时，如零线断路会造成三相电压不平衡，负载大的一相相电压低，负载小的一相相电压增高。如负载是白炽灯，则会出现一相灯光暗淡，而接在另一相上的灯又变得很亮，同时零线断路负载侧将出现对地电压。

(2) 产生断路的原因。其原因主要是熔丝熔断、线头松脱、断线、开关没有接通、铝

线接头腐蚀等。

(3) 断路故障的检查。如果一个灯泡不亮而其他灯泡都亮，应首先检查是否灯丝烧断；若灯丝未断，则应检查开关和灯头是否接触不良、有无断线等。为了尽快查出故障点，可用验电器测灯座(灯头)的两极是否有电，若两极都不亮说明相线断路；若两极都亮(带灯泡测试)，说明中性线(零线)断路；若一极亮一极不亮，说明灯丝未接通。对于日光灯来说，应对启辉器进行检查。如果几盏电灯都不亮，应首先检查总保险是否熔断或总闸是否接通，也可按上述方法及验电器判断故障。

2) 短路

(1) 短路故障表现为熔断器熔丝爆断；短路点处有明显烧痕、绝缘碳化，严重的会使导线绝缘层烧焦甚至引起火灾。

(2) 造成短路的原因。①用电器具接线不好，以致接头碰在一起；②灯座或开关进水，螺口灯头内部松动或灯座顶芯歪斜碰及螺口，造成内部短路；③导线绝缘层损坏或老化，并在零线和相线的绝缘处碰线。

(3) 当发现短路打火或熔丝熔断时应先查出发生短路的原因，找出短路故障点，处理后更换保险丝，恢复送电。

3) 漏电

漏电不但造成电力浪费，还可能造成人身触电伤亡事故。

(1) 产生漏电的原因。主要有相线绝缘损坏而接地、用电设备内部绝缘损坏使外壳带电等。

(2) 漏电故障的检查。漏电保护装置一般采用漏电保护器。当漏电电流超过整定电流值时，漏电保护器动作切断电路。若发现漏电保护器动作，则应查出漏电接地点并进行绝缘处理后再通电。照明线路的接地点多发生在穿墙部位和靠近墙壁或天花板等部位。查找接地点时，应注意查找这些部位。

① 判断是否漏电。在被检查建筑物的总开关上接一只电流表，接通全部电灯开关，取下所有灯泡，进行仔细观察，若电流表指针摇动，则说明漏电。指针偏转的多少，取决于电流表的灵敏度和漏电电流的大小。若偏转多则说明漏电大，确定漏电后可按下一步继续进行检查。

② 判断漏电类型。是火线与零线间的漏电，还是相线与大地间的漏电，或者是两者兼而有之。以接入电流表检查为例，切断零线，观察电流的变化，若电流表指示不变，是相线与大地之间漏电；若电流表指示为零，是相线与零线之间的漏电；若电流表指示变小但不为零，则表明相线与零线、相线与大地之间均有漏电。

③ 确定漏电范围。取下分路熔断器或拉下开关刀闸，电流表若不变化，则表明是总线漏电；电流表指示为零，则表明是分路漏电；电流表指示变小但不为零，则表明总线与分路均有漏电。

④ 找出漏电点。按前面介绍的方法确定漏电的分路或线段后，依次拉断该线路灯具的开关，当拉断某一开关时，电流表指针回零或变小，若回零则是这一分支线漏电；若变小则除该分支漏电外还有其他漏电处。若所有灯具开关都拉断后，电流表指针仍不变，则说明是该段干线漏电。

2. 照明设备的常见故障及排除

1) 开关的常见故障及排除(表 2-2)

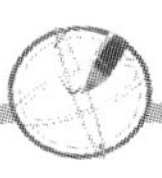

表 2-2　开关常见故障及排除方法

故障现象	产生原因	排除方法
开关操作后电路不通	接线螺丝松脱，导线与开关导体不能接触	打开开关，紧固接线螺丝
	内部有杂物，使开关触片不能接触	打开开关，清除杂物
	机械卡死，拨不动	给机械部位加润滑油，机械部分损坏严重时，应更换开关
接触不良	压线螺丝松脱	打开开关盖，压紧界限螺丝
	开关触头上有污物	断电后，清除污物
	拉线开关触头磨损、打滑或烧毛	断电后修理或更换开关
开关烧坏	负载短路	处理短路点，并恢复供电
	长期过载	减轻负载或更换容量大一级的开关
漏电	开关防护盖损坏或开关内部接线头外露	重新配全开关盖，并接好开关的电源连接线
	受潮或受雨淋	断电后进行烘干处理，并加装防雨措施

2）插座的常见故障及排除（表 2-3）

表 2-3　插座常见故障及排除方法

故障现象	产生原因	排除方法
插头插上后不同电或接触不良	插头压线螺丝松动，连接导线与插头片接触不良	打开插头，重新压接导线与插头的连接螺丝
	插头根部电源线在绝缘皮内部折断，造成时通时断	剪断插头端部一段导线，重新连接
	插座口过松或插座触片位置偏移，使插头接触不上	断电后，将插座触片收拢一些，使其与插头接触良好
	插座引线与插座压线导线螺丝松开，引起接触不良	重新连接插座电源线，并旋紧螺丝
插座烧坏	插座长期过载	减轻负载或更换容量大的插座
	插座连接线处接触不良	紧固螺丝，使导线与触片连接好并清除生锈物
	插座局部漏电引起短路	更换插座
插座短路	导线接头有毛刺，在插座内松脱引起短路	重新连接导线与插座，在接线时要注意将接线毛刺清除
	插座的两插口相距过近，插头插入后碰连引起短路	断电后，打开插座修理
	插头内部接线螺丝脱落引起短路	重新把紧固螺丝旋进螺母位置，固定紧
	插头负载端短路，插头插入后引起弧光短路	消除负载短路故障后，断电更换同型号的插座

3）日关灯的常见故障及排除（表 2－4）

表 2－4　日关灯常见故障及排除方法

故障现象	产生原因	排除方法
日关灯不能发光	停电或保险丝烧断导致无电源	找出断电原因，检修好故障后恢复送电
	灯管漏气或灯丝断	用万用表检查或观察荧光粉是否变色，如确认灯管坏，可换新灯管
	电源电压过低	不必修理
	新装日关灯接线错误	检查线路，重新接线
	电子镇流器整流桥开路	更换整流桥
日光灯灯光抖动或两端发红	接线错误或灯座灯脚松动	检查线路或修理灯座
	电子镇流器谐振电容器容量不足或开路	更换谐振电容器
	灯管老化，灯丝上的电子发射将尽，放电作用降低	更换灯管
	电源电压过低或线路电压降过大	升高电压或加粗导线
	气温过低	用热毛巾对灯管加热
灯光闪烁或管内有螺旋滚动光带	电子镇流器的大功率晶体管开焊接触不良或整流桥接触不良	重新焊接
	新灯管暂时现象	使用一段时间，会自行消失
	灯管质量差	更换灯管
灯管两端发黑	灯管老化	更换灯管
	电源电压过高	调整电源电压至额定电压
	灯管内水银凝结	灯管工作后即能蒸发或将灯管旋转 180°
灯管光度降低或色彩转差	灯管老化	更换灯管
	灯管上积垢太多	清除灯管积垢
	气温过低或灯管处于冷风直吹位置	采取遮风措施
	电源电压过低或线路电压降得太大	调整电压或加粗导线
灯管寿命短或发光后立即熄灭	开关次数过多	减少不必要的开关次数
	新装灯管接线错误将灯管烧坏	检修线路，改正接线
	电源电压过高	调整电源电压
	受剧烈振动，使灯丝振断	调整安装位置或更换灯管
断电后灯管仍发微光	荧光粉余辉特性	过一会儿将自行消失
	开关接到了零线上	将开关改接至相线上
灯管不亮，灯丝发红	高频振荡电路不正常	检查高频振荡电路，重点检查谐振电容器

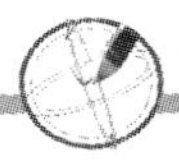

4）白炽灯常见故障及排除方法（表 2－5）

表 2－5　白炽灯常见故障及排除方法

故障现象	产生原因	排除方法
灯泡不亮	灯泡钨丝烧断	更换灯泡
	灯座或开关触点接触不良	把接触不良的触点修复，无法修复时，应更换完好的触点
	停电或电路开路	修复线路
	电源熔断器熔丝烧断	检查熔丝烧断的原因并更换新熔丝
灯泡强烈发光后瞬时烧毁	灯丝局部短路（俗称搭丝）	更换灯泡
	灯泡额定电压低于电源电压	换用额定电压与电源电压一致的灯泡
灯光忽亮忽暗，或忽亮忽熄	灯座或开关触点（或接线）松动，或因表面存在氧化层（铝质导线、触点易出现）	修复松动的触头或接线，去除氧化层后重新接线，或去除触点的氧化层
	电源电压波动（通常附近有大容量负载经常启动引起）	更换配电所变压器，增加容量
	熔断器熔丝接头接触不良	重新安装，或加固压紧螺钉
	导线连接处松散	重新连接导线
开关合上后熔断器熔丝烧断	灯座或挂线盒连接处两线头短路	重新接线头
	螺口灯座内中心铜片与螺旋铜圈相碰、短路	检查灯座并扳准中心铜片
	熔丝太细	正确选配熔丝规格
	线路短路	修复线路
	用电器发生短路	检查用电器并修复
灯光暗淡	灯泡内钨丝挥发后积聚在玻璃壳内表面，透光度降低，同时由于钨丝挥发后变细，电阻增大，电流减小，光通量减小	正常现象
	灯座、开关或导线对地严重漏电	更换完好的灯座、开关或导线
	灯座、开关接触不良，或导线连接处接触电阻增加	修复、接触不良的触点，重新连接接头
	线路导线太长太细，线路压降太大	缩短线路长度，或更换较大截面的导线
	电源电压过低	调整电源电压

5）漏电保护器的常见故障分析（表 2－6）

漏电保护器的常见故障有拒动作和误动作：拒动作是指线路或设备已发生预期的触电或漏电时漏电保护装置拒绝动作；误动作是指线路或设备未发生触电或漏电时漏电保护装

置的动作。

表 2-6 漏电保护器常见故障及产生原因

故障现象	产生原因
拒动作	漏电动作电流选择不当。选用的保护器动作电流过大或整定过大，而实际产生的漏电值没有达到规定值，使保护器拒动作
	接线错误。在漏电保护器后，如果把保护线(PE线)与中性线(N线)接在一起，发生漏电时，漏电保护器将拒动作
	产品质量低劣，零序电流互感器二次电路断路、脱扣元件故障
	线路绝缘阻抗降低，线路由于部分电击电流不沿配电网工作接地，或漏电保护器前方的绝缘阻抗、而沿漏电保护器后方的绝缘阻抗流经保护器返回电源
误动作	接线错误，误把保护线(PE线)与中性线(N线)接反
	在照明和动力合用的三相四线制电路中，错误地选用三极漏电保护器，负载的中性线直接接在漏电保护器的电源侧
	漏电保护器后方有中性线与其他回路的中性线连接或接地，或后方有相线与其他回路的同相相线连接，接通负载时会造成漏电保护器误动作
	漏电保护器附近有大功率电器，当其开合时产生电磁干扰，或附近装有磁性元件或较大的导磁体，在互感器铁心中产生附加磁通量而导致误动作
	当同一回路的各相不同步合闸时，先合闸的一相可能产生足够大的泄漏电流
	漏电保护器质量低劣，元件质量不高或装配质量不好，降低了漏电保护器的可靠性和稳定性，导致误动作
	环境温度、相对湿度、机械振动等超过漏电保护器设计条件

任务二 进户装置及量配电装置的安装

一、 进户装置的安装

进户装置是户内建筑内部线路的电源引接点。进户装置是由进户线杆或角钢支架上装的绝缘子、进户线(从用户外第一支持点到户内第一支持点之间的连接绝缘导线)和进户管几部分组成。

1. 进户杆的安装

凡是进户点低于2.7m或接户线从架空配电线的电杆至用户户外的第一支持点间的导线因安全需要而升高等原因，都需加装进户杆来支持接户线和进户线。进户杆一般采用混凝土电杆或木杆，可分为长杆和短杆两种，如图2.29所示。

(1) 混凝土进户杆安装前，应检查有无弯曲、裂缝或疏松等情况。混凝土进户杆埋入地下的深度见表2-7。

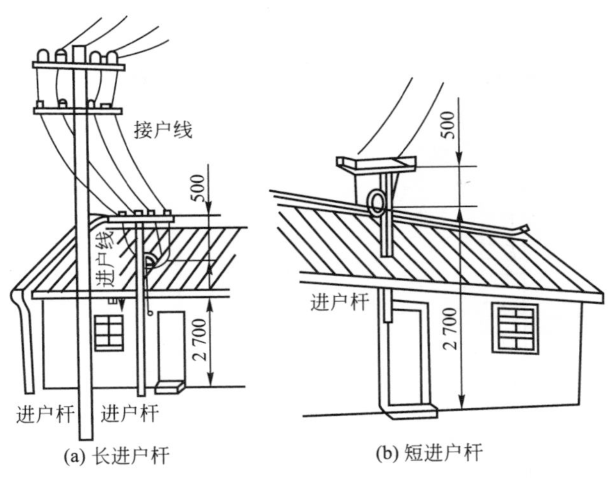

图 2.29　进户杆

表 2-7　电杆的埋设深度

杆类别＼杆长/m	4	5	6	7	8	9	10	11	12	13	15
混凝土杆	—	—	—	1.4	1.5	1.6	1.7	1.8	1.9	2.0	2.5
木杆	1.0	1.0	1.1	1.2	1.4	1.5	1.7	1.8	1.9	2.0	—

(2) 木杆进户杆埋入地面深度按表 2-7 的规定。埋入地面前，应在地面以上 300mm 和地下 500mm 的一段，采用烧根或涂柏油等方法进行防腐处理。如用短木杆与建筑物连接时，应用两道通墙螺栓或抱箍等紧固，两道紧固点的中心距离不应小于 500mm。

(3) 进户杆顶端应安装横担，横担上安装低压瓷绝缘子。常用的横担由镀锌角钢制成，若用来支持单相两线，一般规定角钢的规格不应小于 40mm×40mm×5mm；若用来支持三相四线，一般规定角钢的规格不应小于 50mm×50mm×6mm。两瓷绝缘子在角钢上的距离不应小于 150mm。

(4) 用角钢支架加装瓷绝缘子来支持接户线和进户线的安装形式如图 2.30 所示。

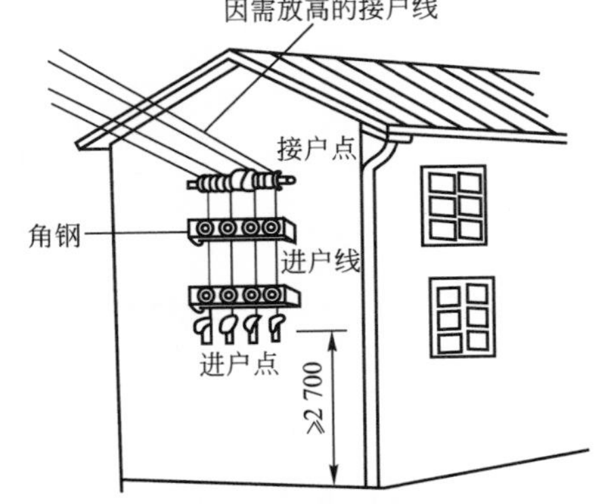

图 2.30　用角钢支架安装瓷绝缘子装置

2. 进户线的安装

(1) 进户线必须选用绝缘良好的铝芯或铜芯导线，铝芯导线截面不得小于 $2.5mm^2$，铜芯导线的截面不得小于 $1.5mm^2$，进户线之间不得有接头。进户线穿墙时，应套上绝缘子、塑料管或钢管。进户线安装示意图如图 2.31 所示。

(2) 进户线安装时应有足够的长度，户内一端一般接于总开关盒或熔丝盒内，如图 2.32(a)所示；户外一端与接户线连接后应保持 200mm 的弛度，如图 2.32(b)所示。

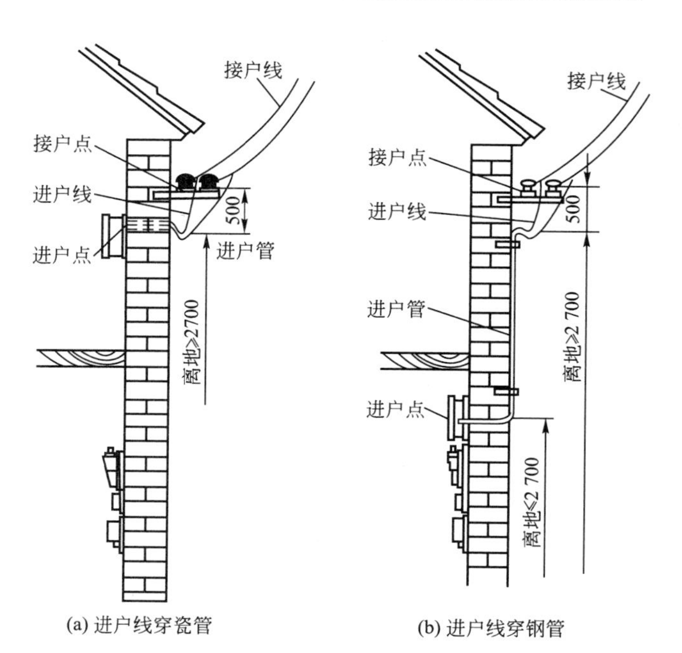

(a) 进户线穿瓷管　　(b) 进户线穿钢管

图 2.31　进户线安装示意图

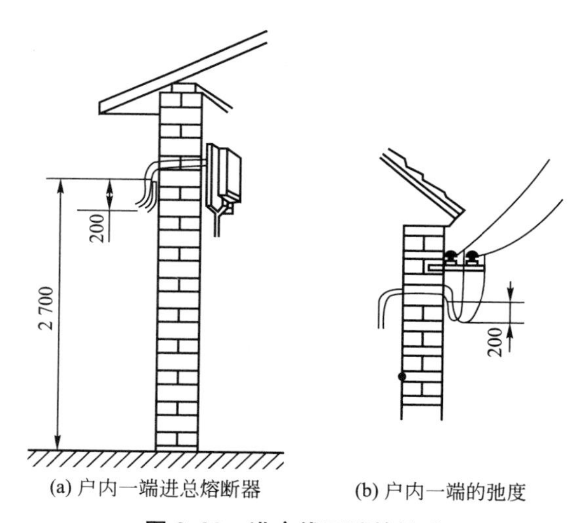

(a) 户内一端进总熔断器　　(b) 户内一端的弛度

图 2.32　进户线两端的接法

(3) 进户线的安装。需要注意以下几点。

① 常用的进户管有瓷管、塑料管和钢管 3 种，瓷管又分为弯口和反口两种。

② 进户管的管径应根据进户线的根数和截面积来决定，管内导线(包括绝缘层)的总面积不得大于管子有效截面积的 40%，最小管径不应小于 ϕ15mm。

③ 进户瓷管必须每线一根，并应采用弯头瓷管，户外一头弯头朝下，以便防雨。当进户线截面积在 50mm² 以上时，宜用反口瓷管。

④ 当一根瓷管的长度小于进户墙壁的厚度时，可用两根瓷管紧密相连，或用塑料管代替瓷管。

⑤ 进户钢管必须使用镀锌钢管或经过涂漆的黑铁管。钢管两端应装护圈，户外一端必须有防雨弯头，进户线必须全部穿入一根钢管内，钢管外层必须有良好的保护接零。

二、 量配电装置的安装

量配电装置通常由进户总熔丝盒、电能表和电流互感器等部分组成，配电装置一般由控制开关、过载及短路保护电器等组成，容量较大的还装有隔离开关。

一般来讲总熔丝盒装在进户管的墙上，而将电流互感器、电能表、控制开关、短路和过载保护电器均安装在同一块配电板上，如图 2.33 所示。

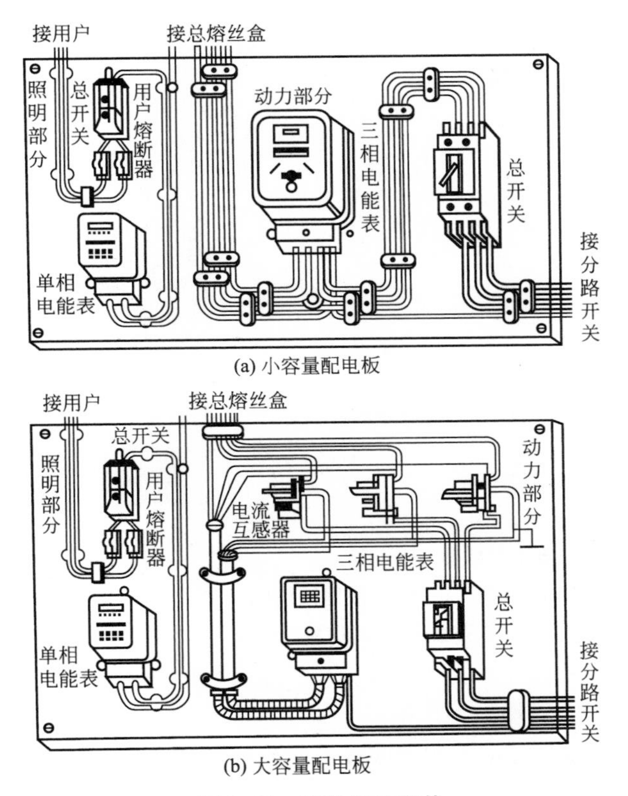

(a) 小容量配电板

(b) 大容量配电板

图 2.33　配电板的安装

基本操作步骤：总熔丝盒的安装、电流互感器的安装、电能表的安装、断路器的安装。具体内容如下所述。

1. 总熔丝盒的安装

总熔丝盒的作用是防止下级电力线路的故障蔓延到前级配电干线而造成更大区域的停电。

(1) 总熔丝盒应安装在进户管的户内侧，安装方法如图 2.34 所示。

(2) 总熔丝盒必须安装在实心木板上，木板表面及四沿必须涂以防火漆。

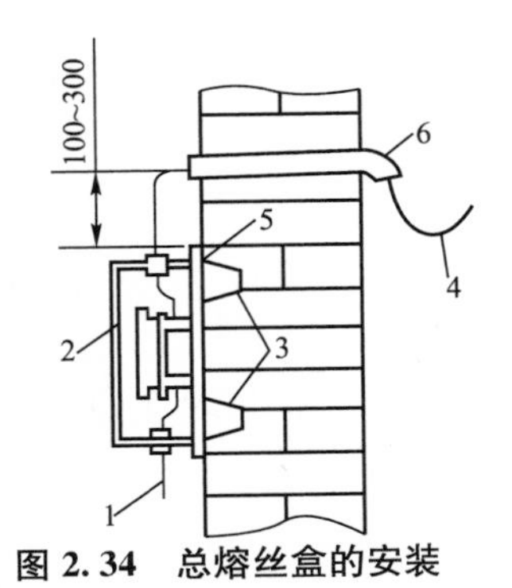

图 2.34　总熔丝盒的安装

1—电能表总线；2—总熔丝盒；3—木榫；4—进户线；5—实心木板；6—进户管

（3）总熔丝盒内熔断器的上接线柱，应分别与进户线的电源相线连接，接线桥的上接线柱应与进户线的电源中性线连接。

（4）如安装多个电能表，则在每个电能表的前面应分别安装总熔丝盒。

2. 电流互感器的安装

（1）电流互感器二次侧(即二次回路)标有“K1”或“+”的接线柱要与电能表电流线圈的进线端连接，标有“K2”或“−”的接线柱要与电能表电流线圈的出线端连接，不可接反；电流互感器的一次侧(即一次回路)标有“L1”或“+”的接线柱应接电源进线，标有“L2”或“−”的接线柱应接电源出线，如图 2.35 所示。

（2）电流互感器一次侧的“K2”或“−”接线柱的外壳和铁心都必须可靠接地。电流互感器的接线方式如图 2.36 所示。

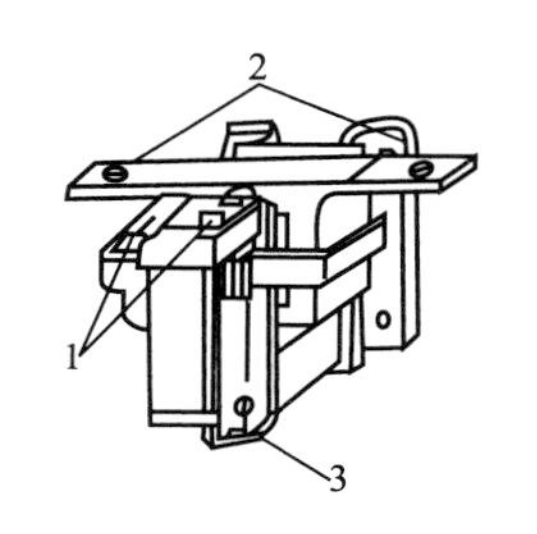

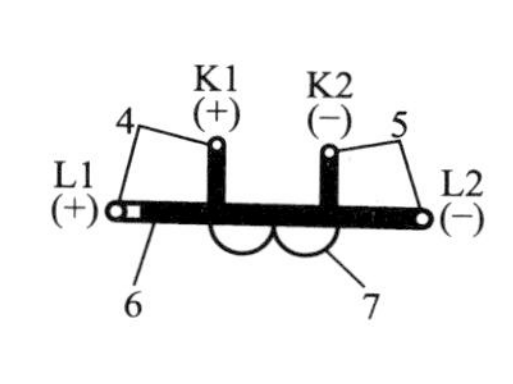

图 2.35 电流互感器

1—二次回路接线桩；2—一次回路接线桩；3—接地接线桩；
4—进线桩；5—出线桩；6—一次绕组；7—二次绕组

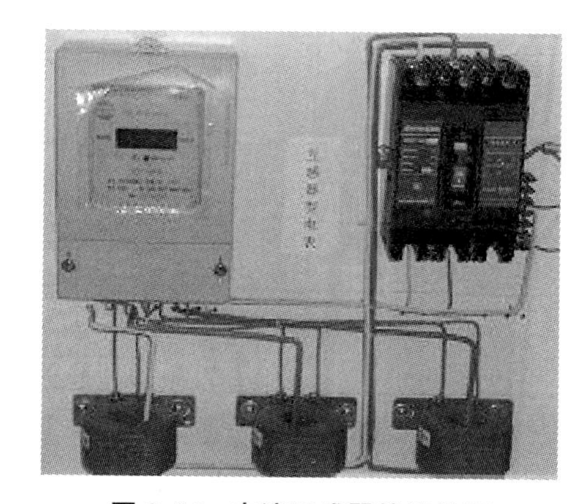

图 2.36 电流互感器的接线图

3. 电能表的安装

电能表有单相电能表和三相电能表两种，它们的接线方法各不相同。

1）单相电能表的接线

单相电能表共有 4 个接线柱，从左到右 1、2、3、4 编号。接线方法一般按号码 1、3 接电源进线，2、4 接出线，如图 2.37 所示。

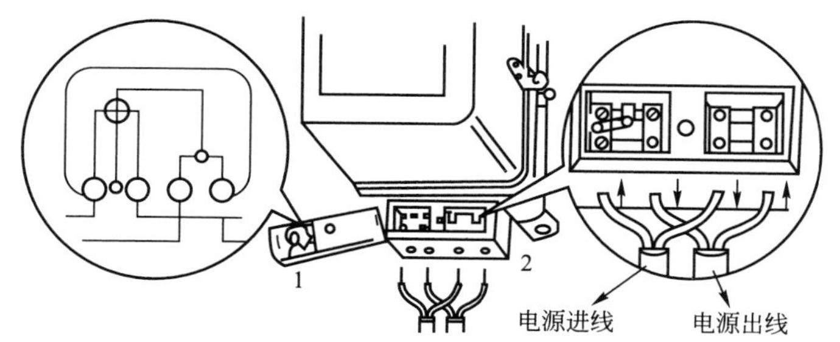

图 2.37 单相电能表的接线

1—接线桩头盖子；2—进行接线

也有些单相电能表的接线方法是按号码 1、2 接电源进线，3、4 接出线，所以具体的接线方法应参照电能表接线柱盖子上的接线图。单相电能表的配线板安装如图 2.38 所示。

2）三相电能表的接线

三相电能表有三相三线制和三相四线制两种；按接线方法可分为直接式和间接式。常用直接式三相电能表的规格有 10A、20A、30A、50A、75A 和 100A 等多种，一般用于电流较小的电路上；间接式三相电能表常用的规格有 5A，与电流互感器连接后，用于电流较大的电路。

（1）直接式三相四线制电能表的接线。

这种电能表共有 11 个接线柱，从左到右按 1、2、3、4、5、6、7、8、9、10、11 编号，其中 1、4、7 是电源相线的进线柱，用来连接从总熔 2、5、8 丝盒下出线柱引出来的 3 根相线；3、6、9 是相线的出线柱，分别去接总开关的 3 个进线柱；10、11 是电源中性线的进线柱和出线柱，2、5、8 3 个接线柱可空着，如图 2.39 所示，其连接片不可拆卸。

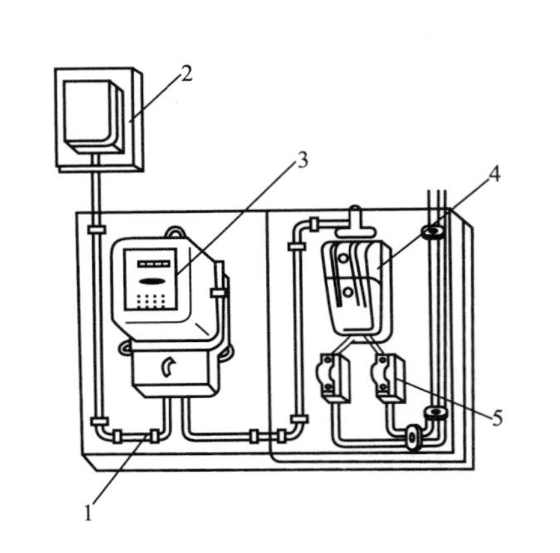

图 2.38　单相电能表的配电板安装

1—电能表配线；2—总熔断器盒；3—单相电能表；
4—总刀开关；5—熔断器

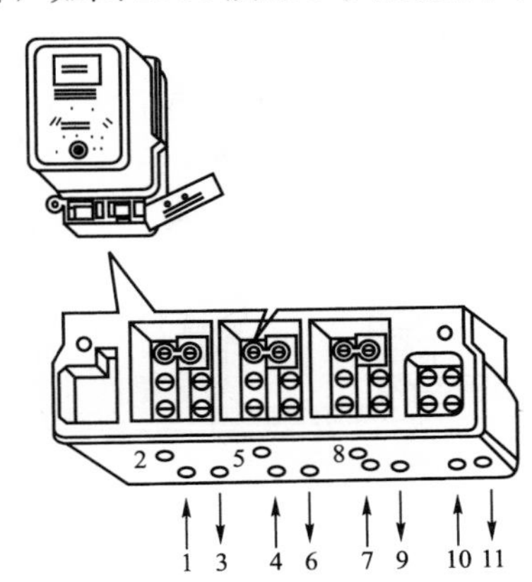

图 2.39　直接式三相四线制电能表的接线

（2）直接式三相三线制电能表的接线。

这种电能表共有 8 个接线柱，其中 1、4、6 是电源相线的进线柱，3、5、8 是相线的出线柱；2、7 两个接线柱可空着，如图 2.40 所示。

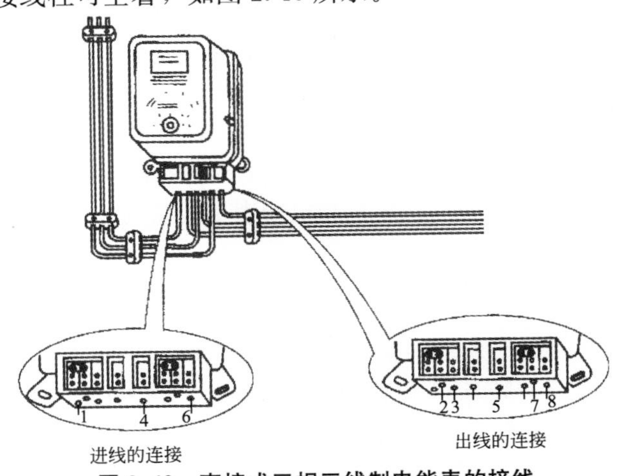

图 2.40　直接式三相三线制电能表的接线

（3）间接式三相四线制电能表的接线。

这种电能表需配用3只相同规格的电流互感器，接线时把从总熔丝盒下接线柱引来的3根相线分别与3只电流互感器一次侧的“＋”接线柱连接，同时用3根绝缘导线从这3个“＋”接线柱引出，穿过钢管后分别于电能表的2、5、8三个接线柱连接，接着用3根绝缘导线，从3只电流表互感器二次侧的“＋”接线柱引出，与电能表1、4、7 3个进线柱连接，然后将一根绝缘导线的一端连接3只电流互感器二次侧的“—”接线柱，另一端连接电能表的3、6、9 3个出线柱，并把这根导线接地。最后用3根绝缘导线，把3只电流互感器一次侧的“—”接线柱分别于总开关3个进线柱连接起来，并把电源中性线与电能表10进线柱连接，接线柱11用来连接中性线的出线。其接线如图2.41所示，接线时，应先将电能表接线盒内的3块连片拆下。

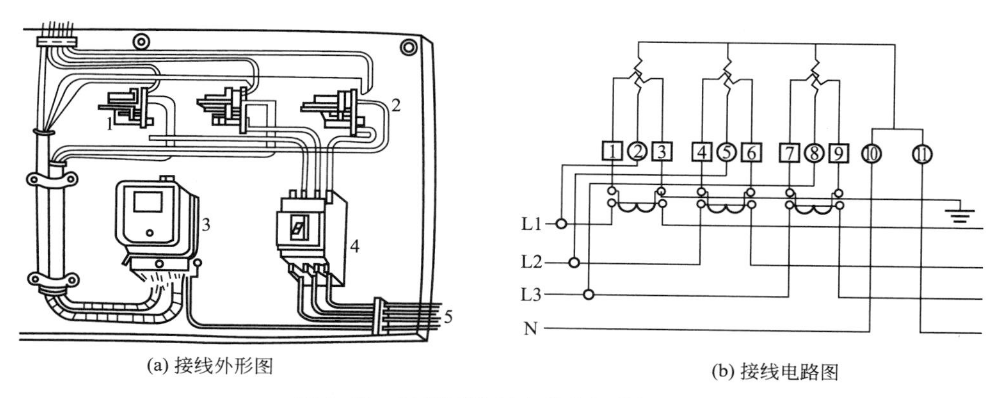

(a) 接线外形图　　(b) 接线电路图

图2.41　三相四线制电能表间接接线图

1—电流互感器；2—动力部分；3—三相电能表；4—总开关；5—接分路开关

（4）间接式三相三线制电能表的接线。

这种三相电能表需要配用两只同规格的电流互感器。接线时把从总熔断器盒下接线桩引出来的3根相线中的两根相线，分别与两只电流互感器一次侧的“＋”接线桩连接；同时从该两个“＋”接线桩用铜芯塑料硬线引出，并穿过钢管，分别接到电能表的2、7接线桩上，然后从两只电流互感器二次侧的“＋”接线桩用两根铜芯塑料硬线引出，并穿过另一根钢管，分别接到电能表的1、6接线桩；然后用一根导线从两只电流互感器二次侧的“—”接线桩引出，穿过后一根钢管，接到电能表的3、8接线桩上，并应把这跟导线接地；最后将总熔断器盒下桩头余下的一根相线和从两只电流互感器一次侧的“—”接线桩引出的两根绝缘导线，接到总开关的3个进线桩上；同时从总开关的一个进线桩（总熔断器盒引入的相线桩）引出一根绝缘导线，穿过前一根钢管，接到电能表4号接线桩上。接线图如图2.42所示，接线时应注意将三相电能表接线盒内的两块连接片都拆下。

4. 断路器的安装

低压断路器又称自动空气开关或自动空气断路器，简称断路器，如图2.43所示。它是低压配电网络和电力拖动系统中常用的一种配电电器，集控制盒多种保护功能于一体，在正常情况下可用于不频繁接通和断开电路，以及替代总熔丝盒和动力电源总开关。当电路发生短路、过载和失压等故障时，它能自动切断故障电路，保护电路和电气设备。

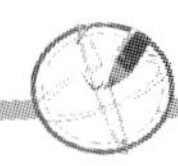

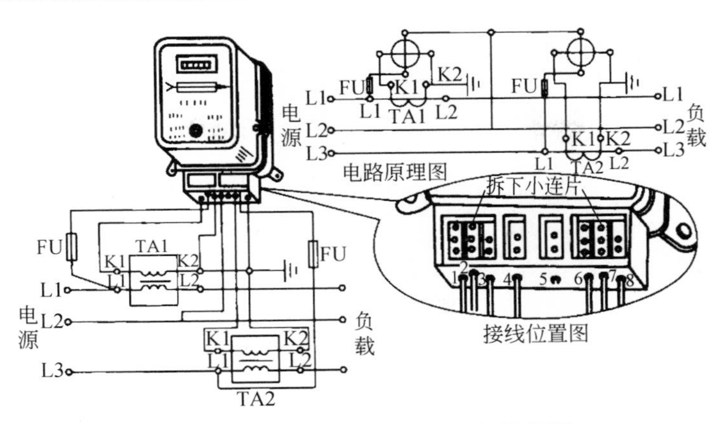

图 2.42　三相三线制电能表间接接线图

图 2.43　低压断路器

低压断路器应垂直于配电板安装，电源引线应接到上端，负载引线接到下端；低压断路器用作电源总开关或电动机控制开关时，在电源进线侧必须加装刀开关或熔断器等，以形成一个明显的断开点。

课内实验　日光灯灯具、开关及插座安装

一、工具、仪器和器材

PVC线管($\phi16$、$\phi25$)、PVC杯疏($\phi16$、$\phi25$)、PVC直通($\phi16$、$\phi25$)、暗盒(86型)、照明配电箱、漏电保护器、空气开关、管钉卡、螺口平灯座、白炽灯、日光灯、启辉器、镇流器、日光灯管座、一位双控荧光大板开关、单相三芯暗插座、手动弯管器、弯管弹簧、钢卷尺、水平尺、手锯弓、锯条等。

二、工作程序及要求

1. 白炽灯照明线路

1）安装步骤

(1) 根据图纸确定电器安装的位置、导线敷设的途径。

(2) 在安装板上，将所有的固定点打好安装孔眼。

(3) 装设管卡、PVC管及各种安装支架等。

(4) 根据白炽灯接线原理图(图2.44)接线。

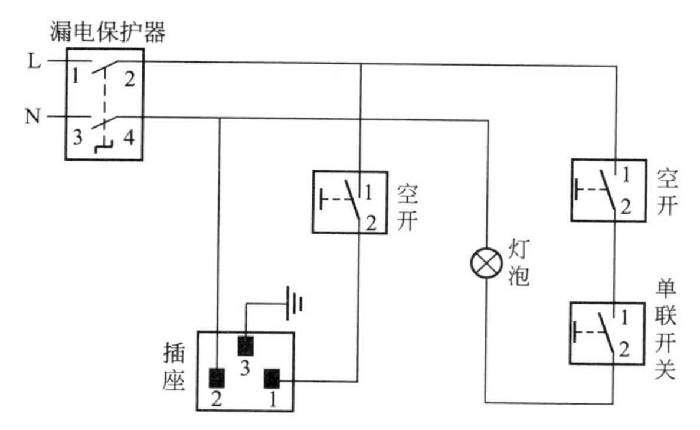

图 2.44　白炽灯接线原理图

(5) 安装灯具和电器：将灯泡，开关、插座等安装固定好。

(6) 检查接线正确的情况下，合上漏电保护器空气开关，合上插座的空气开关，用万用表测量插座的电压应为交流 220V。

(7) 合上灯泡的空气开关，再合上灯泡的开关灯泡应点亮。

2) 注意事项

(1) 使用的灯泡电压必须与电源电压相符，同时最好根据照度安装反光适度的灯罩。

(2) 大功率白炽灯在安装使用时，要保证通风良好，避免灯泡过热而引起外壳与灯头松脱。

(3) 对白炽灯的拆换和清洁工作，应关闭电灯开关后进行，注意不要触及灯泡螺口部分，以免触电。照明附件必须安装牢固，开关和灯座等应安装在木台的中央且不能倾斜。

(4) 开关、插座的安装、接线应符合相关规定，以免出现质量事故。

2. 日光灯照明线路

(1) 根据工艺图确定电器安装的位置、导线敷设途径等。

(2) 在安装板上，将所有的固定点打好安装孔眼。

(3) 装设管卡、PVC 管及各种安装支架等。

(4) 根据日光灯照明线路原理图(图 2.45)接线。

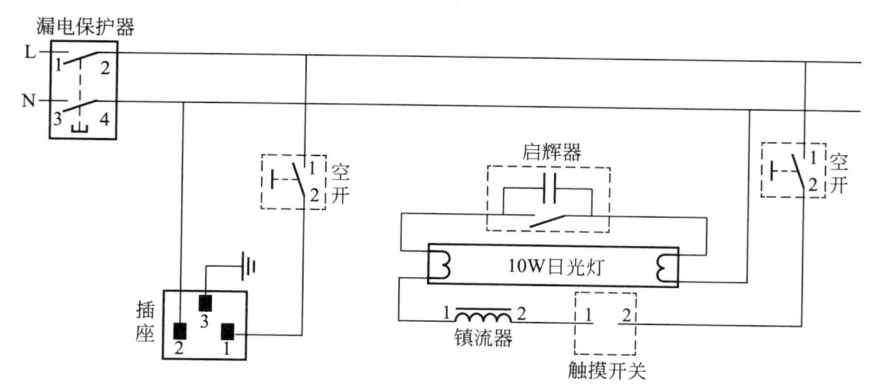

图 2.45　日光灯照明线路原理图

(5) 检查接线正确的情况下，合上漏电保护器空气开关，合上插座的空气开关，用万

用表测量插座的电压应为交流 220V。

(6) 合上日光灯的空气开关，再合上日光灯的触摸开关，日光灯应点亮。

3. 双控照明线路

(1) 根据安装布线工艺图，确定电器安装的位置、导线敷设途径等。

(2) 在安装板上，将所有的固定点打好安装孔眼。

(3) 装设管卡、PVC 管及各种安装支架等。

(4) 根据双控照明线路原理图(图 2.46)接线。

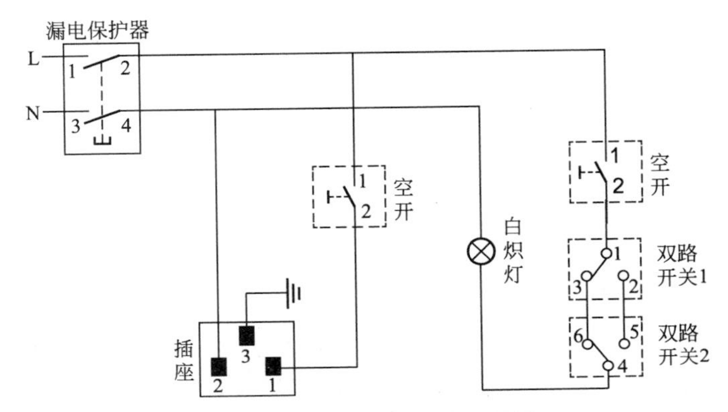

图 2.46　双控照明线路原理图

(5) 安装灯具和电器：将白炽灯、开关及插座等固定安装好。

(6) 检查接线正确的情况下，合上漏电保护器空开，合上插座的空气开关，用万用表测量插座的电压应为交流 220V。

(7) 合上节能灯的空气开关，再合上白炽灯的双路开关，灯泡应点亮。

4. 节能灯、插座线路

(1) 根据节能灯、插座线路安装布线工艺图确定电器安装的位置、导线敷设途径等。

(2) 在模拟板上，将所有的固定点打好安装孔眼。

(3) 装设管卡、PVC 管及各种安装支架等。

(4) 根据节能灯、插座线路原理图(图 2.47)接线。

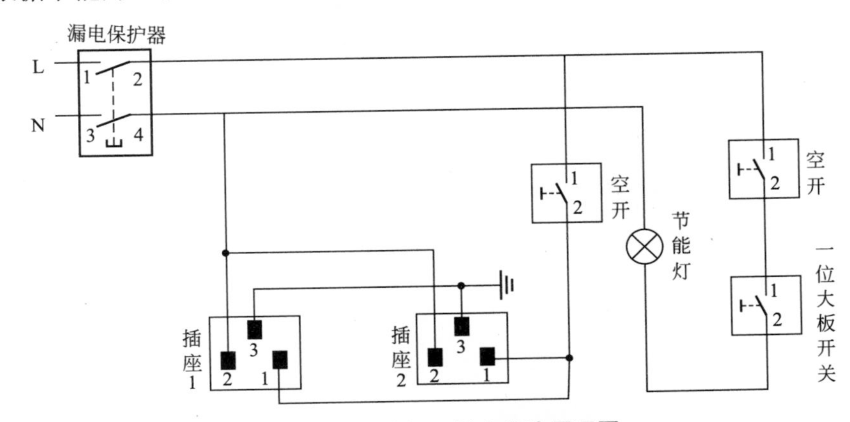

图 2.47　节能灯、插座线路原理图

(5) 安装灯具和电器：将节能灯及开关插座面板等固定安装。

(6) 检查接线正确的情况下，合上漏电保护器空开，合上插座的空气开关，用万用表测量插座的电压应为交流 220V。

(7) 合上节能灯的空气开关，再合上节能灯的一位大板开关，灯泡应点亮。

5. 吸顶灯控制线路

(1) 根据吸顶灯、白炽灯控制线路安装布线工艺图，确定电器安装的位置、导线敷设途径等。

(2) 在安装板上，将所有的固定点打好安装孔眼。

(3) 装设管卡、PVC 管及各种安装支架等。

(4) 根据吸顶灯、白炽灯控制线路原理图(图 2.48)接线。

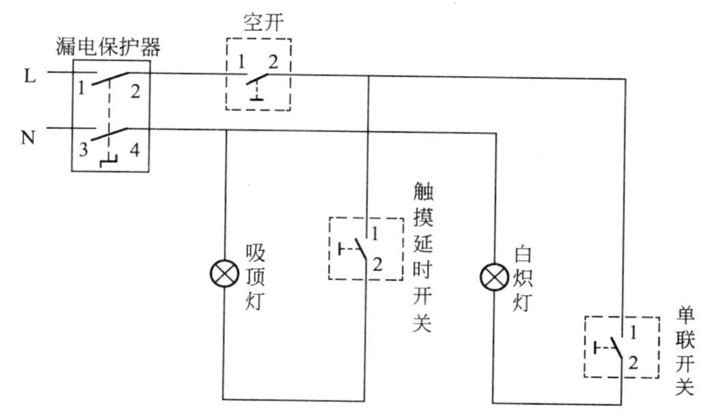

图 2.48　吸顶灯、白炽灯控制线路原理图

(5) 安装灯具和电器。将白炽灯、吸顶灯及开关等固定好。

(6) 检查接线正确的情况下，合上漏电保护器空开，合上空气开关，再合上单联开关，白炽灯点亮。再合上吸顶灯的触摸关，吸顶灯应点亮。

三、评分标准(表 2-8)

表 2-8　评分标准

项目内容	配　　分	评分标准	得　　分
准备工作	15	未按规定穿戴(帽、工作服、安全鞋)安全护具的，全扣 5 分	
		没有准备好工具的，扣 5 分；每缺一种，扣 2 分	
		未检查工具不扣分，但因工具故障影响实验，更换工具后才能完成的，全扣 5 分	
工艺要求	50	接线松动、露铜过长(1mm)、压绝缘层，每处扣 2 分	
		损伤导线绝缘或线芯每处扣 2 分	
		损坏元件每处扣 5 分	
		一、二次线交叉，每处扣 1 分	

（续）

项目内容	配　分	评分标准			得　分
工艺要求	50	横不平、竖不直、高低不平，每根扣1分			
		接线完毕未清理盘面扣2分			
		导线接线错误，扣5分			
		未完成主电路接线，扣5分，取消通电测试资格			
		接线明显错误，扣5分，取消通电测试资格			
检查程序及通电试车	15	到时间未能通电测试，此项不得分			
		未经教师同意独自通电测试，扣2分			
		通电测试功能不全，扣2分			
拆线结束	10	拆线不认真，造成元器件损坏，扣5分			
		场地未清扫扣5分；清扫(桌面、地面)不干净，扣2.5分			
安全文明生产	10	每违反一项规定，从总分中扣5分			
		严重违规者停止操作			
		考试过程中出现短路、人为损坏设备，该项目不得分			
考核时间	120min	每超过5min扣5分，不足5min以5min计			
起始时间		结束时间		实际时间	
备　注	除超时扣分外，各项内容的最高扣分不得超过配分数			成　绩	

拓展实验　简单照明电路的安装

一、工具、仪器及器材

数字万用表、单相电能表、剥线钳、电工刀、螺钉旋具、钢丝钳、斜口钳、尖嘴钳、验电器、开关、插座、漏电保护器、熔断器、白炽灯、日光灯管、节能灯、导线等。

二、工作程序及要求

1. 照明电路安装的技术要求

(1) 灯具安装的高度。室外一般不低于3m，室内一般不低于2.5m。

(2) 照明电路应有短路保护。照明灯具的相线必须经开关控制，螺口灯头中心触应接相线，螺口部分与零线连接。不准将电线直接焊在灯泡的接点上使用。绝缘损坏的螺口灯头不得使用。

(3) 室内照明开关一般安装在门边便于操作的位置，拉线开关一般应离地2～3m，暗装翘板开关一般离地1.3m，与门框的距离一般为0.15～0.20m。

(4) 明装插座的安装高度一般应离地1.3～1.5m。暗装插座一般应离地0.3m，同一场所暗装的插座高度应一致，其高度相差一般应不大于5mm，多个插座成排安装时，其高度应不大于2mm。

(5) 照明装置的接线必须牢固，接触良好；接线时，相线和零线要严格区别，将零线接灯头上，相线须经过开关再接到灯头。

(6) 应采用保护接地(接零)的灯具金属外壳，要与保护接地(接零)干线连接完好。

(7) 灯具安装应牢固，灯具质量超过3kg时，必须固定在预埋的吊钩或螺栓上。软线吊灯的重量限于1kg以下，超过时应加装吊链。固定灯具需用接线盒及木台等配件。

(8) 照明灯具需用安全电压时，应采用双圈变压器或安全隔离变压器，严禁使用自耦(单圈)变压器。安全电压额定值的等级有42V、36V、24V、12V、6V等。

(9) 灯架及管内不允许有接头。

(10) 导线在引入灯具处应有绝缘保护，以免磨损导线的绝缘，也不应使其承受额外的拉力；导线的分支及连接处应便于检查。

2. 照明电路安装的具体要求

(1) 布局。根据设计的照明电路图，确定各元器件安装的位置，要求符合要求，布局合理、结构紧凑、控制方便、美观大方。

(2) 固定器件。将选择好的器件固定在网板上，排列各个器件时必须整齐。固定的时候，先对角固定，再两边固定。要求元器件固定可靠、牢固。

(3) 布线。先处理好导线，将导线拉直，消除弯、折，布线要横平竖直，转弯成直角，并做到高低一致或前后一致，少交叉，应尽量避免导线接头。多根导线并拢平行走。而且在走线的时候牢牢地记着“左零右火”的原则(即左边接零线，右边接火线)。

(4) 接线。由上至下，先串后并；接线正确、牢固，各接点不能松动，敷线平直整齐，无漏铜、反圈、压胶，每个接线端子上连接的导线根数一般不超过两根，绝缘性能好，外形美观。红色线接电源火线(L)，黑色线接零线(N)，黄绿双色线专作地线(PE)；火线过开关，零线一般不进开关；电源火线进线接单相电能表端子“1”，电源零线进线接端子“3”，端子“2”为火线出线，端子“4”为零线出线。进出线应合理汇集在端子排上。

(5) 检查线路。用肉眼观看电路，看有没有接出多余线头。参照设计的照明电路安装图检查每条线是否严格按要求来接，每条线有没有接错位，注意电能表有无接反，漏电保护器、熔断器、开关、插座等元器件的接线是否正确。

(6) 通电。送电由电源端开始往负载依次顺序送电，先合上漏电保护器开关，然后合上控制白炽灯的开关，白炽灯正常发亮；合上控制日关灯开关，日光灯正常发亮；插座可以正常工作，电能表根据负载大小决定表盘转动快慢，负荷大时，表盘就转动快。

(7) 故障排除。操作各功能开关时，若不符合要求，应立即停电，判断照明电路的故障，可以用万用表合适欧姆挡位检查线路，要注意人身安全。

3. 照明电路的原理图和安装图

(1) 照明电路的原理图，如图2.49所示。

(2) 照明电路的接线图，如图2.50所示。

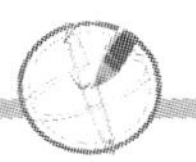

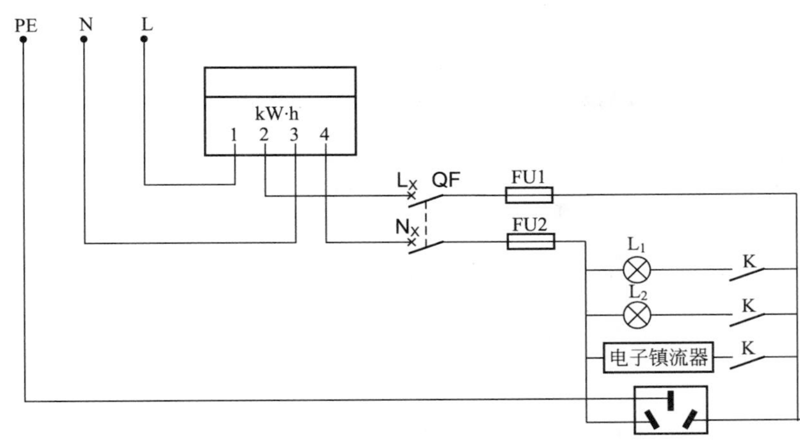

图 2.49　照明电路的原理图

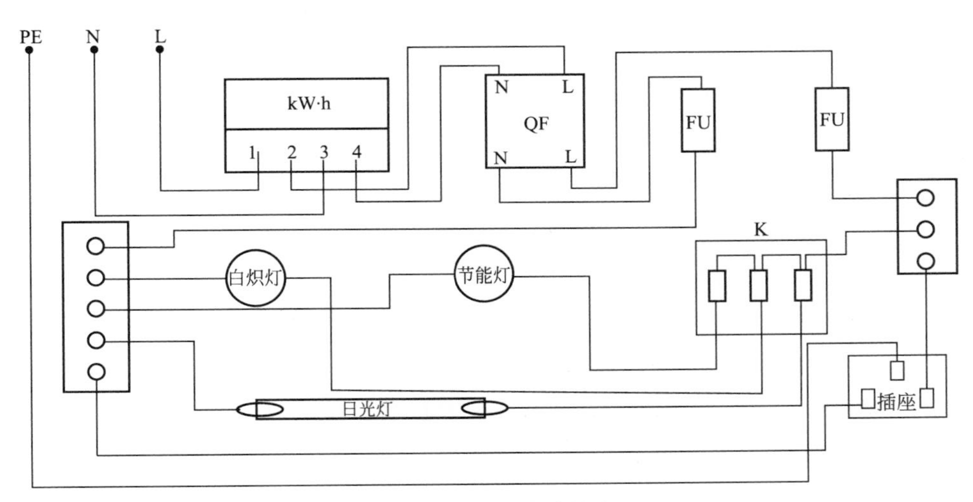

图 2.50　照明电路的接线图

三、 评分标准(表 2－9)

表 2－9　评 分 标 准

项目内容	配　　分	评分标准	得　　分
布局和结构	10	布局混乱，扣全分 10 分	
		结构松散、不紧凑，扣 5 分	
		控制烦琐，扣 5 分	
元器件的排列和固定	10	元器件安装不正确，每处扣 5 分	
		元器件排列混乱，扣全分 5 分	
		元器件固定的不可靠，扣 5 分	
布线	5	横平竖直，转弯成直角，少交叉。不符合规定的，每处扣 2 分	
		多根导线未并拢平行走的，每处扣 2 分	

（续）

项目内容	配　分	评分标准			得　分
接　线	10	接线正确、牢固，敷线平直整齐，无漏铜、反圈、压胶，绝缘性能好，外形美观，不符合规定每处扣 5 分			
整个电路	20	没有接出多余线头，每条线严格按要求来接，每条线都没有接错位，不符合规定每处扣 5 分			
照明电路是否可以正常工作	20	开关、插座、白炽灯、日光灯、电能表都正常工作，不能工作的一个扣 5 分			
会用仪表检查电路	5	用万用表检查照明线路和元器件的安装是否正确，方法错误扣 2 分			
故障排除	10	能够排除照明电路的常见故障，故障分析错误扣 5 分，排除错误扣 5 分			
工具的使用和原材料的用量	5	工具使用不合理扣 2 分			
		摆放不整齐扣 1 分			
		原材料使用浪费扣 2 分			
安全用电	5	注意安全用电，不带电作业			
考核时间	180min	每超过 5min 扣 5 分，不足 5min 以 5min 计			
起始时间		结束时间		实际时间	
备　注	除超时扣分外，各项内容的最高扣分不得超过配分数			成　绩	

小　结

本学习情境针对照明电路的安装规范与要求，从照明装置的种类、照明装置的安装到进户装置及量配电装置的安装等方面，对照明电路的安装方法及技能要求进行了详细的论述，并通过课内与拓展实验训练学生在照明电路安装方面的实践技能。

习　题

一、填空题

1. 照明装置的安装要求是________、________、________和________。
2. 在低压配电线路运行中的主要故障为________故障和________故障。
3. 开关用在大功率负载时，应按________倍负载电流的大小选择开关的额定电流。
4. 熔断器主要由________、________和________ 3 部分组成。
5. 各种照明开关必须串接在________线上。

6. 导线绝缘层损坏或老化，并在零线和相线的绝缘处碰线会导致照明电路________故障。

7. 凡是进户点低于________ m或接户线从架空配电线的电杆至用户户外的第一支持点间的导线因安全需要而升高等原因，都需加装进户杆来支持________线和________线。

8. 量电装置通常由进户总熔丝盒、________和________等部分组成。

9. 对照明线路进行绝缘性能测试一般用________ V绝缘电阻表进行测试。

10. 电光源所需的________装置称为照明装置。

二、 判断题

(　　)1. 白炽灯的安装高度距离地面为2.5m或成人伸手向上摸不到为准。

(　　)2. 卧室尽可能采用光线柔和的白炽灯。

(　　)3. 浴室插座应采用防水型插座。

(　　)4. 熔断器必须串联在电路中，零线中不允许串接熔断器。

(　　)5. 在天花板低矮的客厅，可装嵌入式荧光灯。

三、 选择题

1. 教室照明光源宜采用(　　)。

A. 直管高效荧光灯　　B. 弯管高效荧光灯

C. 紧凑型荧光灯　　D. 壁灯

2. 单相电度表的跳线接线方式是(　　)。

A. “1，2”进，“3，4”出　　B. “1，3”进，“2，4”出

C. “1，4”进，“2，4”出　　D. “3，4”进，“1，2”出

3. 所有照明线路均应设有(　　)。

A. 短路保护　　B. 过负荷保护　　C. 接地保护　　D. 过载保护

4. 导线颜色选择时，保护线PE为(　　)。

A. 绿色线　　B. 黄色线　　C. 红色线　　D. 绿、黄双色线

5. 书房中的台灯属于(　　)。

A. 一般照明　　B. 分区一般照明　　C. 局部照明　　D. 混合照明

6. 强电与弱电插座的水平距离应以(　　)为准。

A. 大于0.5m　　B. 小于0.5m　　C. 等于0.5m　　D. 随意安装

7. 各种照明开关必须串接在相线上，开关和插座离地高度一般不低于(　　)。

A. 1.3m　　B. 2.2m　　C. 1.5m　　D. 1.8m

8. 电流互感器二次侧标有“K1”或“+”的接线柱要与(　　)。

A. 电能表电流线圈的进线端连接　　B. 电能表电流线圈的出线端连接

C. 电源进线　　D. 电源出线

9. 灯具安装的高度，室外一般不低于(　　)m。

A. 1　　B. 2　　C. 3　　D. 5

10. 熔断器选择时，熔丝的额定电流(　　)负载的额定电流。

A. 等于　　B. 大于　　C. 小于　　D. 等于或稍大于

四、简答题

1. 常用的电光源分为哪几类？它们各有什么基本特点？
2. 白炽灯泡既然发光效率低、寿命短，为什么还普遍使用？
3. 为什么相线一定要接进开关？螺口式灯座的接线要注意什么？
4. 试述荧光灯的基本工作原理。
5. 荧光灯接电容器起什么作用？
6. 荧光灯两端不断闪烁而无法正常发光，是由哪些原因引起的？怎样排除？
7. 试述碘钨灯的基本工作原理，安装时应注意哪些方面？
8. 插座如何选择和接线？
9. 如何选择剩余电流动作保护器(漏电开关)？
10. 量配电装置由哪几个部分组成？其主要作用有哪些？
11. 对于单相电能表，如何进行正确接线？

学习情境三

室内外线路的安装与调试

情境描述

通过对室内线路、架空线路、电缆线路安装内容的学习，了解室内线路安装的规范及要求，熟悉室外架空线路及电缆线路的安装工序；学会室内线路、架空线路的施工方法程序和工艺要求，掌握电缆线路各种敷设方式的施工方法、工艺流程和工艺要求。

学习目标

(1) 掌握室内线路的安装规范要求及工序。
(2) 掌握架空线路的施工方法程序和工艺要求。
(3) 掌握电缆线路各种敷设方式的施工方法、工艺流程和工艺要求。
(4) 熟知常用室内外配线竣工验收内容。
(5) 培养标准化作业实施能力。

学习内容

(1) 室内线路的安装及竣工验收。
(2) 室外架空线路的安装工序及竣工验收。
(3) 电缆的敷设及竣工验收。

任务一　室内线路的安装

室内线路通常由导线、导线支持物和用电器具等组成。室内线路的安装有明线安装和暗线安装两种。导线沿墙壁、天花板、梁及柱子等明敷设称为明线安装；穿管导线埋设在墙内、地坪内或装设在顶棚里称为暗线安装。按配线方式分，室内线路的安装有瓷(塑料)夹板配线、绝缘子配线、塑料护套线配线、电线管配线及钢索配线等。

一、 室内线路的安装要求与工序

1. 室内线路的安装要求

(1) 室内线路的安装方式和导线的选择，一般应根据周围环境的特征以及安全要求等因素决定，见表 3－1。

表 3－1　室内线路的安装方式及导线的选用

环境特征	配线方式	常用导线
干燥环境	瓷(塑料)夹板、铝片卡明配线	BLV、BLVV、BLXF、BLX
	绝缘子明配线	BLV、LJ、BLVF、BLX
	穿管明敷或暗敷	BLV、BLXF、BLX
潮湿和特别潮湿的环境	绝缘子明配线(敷设高度＞3.5m)	BLV、BLXF、BLX
	穿塑料管、钢管明敷或暗敷	
多尘环境(不包括火灾及爆炸危险尘埃)	绝缘子明配线	BLV、BLXF、BLXF、BLX
	穿管明敷或暗敷	BLV、BLXF、BLX
有腐蚀性的环境	绝缘子明配线	BLV、BLVV
	穿塑料管明敷或暗敷	BLV、BV、BLXF
有火灾危险的环境	绝缘子明配线	BLV、BLX
	穿钢管明敷或暗敷	
有爆炸危险的环境	穿钢管明敷或暗敷	BV、BX

(2) 所使用导线的额定电压应大于线路工作电压，明线敷设的导线应采用塑料或橡皮绝缘导线，导线的最小截面积和敷设距离见表 3－2。

表 3－2　室内明线敷设导线的最小截面积和敷设距离

配线方式	绝缘导线最小截面积/mm^2		绝缘导线截面积/mm^2		敷设距离			
	铜芯	铝芯	铜芯	铝芯	前后支持物间最大距离/m	线间最小距离/mm	与地面最小距离/m 水平敷设	与地面最小距离/m 垂直敷设
瓷夹板配线	1.0	1.5	1～2.5	1～2.5	0.6	—	2.0	1.3
			4～10	4～10	0.8			
绝缘子配线	2.5	4.0		1.0	6.0(吊灯为3)	100	2.0	1.3
			≥2.5	≥6.0	10(吊灯为3)	150		
护套线配线	1.0	1.5			0.2	—	0.15	0.15

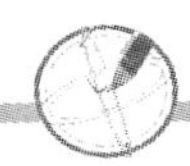

(3) 为确保安全，室内电气管线路和配电设备与其他管道、设备间的最小距离，应符合表 3－2 所示要求。

表 3－3 中有 4 个分数形式的值，分子数字为电气管线路敷设在管道上面的距离，分母数字为电气管线路敷设在管道下面的距离。施工时，如不能满足表 3－3 所列距离，则应采取如下措施。

表 3－3　室内电气管线路和配电设备与其他管道、设备间的最小距离

类别	管道与设备名称	最小距离/m				
		管内导线	明线绝缘导线	裸母线	滑触线	配电设备
平行	煤气管	0.1	1.0	1.0	1.5	1.5
	乙炔管	0.1	1.0	2.0	3.0	3.0
	氧气管	0.1	0.5	1.0	1.5	1.5
	蒸气管	上 1.0/下 0.5	上 1.0/下 0.5	1.0	1.0	0.5
	暖水管	上 0.3/下 0.2	上 0.3/下 0.2	1.0	1.0	0.1
	通风管	—	0.1	1.0	1.0	0.1
	上下水管	—	0.1	1.0	1.0	0.1
	压缩空气管	—	0.1	1.0	1.0	0.1
	工艺设备	—	—	1.0	1.5	—
交叉	煤气管	0.1	0.3	0.5	0.5	
	乙炔管	0.1	0.5	0.5	0.5	
	氧气管	0.1	0.3	0.5	0.5	
	蒸汽管	0.3	0.3	0.5	0.5	
	暖水管	0.1	0.1	0.5	0.5	
	通风管	—	0.1	0.5	0.5	
	上下水管	—	0.1	0.5	0.5	
	压缩空气管	—	0.1	0.5	0.5	
	工艺设备	—	—	1.5	1.5	

(1) 电气管线路与蒸汽管不能保持表 3－3 中距离时，可在蒸汽管外包以隔热层，这样平行净距可减至 200mm；交叉距离只需考虑施工维护方便。

(2) 电气管线路与暖水管不能保持表 3－3 中距离时，可在暖水管外包隔热层。

(3) 裸母线与其他管道交叉且不能保持表 3－3 中距离时，可在交叉处的裸母线外加装保护网或罩。

(4) 线路安装时，应尽量避免导线有接头；若必须有接头时，应采用压接或焊接。但穿在电线管内的导线，在任何情况下都不能有接头。必要时，可把接头放在接线盒或灯头盒内。

(5) 当导线穿过楼板时，应装设钢管套加以保护，钢管长度应从离楼板面 2m 高处，到楼板下出口处为止。

(6) 导线穿墙要用瓷管保护，瓷管的两端出线口，伸出墙面的距离不小于 10mm，除穿向室外的瓷管应一线一根瓷管外，同一回路的几根导线可以穿在一根瓷管内，但管内导线的总面积(包括外绝缘层)不应超过管内总面积的 40%。

(7) 当导线通过建筑物伸缩缝时，导线敷设应稍有松弛，对于钢管线路安装时，应装设补偿盒，以适应建筑物的伸缩。

(8) 当导线互相交叉时，为避免碰线，在每根导线上应套以塑料管或其他绝缘管，并将套管固定，不使其移动。

2. 室内线路的安装工序

(1) 按施工图样确定灯具、插座、开关、配电箱和启动设备等的装置。

(2) 沿建筑物确定导线敷设的路径及穿过墙壁或楼板的位置。

(3) 在土建未抹灰前，将安装线路所需的全部固定点打好孔眼，预埋木榫或膨胀螺栓的套筒。

(4) 装设瓷夹板、铝夹片或电线管。

(5) 敷设导线。

(6) 导线连接、分支和封端，并将导线的出线端与灯具、插座、开关、配电箱等设备连接。

二、 塑料护套线

塑料护套线是一种具有塑料保护层的双芯或多芯绝缘导线，具有防潮、耐酸和耐腐蚀、造价较低和安装方便等优点。它可以直接敷设在空心楼板、墙壁以及其他建筑物表面，可用铝片线卡(俗称钢精轧头)作为导线支持物，目前大部分电气照明线路均采用塑料护套线配线。但是由于导线的截面积较小，大容量线路不能采用。

1. 用铝片线卡进行塑料护套线的配线方法

1) 定位

根据布置图确定先确定导线的走向和各个电器的安装位置，并做好记号。

2) 划线

根据确定的位置和线路的走向用弹线袋划线。方法如下：在需要走线的路径上，将线袋的线拉紧绷直，弹出线条，要做到横平竖直。垂直位置吊铅垂线如图 3.1(a)所示，水平位置通过目测划线如图 3.1(b)所示。

(a) 垂直划线

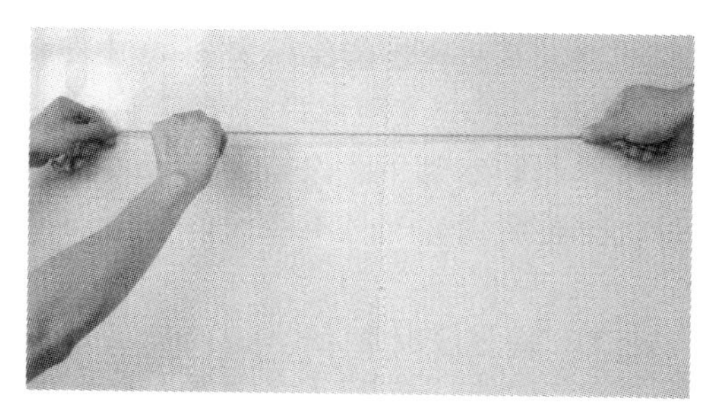

(b) 水平划线

图 3.1　用铝片线卡进行塑料护套线的配线划线

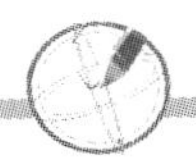

3）固定铝片线卡

铝片线卡的形状如图 3.2 所示。

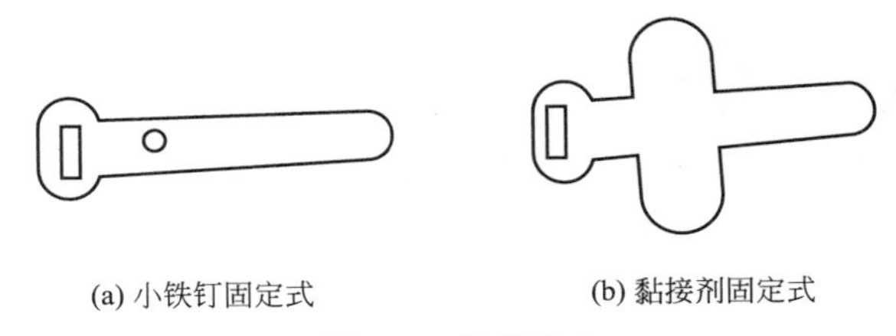

图 3.2　铝片线卡

先确定线路方向以及各用电器的安装位置，然后用弹线袋划线，同时按护套线的安装要求，每隔 150～200mm 划出固定铝片线卡的位置。在距开关、插座和灯具木台 50～100mm 处都需设置铝片线卡的固定点。

固定铝片线卡的方法如下。

（1）选择铝片线卡型号。根据每一线条上导线的数量选择合适型号的铝片线卡，铝片线卡由小到大其型号为 0 号、1 号、2 号、3 号、4 号等。在室内外照明线路中通常用 0 号和 1 号铝片线卡。根据护套线布线原则，即轧片与轧片之间的距离为 120～200mm，弯角处轧片离弯角顶点的距离为 50～100mm，离开关、灯座的距离为 50mm。测量后画出铝片线卡的位置。

（2）具体的方法。

① 在木制结构上，可用铁钉固定铝片线卡。将鞋钉插入轧片中央的小孔处，用榔头将铝片线卡固定在所需位置上，如图 3.3 所示。

② 在抹灰浆的墙上，每隔 4～5 挡，进入木台和转角处需用小铁钉在木榫上固定铝片线卡，其余的可用小铁钉直接将铝片线卡钉在灰浆上。

③ 在砖墙和混凝土墙上可用木榫或环氧树脂黏接剂固定铝片线卡。在鞋钉无法钉入的墙面上，应凿眼安装木榫。木榫的削制方法是：先按木榫需要的长度用锯锯出木胚，然后用左手按住木胚的顶部，右手拿电工刀削制，如图 3.4 所示。

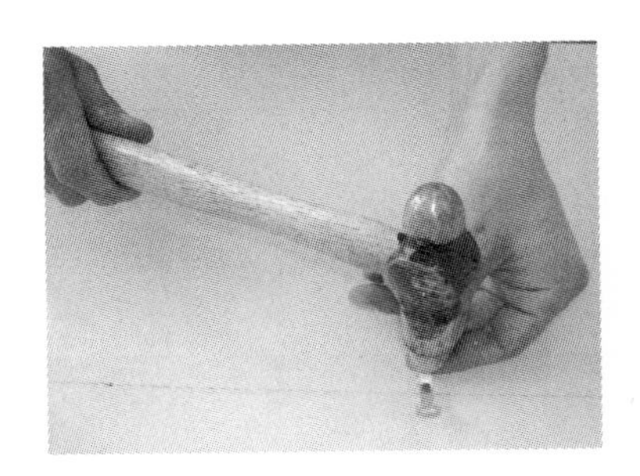

图 3.3　固定铝片线卡

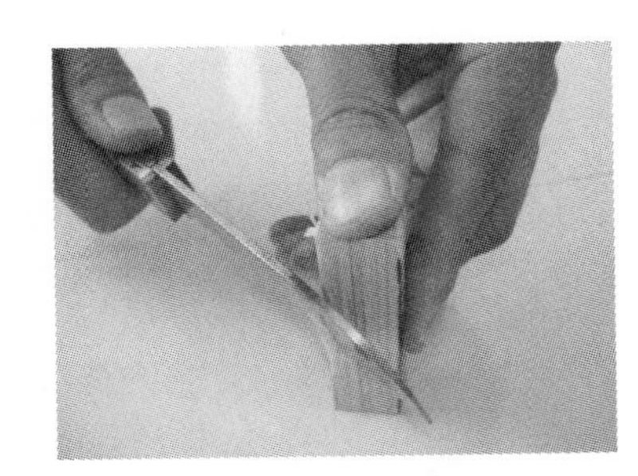

图 3.4　削制木榫

（3）敷设导线。将护套线按需要放出一定的长度，用钢丝钳将其剪断，然后敷设，如果线路较长，可一人放线，另一人敷设，注意不可使导线产生扭曲，放出的导线不得在地上拉拽，以免损伤导线护套层。护套线的敷设必须横平竖直，敷设时用一只手拉紧导线，另一只手将导线固定在铝片线卡上，在弯角处应按最小弯曲半径来处理，这样可使布线更

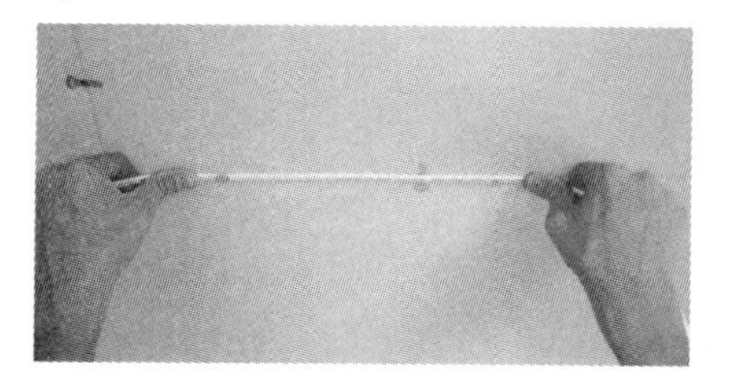

图 3.5　敷设导线

美观，如图 3.5 所示。

对于截面较粗的护套线，为了敷直，可在直线部分的两端各装一副瓷夹，敷线时，先把护套线的一端固定在瓷夹内，然后勒直并在另一端收紧护套线后固定在另一副瓷夹中，最后把护套线依次夹入铝片线卡中，如图 3.6 所示。

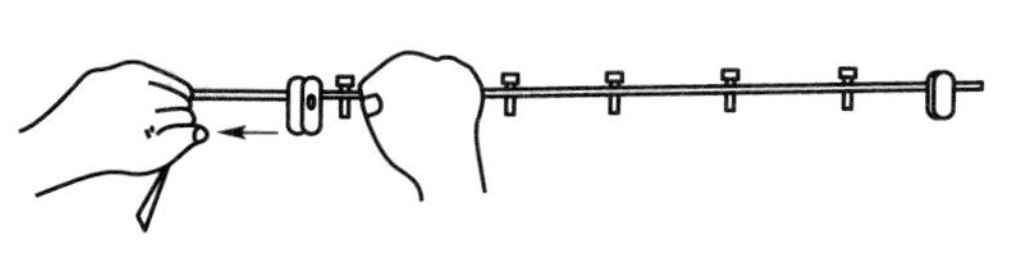

(a) 护套线固定在瓷夹内

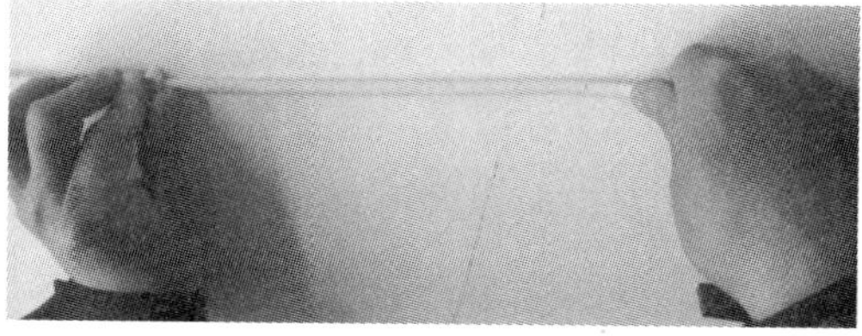

(b) 勒直护套线

图 3.6　护套线的收紧

（4）铝片线卡的夹持。护套线均置于铝片线卡的定位孔后，将铝片线卡收紧夹持护套线，如图 3.7 所示。

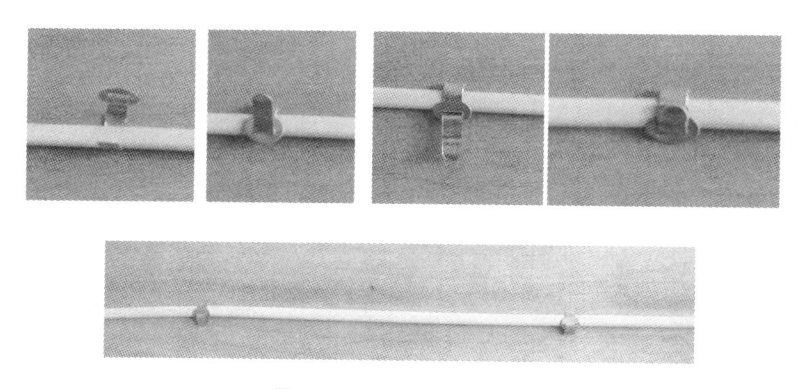

图 3.7　铝片线卡的夹持

2. 用塑料卡钉进行塑料护套线配线

塑料卡钉进行塑料护套线配线较为方便，现在使用较广泛。在定位及划线后进行敷设，其间距要求与铝片线卡塑料护套线配线相同，如图 3.8 所示。

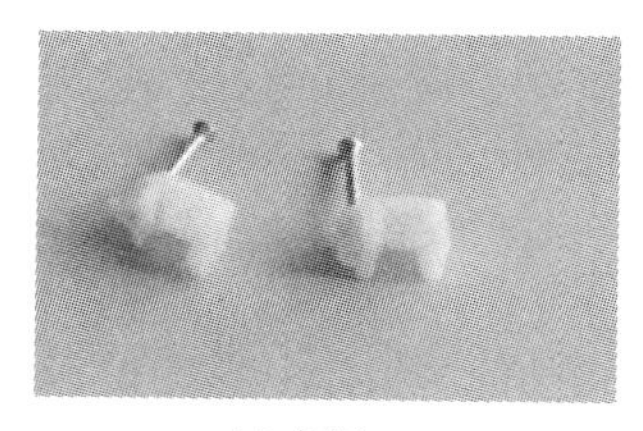

(a) 卡钉

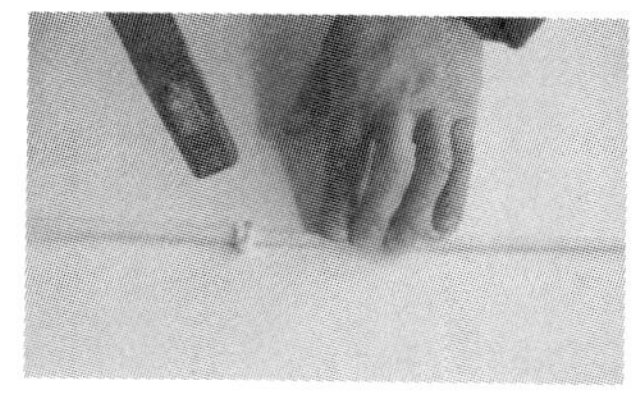

(b) 固定卡钉

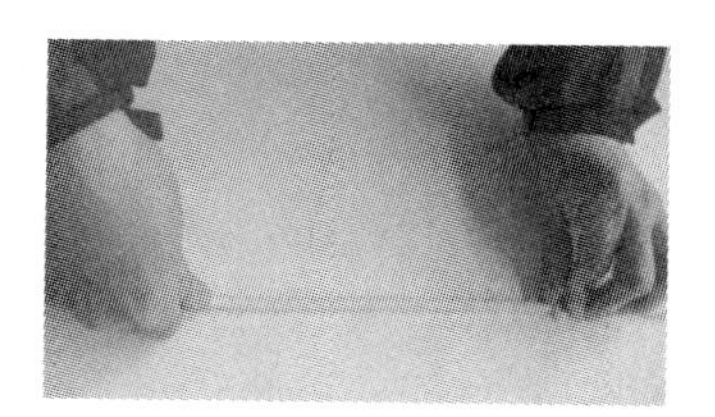

(c) 收紧夹持护套线

图 3.8　塑料卡钉进行塑料护套线配线

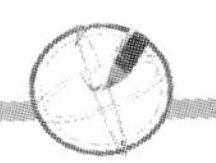

3. 塑料护套线配线时的注意事项

(1) 室内使用塑料护套线配线时，其截面规定铜芯不得小于 $0.5mm^2$，铝芯不得小于 $1.5mm^2$，室外使用塑料护套线配线时，其截面规定，铜芯不得小于 $1.0mm^2$，铝芯不得小于 $2.5mm^2$。

(2) 护套线不可在线路上直接连接，可通过瓷头接头、接线盒或借用其他电器的接线桩来连接线头。

(3) 护套线转弯时，用手将导线勒平后，弯曲成型，再嵌入铝片线卡，折弯半径不得小于导线直径的 3～6 倍，转弯前后应各用一个铝片线卡夹住。

(4) 护套线进入木台前应安装一个铝片线卡。

(5) 两根护套线相互交叉时，交叉处要用 4 个铝片线卡(塑料卡钉)卡住，护套线应尽量避免交叉，如图 3.9 所示。

图 3.9　护套线交叉时的处理

(6) 护套线路的离地最小距离不得小于 0.5m，在穿越楼板及离地低于 0.15m 的一般护套线，应加电线管保护。

三、 线管配线

1. 线管配线的方法

把绝缘导线穿在管内的配线方式称为线管配线。线管配线有耐潮、耐腐、导线不易遭受机械损伤等优点，但安装和维修不便，且造价较高。适用于室内外照明和动力线路的配线。

线管配线有明配和暗配两种。明配是把线管敷设在明露处，要求配得横平竖直，管路短，弯头少。

线管暗配线时，首先要确定好线管进入设备器具盒(箱)的位置，计算好管路敷设长度，再进行配管施工。在配合土建施工中将管与盒(箱)按已确定的安装位置连接起来，并在管与管、盒(箱)的连接处，焊上接地跨接线，使金属外壳连成一体。线管暗线配线示意图如图 3.10 所示。

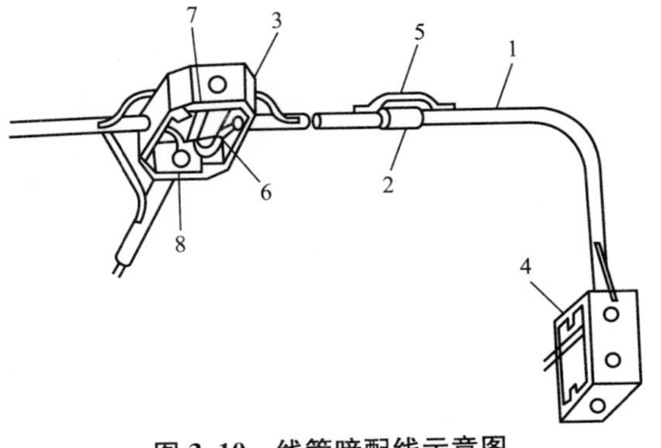

图 3.10　线管暗配线示意图

1—线管；2—管箍；3—灯位盒；4—开关盒；5——跨接接地线；6—导线；7—接地导线；8—锁紧螺母

1）线管选择

线管有白铁管、电线管和硬塑料管，其使用场合及规格见表 3－4。

表 3－4　线管种类及使用场合

线管名称	使用场合	最小允许管径
白铁管	适用于潮湿和有腐蚀性气体场所内明敷或埋地	最小管径应大于内径 9.5mm
电线管	适用于干燥场所的明敷或暗敷	最小管径应大于内径 9.5mm
硬塑料管	适用于腐蚀性较强的场所明敷或暗敷	最小管径应大于内径 10.5mm

一般要求穿管导线的总截面积(包括绝缘层)不应超过线管内径截面积的 40%；白铁管和电线管的管径可根据穿管导线的截面积和根数按表 3－5 和表 3－6 选取。

表 3－5　导线穿白铁管的标称直径选择

导线根数 / 白铁管的最小标称直径/mm / 导线标称截面积/mm^2	2	3	4	5	6	7	8	9	10
1	10	10	10	15	15	20	20	25	25
1.5	10	15	15	20	20	20	25	25	25
2	10	15	15	20	20	25	25	25	25
2.5	15	15	15	20	20	25	25	25	25
3	15	15	20	20	20	25	25	32	32
4	15	20	20	20	25	25	25	32	32
5	15	20	20	20	25	25	32	32	32
6	20	20	20	25	25	25	32	32	32
8	20	20	25	25	32	32	32	32	40
10	20	25	25	32	32	40	40	50	50
16	25	25	32	32	40	50	50	50	50
20	25	32	32	40	50	50	50	70	70
25	32	32	40	40	50	50	70	70	70
35	32	40	50	50	50	70	70	70	80
50	40	50	50	70	70	70	80	80	80
70	50	50	70	70	80	80	—	—	—
95	50	70	70	80	80	—	—	—	—
120	70	70	80	80	—	—	—	—	—
150	70	70	80	—	—	—	—	—	—
185	70	80	—	—	—	—	—	—	—

表 3-6　导线穿电线管的标称直径选择

导线根数 白铁管的最小标称直径/mm 导线标称截面积/mm^2	2	3	4	5	6	7	8	9	10
1	12	15	15	20	20	25	25	25	25
1.5	12	25	20	20	25	25	25	25	25
2	15	15	20	20	25	25	25	25	25
2.5	15	15	20	25	25	25	25	25	32
3	15	15	20	25	25	25	25	32	32
4	15	20	25	25	25	25	32	32	32
5	15	20	25	25	25	25	32	32	32
6	15	20	25	25	25	32	32	32	32
8	20	25	25	32	32	32	40	40	40
10	25	25	25	32	40	40	40	50	50
10	25	32	32	40	40	50	50	50	50
20	25	32	40	40	50	50	50	70	70
25	32	40	40	50	50	70	70	70	70
35	32	40	50	50	70	70	70	70	80
50	40	50	70	70	70	70	80	80	80
70	50	50	70	70	80	80	80	—	—
95	50	70	70	80	80	—	—	—	—
120	70	70	80	80	—	—	—	—	—

2）落料

落料前应检查线管质量，有裂缝、瘪陷及管内有锋口杂物等均不能使用。两个接线盒之间应为一个线段，根据线路弯曲、转角情况来决定用几根线管接成一个线段和确定弯曲部位，一个线段内应尽可能减少管口的连接口。

3）线管除锈与涂漆

用圆形钢丝刷，两头各绑一根铁丝穿过线管，来回拉动钢丝刷进行管内除锈，如图 3.11(a)所示。管外可用钢丝刷锈，如图 3.11(b)所示。管子除锈后，可在内外表面涂以油漆或沥青漆，但埋设在混凝土中的电线管外表面不要涂漆，以免影响混凝土的结构强度。

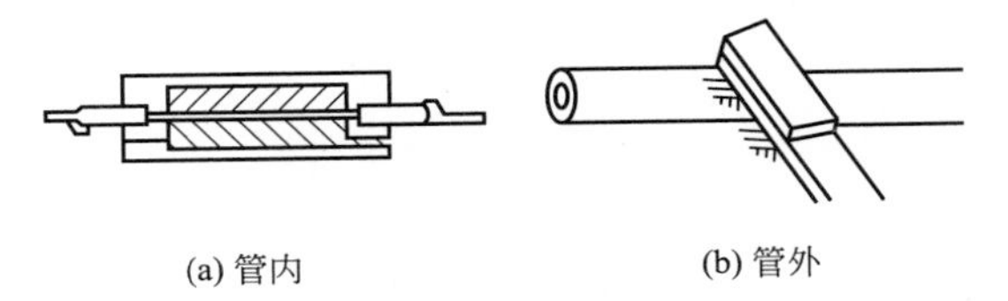

(a) 管内　　(b) 管外

图 3.11　线管除锈

4）弯管

（1）矩形木条弯管器。直径为25mm以下的薄壁管和直径为20mm以下的厚壁管，可用质地坚硬并开有斜口的矩形木条来弯管。弯管时把线管嵌入木条上的斜口里，使标有记号的地方跟斜口的侧沿平齐，然后将钢管弯成所需角度，如图3.12所示。

（2）管弯管器弯管。管弯管器的体积小、质量轻，是弯管器中最简便的一种，其使用方法如图3.13所示。它适用于直径50mm以下的管子。

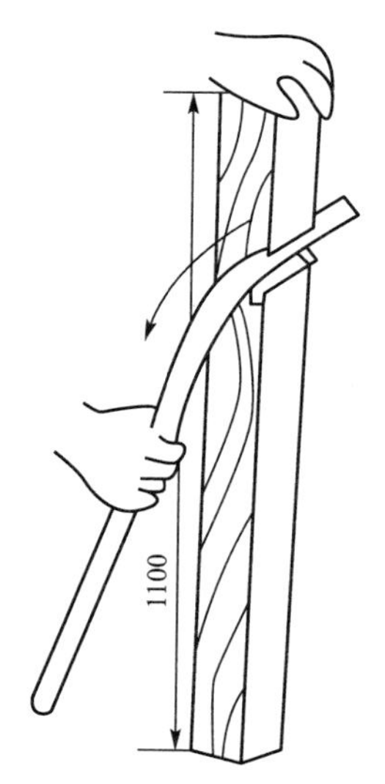

图3.12　矩形木条弯管器弯管

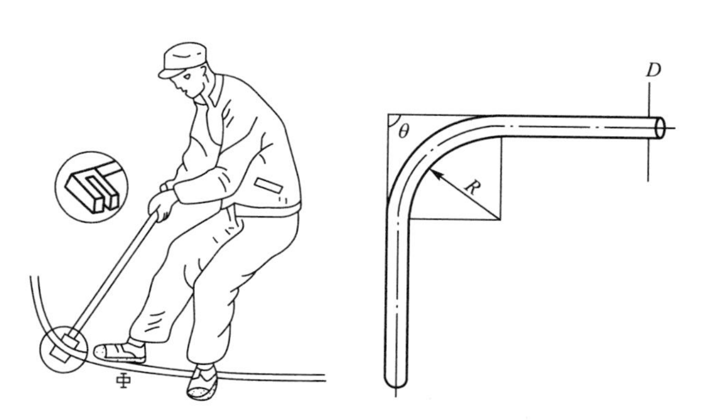

图3.13　管弯管器弯管

（3）木架弯管器弯管。木架弯管器是用方木制作的，可用于较大直径线管的弯曲，其外形如图3.14所示。木架弯管器不如管弯管器简便，搬运也不便。

（4）滑轮弯管器弯管。直径在50～100mm的线管可用滑轮弯管器进行弯管，其结构如图3.15所示。

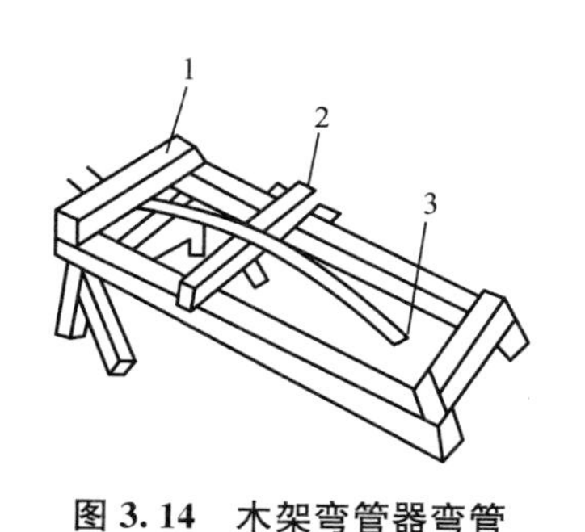

图3.14　木架弯管器弯管

1—固定方木；2—移动方木；3—按压处

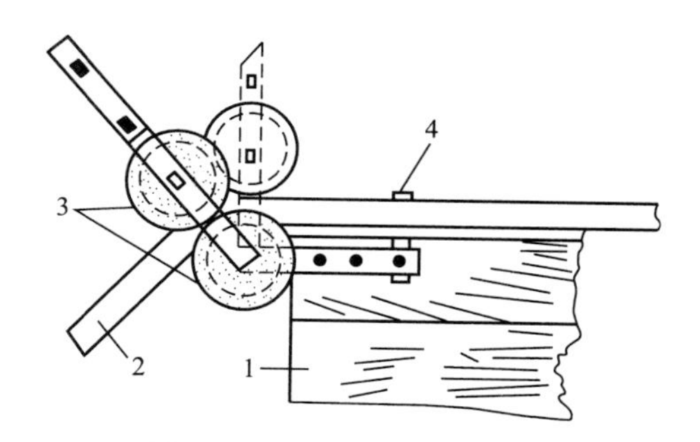

图3.15　滑轮弯管器的结构

1—作业台；2—管子；3—铁滑轮；4—卡子

（5）弯管方法。为便于线管穿线，管子的弯曲角度，一般应大于90°，如图3.16所示，明管敷设时，管子的曲率半径$R \geqslant 4d$；暗管敷设时，管子的曲率半径$R \geqslant 6d$；夹角$\theta \geqslant 90°$。

直径在50mm以下的线管，可用管弯管器进行弯曲。在弯曲时，要逐渐移动弯管器棒，且一次弯曲的弧度不可过大，否则可能会造成被弯线管的弯裂或弯瘪。

凡壁管较薄而直径较大的线管，弯曲时，管内要灌满沙子，否则会把线管弯瘪；如采用加热弯曲，要灌满干燥无水分的沙子，并在管两端塞上木塞，如图 3.17 所示。

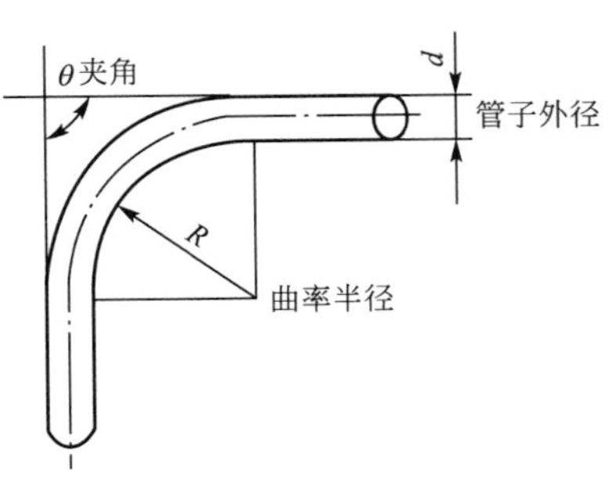

图 3.16　线管的弯度

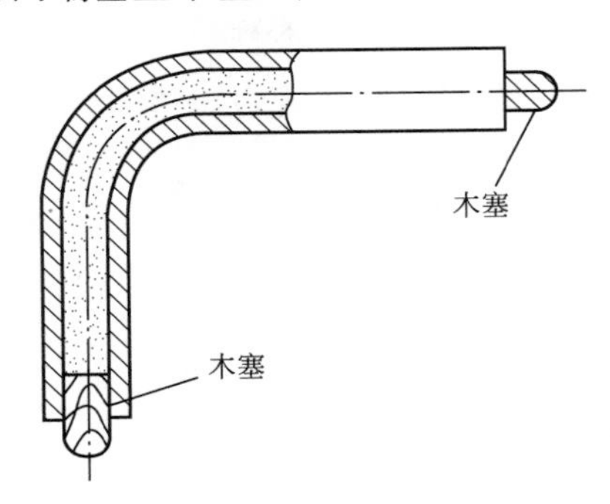

图 3.17　线管灌沙弯曲

弯曲有缝管时，应将接缝处放在弯曲的侧边，作为中间层，这样可使焊缝在弯曲变形时既不延长又不缩短，焊缝就不易裂开，如图 3.18 所示。

弯曲硬塑料管时，先将塑料管用电炉或喷灯加热，然后放到大胚具上弯曲成形，如图 3.19所示。

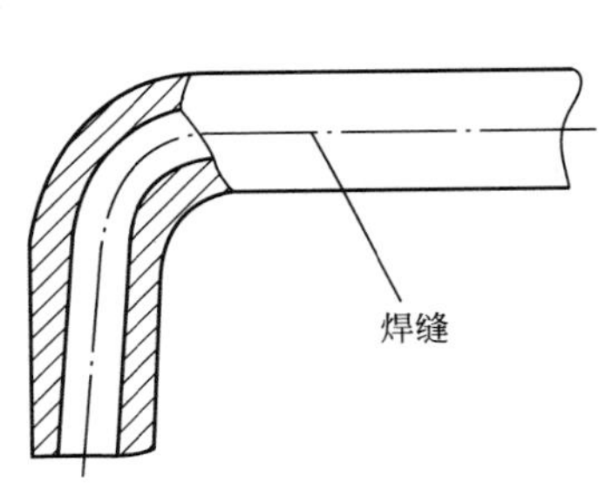

图 3.18　有缝管的弯曲

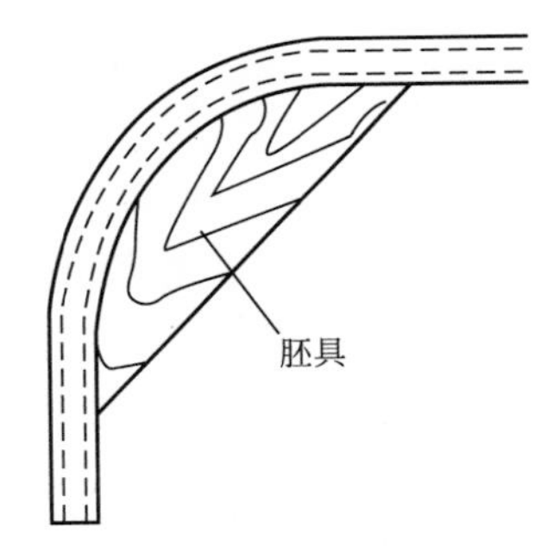

图 3.19　硬塑料管的弯曲

5）锯管

按实际长度需要用钢锯锯管，锯削时应使管口平整，并要锉去毛刺和锋口。

6）套螺纹

为了使管子之间或管子与接线盒之间连接起来，需要在管子端部加上螺纹，钢管套缧纹时，可用管子套螺纹铰板。套螺纹时，应把线管钳夹在管钳或台虎钳上，然后用套螺纹铰板铰出螺纹。操作时，用力要均匀，并加润滑油，以保护螺纹光滑，螺纹长度等于管箍长度的 1/2 时加 1～2 牙。第一套完成后，松开板牙，再调整其距离(比第一次小一点)，再套一次，当第二次螺纹快要套完时，稍微松开板牙，边转边松，使其成为锥形螺纹，套螺纹完成后，应用管箍试套。选用板牙时必须注意管径是以内径还是外径标称的，否则无法使用。

7）线管连接

钢管与钢管之间的连接，无论是明配管还是暗配管，最好采用管箍连接，尤其是埋地和防爆线管，如图 3.20 所示。为了保证管接口的严密性，管子的螺纹部分，应顺螺纹方向缠上麻丝，并在麻丝上涂层白漆，再用管子钳拧紧，并使两端间吻合。

钢管的端部与各种接线盒连接时，应采用在接线盒内各用一个薄形螺母(又称为锁紧螺母)夹紧线管的方法，如图 3.21 所示。安装时，先在线管管口拧入一螺母，管口穿入接线盒后，在盒内再套拧一个螺母，然后用两把扳手，把两个螺母反向拧紧。如果需要密封，则在两个螺母之间垫入封口垫圈。

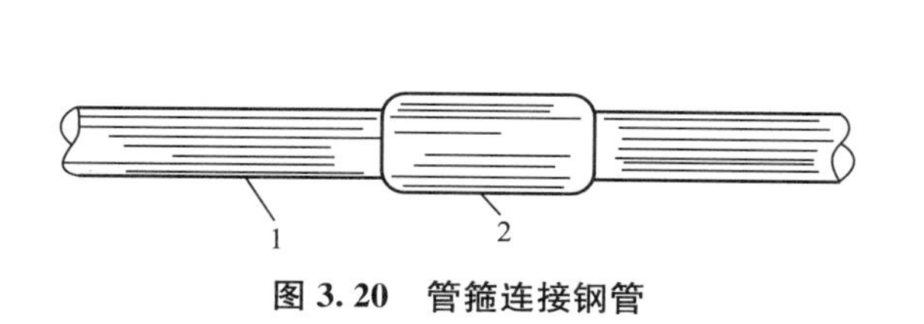

图 3.20　管箍连接钢管

1—钢管；2—管箍

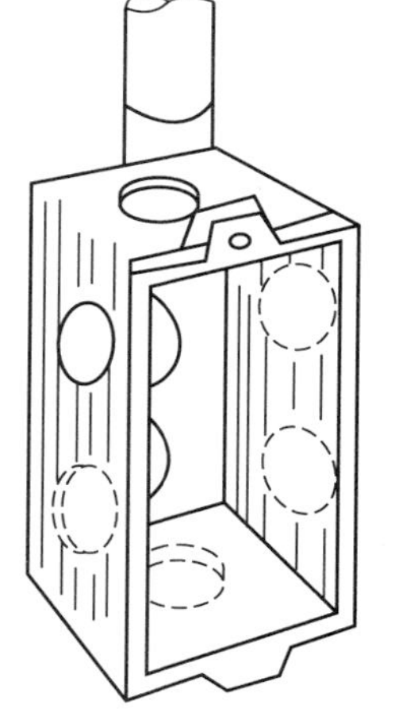

图 3.21　线管与接线盒的连接

硬塑料管连接方法主要包括以下几种。

① 插入法连接。连接前先将要连接的两根管子的管口分别内倒角和外倒角，如图 3.22(a)所示，然后用汽油或酒精把管子的插接段的油污擦干净，接着将阴管(长度为 1.2～1.5 倍的管子直径)放在电炉或喷灯上加热至 145℃左右，呈柔软状态后，将阳管的插入部分涂一层胶合剂(过氯乙烯胶)，迅速插入阴管，并立即用湿布冷却，使管子恢复原来的硬度，如图 3.22(b)所示。

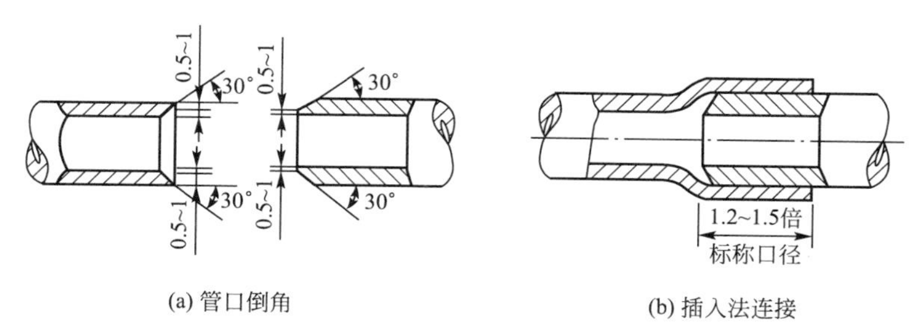

(a) 管口倒角　　(b) 插入法连接

图 3.22　硬塑料管的插入法连接

② 套接法连接。连接前先将同径的硬塑料管加热扩大成套管，套管长度为 2.5～3 倍的管子直径，然后把需要连接的两管倒角，并用汽油或酒精擦干净，待汽油挥发后，涂上黏接剂，迅速插入套管中，如图 3.23 所示。

8) 线管的接地

线管配线的线管必须可靠地接地，为此在线管与线管、线管与配电箱及接线盒等连接处，用 6～10mm 圆钢制成的跨接线连接，如图 3.24 所示。在干线始末端和分支线管上分别与接地体可靠地连接，使线路所有线管都可靠地接地。

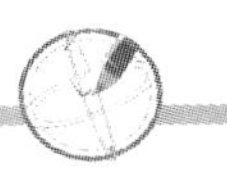

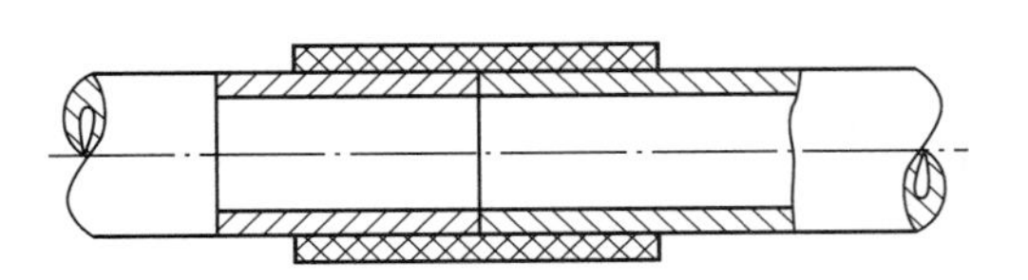

图 3.23　硬塑料管的套接法连接

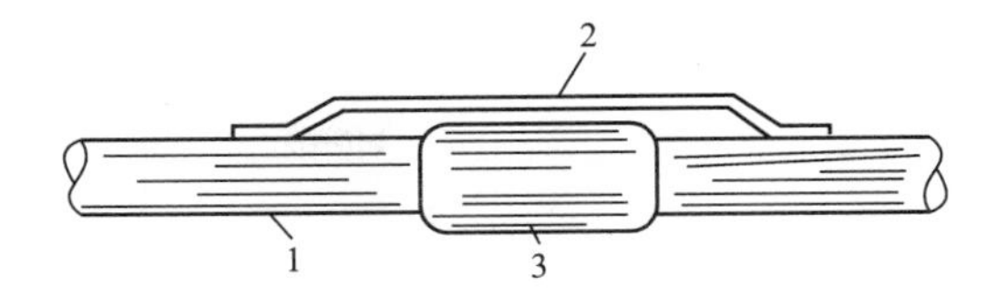

图 3.24　线管连接处的跨接线
1—线管；2—跨接线；3—管箍

9）线管的固定

（1）线管明线敷设。线管明线敷设时应采用管卡支持，线管直线部分，两管卡之间的最大距离应不大于表 3－7 所规定的距离。

表 3－7　线管直线部分管卡间的最大距离

管卡间距/m　线管直径/mm 管壁厚度/mm	13～19	25～32	38～51	64～76
≤2.5	1.5	2.0	2.5	3.4
≥2.5	1.0	1.5	2.0	

在线管进入开关、灯头、插座和接线盒孔前 300mm 处和线管弯头两边，都需要用管卡固定，如图 3.25 所示。管口均应安装在木结构或木榫上。

（2）线管在砖墙内暗线敷设。此时，一般在土建砌砖时预埋，否则应先在砖墙上留槽或开槽，然后在砖缝里打入木榫并用钉子固定。

（3）线管在混凝土内暗线敷设。此时，可用铁丝将管子绑扎在钢筋上，也可用钉子钉在模板上，用垫块将管子垫高 15mm 以上，使管子与混凝土模板间保持足够的距离，并防止浇灌混凝土时管子脱开，如图 3.26 所示。

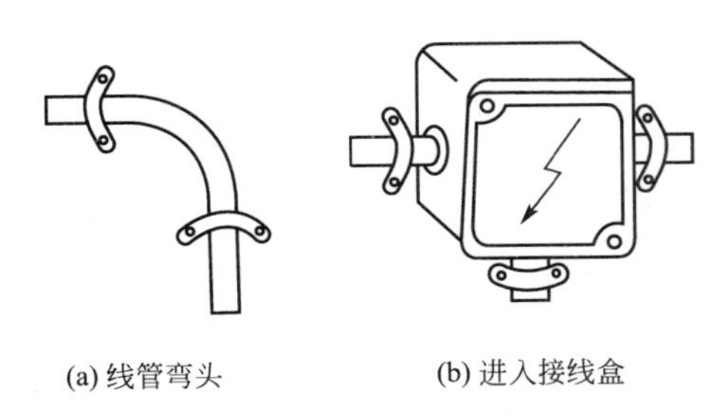

(a) 线管弯头　　(b) 进入接线盒

图 3.25　管口固定

图 3.26　线管在混凝土模板上的固定

10）装设补偿装置

（1）明配线。在建筑物伸缩缝处，安装一段略有弧度的软管，以便基础下沉时借助软管弧度和弹性而伸缩，如图 3.27 所示。

（2）暗配线。在建筑物伸缩缝处装设补偿盒，在补偿盒的一侧开一长孔将线管穿入时无须固定，而另一侧应用六角管子螺母将伸入的线管与补偿盒固定，如图 3.28 所示。

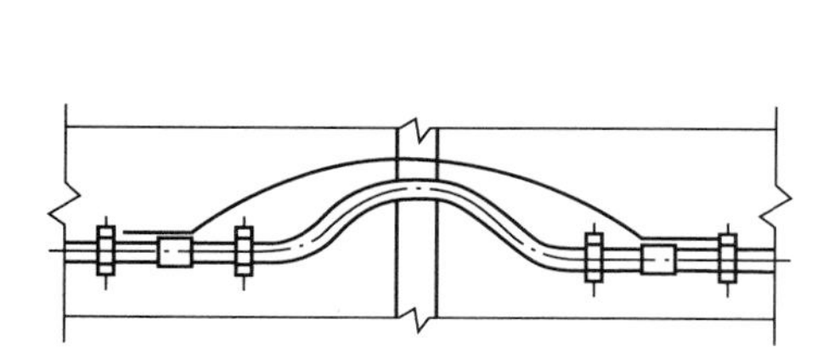

图 3.27　装设补偿软管

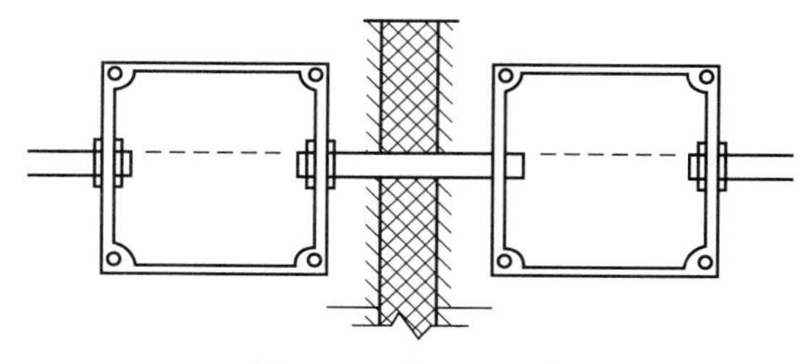

图 3.28　装设补偿盒

2. 线管配线时的注意事项

(1) 穿管导线的绝缘强度应不低于500V，导线最小截面积规定：铜芯线为$1mm^2$，铝芯线为$2.5mm^2$。

(2) 线管内导线不准有接头，也不准穿入绝缘破损后经过包缠恢复绝缘的导线。

(3) 管内导线一般不得超过10根，不同电压或不同电能表的导线不得穿在同一根线管内，但一台电动机包括控制回路和信号回路的所有导线，及同一台设备的多台电动机的线路，允许穿在同一根线管内。

(4) 除直流回路导线和接地线外，不得在钢管内穿单根导线。

(5) 线管转弯时，应采用弯曲线管的方法，不宜采用制成品的月亮弯，以免造成管口连接处过多。

(6) 线管线路应尽可能少转角或弯曲，因转角越多，穿线越困难。为便于穿线，线管应满足下列长度，否则必须加装接线盒。

① 无弯曲转角时，不超过45m。

② 有1个弯曲转角时，不超过30m。

③ 有2个弯曲转角时，不超过20m。

④ 有3个弯曲转角时，不超过12m。

(7) 在混凝土内敷设的线管，必须使用壁厚为3mm的电线管，当电线管的外径超过混凝土厚度的1/3时，不准特电线管埋在混凝土内，以免影响混凝土的强度。

四、 槽板配线

塑料槽板(阻燃型)布线是把绝缘导线敷设在塑料槽板的线槽内，上面用盖板把导线盖住。这种布线方式适用于办公室、生活间等干燥房屋内的照明，也适用于工程改造更换线路以及弱电线路吊顶内暗敷等场所使用。塑料槽板布线通常在墙体抹灰粉刷后进行。

线槽的种类很多，不同的场合应合理选用，如一般室内照明等线路选用PVC矩形截面的线槽。如果用于地面布线应采用带弧形截面的线槽。用于电气控制时，一般采用带隔栅的线槽，如图3.29所示（图中将上盖去掉了，以看到）。

1. 槽板配线的步骤

塑料槽板布线的配线方法和步骤如下所述。

1) 线槽规格

根据导线直径及各段线槽中导线的数量确定线槽的规格。线槽的规格是以矩形截面的长、宽来表示，弧形的一般以宽度表示。

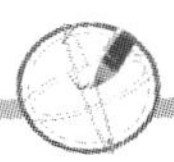

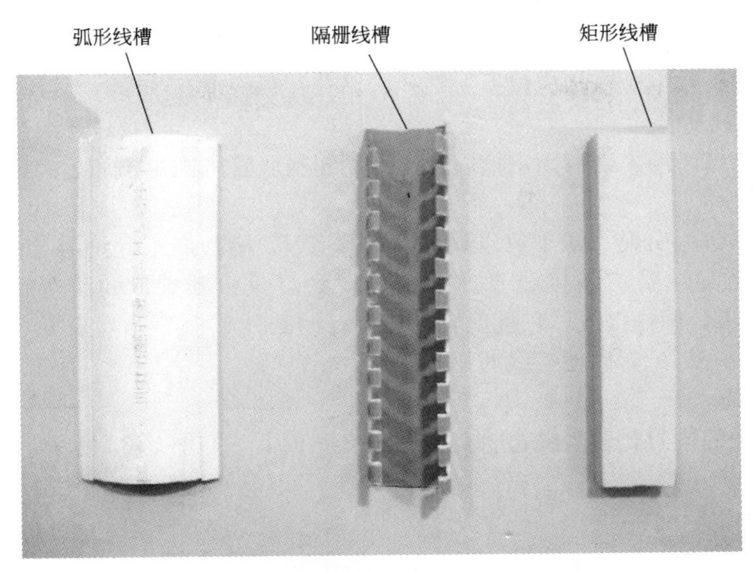

图 3.29　线槽的种类

2）定位划线

为使线路安装得整齐、美观，塑料槽板应尽量沿房屋的线脚、横梁、墙角等处敷设，并与用电设备的进线口对正、与建筑物的线条平行或垂直。

选好线路敷设路径后，根据每节 PVC 槽板的长度，测定 PVC 槽板底槽固定点的位置(先测定每节塑料槽板两端的固定点，然后按间距 500 mm 均匀地测定中间固定点)。

3）槽板固定

PVC 槽板安装前，应首先将平直的槽板挑选出来，剩下弯曲槽板，设法利用在不明显的地方。其方法如下所述。

(1) 根据电源、开关盒、灯座的位置，量取各段线槽的长度，用锯分别截取。在线槽直角转弯处应采用 45°拼接，如图 3.30 所示。

(2) 用手电钻在线槽内钻孔(钻孔直径 4.2mm 左右)，用作线槽的固定，如图 3.31 所示。相邻固定孔之间的距离应根据线槽的宽度确定，一般距线槽的两端在 5～10mm 左右，中间在 30～50mm 左右。线槽宽度超过 50mm，固定孔应在同一位置的上下分别钻孔。中间两钉之间距离一般不大于 500mm。

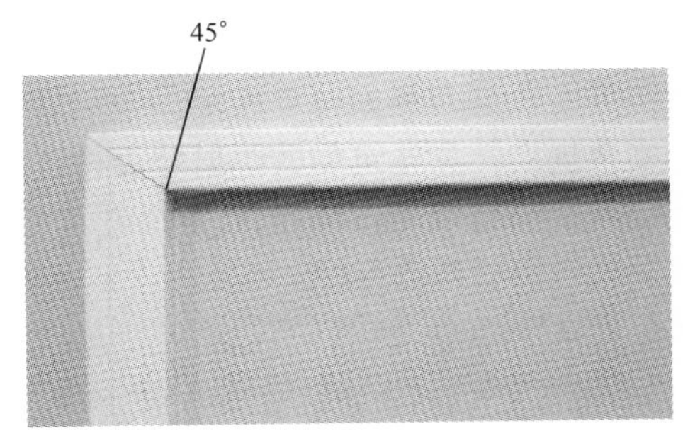

图 3.30　45°拼接

图 3.31　线槽内钻孔

（3）将钻好孔的线槽沿走线的路径用自攻螺丝或木螺丝固定。如果是固定在砖墙等墙面上，应在固定位置上画出记号，如图 3.32 所示。

（4）用冲击钻或电锤在相应位置上钻孔。钻孔直径一般在 8mm，其深度应略大于尼龙膨胀杆或木榫的长度。

（5）埋好木榫，用木螺钉固定槽底；也可用塑料胀管来固定槽底。

4）导线敷设

敷设导线应以一分路一条 PVC 槽板为原则。PVC 槽板内不允许有导线接头，以减少隐患，如必须接头时要加装接线盒。导线敷设到灯具、开关、插座等接头处，要留出 100mm 左右线头，用作接线。在配电箱和集中控制的开关板等处，按实际需要留足长度，并在线段做好统一标记，以便接线时识别。

5）固定盖板

在敷设导线的同时，边敷线边将盖板固定在底板上，如图 3.33 所示。

图 3.32　做出标记

图 3.33　固定盖板

2. 槽板配线的注意事项

（1）锯槽底和槽盖时，拐角方向要相同。

（2）固定槽底时，要钻孔，以免线槽开裂。

（3）使用钢锯时，要小心锯片折断伤人。

（4）PVC 槽板在转角处连接时，应把两根槽板端部各锯成 45°斜角。

五、 室内配线的竣工验收

1. 室内配线的竣工验收

（1）检查工程施工与设计是否符合。

（2）检查工程材料和电气设备是否良好。

（3）检查施工方法是否恰当，质量标准是否符合各项规定。

（4）检查可能发生危害的处所。

（5）检查配线的连接处是否采取合理的连接方法，是否做到可靠连接。

（6）检查配线和各种管路的距离是否符合安全规定，和建筑物的距离是否符合标准。

（7）检查配线穿墙的瓷管是否移动，各连接触点的接触是否良好。

（8）检查电线管的接头及端头所装的护线箍是否由脱离的危险。

（9）检查所装设的电器和电器装置的容量是否合格。

2. 室内配线竣工后的试验

1）绝缘电阻试验

（1）导线绝缘电阻的测试。测试前应先断开熔断器，在相邻的两个熔断器间或在最末

一个熔断器后面，导线对地或两根导线间的绝缘电阻应不小于0.5MΩ。

(2) 配电装置每一段的绝缘电阻应不小于0.5MΩ。电压为24V以下的设备，应使用电压不超过500V的绝缘电阻表。

2) 交流耐压试验

(1) 电流互感器、电压互感器和开关的交流耐压试验必须符合表3-8的规定。

表3-8　电流互感器、电压互感器和开关的交流耐压试验标准

额定电压/kV	3	6	10	15	20	35
试验电压/kV	22	28	38	49	60	85

(2) 二次回路的交流耐压试验标准为1kV。

(3) 电压为1kV以下的配电装置，交流耐压试验标准为1kV。

(4) 对动力和照明配线，当导线的绝缘电阻小于0.5MΩ时，应进行交流耐压试验，试验电压为1kV。

3. 室内线路的维护保养

维修电工在进行线路维护时，必须掌握基本的安全作业规程和安全措施。如：停送电的倒闸操作安全规程；停电维修工作安全规程；带电工作安全规程等。

1) 线路的维护保养

线路的维护保养可分为日常维护保养和定期维修两类。

(1) 日常维护保养。

① 整个线路内有否存在盲目增加用电设备或擅自拆卸用电设备、开关和保护装置等现象。

② 有否擅自更换熔体、熔体经常熔断或保护装置不断动作的现象。

③ 各种电气设备、用电器具和开关保护装置的结构是否完整，外壳有否破损，运行是否正常；控制是否失灵，以及有否存在过热现象等。

④ 各处接地点是否完好，有否松动或脱落，接地线有否发热、断裂或脱落现象。

⑤ 线路的各支持点是否牢固，导线绝缘层有否破损，恢复绝缘层的地方是否完好，导线或连接点有否过热、松动等。同时，应经常在干线和主要支线上用钳形电流表测试线路电流，检查三相电流是否平衡，有无过电流现象。

⑥ 线路内的所有电气装置和设备有否存在受潮或受热现象。

⑦ 正常用电情况下，是否存在耗电量明显增加，建筑物和设备外壳等是否存在带电现象。

如发现上述任何一项异常现象时，应及时采取措施予以消除。若涉及需要有较大的维修工作量时，应视情况的严重程度，必要时应及时组织人员进行抢修。

(2) 定期维修。

① 更换和调整线路的导线。

② 增加或更新用电设备和装置。

③ 拆换部分或全部线路和设备。

④ 更换保护线或接地装置。

⑤ 变更或调整线路走向。

⑥ 对部分或整个线路进行重新紧线，酌情更换部分或全部支持点。

⑦ 调整配电形式或用电设备的布局。

⑧ 更换或合并进户点。

2）部分线路的增设和拆除

（1）部分线路的增设。增设部分新路所需要的新支线一般不允许在原有线路末端延长，或在原有线路上任意分支，而应在配电总开关出线端引出，也可在干线熔断器盒的出线端引接，称为新的分路。如果增设分路，其负载已超过用电申请的裕量，则应重新申请增加用电量，不可随意增设分支扩大容量。如果增设的用电设备较小，原有线路尚能承受所增负载，则允许在原有线路上分接支路。

（2）部分线路的拆除。拆除个别用电设备不能只拆设备而在原处留下电源线路，应把这段供电线路全部拆除至干线处，并恢复好干线绝缘。如果拆除整段支线，应拆至上一段分支干线的熔断器处，不可只在分支处与干线脱离而在原处留下干支线，应把所拆支线全部拆除。在照明线路上，拆除个别灯头或插座时，应把灯座的电源引线从挂线盒上拆除。把开关线头或插座线头恢复绝缘层后埋入木台内，切不可把线头露在木台之外。

任务二　架空配电线路施工

架空线路是电力网的重要组成部分，其作用是输送和分配电能。架空配电线路是采用电杆将导线悬空架设，直接向用户供电的配电线路。一般按电压等级分，1kV 及以下的为低压架空配电线路，1kV 以上的为高压架空配电线路。

架空线路具有架设简单、造价低、材料供应充足，分支、维修方便，便于发现和排除故障等优点；缺点是易受外界环境的影响，供电可靠性较差，影响环境的整洁美观等。

一、 架空配电线路的结构与施工程序

1. 架空配电线路的结构

架空配电线路主要由电杆、导线、横担、绝缘子、拉线及金具等组成，结构示意图如图 3.34 所示。

1）电杆

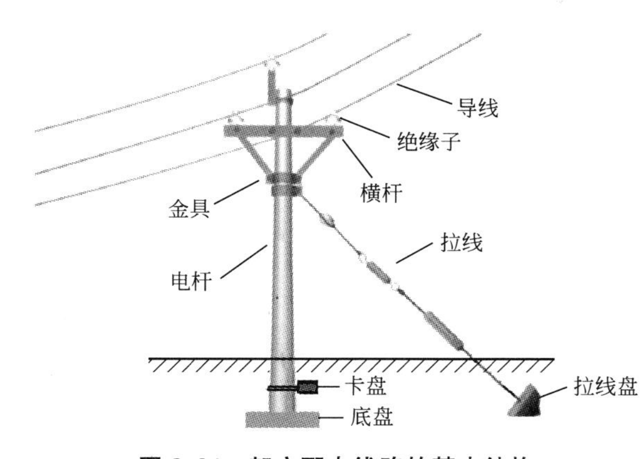

图 3.34　架空配电线路的基本结构

（1）电杆基础。电杆基础是对电杆地下设备的总称，主要由底盘、卡盘和拉线盘等组成。其作用主要是防止电杆因承受垂直荷重、水平荷重及事故荷重等所产生的上拔、下压甚至倾倒等。是否装设三盘，应依据设计和现场具体情况决定。

（2）电杆杆型。电杆是架空配电线路的重要组成部分，是用来安装横担、绝缘子和架设导线的，其截面有圆形和方形。

按材质电杆可分为木杆、钢筋混凝土

杆、管形杆和金属杆，如图 3.35 所示。金属杆一般使用在线路的特殊位置。木杆由于木材供应紧张且易腐烂，除部分地区个别线路外，新建线路已均不使用，普遍使用的是钢筋混凝土电杆。钢筋混凝土电杆经久耐用，抗腐蚀，但比较笨重。

(a) 木杆　(b) 钢筋混凝土杆　(c) 管形杆　(d) 金属杆

图 3.35　电杆形式

电杆在线路中所处的位置不同，它的作用和受力情况就不同，杆顶的结构形式也就有所不同。一般按其在配电线路中的作用和所处位置可将电杆分为直线杆、耐张杆、转角杆、终端杆、分支杆和大跨越杆 6 种基本形式，如图 3.36 所示。

(a) 直线杆　(b) 耐张杆　(c) 转角杆

(d) 终端杆　(e) 分支杆　(f) 大跨越杆

图 3.36　杆塔的形式

2）导线

由于架空配电线路经常受到风、雨、雪、冰等各种载荷及气候的影响，以及空气中各种化学杂质的侵蚀，因此要求导线应有一定的机械强度和耐腐蚀性能。架空配电线路中常用裸绞线的种类有：裸铜绞线（TJ）、裸铝绞线（LJ）、钢芯铝绞线（LGJ）和铝合金线（HLJ）。低压架空配电线路也可采用绝缘导线。

导线在电杆上的排列为：高压线路一般为三角排列，线间水平距离为1.4m；低压线路一般为水平排列，导线间水平距离为0.4m；考虑登杆的需要，靠近电杆两侧的导线距电杆中心距离增大到0.3m。

3）横担

架空配电线路的横担较为简单，它装设在电杆的上端，用来安装绝缘子、固定开关设备、电抗器及避雷器等，因此要求有足够的机械强度和长度。

架空配电线路的横担，按材质可分为木横担、铁横担和陶瓷横担3种；按使用条件或受力情况可分为直线横担、耐张横担和终端横担。架空配电线路普遍使用角钢横担，横担的选择与杆型、导线规格及线路挡距有关。

4）绝缘子

绝缘子(俗称瓷瓶)是用来固定导线，并使导线与导线、导线与横担、导线与电杆间保持绝缘的。此外，绝缘子还承受导线的垂直荷重和水平拉力，所以选用时应考虑绝缘强度和机械强度。架空配电线路常用绝缘子有针式绝缘子、碟式绝缘子、悬式绝缘子等，如图3.37所示。

(a) 针式绝缘子　(b) 碟式绝缘子　(c) 悬式绝缘子

(d) 瓷横担绝缘子　(e) 棒形瓷绝缘子　(f) 复合绝缘子

图3.37　绝缘子的类型

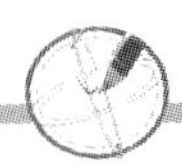

5）拉线

拉线的作用是平衡电杆各方向的拉力，防止电杆弯曲或倾倒。因此，在承力杆(终端杆和转角杆)上，均需装设拉线。为了防止电杆被强大的风力刮倒或冰凌荷载的破坏影响，或在土质松软的地区，为增强线路电杆的稳定性，有时也在直线杆上，每隔一定距离装设防风拉线(两侧拉线)或四方拉线。线路中使用最多的是普通拉线。还有由普通拉线组成的人字拉线，另外还有高桩拉线和自身拉线等，如图 3.38 所示。

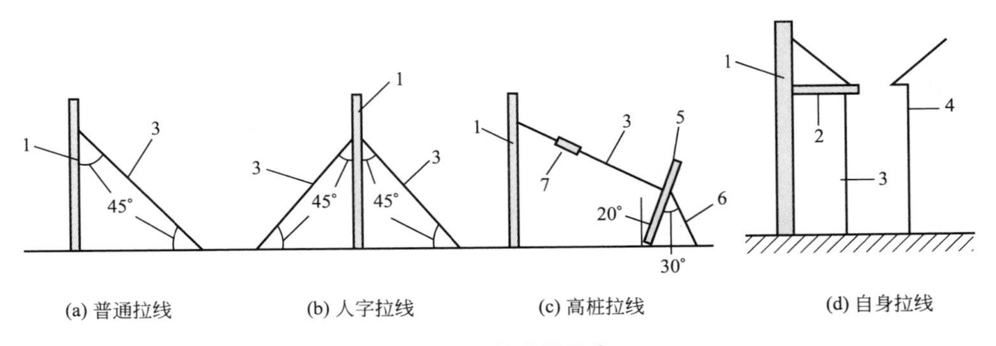

图 3.38　拉线的种类

1—电杆；2—横木；3—拉线；4—房屋；5—拉桩；6—坠线；7—拉紧绝缘子

6）金具

在架空电力线路中用来固定横担、绝缘子、拉线及导线的各种金属连接件统称为金具，其品种较多，一般根据用途可分为以下几种。

(1) 连接金具。用于连接导线与绝缘子、绝缘子与杆塔横担的金具，如耐张线夹、碗头挂板、球头挂环、直角挂板、U 形挂环等。架空线路常用连接金具如图 3.39 所示。

图 3.39　架空线路常用连接金具

(2) 接续金具。用于接续断头导线的金具，如接续导线的各种铝压接管以及在耐张杆上连接导线的并沟线夹等。

(3) 拉线金具。用于拉线的连接和承受拉力之用的金具，如楔形线夹、UT 线夹、花篮螺丝等。架空线路常用拉线金具，如图 3.40 所示。

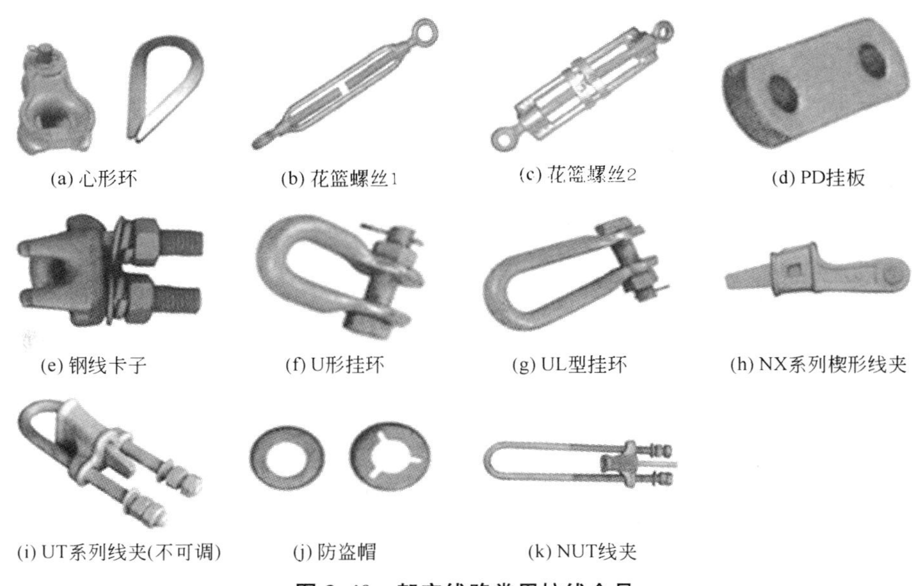

图 3.40　架空线路常用拉线金具

2. 架空配电线路施工程序

架空配电线路施工的一般步骤如下所述。

(1) 熟悉设计图纸，明确施工要求。

(2) 按设计要求，准备材料和机具。

(3) 测量定位。按图纸要求，结合施工现场的情况，确定电杆的杆位。

(4) 挖坑。根据杆位，进行基础施工。

(5) 组装电杆。将横担及其附属绝缘子、金具、电杆组装在一起。

(6) 立杆。

(7) 制作并安装拉线或撑杆。

(8) 架空线架设与弛度观察。

(9) 杆上设备安装。

(10) 接户线安装。

(11) 架空线路的竣工验收。

二、 架空配电线路的安装

1. 测量定位

线路测量及杆塔定位通常根据设计部门提供的线路平、断面图和杆塔明细表。定位方法可采用标杆定位法和经纬仪定位法。

杆坑定位应准确。对于10kV及以下架空配电线路直线杆，杆坑中心顺线路方向的位移不应超过设计挡距的3%；横线方向上位移不应超过50mm。转角杆、分支杆杆坑中心横线路、顺线路位移不应超过50mm。

2. 挖坑

杆坑中心位置确定后，即可根据中心桩位，依据图纸规定尺寸，量出挖坑范围，用白

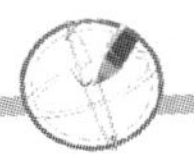

灰在地面上画出白粉线，坑口尺寸应根据基础埋深及土质情况来决定。

杆坑形式分为圆形坑和长方形坑，当采用抱杆立杆时还要留有滑坡(马道)。无论是圆形坑、方形坑或拉线坑，坑底均应基本保持平整，便于进行检查测量坑深。坑深检查一般以坑边四周平均高度为基准，可用水准仪和塔尺、测杆测量，也可用直尺直接测量坑深。坑深允许偏差为－50～＋100mm；当杆坑深度偏差超过100～300mm时，可用填土夯实处理；超过300mm以上时，其超深部分应以铺石灌浆处理。

电杆的埋设深度在设计未作规定时，可按表3-9所列数值选择，或按电杆长度的1/10再加0.7m计算。当遇有土质松软、流沙、地下水位较高等情况时，应作特殊处理。

表3-9　电杆埋设深度

杆长/m	8.0	9.0	10.0	11.0	12.0	13.0	15.0
埋深/m	1.5	1.6	1.7	1.8	1.9	2.0	2.3

挖坑工作劳动强度较大，应特别注意安全，一般应注意以下几点。

(1) 施工中所用的工具必须坚实牢固，并应经常注意检查，以免发生事故。

(2) 当坑深超过1.5m时，坑内工作人员必须戴安全帽；当坑底面积超过1.5m^2时，允许两人同时工作，但两人不得面对面操作或挨得太近。

(3) 严禁在坑内休息。

(4) 挖坑时，坑边不应堆放重物，以防坑壁垮坍。禁止将工器具放在坑壁边缘，避免掉落伤人。

(5) 在行人通过地区，当坑挖完不能很快立杆时，应在坑的四周设置围栏，夜间应装设红色警戒灯，以防行人跌入坑内。

3. 电杆组装

起立杆塔有整体起立和分解起立两种方式。整体起立杆塔的优点在于，绝大部分组装工作在地面上进行，高空作业量少，施工比较安全方便。架空配电线路应尽可能采用整体起立的方法。这就必须在起立之前对杆塔进行组装。所谓组装，就是根据图纸及杆型装置杆塔本体、横担、金具、绝缘子等。组装电杆施工程序为：电杆连接→横担组装→杆顶支座安装→绝缘子安装。

1) 电杆连接

等径分段钢筋混凝土电杆和分段的环形截面锥形电杆，均必须在施工现场进行连接。钢圈连接的钢筋混凝土电杆宜采用电弧焊接，焊接的具体要求详见相关规范。

2) 横担组装

导线的布置不同，横担安装距离也不同。在低压线路中，导线的布置都采用水平排列；在高压线路中，导线的布置多采用三角形排列，以提高线路的耐雷水平。横担安装时，将电杆顺线路方向放在杆坑旁准备起立的位置处，杆身下两端各垫道木一块，从杆顶向下量取最上层横担至杆顶的距离，画出最上层横担安装位置。先把U形抱箍套在电杆上，放在横担固定位置；在横担上合好M形抱铁，使U形抱箍穿入横担和抱铁的螺栓孔，用螺母固定。先不要拧紧，只要立杆时不往下滑动即可。待电杆立起后，再将横担调整至符合规定，将螺帽逐个拧紧。调整好了的横担应平正，端部上下歪斜及左右歪斜及左右扭斜均不得超过20mm。

杆上横担的安装位置，应符合下列要求。

(1) 直线杆单横担应安装在受电侧。转角杆、分支杆、终端杆以及受导线张力不平衡的地方，横担应安装在张力的反方侧。遇有弯曲的电杆，单横担应装在弯曲的凸面，且应使电杆的弯曲与线路的方向一致。

(2) 直线多层横担应装设在同一侧。各横担须平行架设在一个垂直面上，与配电线路垂直。高低压合杆架设时，高压横担应在低压横担的上方。

(3) 低压架空线路导线采用水平排列，最上层横担距杆顶的距离不宜小于200mm。高压架空配电线路导线成三角形排列，最上层横担(单回路)距杆顶距离宜为800mm，耐张杆及终端杆宜为1000mm。当高低压共杆或多回路多层横担时，各层横担间的最小垂直距离见表3-10。

表3-10　同杆架设线路横担间的最小垂直距离

	横担间的最小垂直距离/m	
	直线杆	分支或转角杆
1～10kV与1～10kV	0.80	0.50
1～10kV与1kV以下	1.20	1.00
1kV以下与1kV以下	0.60	0.30

(4) 15°以下的转角杆和直线杆，宜采用单横担，但在跨越主要道路时应采用单横担双绝缘子；15°～45°的转角杆，宜采用双横担双绝缘子；45°以上的转角杆，宜采用十字横担。

3) 杆顶支座安装

将杆顶支座的上、下抱箍抱住电杆，分别将螺栓穿入螺栓孔，用螺母拧紧固定。如果电杆上留有装杆顶支座的孔眼，则不用抱箍，可将螺栓直接穿入支座和电杆上的孔眼，用螺母拧紧固定即可。

4) 绝缘子安装

杆顶支座及横担调整紧固好后，即可安装绝缘子。安装前应把绝缘子表面的灰垢、附着物及不应有的涂料擦拭干净，经过检查试验合格后，再进行安装。要求安装牢固、连接可靠、防止积水。悬式绝缘子的安装，应符合下列规定。

(1) 与电杆、导线金具连接处，无卡压现象。

(2) 耐张串上的弹簧销子、螺栓及穿钉应由上向下穿。当有特殊困难时可由内向外或由左向右穿入。

(3) 绝缘子裙边与带电部分的间隙不应小于50mm。

4. 立杆

1) 立杆方法

架空配电线路施工常用立杆方法有以下几种。

(1) 撑杆(架杆)立杆。对10m以下的钢筋混凝土电杆可用3副架杆，轮换着将电杆顶起，使杆根滑入坑内。此立杆方法劳动强度较大，适用于长度不超过10m的电杆，撑杆立杆示意图如图3.41(a)所示。

(2) 汽车吊立杆。此种方法可减轻劳动强度、加快施工进度，但在使用上有一定的局

限性，只能在有条件停放吊车的地方使用。汽车吊立杆示意图如图 3.41(b)所示。

(3) 抱杆立杆。分固定式抱杆和倒落式抱杆。倒落式抱杆立杆采用人字抱杆，可以起吊各种高度的单杆或双杆，是立杆最常用的方法。抱杆立杆示意图如图 3.41(c)所示。

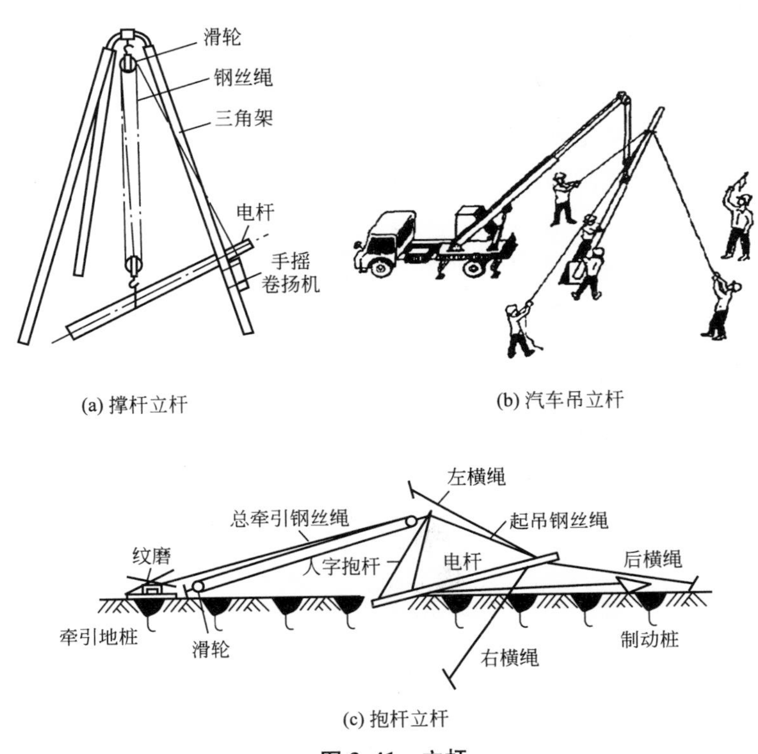

(a) 撑杆立杆

(b) 汽车吊立杆

(c) 抱杆立杆

图 3.41　立杆

倒落式抱杆立杆用的工具主要有抱杆、滑轮、卷扬机(或绞磨)、钢丝绳等。立杆前，先将制动用钢丝绳一端系在电杆根部，另一端在制动桩上绕 3～4 圈，再将起吊钢丝绳一端系在抱杆顶部的铁帽上，另一端绑在电杆长度的 2/3 处。在电杆顶部接上临时调整绳 3 根，按 3 个角分开控制。总牵引绳的方向要与制动桩、坑中心、抱杆铁帽处于同一直线上。

起吊时，抱杆和电杆同时竖起，负责制动绳的人要配合好，加强控制。当电杆起立至适当位置时，缓慢松动制动绳，使电杆根部逐渐进入坑内，但杆根应在抱杆失效前接触坑底。当杆根快要触及坑底时，应控制其正好处于立杆的正确位置上。在整个立杆过程中，左右侧拉线要均衡施力，以保证杆身稳定。当杆身立至与地面成 70°位置时，反侧临时拉线要适当拉紧，以防电杆倾倒；当杆身立至 80°时，立杆速度应放慢，并用反侧拉线与卷扬机配合，使杆身调置到正直。

2）调整杆位要求

调整杆位，一般可用杠子拨动，使电杆移至规定位置。

调整好的电杆应满足如下要求。

(1) 直线杆的横向位移不应大于 50mm；电杆的倾斜不应使杆梢的位移大于半个杆梢。

(2) 转角杆应向外角预偏，紧线后不应向内角倾斜，向外角的倾斜也不应使杆梢位移大于一个梢径。转角杆的横向位移不应大于 50mm。

(3) 终端杆应向拉线侧预偏，其预偏值不应大于梢直径，紧线后不应向受力侧倾斜，向拉线侧倾斜不应使杆梢位移大于一个杆梢。

调整符合要求之后，即可进行填土夯实工作。回填土时应将土块打碎，每回填 500mm 夯实一次。对松软土质的基坑，应增加夯实次数或采取加固措施。夯实时应在电杆的两对侧同时进行或交替进行，以防电杆移位或倾斜。当回填土至卡盘安装位置时，即安装卡盘；然后再继续回填土并夯实，夯实后的基坑应设置防沉土层。土层上部面积不宜小于坑口面积，培土高度宜高出地面 300mm，在电杆周围形成一个圆形土台。

5. 拉线安装

1) 拉线结构及长度计算

拉线整体由拉线抱箍、楔形线夹、钢绞线、UT 型线夹、拉线棒和拉线盘组成，其组装图如图 3.42 所示。当在居民区和厂矿区，拉线从导线之间穿过时，则应装设拉线绝缘子；并应使在拉线断线时，拉线绝缘子距地面不应小于 2.5m。其目的是避免拉线上部碰触带电导线时，人员在地面上误触拉线而触电。

拉线的长度的计算，一般是先计算装成拉线的计算长度，然后再计算拉线的预割长度，即钢绞线的下料长度。

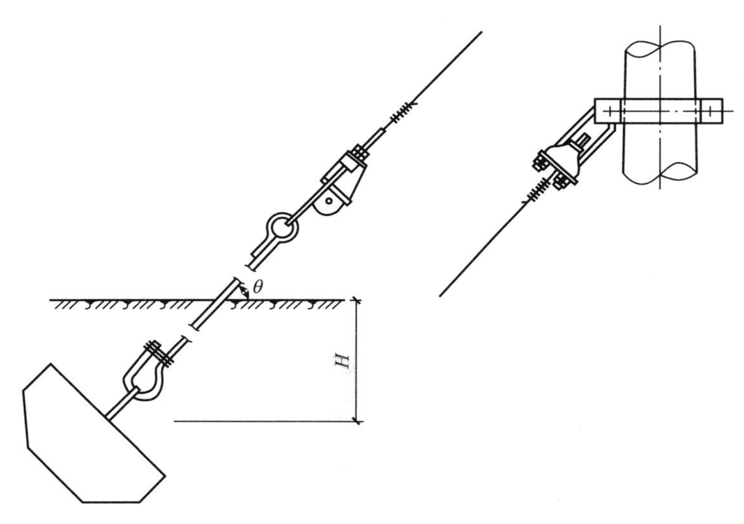

图 3.42 单钢绞线普通拉线

所谓拉线的计算长度，指的是从电杆上拉线固定点至拉线棒出土处的直线长度，即拉线装成长度。算出拉线计算长度的目的是计算拉线组装所需钢绞线的长度，即拉线的预割长度。一般采用下式计算，即

钢绞线长度＝拉线计算长度－拉线棒出土部分长度－两端连接金具的长度＋两端金具出口尾部钢绞线折回长度。

2) 拉线组装

拉线组装程序为：埋设拉线盘→安装拉线上把→安装拉线下把。

(1) 埋设拉线盘：在埋设拉线盘之前，首先应将拉下棒与拉线盘组装好，放入拉线坑内。拉线坑应有斜坡，且宜设防沉层。如图 3.43 所示，拉线棒一般采用直径不小于

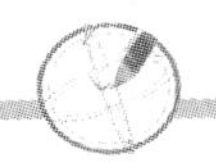

16mm 的镀锌圆钢。下把拉线棒装好后，将拉线盘放正，将拉线棒方向对准已立好的电杆，拉线棒与拉线盘应垂直，并使拉线棒的拉环露出地面 500～700mm，拉线棒出土距地面上下 200～300mm，拉线与地面的夹角宜为 45°，且不得大于 60°。随后就可分层填土，回填土时应将土块打碎后夯实。

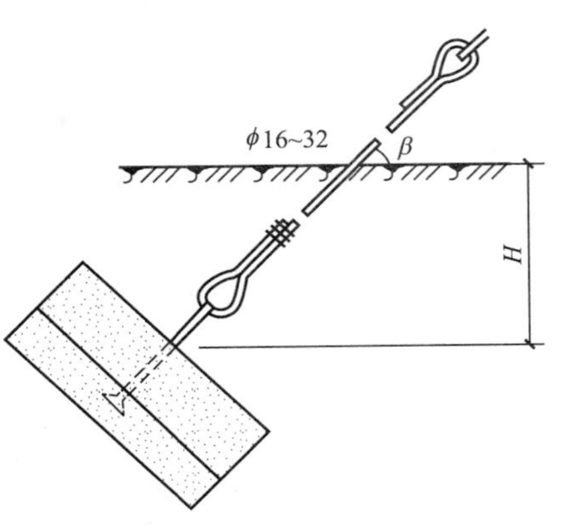

图 3.43　埋设拉线盘

(2) 安装拉线上把。拉线一般采用截面积不小于 $25mm^2$ 的钢绞线。拉线上把，如图 3.44 所示，又称楔形线夹，装在电杆上，需用拉线抱箍及螺栓固定(也可在横担上焊接拉线环)。组装时，先用一只螺栓将拉线抱箍抱在电杆上，然后把预制好的上把拉线环放在两块抱箍的螺孔间，穿入螺栓拧上螺母加以固定。或使用 UT 线夹代替拉线环，先将拉线穿入 UT 线夹固定，再用螺栓将 UT 线夹与拉线抱箍连接，如图 3.45 所示。

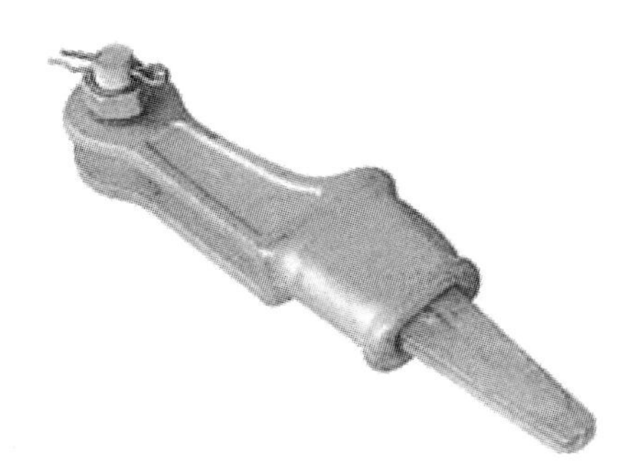
图 3.44　拉线上把

图 3.45　安装拉线上把

(3) 安装拉线下把。在埋设好下部拉线盘，做好拉线上把后，便可收紧拉线做下把，使上部拉线和下部拉线棒连接起来，形成一个整体，以发挥拉线的作用。

收紧拉线时，一般使用紧线钳。将紧线钳下部钢丝绳系在拉线棒上，紧线钳的钳头夹住拉线高处，收紧钢丝绳将拉线收紧。将拉线的下端穿过 UT 线夹的楔形线夹内，将楔形线夹与已穿入拉线棒拉线的 U 形环连接，如图 3.46 所示，并套上螺母。此时即可卸下紧线钳，利用可调 UT 型线夹调节拉线的松紧。拉线穿过楔形线夹折回尾线长度为 300～500mm，尾线回头与本线应扎牢。

图 3.46　安装拉线下把

安装好了的拉线应符合下列规定。

① 拉线与地面的夹角应符合设计要求，一般宜为45°，其偏差不应大于3°。

② 终端杆的拉线及耐张杆承力拉线应与线路方向的中心线对正，分角拉线应与线路分角线方向对正，防风拉线应与线路方向垂直。

③ 跨越道路的拉线，对行车路面边缘的垂直距离不应小于5m；对行车路面中心的垂直距离不应小于6m；跨越电车行车线时，对路面中心的垂直距离不应小于9m。

④ 采用UT形线夹及楔形线夹固定拉线时，应在丝扣上涂润滑剂；线夹舌板与拉线接触应紧密，受力后无滑动现象，线夹的凸肚应在尾线侧，安装时不得损伤导线；拉线弯曲部分不应有明显松股，拉线断头处与拉线主线应固定可靠；线夹处露出的尾线长度为300～500mm，尾线回头后与本线应扎牢。UT线夹的螺杆应露扣，并应有不小于1/2螺杆丝扣长度可供调紧，调整后，其双螺母应并紧，若用花篮螺栓，则应封固。

⑤ 过道拉线的拉桩柱应向张力反方向倾斜10°～20°，埋设深度不应小于拉线柱长的1/6，拉桩坠线与拉桩杆夹角不应小于30°，拉桩坠线上端固定点的位置距拉桩杆顶端应为0.25m，距地面不应小于4.5m。

⑥ 当一根电杆上装设多条拉线时，各条拉线的受力应一致。

6. 架空线架设与弛度观察

导线架设是架空线路施工中的一道大工序，施工人员较多，又是在一个距离较长的施工现场同时作业，有时还要通过一些交叉跨越物。因此，在施工中所有施工人员必须密切配合。导线架设施工程序为：放线→导线连接→紧线和弛度观测→导线在绝缘子上的固定。

1）放线

放线就是将成卷的导线沿电杆两侧展放，为将导线架设在横担上做准备。

（1）放线前的准备工作如下所述。

① 查勘沿线情况，包括所有的交叉跨越情况，应先期制订各个跨越处放线的具体措施，并分别与有关部门取得联系；清除放线通路上可能损伤导线的障碍物，或采取可靠的防护措施，避免擦伤导线；在通过能腐蚀导线的土壤和积水地区时，亦应有保护措施。

② 全面检查电杆是否已经校正，有无倾斜或缺件需修正补齐。

③ 对于跨越铁路、公路、通信线路及不能停电的电力线路，应在放线前搭设跨越架，其材料可用直径不小于70mm的圆木或毛竹，埋深一般为0.5m，用铁丝或麻绳绑扎。在垂直跨越架上方的架顶上应安装拉线，以加强跨越架的稳定性。

④ 将线盘平稳地放在放线架上，要注意出线端应从线盘上面引出，对准前方拖线方向。

⑤ 对于放线人员的组织，应做好全面安排，指定专人负责，明确交代任务。确定通讯联系信号并通知所有参加施工人员。

（2）放线。目前导线的展放大多采用人力拖放（见图3.47），此法不需要牵引设备和大量牵引钢绳，方法简便；但其缺点是需耗费大量劳动力，有时线路通过农田损坏农作物面积较大。拖放人员的安排应根据实际情况，一般平地上按每人平均负重30kg，山地为20kg。

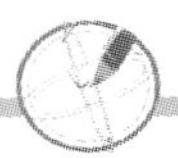

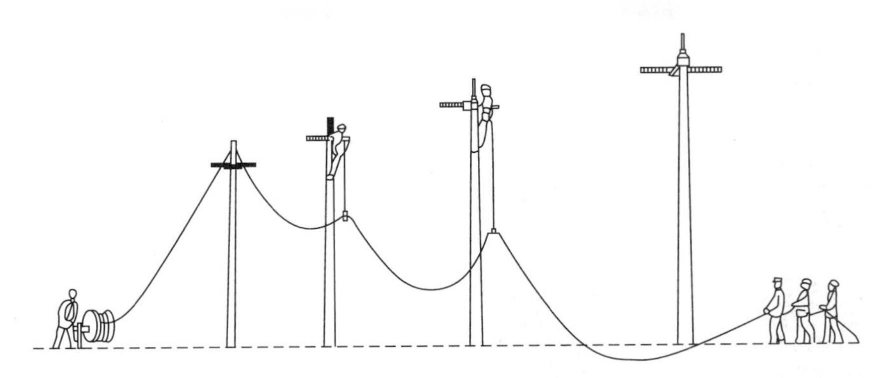

图 3.47　放线

放线时，将导线端头弯成小环，并用线绑扎，然后将牵引棕绳(或麻绳)穿过小环与导线绑在一起，拖拉牵引绳，陆续放出导线。为了防止磨伤导线并减轻放线时的牵引拉力，可在每根直线杆的横担上装一只开口滑轮，当导线拖拉至电杆处时，将导线提起嵌入滑轮，这样不断地拖拉导线前进。所用滑轮的直径应不小于导线直接的 10 倍。铝绞线和铜芯铝绞线应采用铝滑轮或木滑轮；钢绞线则可采用铁滑轮或木滑轮。如条件允许，在不损伤导线的前提下，也可将导线沿线路拖放在地面上，再由工作人员登上电杆，将导线用麻绳提到横担上，分别摆好。

在展放导线的过程中，要有专人沿线查看，放线架处也应有专人看守，导线不应有磨损、散股、断股、扭曲等现象。如有上述情况，应立即停止放线，并加以修补处理或做出明确的标识，以备专门处理。

为避免浪费导线，导线展放长度不宜过长，一般应比挡距长度增加 2%～3%。还应注意，放线和紧线要尽可能在当天完成，若放线当天来不及紧线，可使导线承受适当的张力，并保持导线的最低点脱离地面 3m 以上，且必须检查各交叉跨越处，以不妨碍通电、通信、通航、通车为原则，然后使导线两端稳妥固定。

2）导线连接

架空线路导线连接的质量，直接影响导线的机械强度和电气性能。导线放完后，导线的断头都要连接起来，使其成为连通的线路。导线的连接方法随接头的位置不同而有所区别。跳线处接头，常用线夹连接法；其他位置接头，常用钳接(压接)法、单股线缠绕法和多股线交叉缠绕法；特殊地段和部位利用爆炸压接法。

架空线路导线在连接时，需满足下列要求。

(1) 不同金属、不同规格、不同绞向的导线，严禁在挡距内连接。必须连接时，只能在杆上跳线(跨越线、弓子线)内用并沟线夹或绑扎连接。

(2) 在一个挡距内，每根导线不应超过 1 个接头。跨越线(道路、河流、通信线路、电力线路)和避雷线均不允许有接头。

(3) 导线接头的位置与导线固定点的距离应大于 0.5m。

(4) 导线接头处的机械强度，不应低于原导线强度的 90%，电阻不应超过同长度导线的 1.2 倍。

配电线路中跳线之间连接或分支线与主干线的连接，当采用并沟线夹时，其线夹数量一般不少于 2 个；采用绑扎连接时，其绑扎长度要求参见表 3－11。需连接的两导线截面不同时，其绑扎长度应以小截面为准。连接时需做到接触紧密、均匀、无硬弯；跳线应呈均匀弧度。所用绑线应选用与导线同金属的单股线，其直径不应小于2.0mm。

表3-11　绑线绑扎长度值

导线截面/mm²	绑扎长度/mm
LJ-35及以下	≥150
LJ-50	≥200
LJ-70	≥250

导线的直接连接多采用连接管压接的方法。连接管上压口位置应按图3.48进行，压口数量及压后尺寸应符合规定。压接后导线端头露出长度不应小于20mm，导线端头绑线应保留。连接管弯曲度不应大于管长的2%，有明显弯曲时应校直；但应注意校直后的连接管不应有裂纹，管两端附近的导线不应有灯笼、抽筋等现象。压接后将连接管两端出口处、合缝处及外露部分涂刷电力复合脂。压后尺寸的允许误差，铝绞线钳接管为±1.0mm；钢芯铝绞线钳接管为±0.5mm。

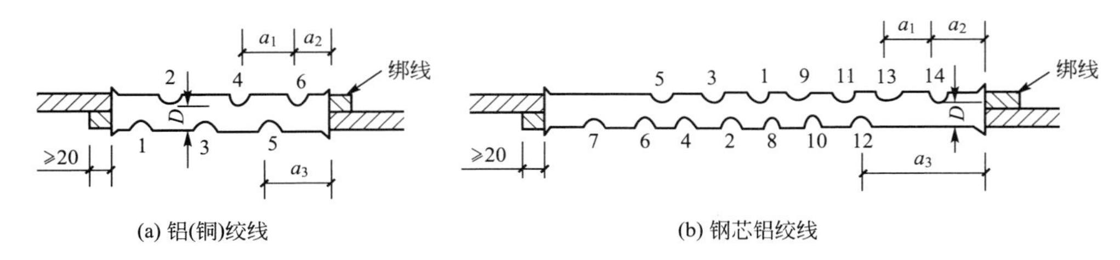

(a) 铝(铜)绞线　　(b) 钢芯铝绞线

图3.48　导线钳压接

3）紧线和弛度观测

架空配电线路的紧线和弛度观测同时进行。紧线是在每个耐张杆内进行，紧线前，将与导线规格对应的紧线器挂在与导线对应的杆塔上。图3.49是两种常见的紧线器，紧线器的紧线方法如图3.50所示。操作人员登上杆塔，首先进行穿线操作，如图3.51所示，将导线末端穿入紧线杆塔上的滑轮后，将导线端头顺延到地上，然后用牵引绳将其拴好。

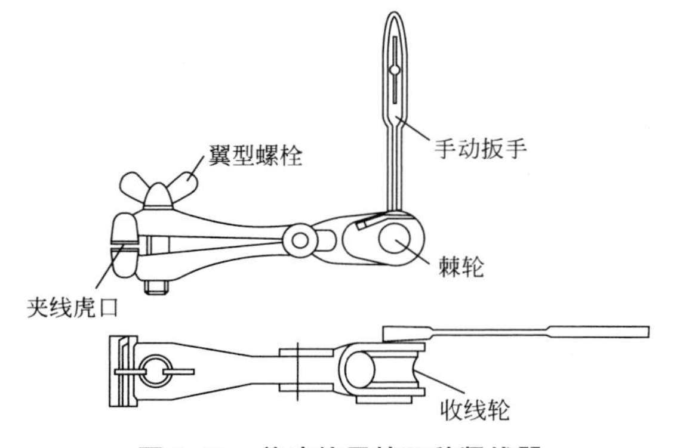

图3.49　普遍使用的两种紧线器

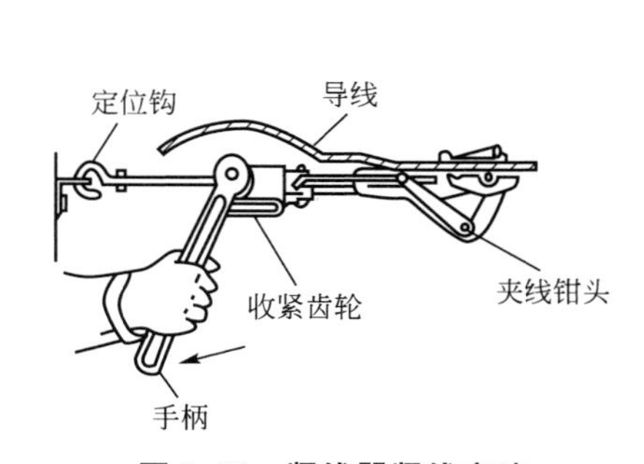

图3.50　紧线器紧线方法

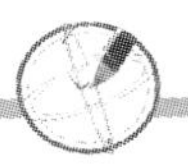

紧线前必须先做好耐张杆、转角杆和终端杆的拉线，然后再分段紧线。大挡距线路应验算耐张杆强度，以确定是否需增设临时拉线。临时拉线可拴住横担的两端，以防止紧线时横担发生偏转。待紧完导线并固定好之后，再将临时拉线拆除。

紧线时将耐张段一段的电杆作固定端，另一端的电杆作为紧线端。先在固定端将导线放入耐张线夹中固定，然后在耐张段紧线端，用人力直接或通过滑轮组牵引导线，待导线脱离地面 2～3m 后，再用紧线器夹住导线进行紧线。

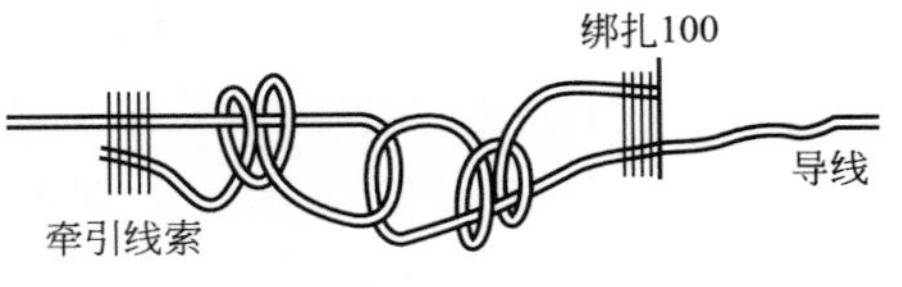

图 3.51　穿线操作

所用紧线器通常为三角紧线器，如图 3.50 中使用的紧线器所示。采用这种三角紧线器紧线时，只需向前推动后面的拉环，当中线夹部分即可张开，夹入导线后，拉紧拉环和钢绳，导线会越拉越紧。在使用过程中，三角紧线器的装拆均较灵活方便。

紧线顺序一般是先紧中导线，后紧两边导线。紧线时，每根电杆上都应有人，以便及时松动导线，使导线接头能顺利越过滑轮和绝缘子。当导线收紧至接近弛度要求值时，应减慢牵引速度，待达到弛度要求值后，立即停止牵引，待 0.5～1min 内无变化时，由操作人员在操作杆上量好尺寸画好印记，将导线卡入耐张线夹，然后将导线挂上电杆，松去紧线器。也可以在高空画印后，再将导线放松落地，由地面人员根据印记卡好线，再次紧线，将耐张线夹与绝缘子串(先挂好)连接起来。

弛度观测通常是与紧线工作同时配合进行的。测量的目的在于，使安装后的导线能达到最合理的弛度。弛度的大小应根据当时的环境温度，从电力部门给定的弧垂表和曲线表中查出，不可随意增大或减小。

施工中最常用的观测弛度的方法为平行四边形法，即等长法，如图 3.52 所示。将弛度测量尺挂在观测挡两端 A、B 电杆上导线悬挂点位置，将横尺(横观测板)定位于弛度数值 f 的 a、b 处，进行紧线操作并观测弛度，当导线最低点稳定在 a、b 两点连线上时，弛度即达到规定值 f。

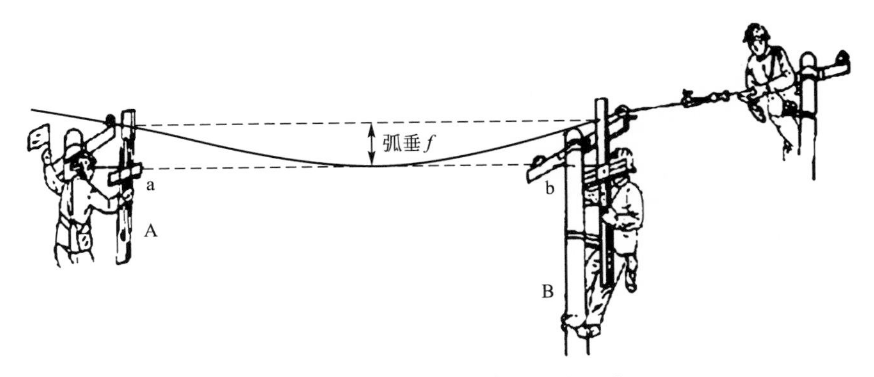

图 3.52　观测弛度的平行四边形法

此外，也可用张力表法测定导线弛度。其方法是，按当时环境温度，从电力部门给定的弧垂表和曲线表上查得对应张力的数值。测量时，将张力表连在收紧导线或钢丝绳上，然后，在紧线时从张力表中直接观测导线的张力数值，当这个数值与所查得的数值相符时，即为所要求的弛度。

10kV 及以下架空配电线路导线紧好后，其弛度的误差不应超过设计弛度的±5%，同一挡距内各相导线弛度宜一致，水平排列的导线弛度相差不应大于 50mm 。

4）导线在绝缘子上的固定

导线在绝缘子上的固定方法，通常有顶绑法、侧绑法、终端绑扎法和用耐张线夹固定法。导线在直线杆针式绝缘子上的固定多采用顶绑法，如图 3.53 所示。导线在转角杆针式绝缘子上的固定采用侧绑法，有时由于针式绝缘子顶槽太浅，在直线杆上也可采用侧绑法，其绑扎方法如图 3.54 所示。碟式绝缘子的绑扎方法如图 3.55 所示，此种方法用于终端杆、耐张杆及耐张型转角杆上。但当这些电杆全部使用悬式绝缘子串时，则应采用耐张线夹固定导线与之配合。

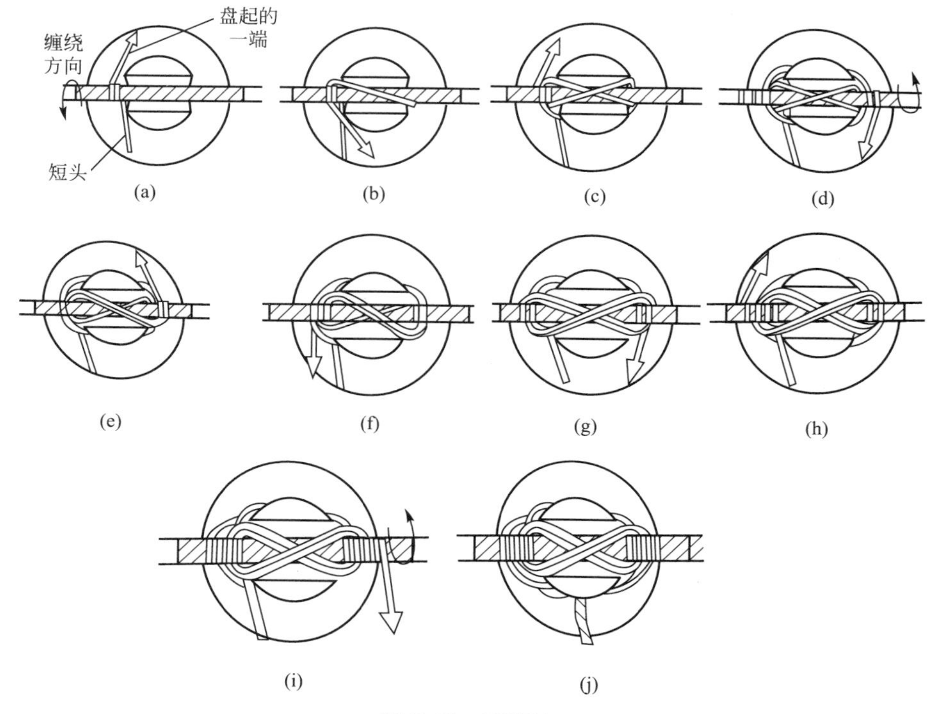

图 3.53　顶绑法

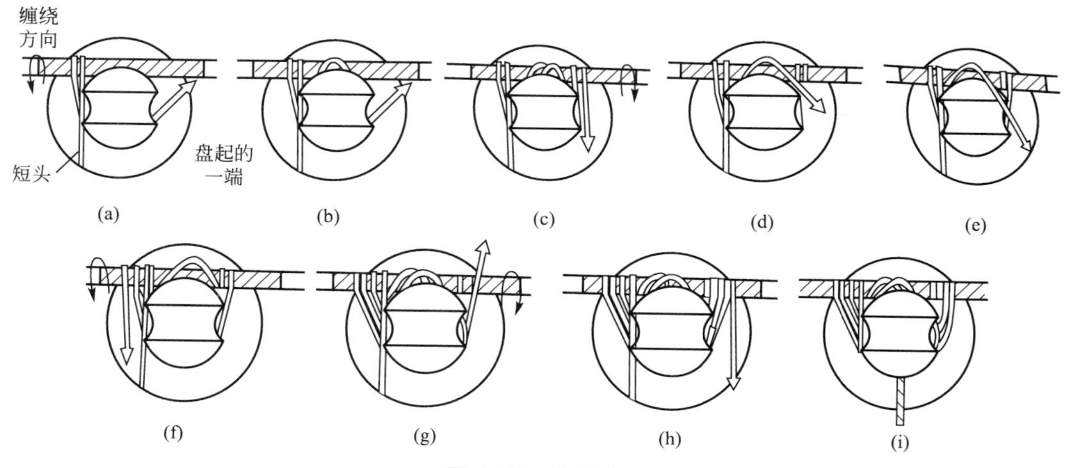

图 3.54　侧绑法

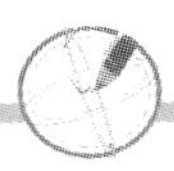

导线的固定应牢固、可靠；绑扎时应在导线的绑扎处(或固定处)包缠铝包带，一般铝包带宽为10mm，厚为1mm，包缠应紧密无缝隙，但不应相互重叠(铝包带在导线弯曲的外侧允许有些空隙)。包缠长度应超出绑扎部分20～30mm。所用绑线应为与裸导线材料相同的裸绑线；当导线为绝缘导线时，应使用带包皮的绑线。绑扎时应注意不应损伤导线和绑线，绑扎后不应使导线过分弯曲，绑线在绝缘子颈槽内不得互相挤压。

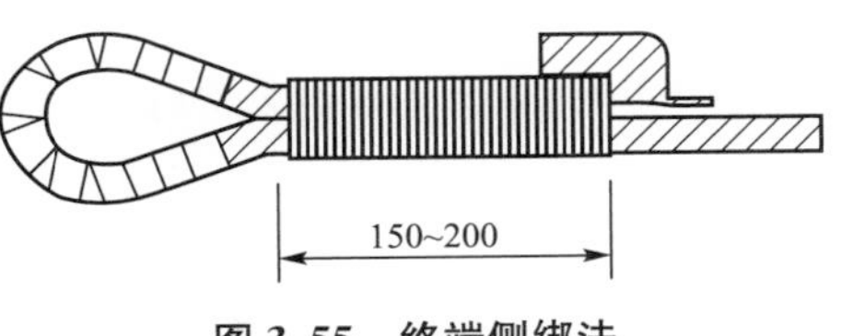

图3.55　终端侧绑法

7. 杆上设备安装

杆上设备包括多种变配电设备，如熔断器、负荷开关、隔离开关、断路器变压器等，杆上设备的安装要求如下所述。

(1) 电杆上的电气设备安装应牢固可靠；电气连接应接触紧密；不同金属连接应有过渡措施；瓷件表面光洁，无裂缝、破损等现象。

(2) 杆上变压器及变压器台的安装，其水平倾斜不大于台架根开的1/100；一、二次引线排列整齐、绑扎固定；油枕、油位正常，外壳干净；接地可靠，接地电阻值符合规定；套管压线螺栓等部件齐全；呼吸孔道畅通。

(3) 变压器中性点应与接地装置引出干线直接连接。由接地装置引出的干线，以最近距离直接与变压器中性点(N端子)可靠连接，以确保低压供电系统可靠、安全地运行。

(4) 跌落式熔断器的安装，要求各部分零件完整。转轴光滑灵活，铸件不应有裂纹、砂眼锈蚀；瓷件良好，熔丝管不应有吸潮膨胀或弯曲现象。熔断器安装牢固、排列整齐，熔管轴线与地面的垂线夹角为15°～30°。合熔丝管时上触头应有一定的压缩行程；上、下引线压紧；与线路导线的连接紧密可靠。高压跌落熔断器如图3.56所示。

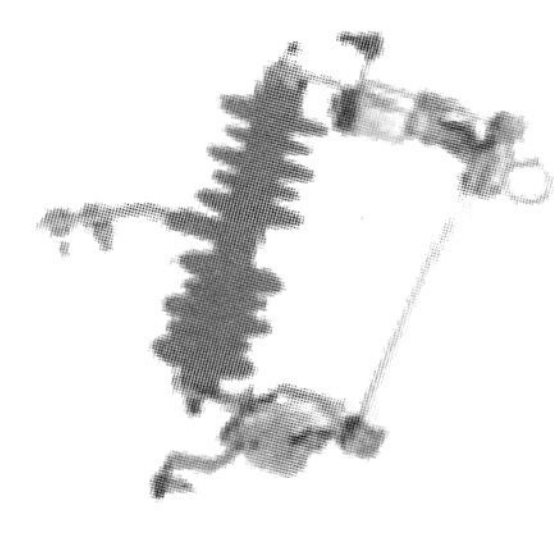
图3.56　高压跌落熔断器

(5) 杆上断路器和负荷开关的安装，其水平倾斜应不大于担架长度的1/100。引线连接紧密，当采用绑扎连接时，长度不小于150mm；外壳干净，不应有漏油现象，气压不低于规定值；操作灵活，分、合位置指示正确可靠；外壳接地可靠，接地电阻值符合规定。DW10－10多油断路器和SN10－10少油断路器分别如图3.57、图3.58所示。

图3.57　DW10－10多油断路器

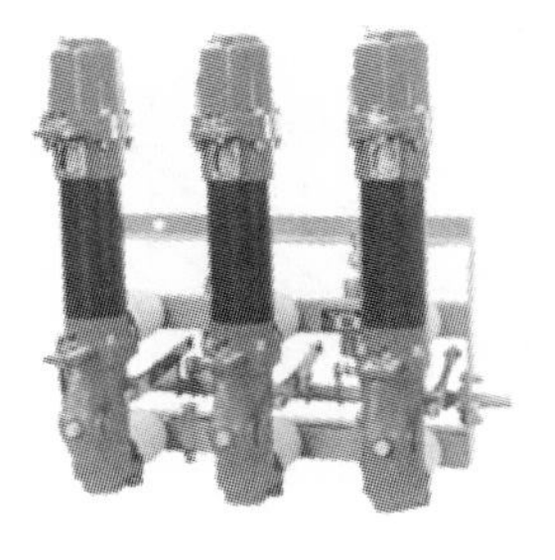
图3.58　SN10－10少油断路器

(6) 杆上隔离开关要求瓷件良好，操作机构动作灵活，隔离刀刃合闸时接触紧密，分闸后应有不小于 200mm 的空气间隙且与引线的连接紧密可靠。水平安装的隔离刀刃，分闸时宜使静触头带电。三相运动隔离开关的三相隔离刀刃应分、合同期。负荷开关和隔离开关分别如图 3.59、图 3.60 所示。

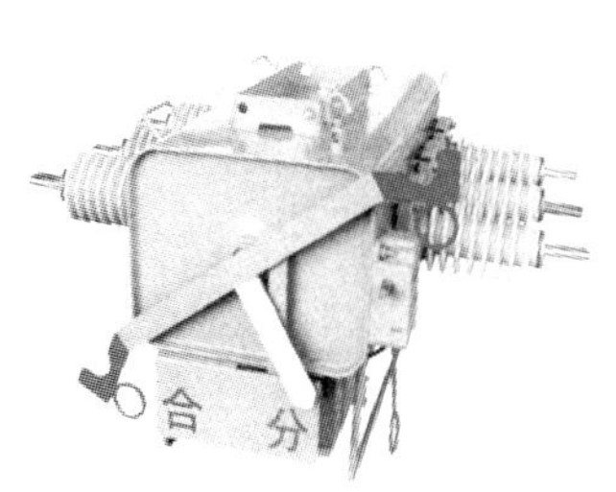

图 3.59　SPG-12/630 柱上 SF6 负荷开关　　　**图 3.60　GW5 系列户外高压隔离开关**

(7) 低压熔断器和开关安装要求各部分接触应紧密，便于操作。低压保险丝(片)安装要求无弯折、压偏、伤痕等现象。

(8) 杆上避雷器的瓷套与固定抱箍之间加垫层；安装排列整齐、高低一致；相间距离为 1～10kV 时，不小于 350mm；1kV 以下时，不小于 150mm。避雷器的引线短而直、连接紧密，采用绝缘线时，其截面要求如下所列。

① 引上线。铜线不小于 $16m^2$，铝线不小于 $25m^2$。

② 引下线。铜线不小于 $25m^2$，铝线不小于 $35m^2$。

引下线接地可靠，接地电阻值应符合规定。与电气部分连接，不应使避雷器产生外加应力。

8. 接户线安装

接户线是指从架空线路电杆上引到建筑物电源进户点前第一支持点的一段架空导线，如图 3.61 所示。按其电压等级可分为低压接户线和高压接户线。接户线安装应满足设计要求。

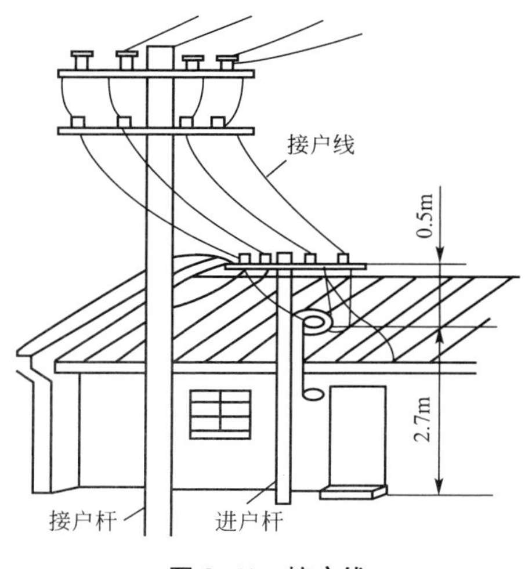

图 3.61　接户线

1) 低压接户线

低压接户线一般从靠近建筑物而又便于引线的一根电杆上引下来，其挡距不宜大于 25m，否则不宜直接引入，应增设接户杆。低压接户线一般应采用绝缘导线，导线的架设应符合下列规定。

(1) 低压架空接户线的线间距离，在设计未作规定且挡距超过 25m 时，不应小于 200mm；挡距小于 25m 时，为 150mm。若为沿墙敷设，且挡距不超过 6m 时，为 100mm；超过 6m 时，为 150m。

(2) 接户线不宜跨越建筑物，如必须跨越时，在最大弛度情况下，对建筑物的垂直距离不应小

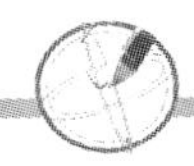

于2.5m；且接户线与建筑物有关部分接近时，其最小距离不应小于下列规定：①与上方窗户和阳台的垂直距离不小于800mm；②与下方窗户的垂直距离不小于300mm；③与下方阳台的垂直距离不小于2500mm；④与窗户和阳台的水平距离不小于750mm；⑤与墙壁、构架的距离不小于50mm。

(3) 低压架空接户线不应从高压引下线间穿过，同时也严禁跨越铁路。跨越通车街道的接户线不允许有接头。当与弱电线路交叉时，如接户线在弱电线路上方，垂直距离应为600mm；在弱电线路下方时，垂直距离应为300mm。

(4) 接户线在最大弛度时，跨越街道及建筑物的最小距离不应小于下列规定：①通车的街道为6m；②不通车的街道、人行道为3.5m；③胡同(里)、弄、巷为3.0m，进户点的对地距离不应小于2.5m。

(5) 低压架空接户线在电杆上和进户处均应牢固地绑扎在绝缘子上，以避免松动和脱落。绝缘子应安装在支架上和横担上，支架或横担应装设牢固，并能承受接户线的全部重力。导线截面在$16m^2$及以上时，应使用碟式绝缘子。

导线穿墙必须用套管保护，套管埋设应内高外低，以免雨水流入屋内。钢管可用防水弯头，管口应光滑，防止擦伤导线绝缘。

2) 高压架空接户线

高压架空接户线安装应遵守高压架空配电线路架设的有关规定，在此提出注意的有以下几点。

(1) 高压接户线的挡距不宜大于40m。当采用裸绞线时，其最小允许截面为：铜绞线$16m^2$；铝绞线$25m^2$。高压架空接户线采用绝缘线时，线间距离不应小于450mm。

(2) 接户线受电端的对地距离，不应小于4.0m。接户线距地面的垂直距离，居民区不小于6.5m；非居民区不小于5.5m；交通困难地区不小于4.5m。

(3) 高压架空接户线在引入口处的对地距离不应小于4.0m。导线引入室内必须采用穿墙套管而不能直接引入，以防导线与建筑物接触，造成触电伤人及发生接地故障。

(4) 导线的固定。当导线截面较小时，一般可使用悬式绝缘子与碟式绝缘子串联方式固定在建筑物的支持点上，当导线截面较大时，则应使用悬式绝缘子与耐张线夹串联方式固定。

不论接户线的电压高低，都应注意导线在挡距内不准接头。且要保证导线在最大摆动时，不应有接触树木和其他建筑物的现象。由两个不同电源引入的接户线不宜同杆架设。

三、 架空配电线路的竣工验收

架空线路工程的验收工作一般分为：隐蔽工程验收检查、中间验收检查及竣工验收检查3个阶段，竣工验收后，还要进行竣工试验并准备相关资料和文件。

1) 隐蔽工程验收检查

隐蔽工程是指在竣工后无法检查的工程部分，其内容大致有以下几项。

(1) 基础坑深。包括电杆坑、拉线坑。

(2) 预制基础埋设。如底盘、卡盘、拉线盘的规格与安装位置。

(3) 各种连接管的规格、压接前的内外径、长度及压接装置。

(4) 接地装置的安装。

2）中间验收检查

中间验收检查是指施工班组完成一个或数个分项(基础、杆塔、接地等)成品后进行验收检查。对架空线路施工来讲，大致有以下几项。

(1) 电杆及拉线的检查。其内容包括：①电杆焊口弯曲度及焊接质量；②杆身高度及扭偏情况；③横担及金具安装情况(应平整、紧密、牢固、方向正确)、拉线的连接方法及受力情况；④回填土况。

(2) 接地的检查。其内容是实测接地电阻值，看其是否符合设计的规定值。

(3) 架线的检查。其内容包括：①导线及绝缘子的型号及规格是否符合设计要求；②金具的规格及连接情况；压接管的位置及数量；③导线的弛度；④导线对各部分的电气距离；⑤电杆在架设导线后的挠度；线位；⑥导线连接的质量；⑦线路与地面、建筑物之间的距离等。

3）竣工验收检查

竣工验收是在工程全部结束后进行的验收检查，其检查项目如下。

(1) 采用器材的型号、规格应符合设计要求。

(2) 线路设备标志应齐全。

(3) 电杆组立的各相误差应符合规定，不能超过标准。

(4) 拉线的制作和安装符合要求。

(5) 导线的弧垂、相间的距离、对地距离、交叉跨越距离及对建筑物接近距离符合要求。

(6) 电器设备外观应完整无缺损。

(7) 线位正确、接地装置符合要求。

(8) 基础埋深、导线连接、补修质量应符合设计要求。

(9) 沿线的障碍物、应砍伐的树及树枝等杂物应清除完毕。

4）竣工试验

工程在竣工验收合格后，应进行下列电气试验。

(1) 测定线路的绝缘电阻。1kV 以下线路绝缘电阻值应不小于 0.5MΩ；10kV 线路绝缘电阻值不作规定，但要求每个绝缘子的绝缘电阻值不小于 300MΩ。

(2) 测定线路的相位。

(3) 冲击合闸试验(低压线路不要求)。在额定电压下对空载线路冲击合闸 3 次，合闸过程中线路绝缘子不应有损坏。

若以上试验结果均合格、正常，符合设计要求，则竣工检查结束。最后将规范规定应提交的技术资料和文件全部移交使用单位。

5）在验收时应提交的资料和文件

(1) 竣工图。

(2) 变更设计的证明文件(包括施工内容明细表)。

(3) 安装设计记录(包括隐蔽工程记录)。

(4) 交叉跨越距离记录及有关的协议文件。

(5) 原材料和器材出厂证明书和试验记录。

(6) 代用材料清单。

(7) 接地电阻实测值记录。

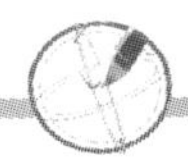

（8）调整试验记录。

（9）有关的批准文件。

任务三　电缆线路施工

电缆线路在电力系统中作为传输和分配电能之用。随着时代的发展，电力电缆在民用建筑、工矿企业等领域应用越来越广泛。电缆线路与架空线路比较，具有敷设方式多样、占地少、不占或少占用空间、受气候条件和周围环境的影响小、传输性能稳定、维护工作量较小、且整齐美观等优点。但是电缆线路也有一些不足之处，如投资费用较大、敷设后不宜变动、线路不宜分支、寻测故障较难、电缆头制作工艺复杂等。

一、电缆的种类与结构

电缆的种类很多，按用途分有电力电缆和控制电缆；按电压等级分有高压电缆和低压电缆；按导线芯数分有1～5芯(电力电缆)；按绝缘材料分有纸绝缘电力电缆、聚氯乙烯绝缘电力电缆、聚乙烯绝缘电力电缆、交联聚乙烯绝缘电力电缆和橡皮绝缘电力电缆等。

电力电缆是由3个主要部分组成，即导电线芯、绝缘层和保护层。电力电缆中的交联聚乙烯绝缘电力电缆的结构如图3.62所示。

电力电缆的导电线芯是用来传导大功率的，其所用材料通常是高导电率的铜和铝。我国制造的电缆线芯的标称截面有2.5～800mm^2多种规格。

电缆绝缘层是用来保证导电线芯之间、导电线芯与外界的绝缘。绝缘层包括分相绝缘和统包绝缘。绝缘层的材料有纸、橡皮、聚氯乙烯、聚乙烯和交联聚乙烯等。

电力电缆的保护层分内护层和外护层两部分。内护层主要是保护电缆统包绝缘不受潮湿和防止电缆浸渍剂外流及轻度机械损伤。外护层是用来保护内护层的，防止内护层受到机械损伤或化学腐蚀等。护层包括铠装层和外被层两部分。

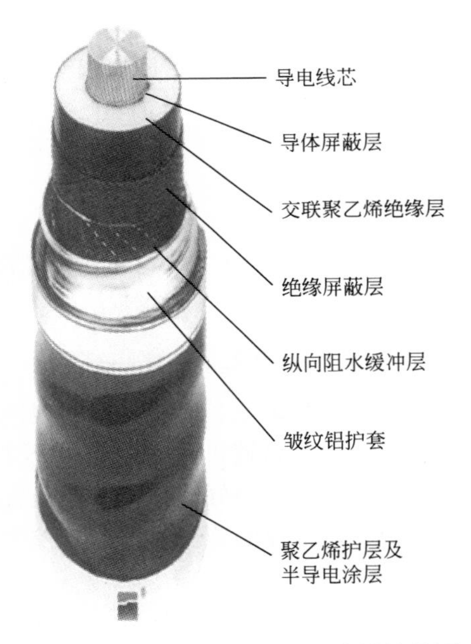

图3.62　交联聚乙烯绝缘电力电缆结构图

二、电缆的型号及名称

我国电缆的型号是采用双语拼音字母组成，带外护层的电缆则在字母后加上两个阿拉伯数字。常用的电缆型号中汉语拼音字母的含义及排列次序见表3-12。

电缆外护层的结构采用两个阿拉伯数字表示，前一个数字表示铠装层结构，后一个数字表示外被层结构。阿拉伯数字代号的含义见表3-13。

例如：VV22-10-3×95表示3根截面为95m^2、聚氯乙烯绝缘、电压为10kV的铜芯电力电缆，铠装层为双钢带，外被层是聚氯乙烯护套。

表 3-12 电缆型号字母含义

类别	绝缘种类	线芯材料	内护层	其他特征	护层
电力电缆不表示 K—控制电缆 Y—移动式软电缆 P—信号电缆 H—市内电话电缆	Z—纸绝缘 X—橡皮 V—聚氯乙烯 Y—聚乙烯 YJ—交联聚乙烯	T—铜(省略) L—铝	Q—铅护套 L—铝护套 H—橡套 (H)F—非燃性橡套 V—聚氯乙烯护套 Y—聚乙烯护套	D—不滴流 F—分相铅包 P—屏蔽 C—重型	两个数字(含义见表 3-13)

表 3-13 电缆外护层数字含义

第一个数字		第二个数字	
代号	铠装层类型	代号	外被层类型
0	无	0	无
1	—	1	纤维绕包
2	双钢带	2	聚氯乙烯护套
3	细圆钢丝	3	聚乙烯护套
4	粗圆钢丝	4	—

三、 电缆的敷设

室外电缆的敷设方式很多，有电缆直埋式、使用电缆沟、使用隧道、使用排管、穿管等方式。采用哪种敷设方式，应根据电缆的根数、电缆线路的长度以及周围环境条件等因素决定。

1. 电缆的直埋敷设

电缆直埋敷设就是沿选定的路线挖沟，然后将电缆埋设在沟内。此种方式一般适用于沿同一路径，线路较长且电缆根数不多(8 根以下)的情况。电缆直埋敷设具有施工简便，费用较低，电缆散热好等优点；但土方量大，电缆还易受到土壤中酸碱物质的腐蚀。

电缆直埋敷设的施工流程为：挖沟→敷设电缆→回填土→埋标桩。

1）挖沟

电缆直埋敷设时，首先应根据选定的路径挖沟，电缆沟的宽度与电缆沟内埋设电缆的电压和根数有关。电缆沟的深度与敷设场所有关。电缆沟的形状基本上是一个梯形，对于一般土质，沟顶应比沟底宽 200mm。

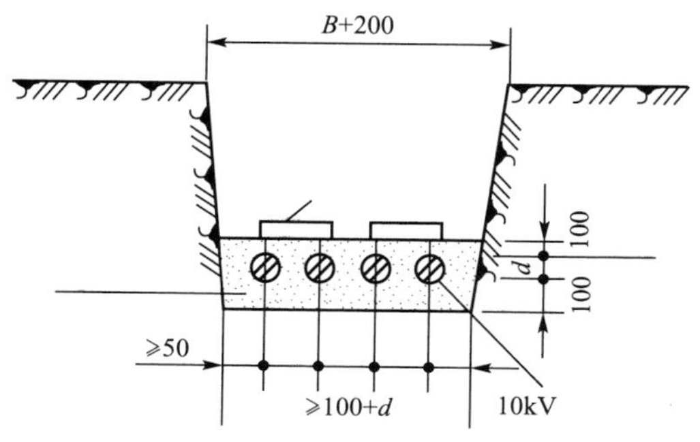

图 3.63 10kV 及以下电缆直埋敷设示意图

2）敷设电缆

敷设前应清除沟内杂物，在铺平夯实的电缆沟底铺一层厚度不小于 100mm 的细沙或软土，然后敷设电缆，敷设完毕后，在电缆上面再铺以一层厚度不小于 100mm 的细沙或软土，并盖以混凝土保护板，其覆盖宽度应超过电缆两侧各 50mm。电缆直埋敷设示意图如图 3.63 所示。

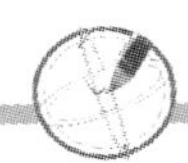

3）回填土

电缆敷设完毕、应请建设单位、监理单位及施工单位的质量检查部门共同进行隐蔽工程验收，验收合格后方可覆盖、填土。填土时应分层夯实，覆土要高出地面 150～200mm，以备松土沉陷。

4）埋标桩

直埋电缆在直线段每隔 50～100m 处、电缆的拐弯、接头、交叉、进出建筑物等地段应设标桩。标桩露出地面以 15cm 为宜。

直埋电缆敷设的一般规定如下所述。

（1）电缆的埋设深度一般要求电缆的表面距地面的距离不应小于 0.7m。穿越农田时不应小于 1 m。在寒冷地区，电缆应埋设于冻土层以下。在电缆引入建筑物、与地下建筑物交叉及绕过地下建筑物时，可埋设浅些，但应采取保护措施。

（2）当电缆与铁路、公路、城市街道、厂区道路交叉时，应敷设于坚固的保护管或隧道内，具体做法如图 3.64 所示。

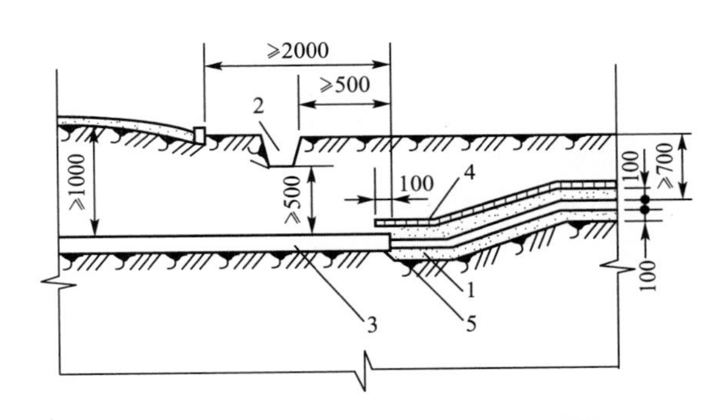

图 3.64　电缆与铁路、公路交叉敷设的做法

1—电缆；2—排水沟；3—保护管；4—保护板；5—砂或软土

（3）同沟敷设两条及以上电缆时，电缆之间、电缆于管道、道路、建筑物之间平行或交叉时的最小净距应符合表 3-14 的规定。电缆之间不得重叠、交叉和扭绞。

表 3-14　电缆之间，电缆与管道、道路、建筑物之间平行交叉时的最小净距

项　目		最小净距/m	
		平　行	交　叉
电力电缆间及其与控制电缆间	10kV 及以下	0.10	0.50
	10kV 以上	0.25	0.50
控制电缆间		—	0.50
不同使用部门的电缆间		0.50	0.50
热管道(管沟)及热力设备		2.00	0.50
油管道(管沟)		1.00	0.50
可燃气体及易燃液体管道(沟)		1.00	0.50
其他管道(管沟)		0.50	0.50

（续）

项　　目		最小净距/m	
		平　行	交　叉
铁路路轨		3.00	1.00
电气化铁路路轨	交流	3.00	1.00
	直流	10.0	1.00
公路		1.50	1.00
城市街道路面		1.00	0.70
电杆基础(边线)		1.00	—
建筑物基础(边线)		0.60	—
排水沟		1.00	0.50

注：1. 电缆与公路平行的净距，当情况特殊时可酌减。

2. 当电缆穿管或者其他管道有保温层等保护设施时，表中净距应从管壁或保护设施的外壁算起。

(4) 电缆直埋敷设时，严禁在管道上面或下面平行敷设。与管道(特别是热力管道)交叉不能满足距离要求时，应采取隔热措施。

(5) 电缆在沟内敷设应有适量的蛇型弯，电缆的两端、中间接头、电缆井内、过管处、垂直位差处均应留有适当的余度。

2. 电缆在电缆沟和隧道内敷设

电缆沟敷设方式主要适用于在厂区或建筑物内地下电缆数量较多但不需采用隧道时以及城镇人行道开挖不便，且电缆需分期敷设时。电缆隧道敷设方式主要适用于同一通道的地下中低压电缆达40根以上或高压单芯电缆多回路的情况，以及位于有腐蚀性液体或经常有地面水流溢出的场所。电缆沟和电缆隧道敷设具有维护、保养和检修方便等特点。

电缆沟和电缆隧道敷设的施工流程为：砌筑沟道→制作、安装支架→电缆敷设→盖盖板。

1) 砌筑沟道

电缆沟和电缆隧道通常由土建专业人员用砖和水泥砌筑而成。其尺寸应按照设计图的规定，沟道砌筑好后，应有5～7d的保养期。电缆沟如图3.65所示。电缆隧道内净高不应低于1.9m，有困难时局部地区可适当降低。电缆隧道如图3.66所示。

图3.65　电缆沟

图3.66　电缆隧道

电缆沟和电缆隧道应采取防水措施，其底部应做成坡度不小于0.5%的排水沟，积水可及时直接接入排水管道或经积水坑、积水井用水泵抽出，以保证电缆线路在良好环境下运行。

2）制作、安装支架

常用的支架有角钢支架和装配式支架，角钢支架需要自行加工制作，装配式支架由工厂加工制作。支架的选择、加工要求一般由工程设计决定。也可以按照标准图集的做法加工制作。安装支架时，宜先找好直线段两端支架的准确位置，先安装固定好，然后拉通线再安装中间部位的支架，最后安装转角和分岔处的支架。角钢支架安装如示意图3.67所示。支架制作、安装一般要求如下。

图3.67　角钢支架安装

（1）制作电缆支架所使用的材料必须是标准钢材，且应平直无明显扭曲。

（2）电缆支架制作中，严禁使用电、气焊割孔。

（3）在电缆沟内支架的层架(横撑)的长度不宜超过0.35m，在电缆隧道内支架的层架(横撑)的长度不宜超过0.5m。保证支架安装后在电缆沟内、电缆隧道内留有一定的通路宽度。

（4）电缆沟支架组合和主架安装尺寸、支架层间垂直距离和通道宽度的最小净距、电缆支架最上层及最下层至沟顶和沟底的距离、电缆支架间或固定点间的最大距离等应符合设计要求或有关规定。

（5）支架在室外敷设时应进行镀锌处理。否则，宜采用涂磷代底漆一道，过氧乙烯漆两道。如支架用于湿热、盐雾以及有化学腐蚀地区时，应根据设计作特殊的防腐处理。

(6)为防止电缆产生故障时危及人身安全，电缆支架全长均应有良好的接地，当电缆线路较长时，还应根据设计进行多点接地。接地线应采用直径不小于12mm镀锌圆钢，并应在电缆敷设前与支架焊接。

3）电缆敷设

按电缆沟或电缆隧道的电缆布置图敷设电缆并逐条加以固定，固定电缆可采用管卡子或单边管卡子，也可用U形夹及Π形夹固定。电缆固定的方法如图3.68所示。

图3.68　电缆在支架上的固定

电缆沟或电缆隧道电缆敷设的一般规定如下所述。

（1）各种电缆在支架上的排列。其顺序为：①高压电力电缆应放在低压电力电缆的上层；②电力电缆应放在控制电缆的上层；③强电控制电缆应放在弱电控制电缆的上层。若电缆沟和电缆隧道两侧均有支架时，1kV以下的电力电缆与控制电缆应与1kV以上的电力电缆分别敷设在不同侧的支架上。

(2) 电力电缆在电缆沟或电缆隧道内并列敷设时，水平净距应符合设计要求，一般可为35mm，但不应小于电缆的外径。

(3) 敷设在电缆沟的电力电缆与热力管道、热力设备之间的净距，平行时不小于1m，交叉时不应小于0.5m。如果受条件限制，无法满足净距要求，则应采取隔热保护措施。

(4) 电缆不宜平行敷设于热力设备和热力管道上部。

4) 盖盖板

电缆沟盖板的材料有水泥预制块、钢板和木板。采用钢板时，钢板应作防腐处理。采用木板时，木板应作防火、防蛀和防腐处理。电缆敷设完毕后，应清除杂物，盖好盖板，必要时尚应将盖板缝隙密封。

3. 电缆在排管内敷设

电缆排管敷设方式，适用于电缆数量不多(一般不超过12根)，而与道路交叉较多，路径拥挤，又不宜采用直埋或电缆沟敷设的地段。穿电缆的排管大多是水泥预制块，如图3.69所示。排管也可采用混凝土管或石棉水泥管。

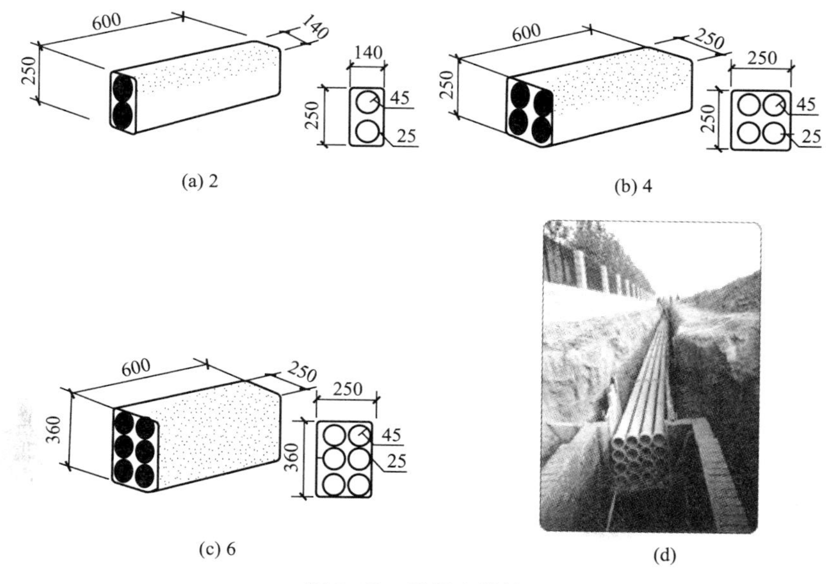

图3.69 混凝土管块

电缆排管敷设的施工流程为挖沟→人孔井设置→安装电缆排管→覆土→埋标桩→穿电缆。

1) 挖沟

电缆排管敷设时，首先应根据选定的路径挖沟，沟的挖设深度为0.7m加排管厚度，宽度略大于排管的宽度。排管沟的底部应垫平夯实，并应铺设厚度不小于80mm的混凝土垫层。垫层坚固后方可安装电缆排管。

2) 人孔井设置

为便于敷设、拉引电缆，在敷设线路的转角处、分支处和直线段超过一定长度时，均应设置人孔井。一般人孔井间距不宜大于150m，净空高度不应小于1.8m，其上部直径不小于0.7m。人孔井内应设集水坑，以便集中排水。人孔井由土建专业人员用水泥砖块砌

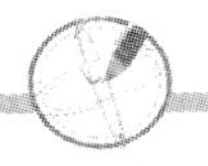

筑而成。人孔井的盖板也是水泥预制板，待电缆敷设完毕后，应及时盖好盖板。

3）安装电缆排管

将准备好的排管放入沟内，用专用螺栓将排管连接起来，既要保证排管连接平直，又要保证连接处密封。

排管安装的要求如下所述。

（1）排管孔的内径不应小于电缆外径的1.5倍，但电力电缆的管孔内径不应小于90mm，控制电缆的管孔内径不应小于75mm。

（2）排管应倾向人孔井侧有不小于0.5%的排水坡度，以便及时排水。

（3）排管的埋设深度为排管顶部距地面不小于0.7m，在人行道下面可不小于0.5m。

（4）在选用的排管中，排管孔数应充分考虑发展需要的预留备用。一般不得少于1～2孔，备用回路配置于中间孔位。

4）覆土

与直埋电缆的方式类似。

5）埋标桩

与直埋电缆的方式类似。

6）穿电缆

穿电缆前，首先应清除孔内杂物，然后穿引线，引线可采用毛竹片或钢丝绳。在排管中敷设电缆时，把电缆盘放在井坑口，然后用预先穿入排管孔眼中的钢丝绳，将电缆拉入管孔内，为了防止电缆受损伤，排管口应套以光滑的喇叭口，井坑口应装设滑轮。

四、电缆敷设的一般规定

电缆敷设过程中，一般按下列程序：①先敷设集中的电缆，再敷设分散的电缆；②先敷设电力电缆，再敷设控制电缆；③先敷设长电缆，再敷设短电缆；④先敷设敷设难度大的电缆，再敷设敷设难度小的电缆。电缆敷设的一般规定如下所述。

（1）施工前应对电线进行详细检查。包括规格、型号、截面、电压等级均应符合设计要求，外观无扭曲、坏损及漏油、渗油等现象。

（2）每轴电缆上应标明电缆规格、型号、电压等级、长度及出厂日期。电缆盘应完好无损。

（3）电缆外观完好无损，铠装无锈蚀、无机械损伤，无明显皱折和扭曲现象。油浸电缆应密封良好，无漏油及渗油现象。橡套及塑料电缆外皮及绝缘层无老化及裂纹。

（4）电缆敷设前进行绝缘测定。如工程采用1kV以下电缆，用1kV摇表摇测线间及对地的绝缘电阻不低于10MΩ。摇测完毕，应将芯线对地放电。

（5）冬季电缆敷设，温度达不到规范要求时，应将电缆提前加温。

（6）电缆短距离搬运，一般采用滚动电缆轴的方法。滚动时应按电缆轴上箭头指示方向滚动。如无箭头时，可按电缆缠绕方向滚动，切不可反缠绕方向滚运，以免电缆松弛。

（7）电缆支架的架设地点应选好，以敷设方便为准，一般应在电缆起止点附近为宜。架设时，应注意电缆轴的转动方向，电缆引出端应在电缆轴的上方，敷设方法可用人力或机械牵引，如图3.70所示。

（8）有麻皮保护层的电缆，进入室内部分，应将麻皮剥掉，并涂防腐漆。

（9）电缆穿过楼板时，应装套管，敷设完后应将套管用防火材料封堵严密。

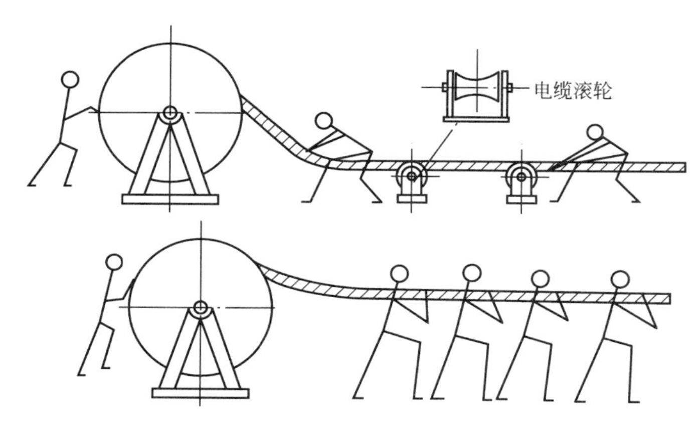

图 3.70 人力牵引电缆示意图

(10) 电缆两端头处的门窗装好，并加锁、防止电缆丢失或损毁。

(11) 三相四线制系统中必须采用四芯电力电缆，不可采用三芯电缆加一根单芯电缆或以导线、电缆金属护套等作中性线，以免损坏电缆。

(12) 电缆敷设时，不应破坏电缆沟、隧道、电缆井和人孔井的防水层。

(13) 并联使用的电力电缆，应使用型号、规格及长度都相同的电缆。

(14) 电缆敷设时，不应使电缆过度弯曲，电缆的最小弯曲半径应符合规定。

(15) 电缆进入电缆沟、隧道、竖井、建筑物、盘(柜)以及穿入管子时，出入口应封闭，管口应密封。

五、 电缆终端头和中间接头的制作

电缆线路两末端的接头称为终端头，中间的接头称为中间接头，终端头和中间接头又统称为电缆头。电缆头一般是在电缆敷设就位后在现场进行制作。它的主要作用是使电缆保持密封，使线路畅通，并保证电缆接头处的绝缘等级，使其能够安全可靠的运行。电缆头制作的方法很多，但目前大多使用的是热缩式和冷缩式两种方法。冷缩式电缆头与热缩式电缆头比较，具有制作简便，受人为影响因素小，冷缩电缆附件会随着电缆的热胀冷缩而和电缆保持同步呼吸作用，使电缆和附件始终保持良好的结合状态等优点，但成本高。而热缩式电缆头与冷缩式电缆头相比主要优点只是成本低。所以目前在 10kV 以上领域，广泛使用冷缩式电缆头。

1. 电缆头施工的基本要求

(1) 施工前应做好一切准备工作。如熟悉安装工艺；对电缆、附件以及辅助材料进行验收和检查；施工用具配备到位。

(2) 当周围环境及电缆本身的温度低于 5℃时，必须采暖和加温，对塑料绝缘电缆则应在 0℃以上。

(3) 施工现场周围应不含导电粉尘及腐蚀性气体，操作中应保持材料工具的清洁，环境应干燥，霜、雪、露、积水等应清除。当相对湿度高于 70%时，不宜施工。

(4) 操作时，应严格防止水和其他杂质侵入绝缘层材料，尤其在天热时，应防止汗水滴落在绝缘材料上。

(5) 用喷灯封铅或焊接地线时，操作应熟练、迅速，防止过热，避免灼伤铅包及绝缘层。

(6) 从剖铅开始到封闭完成，应连续进行，且要求时间越短越好，以免潮气进入。

(7) 切剥电缆时，不允许损伤线芯和应保留的绝缘层，且使线芯沿绝缘表面至最近接地点(金属护套端部及屏蔽)的最小距离应符合下列要求：1kV 电缆为 50mm；6kV 电缆为 60mm；10kV 电缆为 125mm。

2. 15kV 三芯电缆户外冷缩式终端的制作

1) 电缆预处理

(1) 把电缆置于预定位置，剥去外护套、铠装及衬垫层。开剥长度按说明书要求。

(2) 再往下剥 25mm 的护套，留出铠装，并擦洗开剥处往下 50mm 长护套表面的污垢。

(3) 护套口往下 15mm 处绕包两层防水胶带。

(4) 在顶部绕包 PVC 胶带，将铜屏蔽带固定。

2) 钢带接地线安装

(1) 用恒力弹簧将第一条接地线固定在钢铠上，绕包配套胶带两个来回将恒力弹簧及衬垫层包覆住。

(2) 先在三芯铜屏蔽带根部缠绕第二条接地线，并将其向下引出，并用恒力弹簧将第二条接地线固定住。

(3) 半重复绕包配套胶带将恒力弹簧全部包覆住。

(4) 在第一层防水胶带的外部再绕包第二层防水带，把接地线夹在当中，以防水气沿接地线空隙渗入，如制作示意图 3.71 所示。

(5) 在整个接地区域及防水带外面绕包几层 PVC 胶带，将它们全部覆盖住。

3) 安装分支手套

(1) 把冷缩式电缆分支手套套入电缆根部，逆时针抽掉芯绳，先收缩颈部，然后按同样方法，分别收缩三芯。

(2) 用 PVC 带将接地编织线固定在电缆护套上。

4) 安装绝缘套管

(1) 将冷缩式套管分别套入三芯，使套管重叠在手套分支上 15mm 处，逆时针抽掉芯绳，将其收缩。

(2) 在冷缩式套管口上留 15mm 的铜屏蔽带，其余的切除。

(3) 铜屏蔽带口往上留 5mm 的半导体层，其余的全部剥去，剥离时切勿划伤到绝缘。

(4) 按接线端子孔深加上 10mm 切除顶部绝缘。

(5) 套管口往下 25mm 处，绕包 PVC 带作一标识，此处为冷缩式终端安装基准。

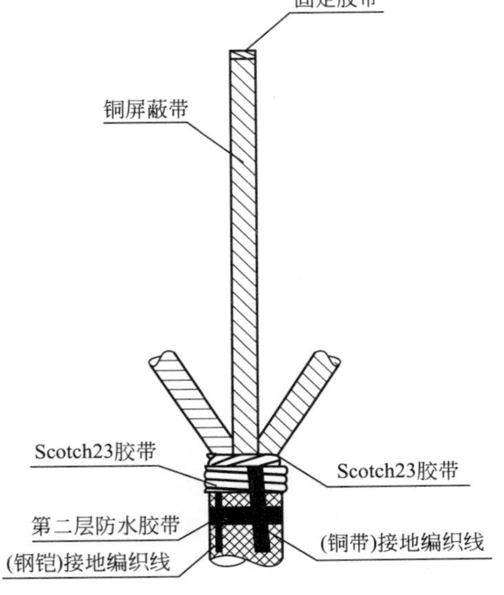

图 3.71　电缆终端头制作(一)

5）安装冷缩式终端头

(1) 半重叠绕包半导电带，从铜屏蔽带上 5mm 处开始，绕包至 5mm 主绝缘上然后到开始处，如图 3.72 所示。

(2) 套入接线端子，对称压接，并挫平打光，仔细清洁接线端子。

(3) 用清洁剂将主绝缘擦拭干净。

(4) 在半导电带与主绝缘搭接处，涂上少许硅脂，将剩余的涂抹在主绝缘表面。并用半导电带填平接线端子与绝缘之间的空隙。

(5) 套入冷缩式终端，定位于 PVC 标识处，逆时针抽掉芯绳，使终端收缩。

(6) 从绝缘管开始，半重叠地来回绕配套胶带至接线端子上。

如果接线端子的宽度大于冷缩终端的直径，那么应先安装冷缩终端，最后压接线端子。15kV 三芯电缆户外冷缩式终端头(半成品)示意图如图 3.73 所示。

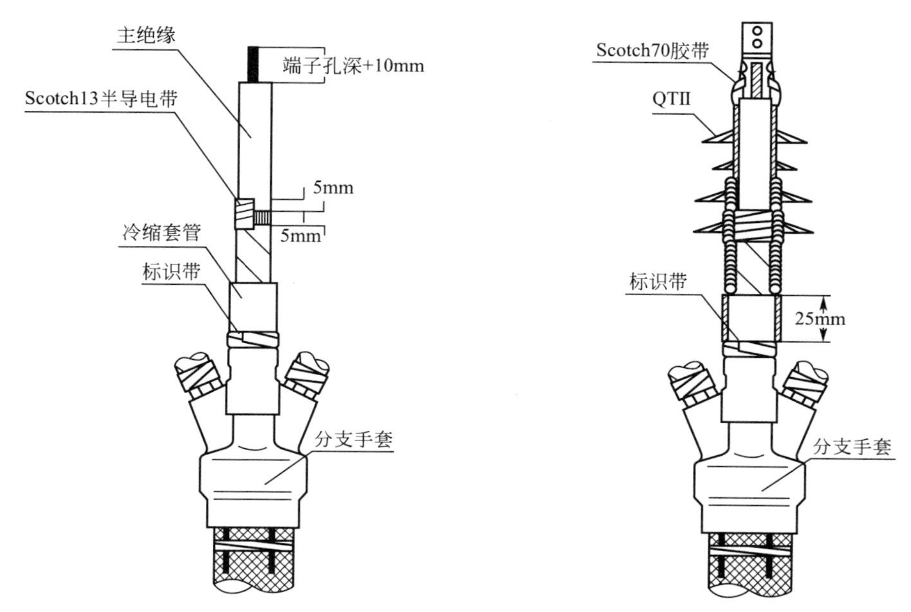

图 3.72　电缆终端头制作(二)　　图 3.73　15kV 三芯电缆户外冷缩式终端头示意图

3. 15kV 三芯电缆冷缩式中间接头的制作

1）电缆预处理

(1) 把电缆置于预定位置，严格按图规定尺寸将需连接的两端电缆开剥处理，切除钢带时，用扎线将钢带绑扎住，切割后用 PVC 胶带将端口锐边包覆住。

(2) 绕包两层配套半导电胶带，将电缆铜屏蔽带端口包覆住加以固定。

2）安装冷缩接头主体

(1) 按 1/2 接管长加 5mm 的尺寸切除电缆主绝缘。

(2) 从开剥长度较长的一端装入冷缩接头主体，较短的一端套入铜屏蔽编织网套。

(3) 参照连接管供应商的指示装上接管，进行压接。压接后如有尖角，毛刺应对接管表面挫平打光并且清洗。

(4) 按常规方法清洗电缆主绝缘，并等其干燥方可进行下一步操作。

(5) 将专用混合剂涂抹在半导体屏蔽层与主绝缘交界处，然后把其余剂料均匀涂在主绝缘表面及接管上。

(6) 测量绝缘端口之间之尺寸C(如图3.74所示)，然后按尺寸C/2，在接管上确定实际中心点D，然后距D点300mm的铜屏蔽带上找出一个尺寸校验点E。

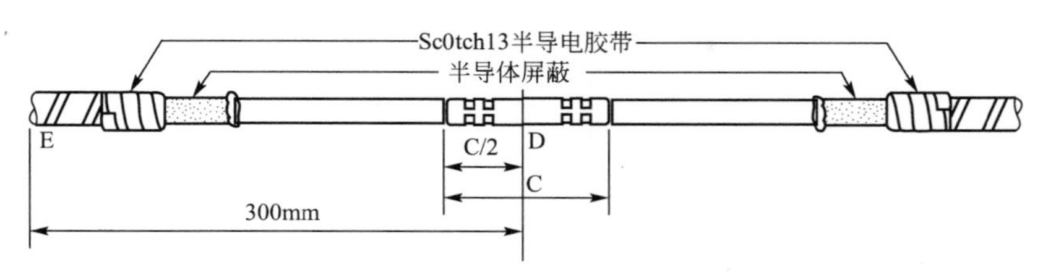

图3.74　电缆中间接头示意图

(7) 距离半导电屏蔽层端口某处(按图纸尺寸规定)做一记号，此处为接头收缩起始点。

(8) 将冷缩接头对准定位标记，逆时针抽掉芯绳使接头收缩，在接头完全收缩后5min内校验冷缩接头主体上的中心标记到校验点E的距离是否确实为300mm，如有偏差，尽快左右抽动接头以进行调整。照此步骤完成第二、第三个接头的安装。

3) 恢复金属屏蔽

(1) 在装好的接头主体外部套上铜编织网套。

(2) 用PVC胶带把铜网套绑扎在接头主体上。

(3) 用两只恒力弹簧将铜网套固定在电缆铜屏蔽带上。

(4) 将铜网套的两端修整齐，在恒力弹簧前各保留10mm。

按同样方法完成另两相的安装。

4) 防水处理

(1) 用PVC胶带将三芯电缆绑扎在一起。

(2) 绕包一层配套防水带，涂胶黏剂的一面朝外，将电缆衬垫层包覆住。

5) 安装铠装接地接续编织线

(1) 在编织线两端各80mm的范围将编织线展开。

(2) 将编织线展开的部分贴附在配套胶带和钢铠上并与电缆外护套搭接20mm。

(3) 用恒力弹簧将编织线的一端固定在钢铠上，搭接在外护套上的部分反折回来一起固定在钢铠上。同样，编织线的另一端也照此步骤安装。

(4) 半重叠绕包两层PVC胶带，将弹簧连同铠装一起覆盖住，不要包在配套的防水带上。

(5) 用配套防水带做接头的防潮密封，从一端护套上距离为60mm开始半重叠绕包(涂胶黏剂一面朝里)，绕至另一端护套上60mm处。

6) 恢复外护层

(1) 如果为得到一个整齐的外形，可先用防水胶带填平两边的凹陷处。

(2) 在整个接头外绕包装甲带，以完成整个安装工作，从一端电缆护套上60mm防水带上开始，半重叠绕包装甲带至对面另一端60mm防水带上。为得到最佳的效果，30min内不得移动电缆。

六、 电缆线路的竣工验收

1. 电力电缆的试验

1）橡塑电力电缆试验的内容

（1）测量绝缘电阻。

（2）交流耐压试验。

（3）测量金属屏蔽层电阻和导体电阻比。

（4）检查电缆线路两端的相位。

（5）交叉互联系统试验。

2）电力电缆试验的规定

（1）对电缆的主绝缘做耐压试验或测量绝缘电阻时，应分别在每一相上进行。对一相进行试验或测量时，其他两相导体、金属屏蔽或金属套和铠装层一起接地。

（2）对金属屏蔽或金属套一端接地，另一端装有护层过电压保护器的单芯电缆主绝缘作耐压试验时，必须将护层过电压保护器短接，使这一端的电缆金属屏蔽或金属套临时接地。

（3）对额定电压为 0.6/1kV 的电缆线路应用 2500V 绝缘电阻表测量导体对地绝缘电阻代替耐压试验，试验时间 1min。

（4）测量各电缆导体对地或对金属屏蔽层间和各导体间的绝缘电阻，应符合下列规定。

① 耐压试验前后，绝缘电阻测量应无明显变化。

② 橡塑电缆外护套、内衬层的绝缘电阻不低于 0.5MΩ/km。

③ 0.6/1kV 及以上电缆用 2500V 绝缘电阻表；6/6kV 及以上电缆也可用 5000V 绝缘电阻表；橡塑电缆外护套、内衬层的测量用 500V 绝缘电阻表。

（5）交流耐压试验，应符合下列规定。

① 橡塑电缆优先采用 20～300Hz 交流耐压试验。20～300Hz 交流耐压试验电压和时间见表 3-15。

② 不具备上述试验条件或有特殊规定时，可采用施加正常系统相对地电压 24h 方法代替交流耐压。

表 3-15　橡塑电缆 20～300Hz 交流耐压试验电压和时间

额定电压$\frac{U_0/U}{1kV}$	试验电压	时间/min
18/30 及以下	$2.5U_0$（或 $2U_0$）	50（或 60）
21/35～64/110	$2U_0$	60
127/220	$1.7U_0$（或 $1.4U_0$）	60
190/330	$1.7U_0$（或 $1.3U_0$）	60
290/500	$1.7U_0$（或 $1.1U_0$）	60

（6）测量金属屏蔽层电阻和导体电阻比。测量相同温度下的金属屏蔽层和导体的直流电阻。

（7）检查电缆两端的相位应一致，并与电网相位相符合。

（8）电力电缆的交叉互联系统试验主要有以下几个方面。

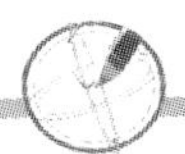

① 交叉互联系统的对地绝缘的直流耐压试验。

② 非线性电阻型护层过电压保护器测试。

③ 交叉互联性能检验。

④ 互联箱检验。

具体试验方法见《电气装置安装工程电气设备交接试验标准》。

2. 电缆线路的竣工验收

电缆线路竣工后的验收，应由有监理、设计、使用和安装单位的代表参加验收小组来进行。验收要求如下所述。

(1) 在验收时，施工单位应将全部资料交给电缆运行单位。

(2) 电缆运行单位对要投入运行的电缆进行电气验收项目如下所述。

① 电缆各导电芯线必须完好连接。

② 按《电气装置安装工程施工及验收规范》中的有关规定进行绝缘测定和直流耐压试验。

③ 校对电缆两端相位，应与电力系统的相位一致。

(3) 电缆的标志应齐全，其规格、颜色应符合规定的统一标准的要求。

课内实验　0.4kV 架空线路架设及接户线安装

一、 工具、仪器和设备

紧线器、卡线器、木槌、断线钳、滑轮、大绳、脚扣(登高板)、安全带、传递绳、工具包、电工工具等。

二、 实施过程

见任务二部分内容。

三、 评分标准 (表 3-16)

表 3-16　评分标准

序号	项目名称	质量要求	分值	评分细则	得分
1	工作准备				
1.1	工作准备	工作前期准备工作规范	7	工作服、安全帽、手套、绝缘鞋穿戴整齐，未穿戴扣 1 分/项； 工作服扣子未扣 0.5 分/个； 佩戴安全帽颜色与身份不符扣 1 分； 鞋带未系扣 1 分	
1.2	开工会	工作任务清楚、分工明确、告知危险点		未召开开工会扣 2 分； 无人员分工扣 1 分； 无危险点告知扣 1 分	
1.3	工具、材料	工具、安全用具检查材料选择齐全		工具、安全用具未检查汇报每件扣 0.5 分； 材料漏选、多选、选错每件扣 0.5 分	

（续）

序号	项目名称	质量要求	分值	评分细则	得分
2	工作过程				
2.1	地面组装	横担、悬式绝缘子组装	40	横担地面组装错误一次扣1分； 绝缘子不擦拭每件扣0.5分	
2.2	导线展放	展放正确、速度均匀、导线无损伤		线盘失控每次扣1分； 导线未做检查扣1分； 导线地面展放出现金钩每处扣1分	
2.3	登杆前的安全检查	符合安全工作规程规定		未检查杆根、埋深及拉线每项扣1分； 脚扣(登高板)、安全带、传递绳未做外观检查和人体冲击试验每项扣1分 注：只需在第一次上杆时作检查、冲击试验	
	上、下电杆	登杆动作熟练、规范、流畅		登杆过程不系安全带扣5分； 上下电杆时出现打滑动作每次扣1分； 登杆工具掉落、滑脱每次扣4分； 脚扣与脚扣互碰每次扣1分； 用力侧的脚站在上方每次扣1分； 脚扣与脚扣交叉每次扣1分	
	安全带、保护绳、传递绳的正确使用	规范、正确		保护绳、传递绳应系绑在电杆或横担上，不得低挂高用，使用不符合要求每次扣1分	
2.4	终端横担安装	横担安装离拉线抱箍50mm，横担端部上下歪斜、左右扭斜不应大于20mm；螺栓安装：垂直方向由下向上，水平方向(面向受电侧)由左向右		传递物件绳扣错误每次扣1分； 横担安装位置不正确扣1分； 横担安装偏差不符合要求每处扣1分； 横担安装后，受力滑动扣2分； 螺栓穿入方向不正确每处扣1分； 螺母紧固不牢固每处扣1分； 椭圆孔未使用元平垫每处扣1分； 双横担间距不符合要求扣1分	
2.5	直线横担安装	横担安装离杆顶200mm，横担安装在受电侧，接户线横担距离直线横担500 mm		传递物件绳扣错误扣1分； 横担安装位置不正确一处扣1分； 横担安装偏差不符合要求每处扣1分； 横担安装后，受力滑动扣2分； U型抱箍无垫片每处扣1分	
2.6	紧线操作及导线弧垂观测	挂线配合协调紧线操作熟练，四相导线弧垂一致		未采用滑轮紧线扣2分； 无防跑线措施扣2分； 未进行弧垂观测扣2分； 若出现跑线现象扣2分； 卡线器选用错误扣2分	

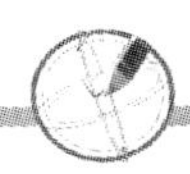

（续）

序号	项目名称	质量要求	分　值	评分细则	得　分
2.7	导线固定	耐张线夹安装正确、熟练、瓷瓶安装牢固，导线顶绑绑扎规范（246 绑扎），针瓶绑扎后铝包带露出绑扎线 2～3cm	40	铝包带缠绕方向不符合要求每处扣 1 分；缠绕间隙大于 1mm 每处扣 0.5 分、露出耐张线夹两端小于或大于 3cm 每处扣 1 分； 露出耐张线夹尾线不符合要求每处扣 1 分； 耐张线夹安装方向错一处扣 2 分； 耐张线夹压舌的安装位置不在一直线上每处扣 1 分； 针瓶绑扎后铝包带超出小于 2cm 或大于 3cm 每处扣 0.5 分，未使用铝包带每处扣 2 分； 耐张线夹上 U 形卡子紧固后长短不一每处扣 0.5 分；弹簧垫片未压平每处扣 0.5 分； 销钉穿向错一处扣 1 分；缺少零件每只扣 1 分； 扎线绑扎方向与导线绞向不一致每处扣 1 分； 扎线间隙大于 1mm 每处扣 0.5 分； 收尾小辫小于 3 扣、未压接在针瓶上各每处扣 1 分	
2.8	导线弧垂	弧垂满足要求		弧垂 300～400mm；线间误差不超过 50（包括 50）mm；每项超过扣 2 分	
3	接户线架设				
3.1	茶台固定	茶台螺丝符合要求，螺丝采用双帽	30	茶台安装反向每处扣 1 分； 与横担连接处的螺丝松动每处扣 1 分、茶台上不是双帽扣每处扣 0.5 分	
3.2	接户线敷设	检查导线是否有伤痕，导线在绝缘子固定		接户线不检查扣 1 分； 展放方法不正确扣 1 分； 两端绑扎长度少于 10cm 每处扣 1 分； 副头抽动或松动扣 3 分； 绑扎起点(从瓷瓶边缘外起)小于 10cm 或大于 15cm 每处扣 1 分； 绑扎间隙大于 1mm 每处扣 0.5 分； 绑扎方法不正确每处扣 1 分	
3.3	接户线末端长度	尾线留 50cm ± 5cm、并形成狗尾巴花固定在主线上，线头冲下		尾线每超差 ± 5cm 扣 1 分(不足 5cm 按 5cm 计算)； 未形成狗尾巴花、未固定在主线上、线头未冲下每项扣 1 分	
3.4	绝缘层剖削及长度	不伤及线芯(单根导线明显伤痕不多于二处)刨削长度要合适		不符合要求一处扣 1 分； 线夹宽度加 1.5cm 为刨削长度，少于 1cm 扣 1 分，超过 2cm 扣 1 分，线夹压皮扣 1 分	

（续）

序号	项目名称	质量要求	分 值	评分细则	得 分
3.5	接户线与接户杆电源线连接(并沟线夹连接)	引线敷设符合工艺要求；弯曲处半径为8倍的导线半径，不出现硬折；弯曲位置距离紧固位置50mm(±5mm)；接户线线头、线夹要用0＃砂皮打磨、清除氧化层、涂电力复合脂	30	引线敷设不符合工艺要求每处扣2分； 出现硬折弯曲，每处扣1分； 弯曲位置距离紧固位置低于规定，每处扣1分； 引线竖直应力过大、过于松弛每处扣1分； 搭接点距离绝缘子小于15cm每处扣2分； 零线、火线搭接顺序错扣2分； 线头指向不正确扣1分； 不做防水弯扣2分； 接户线过松扣2分； 两线不平衡扣2分； 接户线线头、线夹及电源线搭接处不做处理每处扣2分； 并沟线夹螺丝由外向里穿，穿向错误每处扣1分	
4	安全生产	遵守安全操作规程	10	导线、横担、绝缘子坠落地面每次扣5分； 紧线器、个人工具掉落地面每次扣2分；放置位置不当每次扣2分； 其他金具零件掉落每件次扣1分； 物体传递磕碰一次扣1分； 杆上移位失去安全保护扣5分； 无人扶梯子工作扣5分； 工作负责人参与工作每次扣2分； 两人同时上下杆或一人上杆另一人在同杆工作扣2分	
5	文明生产	作业场地整洁工具、材料摆放、回收整齐	6	工具使用不当每次扣1分； 工具随手乱放每次扣1分； 操作现场有遗留物每件扣1分； 工具、材料回收放置没到位扣1分	
		收工会程序正确，符合《安规》要求	2	未召开收工会扣1分； 无工作总结扣1分	
6	实际操作时间	70min	5	在规定时间内完成得5分，超时的用所用时间/70min×5得到分数	
起始时间		结束时间		实际时间	
备 注	除超时扣分外，各项内容的最高扣分不得超过配分数			成 绩	

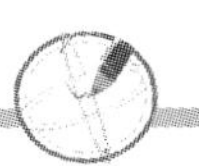

拓展实验　10kV/35kV 电缆热缩户内(外)终端头安装

一、工具、仪器和设备

压接工具、钢锯或其他剪切工具、端子(铜端子、铝端子)、电缆(剥、切、削)专用工具、电缆附件(终端头)、燃气喷枪或喷灯(针对热缩电缆头)。

二、实施过程

见任务三部分内容。

三、评分标准(表 3－17)

表 3－17　评分标准

项目名称	质量标准		配分	评分标准	得分
工作前准备	工具、材料的选择及安全器具的佩戴施工现场应符合安全防火规定	正确选用工具(如压接钳)、附件(终端)和材料，制作电缆头之前施工人员应熟悉各种工具的使用、检查及注意事项，应该了解认识电缆专用工具，以及电缆工具的正确使用。进入现场应戴安全帽、穿工作服和绝缘鞋。现场应有灭火器材，使用液化气喷枪、燃油喷灯须注意防火防爆，电缆工器具在施工现场应摆放整齐，施工现场工具要轻拿轻放	5	选择错误扣 1～3 分	
	支撑、校直、外护套擦拭及用 2500V 摇表遥测电缆绝缘 35kV 电缆应用 5000V 或 10000V 摇表	为便于操作，选好位置，将要进行施工的部分支架固定好，检查电缆外观是否完好，同时完成校直，支撑、擦去外护套上的污迹	5	一项工作未做好扣 2.5 分	
	将电缆段切面锯平	如果电缆导体切面凹凸不平或三项线芯不在同一平面上应锯平	5	未按要求做扣 1～2 分	
	校对施工尺寸	根据附件供应商提供的图纸，并详细阅读热缩型以及冷缩型电力电缆安装使用说明书确定施工尺寸	5	一处尺寸与图纸不符扣 2 分，扣完为止	
终端制作	操作程序控制及现场环境	电缆附件在制作过程中必须保持电缆芯线部分、施工用绝缘材料工器具、施工人员的清洁。施工现场光线充足，施工现场应保持清洁、干燥。户外施工应搭设防护棚，高空作业时应设工作台。当附近有带电设备时，应做好安全措施。操作顺序应按图纸进行	5	顺序错误扣 1 分，遗漏工序扣 1 分，扣完为止	

（续）

项目名称	质量标准		配分	评分标准	得分
终端制作	剥除外护层、铠装、内护层、铜屏蔽及外半导体层等	剥切时切口不平，金属切口有毛刺或伤及下一层结构，应视为缺陷；绝缘表面干净、光滑、无残质，均匀。削除电缆半导电层时严禁损伤线芯绝缘，半导电层切断口必须平整、圆滑，严禁过度弯曲电缆终端	20	一项未达到要求扣4分	
	固定铠装地线	将铠装上的油漆、铁锈用砂带打磨干净；将地线用恒力弹簧（或用铜线绑扎）固定在铠装上。固定应牢固（为了牢固，地线一般要留10～20mm的头，恒力弹簧将其绕一圈后，将露的头反折回来，再用恒力弹簧缠绕固定）针对10kV三芯电缆	5	一项未达到要求扣2分	
	缠填充胶	自外护套端口以下按图纸尺寸至整个恒力弹簧、铠装及内护层，用填充胶缠绕，缠绕应成锥形，方便下一步附件安装为准	5	未按要求酌情扣1～3分	
	固定铜屏蔽地线	35kV单芯电缆铜屏蔽地线具体固定方法大致与铠装地线绑扎方法一致；三芯电缆将地线的一头塞入三线芯中间，将应力锥塞入，然后用此地线在三线芯根部包绕一圈，再用恒力弹簧（或铜绑扎线）在地线外环绕固定，铠装地线与铜屏蔽地线勿短接	5	一项为达到要求扣2分	
	缠密封胶及自黏带	在填充胶以下的外护套上缠两层密封胶，将地线夹在密封胶中间，做防水用；在填充胶、密封胶及弹簧外缠一层绝缘自黏带，将地线毛刺及弹簧盖住	5	未按要求酌情扣1～3分	
	热缩三指套、应力管和绝缘管的安装	三指套、应力管、绝缘管套入皆应到位，收缩紧密，管外表无灼伤痕迹，三指手套由根部向两端加热，绝缘管由三叉根部向上加热	15	未按要求操作或顺序颠倒酌情扣2～8分	
	剥切绝缘和导体压接端子	剥去绝缘切口要平，压接端子压接后端子表面 应打磨光滑。清洁其表面，10kV用J20绝缘自黏带，35kV，用J30绝缘自黏带在线芯绝缘处绕，填平铅笔头处凹槽和端子压痕	8	一项未达到要求扣1～3分	
	端部密封	将绝缘端部与端子之间热缩密封管	2	未按图纸要求做密封扣1～2分	
	标记相序	应将相序带按照告知的相序安装	5	未按规定标记相序或标记错误的扣1～4分	

（续）

项目名称	质量标准		配分	评分标准	得分
工作现场清理	清理现场	电缆终端制作完成，清理现场，为下一步试验做好准备	5	未进行现场工具清理或清理不彻底的扣1～3分	
实际操作时间	60min	在规定时间内完成，超时停止工作。总时限60min内完不成者此项成绩计0分	5	用时/60×5	
起始时间		结束时间		实际时间	
备　注	除超时扣分外，各项内容的最高扣分不得超过配分数			成　绩	

小　　结

本学习情境针对室内外线路的安装要求，对室内线路的安装、室外架空线路的安装、电力电缆线路的安装等内容进行分析论述，并结合课内与拓展实验对室内外线路的安装规范及要求进一步加强知识和技能的理解与训练。

习　　题

一、填空题

1. 一把拉线由杆上至地下组成的金具和材料有________、________、________。

2. 常用电缆头的主要种类________。

3. 接户线和进户线的装设要考虑的原则是________。

4. 电缆桥架水平敷设时的距地高度一般不宜低于________但对槽板桥架距地高度和降低到2.20m。

5. 两根绝缘导线穿于同一根管时，管内径不应小于两根导线外径之和的________。

6. 电线管路与其他管道(不包括可燃气体及易燃、可燃液体管道)的平行净距不应小于________。

7. 硬塑料管沿建筑物的表面敷设时，在直线段上每隔________应装设补偿装置。

8. 电缆沿墙支架敷设时，电缆支架的安装应符合要求：钢支架应焊接牢固，无显著变形，各排支架间及支架沟壁、顶盖、沟底间的净距与设计偏差不应大于________。

二、选择题

1. 架空电力线路的导线，可采用(　　)线；地线可采用(　　)线。

A. 钢芯铝绞线　　B. 铝绞线　　C. 镀锌钢绞线　　D. 钢绞线

2. 市区10kV及以下架空电力线路，遇(　　)情况可采用绝缘铝绞线。

A. 高层建筑邻近地段　　B. 繁华街道或人口密集地区
C. 游览区和绿化区　　D. 建筑施工现场

3. 架空电力线路，可采用(　　)过电压保护方式。
A. 架设地线　　B. 中线上装设避雷器
C. 提高绝缘子等级　　D. 装设电容器

4. 高压架空接户线在引入口处的对地距离不应小于(　　)m。
A. 3.0　　B. 3.5　　C. 4　　D. 4.5

5. 低压架空线路导线采用水平排列，最上层横担距杆顶的距离不宜小于(　　)mm。
A. 200　　B. 250　　C. 300　　D. 350

6. 电缆敷设场所土中直埋电缆持续允许载流量的选取的环境温度应为(　　)。
A. 埋深处的最热月平均地温　　B. 最热月的日最高水温平均值
C. 最热月的日最高温度平均值　　D. 最热月的日最高温度平均值加5℃

7. 直埋敷设于非冻土地区时，电缆外皮至地下构筑物基础，不得小于(　　)m。
A. 1.0　　B. 0.5　　C. 0.3　　D. 0.15

8. 直埋敷设电缆方式，应满足(　　)。
A. 位于城郊或空旷地带，沿电缆路径的直线间隔约100m、转弯处或接头部位，应竖立明显的方位标志或标桩
B. 位于城镇道路等开挖较频繁的地方，可在保护板上层铺以醒目的标志带
C. 沿电缆全长应覆盖宽度不小于电缆两侧各50mm的保护板，保护板宜用混凝土制作
D. 电缆应敷设在壕沟里，沿电缆全长的上、下紧邻侧铺以厚度不少于100mm的软土或砂层

9. 直埋敷设电缆的接头配置，应符合(　　)。
A. 并列电缆的接头位置宜相互错开，且不小于0.5m的净距
B. 对重要回路的电缆接头，宜在其两侧约1m开始的局部段，按留有备用量方式敷设电缆
C. 斜坡地形处的接头安置，应呈水平状
D. 接头与邻近电缆的净距，不得小于0.25m

10. 保护管的内径，不宜小于电缆外径或多根电缆包络外径的(　　)倍。
A. 2.0　　B. 1.5　　C. 1.3　　D. 1.4

三、简答题

1. 架空配电线路安装的步骤是什么？
2. 架空配电线路基础施工前的杆坑定位应符合哪些规定？
3. 架空配电线路基础施工时应注意什么？
4. 架空配电线路施工常用立杆方法有哪几种？电杆立好后应符合哪些规定？
5. 架空配电线路常用拉线有哪几种？安装好后拉线应符合哪些规定？
6. 导线在绝缘子上的固定方法有哪几种？应符合哪些要求？
7. 何谓接户线？低压接户线的安装应符合哪些规定？
8. 电缆在电缆构内支架上敷设有哪些规定？
9. 电缆中的铜屏蔽层和铠装层各有何用途？
10. 电缆验收有哪些要求？
11. 简述放线、撤线和紧线工作时有何安全要求。

学习情境四

变配电装置的安装与调试

情境描述

通过对室内外变配电装置的安装内容的学习，要求了解室内外变配电装置的种类及作用，掌握变压器、隔离开关、互感器等配电装置的安装、调试方法，能够根据安装要求进行正确的安装调试及试验。

学习目标

(1) 了解变配电装置的种类及作用。
(2) 掌握变压器的安装、调试方法。
(3) 掌握互感器的安装、调试方法。
(4) 掌握高压隔离开关的安装、调试方法。
(5) 掌握断路器的安装、调试方法。
(6) 掌握开关柜的安装、调试方法。
(7) 培养标准化作业实施能力。

学习内容

(1) 室外变电装置的安装。
(2) 室内变配电装置的安装。
(3) 系统调试、送电及试运行。

任务一　电力变压器的安装

电力变压器安装主要包括以下工作内容：变压器外观检查、变压器吊芯检查、变压器二次搬运、变压器稳装、附件安装、送电前检查、送电运行验收等。

一、电力变压器安装前的检查

电力变压器安装前要对变压器外观进行检查，630kW 以上的变压器要做吊芯检查，变压器外形和主要附件，如图 4.1 所示。

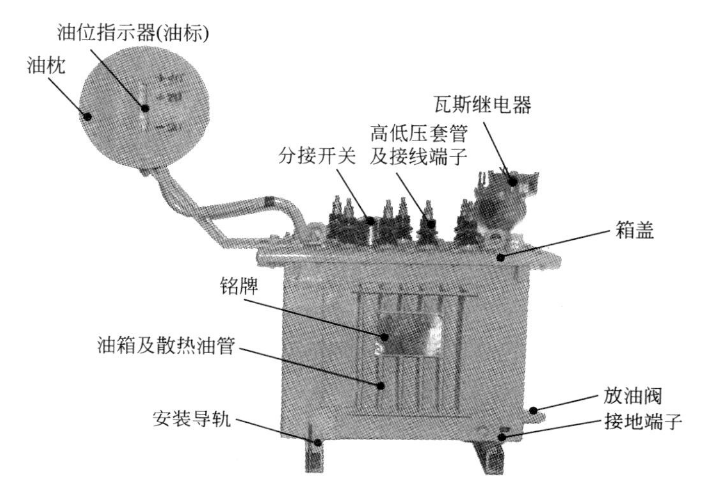

(a) 三相油浸式电力变压器

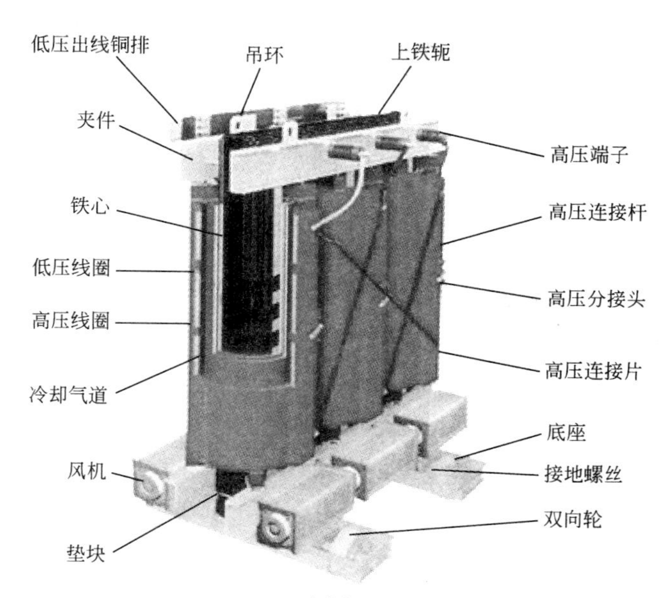

(b) 干式变压器

图 4.1　变压器外形及附件

1. 变压器外观检查

(1) 按照设备清单、施工图纸及设备技术文件，核对变压器本体及附件、备件的规格型号是否符合设计图纸要求，是否齐全，有无丢失及损坏。重点检查变压器容量、电压等级和连接组别是否与设计相符。

(2) 变压器各项试验的报告单应齐全、合格，其中包括直流电阻、绝缘电阻、工频交流耐压、变压器油试验等。

(3) 变压器油箱、散热器及其所有附件应齐全，无锈蚀和机械损伤。

(4) 油箱盖或钟罩法兰连接螺栓齐全，密封良好，无渗油漏油现象；浸入油中运输的附件，其油箱也应无渗油现象。

(5) 高低压套管应完整无损、紧固无松动、无裂纹、无划伤、无闪络、无渗油；充油套管的油位应正常。

(6) 充氮运输的变压器，器身内应为正压，压力不应低于 0.01MPa。

(7) 吸湿器薄膜完好无损。

(8) 储油柜无变形、凹陷，油位正常可见，无渗漏痕迹。装有冲击记录仪的变压器，应检查记录变压器在运输和装卸过程中受冲击情况。

以上检查全部合格后，应用 2500～5000V 和 500V 绝缘电阻表分别测高压绕组和低压绕组的绝缘电阻，其相与相、相与地、高压与低压之间不应小于表 4－1 中的规定。

表 4－1　油浸变压器绝缘电阻允许值

线圈电压等级	不同环境温度下的绝缘电阻允许值/MΩ								使用绝缘电阻表的电压/V
	10℃	20℃	30℃	40℃	50℃	60℃	70℃	80℃	
3～10kV	450	300	200	130	90	60	40	25	2500
20～35kV	600	400	270	180	120	80	50	35	5000
60～220kV	1200	800	540	360	240	160	100	70	5000
0.4kV	常温下为 90～100								500

2. 变压器吊芯检查

一般 560kW 以上变压器安装前要进行吊芯检查。变压器内芯结构如图 4.2 所示。

1) 常用工具

在有 3t 以上起重机的场所中吊芯，应准备起吊钢丝绳、道木、铁架子(放铁心用)撬杠、梯子或高凳、木杆、大油桶、滤油机、油盘、塞尺、磁铁以及电工常用工具和 500V、2500 绝缘电阻表。

在没有起重机的场所，要准备 3t 以上手拉葫芦、三脚架等起吊工具。

起吊前把工具一一检查、擦净，道木、磁铁、木杆、油桶、油盘、塞尺、电工工具和绝缘电阻表接线端要用变压器油洗净。

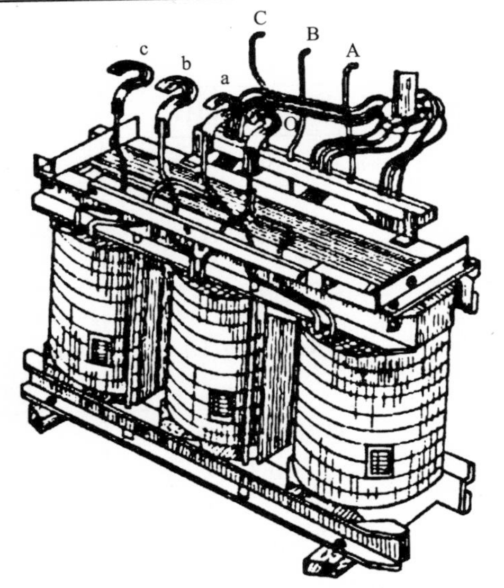

图 4.2　变压器内芯结构

2）常用材料

合格的同牌号变压器油、耐油胶条、白纱布、白纱带、黄腊布、塑料带、绝缘纸板和ϕ2mm尼龙绳等。

图 4.3　吊架示意图

3）吊架准备

在使用手拉葫芦起吊时要使用三角脚或搭建起吊门架，吊架高度 h 用下式计算：

$$h=h_1+h_2+h_3+h_4+h_5$$

式中：h_1——油箱高度，要考虑垫木厚度，m；

h_2——器身高度，m；

h_3——吊绳组与吊梁总高度，m；

h_4——滑轮组(手拉葫芦)的最小长度，m；

h_5——备用高度，一般取300～500mm。

吊架示意图如图4.3所示。

吊绳在吊钩处与垂直线夹角不应超过30°。如果吊架不够高，允许把夹角放大到不超过60°。

截一根8号槽钢，长1000mm，两端各开一个长30mm、宽60mm的豁口，撑起两条钢丝绳，注意豁口处的钢丝绳包麻布保护。拴钢丝绳时为保护高低压绝缘子不被碰坏，先用木箱将其扣住。起吊时，使吊钩与变压器中心对准，垂直起吊。

4）变压器油的试验

吊心前应将变压器油样进行化验，应由供电部门或取得变压器油试验许可证的单位进行，变压器油应符合表4-2和表4-3的规定。

表 4-2　绝缘油的试验项目及标准

<table>
<tr><th>序号</th><th>项　目</th><th colspan="4">标　准</th><th>说　明</th></tr>
<tr><td>1</td><td>外状</td><td colspan="4">透明，无杂质或悬浮物</td><td>目视</td></tr>
<tr><td>2</td><td>水溶性酸(pH)</td><td colspan="4">>5.4</td><td>参考 GB/T 7598</td></tr>
<tr><td>3</td><td>酸值，w(KOH)/(mg/g)</td><td colspan="4">≤0.03</td><td>参考 GB/T 7599</td></tr>
<tr><td rowspan="2">4</td><td rowspan="2">闪点(闭口)/℃</td><td rowspan="2">不低于</td><td>DB-10</td><td>DB-25</td><td>DB-45</td><td rowspan="2">参考 GB 261</td></tr>
<tr><td>140</td><td>140</td><td>135</td></tr>
<tr><td>5</td><td>水分/(mg/L)</td><td colspan="4">500kV：≤10
20～30kV：≤15
110kV及以下电压等级：≤20</td><td>参考 GB/T 7601</td></tr>
<tr><td>6</td><td>界面张力(25℃)
/(mN/m)</td><td colspan="4">≥35</td><td>参考 GB/T 6541</td></tr>
<tr><td>7</td><td>介质损耗因数
tanδ/%</td><td colspan="4">90℃时，
注入电气设备前≤0.5
注入电气设备后≤0.7</td><td>参考 GB/T 5654</td></tr>
</table>

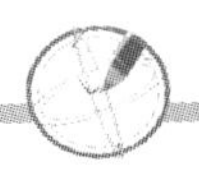

（续）

序号	项　　目	标　　准	说　　明
8	击穿电压	500kV：≥60kV 330kV：≥50kV 60～220kV：≥40kV 35kV 及以下电压等级：≥35kV	（1）参考 GB/T 507 或 DL/T 429 （2）油样应取自被试设备 （3）试验油杯采用平板电极 （4）对注入设备的新油均不应低于本标准
9	体积电阻率(90℃)/(Ω·m)	≥6×1010	参考 GB/T 5654
10	油中含气量/(%)(体积分数)	330～500kV：≤1	参考 DL/T 423
11	油泥与沉淀物/(%)(质量分数)	≤0.02	参考 GB/T 511
12	油中溶解气体组分含量色谱分析		参考 GB/T 17623

表 4-3　电气设备绝缘油试验分类

试验类别	适用范围
击穿电压	6kV 以上电气设备内的绝缘油或新注入上述设备前、后的绝缘油； 对下列情况之一者，可不进行击穿电压试验：①35kV 以下互感器，其主绝缘试验已合格的；②15kV 以下油断路器，其注入新油的击穿电压已在 35kV 及以上的；③按本标准有关规定不需取油的
简化分析	准备注入变压器、电抗器、互感器、套管的新油，应按表 4-2 中的第 2～9 项规定进行；准备注入油断路器的新油，应按表 4-2 中的第 2、3、4、5、8 项规定进行
全分析	对油的性能有怀疑时，应按表 4-2 中的全部项目进行

5）吊芯检查的环境条件

（1）吊芯检查最好在室内或工棚内进行，做好防尘、防雨雪工作。

（2）周围空气温度不宜低于 0℃，器身温度不宜低于空气温度，当低于要求温度时可将器身加热，使其高于周围大气温度 10℃，以防止器身从大气中吸潮。

（3）吊芯检查必须安排在一个工作日内完成，同时尽量加快检查过程。在干燥的晴天，空气湿度小于 65%时，器身暴露在空气中的时间不得超过 16h；大气潮湿，空气湿度小于 75%时，器身允许暴露时间不得超过 12h；空气湿度超过 75%不准进行吊芯检查，时间从放油开始计算。

6）吊芯检查步骤及检查内容

（1）取油样。吊芯前应将变压器油取出油样，进行耐压试验和简化试验。取油前先用干净的棉纱布，后用不掉毛的细布，擦净变压器放油阀门，在阀门下接一油盘，打开阀门放出一部分油．并用油冲洗放油阀门。用准备好的带磨口塞无色玻璃瓶装油样。取油量：耐压试验需 1.5kg，简化试验需 1kg。

（2）放油。变压器储油柜高出变压器大盖，卸开大盖时，油会溢出，因此必须在吊芯

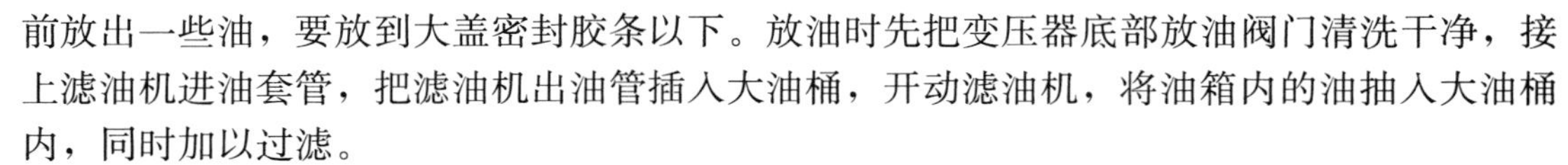

前放出一些油，要放到大盖密封胶条以下。放油时先把变压器底部放油阀门清洗干净，接上滤油机进油套管，把滤油机出油管插入大油桶，开动滤油机，将油箱内的油抽入大油桶内，同时加以过滤。

（3）打开变压器大盖。在拆除大盖和箱沿之间的螺栓时，应对称拆除。开盖时不要硬凿、硬撬，防止大盖变形。

（4）吊芯。起吊时，速度要缓慢，注意铁心器身不要碰擦油油箱壁。将器身底部吊出变压器箱沿 100mm 以上，取下箱口的耐油密封胶圈。如用起重机，可将器身移开放在干净的道木上；如使用手拉葫芦，则在器身下的油箱上垫好道木，把器身落放在道木上。然后撤去起重机吊索。

（5）检查固定部件。用干净布把器身擦干净，检查各部位有无移位现象，所有螺栓应紧固，并有防松措施，绝缘螺栓有无损坏，防松绑扎完好。

（6）检查铁心。铁心无变形，测量与铁心绝缘的各紧固件，及铁心接地线引出套管对外壳的绝缘电阻，应符合下列规定。

① 测量可接触到的穿心螺栓，扼铁夹件件及绑扎钢带对铁扼、铁心、油箱及绕组压环的绝缘电阻。一般 10kV 以下变压器不应低于 10MΩ。

② 使用 2500V 绝缘电阻表测量，持续时间为 1min，应无闪络及击穿现象。

③ 当扼铁梁及穿心螺桂一端与铁心连接时，应将连接片断开后进行测量。

④ 铁心必须为一点接地，无多点接地现象。测量完绝缘电阻后，接好接地片。

（7）检查绕组。绕组绝缘层完整、无缺损、变位现象。各绕组应排列整齐，间隙均匀，油路无阻塞。绕组的压钉应紧固，防松螺母应锁紧。

（8）检查引出线。引出线绝缘距离应合格，固定牢固，固定支架应紧固。引出线的裸露部分应无毛刺或尖角，焊接良好，引出线与套管的连接应牢靠，接线正确。

（9）检查分接开关。分接头与绕组的连接应坚固正确、接触紧密，弹性良好，所有接触到的部分，用 0.05mm×10mm 塞尺检查，应塞不进去；转动点能正确停留在各个位置，并与指示器所指位置一致；切换装置部件完整无损，转动盘动作灵活，密封良好。

检查结果有问题的，应设法整改。例如，引出线裸露部分有毛刺或尖角，可用锉刀锉平；紧固螺栓不紧，旋紧即可，绝缘层破坏的，重新包扎等。如有大的损伤和缺陷，企业无法整改的，则请制造厂来处理。

检查合格后，必须用合格的变压器油对铁心进行冲洗，以清除可能遗留在线圈间、铁心间的脏物，并冲去由于铁心暴露在空气中可能染上的灰尘及整改时可能落在铁心上的铜屑、铁屑等异物。

注意，在冲洗铁心时，有时会由于静电感应而产生高压电，所以冲洗铁心时不得触及引出线端头裸露部分，以免触电。

（10）组装。检查处理完毕后，应立即把变压器铁心装回油箱内。在装回铁心前，先用清洁的磁铁绑在洁净的木杆上，在油箱底部检查有无铁质杂物，以清除制造厂可能遗留在箱底的杂物。

把铁心吊起，放回箱口上的耐油密封胶圈，把铁心对准油箱，以油箱上的定位铁为准，缓缓落下，到箱底时，应与箱底和箱壁的定位标记相符。在下降过程中，要随时注意铁心不得与油箱壁碰撞，尤其绕组不能有任何损伤，最后使箱盖螺孔对准壁沿相应螺孔，

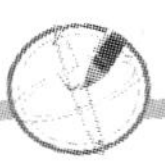

穿上螺栓，对称旋紧，以防箱盖变形。螺栓的拧紧程度一般以压下密封圈直径的 1/3 为宜。将放出的油经储油柜上专用添油阀全部加入油箱，损耗部分，以相同牌号的合格的变压器油加足，注意注入油的温度不得低于器身温度。

注油完成后，要对油系统密封，进行全面仔细检查，不得有漏油、渗油现象。

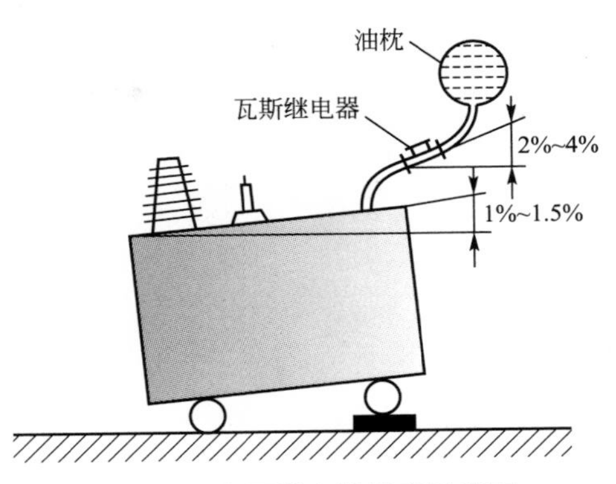

图 4.4　变压器安装坡度示意图

二、 变压器安装

1. 变压器就位

变压器就位可以使用起重机或手拉葫芦，也可以使用叉车。变压器放在基础的导轨上，地台式变压器也可以直接放在混凝土台上。装有气体继电器的变压器，要在储油柜一侧用铁垫片垫高，使两侧有 1%～1.5%的坡度，以便使变压器内因故障产生的气体，易于跑向储油柜侧的气体继电器，如图 4.4 所示。

放在导轨上的变压器，小轮前后要加止滑器，防止变压器滑动。有抗震要求的变压器，要采用图 4.5 所示的方法固定。

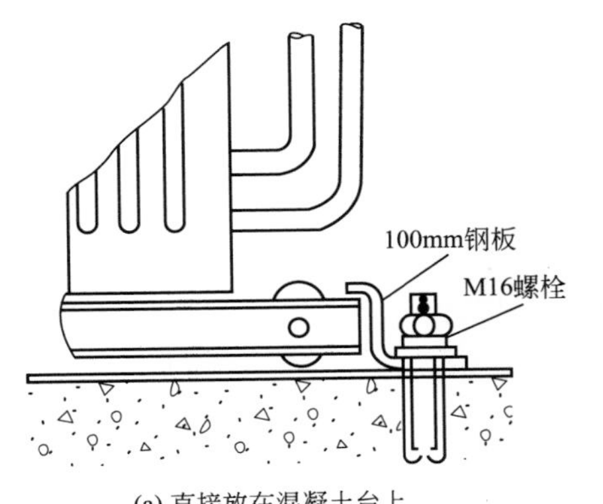

(a) 直接放在混凝土台上

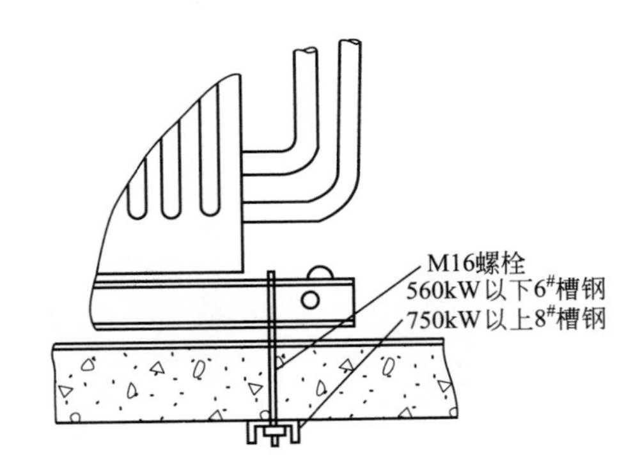

(b) 放在轨梁上

图 4.5　变压器抗震固定

2. 附件安装

1）气体继电器安装

先装好两侧的连通管，气体继电器应水平安装，观察窗装在便于检查的一侧，箭头方向应指向储油柜，与连通管的连接应密封良好，阀门装在储油柜和气体继电器之间。连管向储油柜方向要有 2%～4%的升高坡度。

装好后打开放气嘴，放出空气，直到有油溢出时将放气嘴关上，以免有空气使继电器误工作。

继电器及安装完成后的气体继电器，如图 4.6 所示。

2）温度计安装

小型变压器上，使用刻度为 0～150℃的水银温度计，如图 4.7 所示。

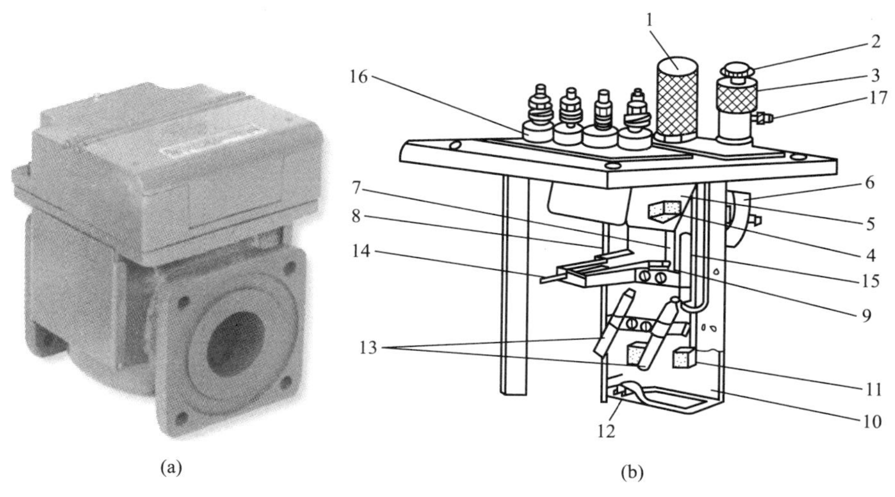

(a)　　(b)

图 4.6　气体继电器

1—罩；2—顶针；3—气塞；4—磁铁；5—开口杯；6—重锤；7—探针；8—支架；9—弹簧；10—挡板；11—磁铁；12—螺杆；13—干簧接点(跳闸用)；14—调节杆；15—干簧节点(信号用)；16—套管；17—嘴子

(a) 水银温度计

(b) 电接点压力式温度计

图 4.7　温度计

水银温度计放在上端开口的测温筒里，测温筒用法兰固定在油箱盖上、下部插入油箱里。温度计安装在低压侧，以便于监视温度。

大型变压器上常用接点温度计，也叫温度继电器，它包括一个带电气接点的温度计表盘和一个测温管，两者间用金属软管连接。

3）干燥器安装

干燥器又称为呼吸器，其结构如图 4.8 所示。

在干燥器的玻璃筒中装有变色硅胶，帮助吸收潮气和酸性及不清洁的气体。硅胶的正常颜色是白色或深蓝色，吸潮后变为蓝色或粉红色。

干燥器用卡具垂直安装在储油柜下方，用钢管把干燥器与储油柜连接起来，连接处用耐油胶环密封。

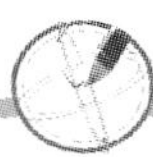

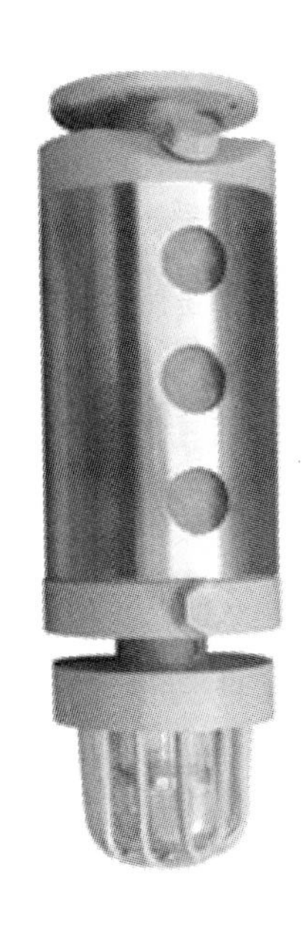

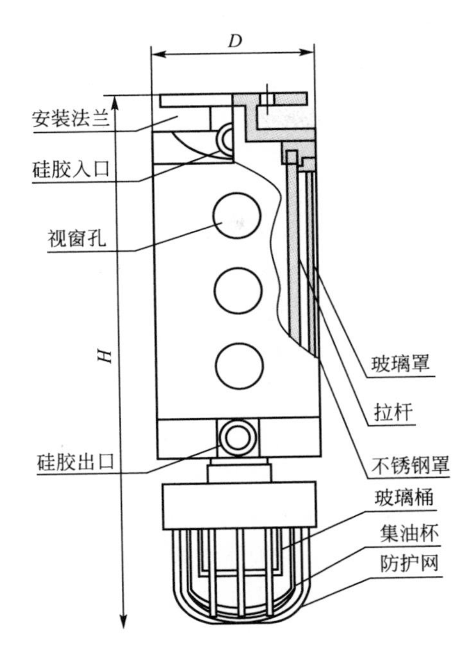

图 4.8　干燥器的结构

更换硅胶时，左手抓住玻璃筒，右手旋下干燥器油箱。然后双手握住玻璃筒，将干燥器旋松，卸下干燥器，接着旋下拉紧螺栓螺母，拆下干燥器上盖，把硅胶倒出。新加入的硅胶距顶盖15～20mm。安装顺序与拆卸顺序相反，在安装油箱时，应检查油位是否低于油面线，如果需要，添加同牌号变压器油。

4）防爆管安装

防爆管出口有的用防爆膜片密封或用防爆玻璃密封，防爆管的连接如图4.9所示。

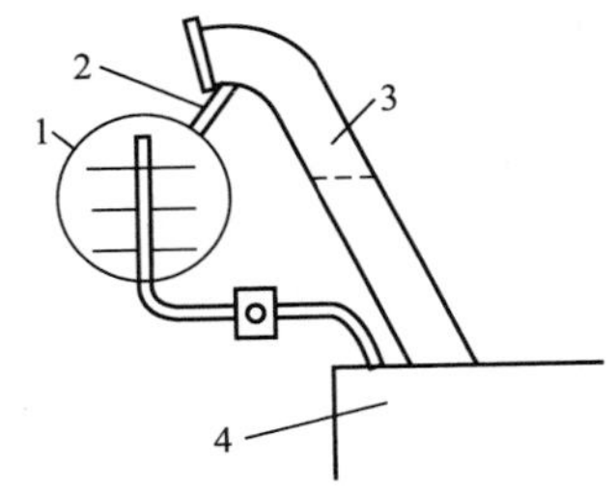

图 4.9　防爆管连接

1—储油柜；2—连接小管；3—防爆管；4—油箱

安装防爆管时应注意各处的密封是否良好。防爆膜片两面都应有橡皮垫。拧紧膜片时，必须均匀用力，使膜片与法兰紧密吻合。

使用密封玻璃的防爆管，要检查玻璃是否完好，玻璃厚2mm，并刻有几道缝，当变压器发生故障时，产生的压力能冲破玻璃或膜片。

防爆管安装要高于储油柜并倾斜15°～25°，以保证变压器发生故障时喷出的油能冲出变压器器身之外。

2. 变压器干燥

1）变压器干燥的条件

不具备下列条件之一的变压器在安装前应进行干燥处理。

（1）带油运输的变压器。具体要求如下所述。

① 绝缘油电气强度合格且微量水试验合格。

② 绝缘油绝缘电阻或吸收比（或极化指数）符合规定。

③ 介质损耗角的正切值tanδ（%）符合规定（电压等级在35kV以下及容量在4000kW

以下者不作要求)。

(2) 充氮运输的变压器。具体要求如下所述。

① 器身内保持正压，当器身未能保持正压，但密封无明显破坏时，则应根据试验记录全面分析综合判断，决定是否需要干燥。

② 残油中微量水不应大于 30×10^{-6}，电气强度试验在电压等级为 330kV 及以下者不低于 30kV；电压等级 500kV 者不低于 40kV。

③ 注入合格的油后，绝缘油再化验电气强度及微水量符合规范规定，绝缘电阻或吸收比(或极化指数)符合规范规定，介质损耗角正切值 $\tan\delta$(%)符合规范规定。

④ 绝缘体表面含水量的判断，应符合规范的规定，规范详见 GBJ 148－1990。

2) 干燥方法

变压器干燥方法有铁损干燥法和零序电流干燥法，本书主要讲解铁损干燥法。铁损干燥法就是在变压器油箱外壁缠绕线圈，通上交流电，使油箱产生磁通，利用其涡流损失发出热量以干燥变压器，具体步骤如下所述。

(1) 放油和检查铁心。变压器需要干燥时通常是吊心检查和干燥是同时进行的。

先用滤油机或油泵将油箱中的油抽到清洁干燥的油桶中，进行净化和干燥的处理，参见前述变压器油的处理，直到化验合格为止，同时将铁心吊出。将油箱内壁和铁心上的油迹擦净，特别是不容易擦到的地方，一定要擦干净，一方面避免干燥时高温引起油烟着火，另一方面是避免原不合格的油污染即将放进的合格的油。一般是先将铁心置于支好的枕木上，让油滴尽，并用合格油冲洗，然后再擦净。油箱内还要除尽底部的油迹和沉淀物。

(2) 将铁心放入油箱。油箱清洗完毕应立即将检查合格的铁心放入油箱，并在线圈的中部和下部各装一只电阻式温度计，并用耐高温导线引出来，把表头接好。铁心不放到底，在油箱与顶盖之间支一块 100mm 厚的方木，并留一间隙作为通风的风道。

(3) 装设保温层。用石棉板或石棉布裹在油箱外边，然后用非金属材料的绳子、带子将保温材料绑扎好。

(4) 缠绕励磁线圈。用绝缘导线缠绕，导线的截面积由励磁电流来决定。励磁线圈的匝数及电流的大小可按表 4－4 来选择。

表 4－4 外壳铁损干燥法各参数表

变压器的容量/kW	外壳周长/m	周围环境温度/℃	励磁线圈的电压/V					
			75		125		220	
			线匝数	电流大小/A	线匝数	电流大小/A	线匝数	电流大小/A
1. 当外壳有保温层时								
100	2.4	0 15 30	47 52 53	37 31 26				
180 (160～200)	2.54	0 15 30	45 49 50	42 35 29				

（续）

变压器的容量/kW	外壳周长/m	周围环境温度/℃	励磁线圈的电压/V					
			75		125		220	
			线匝数	电流大小/A	线匝数	电流大小/A	线匝数	电流大小/A
320 (315)	2.75	0 15 30	42 44 47	60 42 35				
560 (500～630)	3.52	0 15 30	34 35 38	80 68 56	63 67 71	43 37 30		
750 (800)	3.94	0 15 30	29 31 33	105 89 74	54 57 61	57 48 40	100 105 112	32 28 23
1000	4.04	0 15 30	29 30 32	124 107 88	53 56 60	67 58 48	98 103 110	37 31 29
1800		0 15 30			44 49 50	152 114 107		
2. 当外壳无保温层时								
100	2.4	0 15 30	30 36 39	91 77 64				
180 (160～200)	2.54	0 15 30	33 34 37	103 88 72				
320 (315)	2.75	0 15 30	30 32 34	124 106 87				
560 (500～630)	3.52	0 15 30	24 26 28	198 168 138	45 47 51	107 91 75		
750 (800)	3.94	0 15 30	21 22 24	264 224 184	39 42 45	143 121 100	71 76 82	66 56 46
1000	4.04	0 15 30	21 22 24	315 265 219	38 41 44	170 144 119	70 75 81	79 66 55

保温层做好以后，在其四周立起10～20mm厚的木条，间距100～200mm，然后将绝缘导线缠绕在木条上。缠绕时，变压器下半部绕全部线圈的2/3，上半部绕1/3，导线应绕得均匀，各匝间应有一定间隔。为了使线圈不脱落，可在木条上开小槽，将导线卡住，或用非金属材料将线圈绑扎固定。放线时应用放线盘(架)，勿将导线打扭或弯折。

(5) 放置温度计。除了在变压器线圈的中部和下部各放一只电阻温度计外，还应该在变压器外壳励磁线圈最密的地方装一只150～200℃的玻璃棒温度计，用来测量外壳的温度，这个温度计应紧贴着变压器外壳，并用胶泥糊住。

(6) 安全操作注意事项。干燥时，在变压器周围不得进行电焊和气焊作业，不得放置易燃品，室内应配备四氯化碳灭火器及防火沙箱、工具。通电后应安排两人现场值班并严格检查励磁线圈的导线是否过热，监视上下线圈的温度，如有异常情况应立即切断电源。

变压器线圈的最高温度不得超过105℃，外壳温度不得超过110℃，温度上升速度不得超过5℃/h，箱底温度不得超过100℃，油箱温度上下之差不要超过8℃，否则应在变压器底部用电炉子加热进行调整。待油干燥时，上层油温不得超过85℃。温度上升太快或温度过高，可改变抽头调节，如果调节不了，应停电降温。通常情况下，线圈温度应保持在90℃左右，每小时测量一次线圈的绝缘电阻，测量一次各部温度及励磁电流，并做好记录。

在保持温度不变的情况下，线圈的绝缘电阻先下降后上升。当连续6h保持稳定时，则可认为干燥完毕，切断电源停止加热。

(7) 通电干燥。上述条款准备就绪后应仔细检查各部位有无不妥之处，检查应由两人进行，并测量励磁线圈、高低压线圈的绝缘电阻及各部位温度，做好记录，然后才可以通电，通电后主要是监视各部温度和励磁电流的大小，详见操作注意事项。

(8) 停止加热后，当温度下降到70℃时，应将变压器油(化验合格)立即注入油箱，注油前应将油箱及变压器上的温度计拆掉，注油量应将铁心淹没，至顶面300mm左右。

通常注油前应检查铁心，看其各部位有无变化、内容同吊心检查，然后再注油。注油后温度降至制造厂试验温度时，测定绝缘电阻并计算吸收比系数，与制造厂测定值比较，供以后参考。

最后将变压器顶盖装好，紧好全部螺栓，摇测绝缘电阻应与前相同，则干燥工作完毕。其他处理见吊心检查紧盖后的处理。

三、 变压器安装后的检查试验

变压器安装完成后要进行一些试验和检查，然后才能接线通电运行。

1. 变压器密封试验

油箱密封试验应在装配完毕的产品上进行，如产品带有可拆卸的储油柜、净油器、散热器或冷却器，则可单独进行，试验可采用静油柱法或静气压法。

采用静油柱法进行试验是在变压器箱盖或储油柜上加一个垂直的吊罐或利用储油柜的油面压力来进行试验；采用静气压法进行试验是在变压器的箱盖上或储油柜上连接一块气压表，并装有一个气门，通过该气门输入干燥空气给油箱施加静气压。在密封试验解除前，要对油箱所有焊缝和密封部位进行全面、细致的检查，应无任何渗油和漏油现象。静气压法解除压力时，剩余压力应不低于有关技术条件的规定。

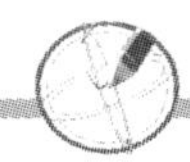

利用静油柱法或静气压法时，油箱各部位的压力和持续时间按规定，产品无渗漏油现象，则该试验合格。

采用静气压法的试验如图 4.10 所示，该试漏方法是从油枕顶部加入一定数量的高纯度氮气，使一定的氮气压力作用于油枕里面的隔膜或油面，从而使变压器的各个密封部位都承受一定的压力，静置 24h 之后，观察气体的压力是否变化及各密封部位是否有渗漏。必须注意的是在充入氮气时应控制氮气的流量和总压力值。

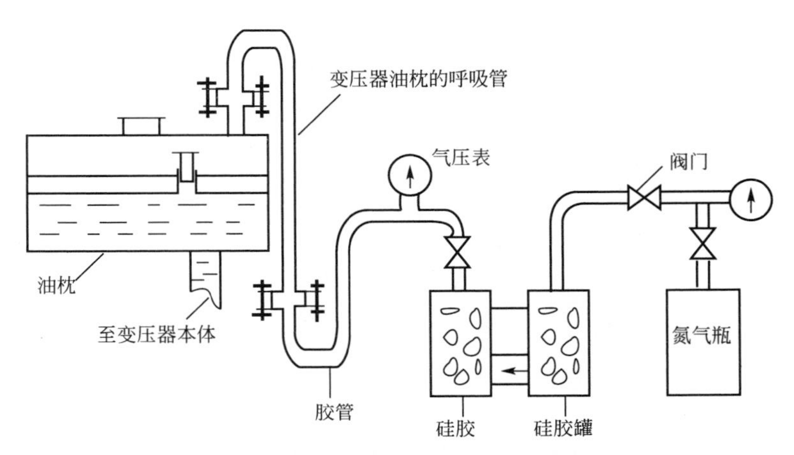

图 4.10　变压器整体密封性的静气压法试验

2. 检查分接开关

旋下开关上盖，卸下定位螺钉，用扳手往所需方向旋转，当定位件的大槽口对准法兰盘上的数字时为止，用定位螺钉将定位件重新固定在法兰盘上，分接调整工作即告完成。每进行一次分接开关切换，均要进行高压侧绕组直流电阻的测试，各相间阻值差别不应大于 2%，与以前测得结果比较，相对变化也不应大于 2%。测量绕组直流电阻要用双臂电桥。分接开关接线原理图，如图 4.11 所示。

图 4.11　分接开关接线原理图

3. 检查温度计

检查测温管插入的套筒内有无足够的变压器油，表头玻璃是否完好，投入运行前表头温度指示应与环境温度相同；检查毛细管有无压扁或断裂现象。变压器运行时，其上层油温不宜超过 85℃。

4. 打开油阀门

打开箱盖至储油柜的油阀门，让其全部开通。

5. 检查呼吸器

将呼吸器的罩拆下，取出储运用的密封垫圈，在罩内注入半罩多一点的变压器油，旋上罩，扭紧后再旋一点，使呼吸器畅通。

6. 检查绝缘电阻

测试检查绝缘电阻是否满足相关要求。

7. 检查接地

测试检查变压器外壳及低压中性点接地是否良好。

四、 变压器送电前的检查与送电试运行验收

变压器安装好后，就可以进行高低压接线段高低压配电装置安装，均安装完成后，要对变压器进行送电前的检查，检查无误后进行送电试运行，验收合格即可投入正式运行。

1. 变压器送电前的检查

变压器试运行前，必须由质量监督部门检查合格后方可运行。变压器试运行前的检查内容包括以下几点。

(1) 各种交接试验单据齐全，数据符合要求。

(2) 变压器应清理、擦拭干净，顶盖上无残留杂物，本体及附件无残损，且不渗油。

(3) 变压器一、二次引线相位正确，绝缘良好。

(4) 接地线良好。

(5) 通风设施安装完毕，工作正常，事故排油设施完好，消防设施齐备。

(6) 油浸变压器油系统油门应打开，油门指示正确，油位正常。

(7) 油浸变压器的电压切换装置置于正常电压挡位。

(8) 保护装置整定值符合规定要求，操作及联动试验正常。

(9) 变压器保护栏安装完毕，各种标志牌挂好，门装锁。

2. 送电试运行验收

1) 送电试运行

(1) 变压器第一次投入时，全压冲击合闸时一般由高压侧投入。

(2) 变压器第一次受电后，持续时间不应少于10min，并保证无异常情况。

(3) 变压器应进行3～5次全压冲击合闸，情况正常，励磁涌流不应引起保护装置误动作。

(4) 油浸变压器带电后，检查油系统是否有渗油现象。

(5) 变压器试运行要注意冲击电流，空载电流，一、二次电压及温度，并做好详细记录。

(6) 变压器并列运行前，应检查是否满足并联运行的条件，同时核对好相位。

(7) 变压器空载运行24h，无异常情况时方可投入负荷运行。

2) 验收

变压器开始带电起，24h后无异常情况，应办理验收手续。验收时应移交下列资料和文件。

(1) 变更设计证明。

(2) 产品说明书、试验报告单、合格证及安装图纸等技术文件。

(3) 安装检查及调整记录。

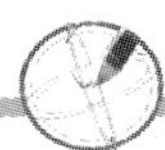

任务二　避雷器与互感器的安装

一、 避雷器的安装

1. 避雷器安装前的检查

1）检查避雷器

避雷器如图 4.12 所示，避雷器安装前应进行检查，瓷件应无裂纹、破损，瓷套与法兰之间黏合应牢固可靠；磁吹阀式避雷的防爆片应无损和裂纹；金属氧化物避雷的安全装置应完整无损。避雷器内充有洁净氮气具有可靠的密封，未经厂家允许不得随意拆卸。

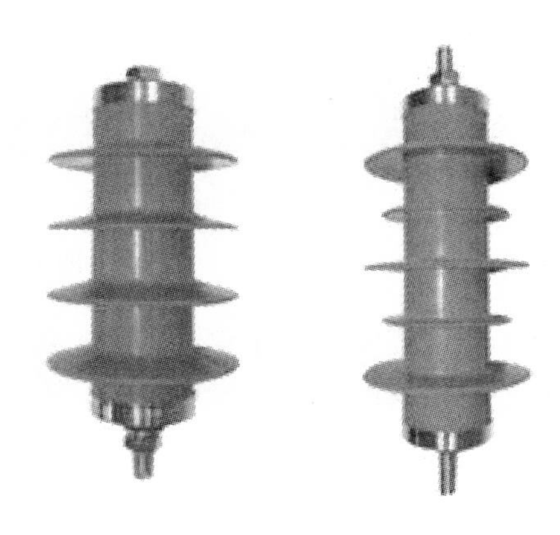

图 4.12　避雷器

2）交接试验

试验应符合《电气设备交接和预防性试验规程》的要求。

3）基础测量

核实土建阶段安的基础钢架是否与设计相符合；眼距是否与实物眼距相对应。

2. 避雷器安装固定

避雷器安装如图 4.13、图 4.14 所示，具体步骤如下所述。

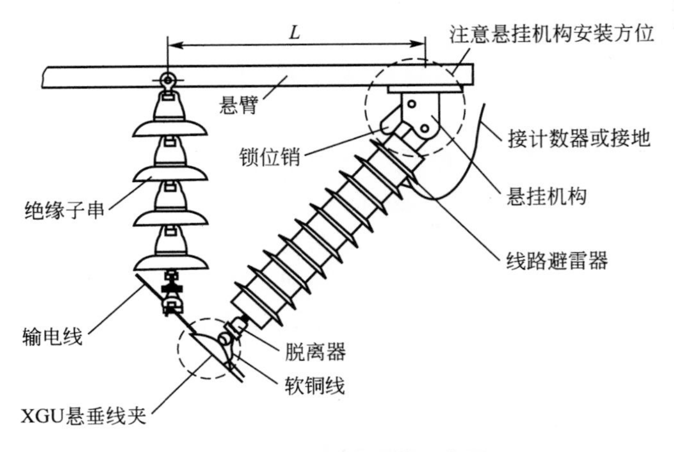

图 4.13　避雷器安装示意图

(1) 安装时应用尼龙绳吊在瓷套伞背上，且只允许单节起吊。

(2) 先将最下一节吊至基础上并找平找正，对正眼距后均匀紧固螺栓。

(3) 顺次安装后两节。

(4) 各连接处的金属接触表面应除去氧化膜并涂一层电力复合脂。

(5) 并列安装三相中心应在同一直线上，铭牌朝向易于观察一侧。

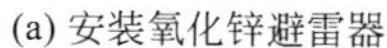

(a) 安装氧化锌避雷器

(b) 安装电瓷避雷器

图 4.14　避雷器安装图

(6) 均压环安装应水平，不得歪斜。

(7) 避雷器的排气通道应畅通，保证排出的气体不致引起相间或对地闪络，并不得喷及其他电气设备。

(8) 引线安装后，不应使避雷器端子受到超过允许的外加应力。

(9) 接地连接。接地线用 506 镀锌扁钢焊接，要保证牢固可靠并形成良好的电气通路。

(10) 将所有焊接处补刷防锈漆。

3. 避雷器安装的注意事项

(1) 避雷器应装于跌落熔断器之后，安装点应尽量靠近配电变压器，其电气距离不得大于 5 m。

(2) 避雷器的电源引下线应短而直，与导线连接头要牢靠、紧密。对地和对带电导线的距离，6kV 时不小于 20cm，10kV 时不小于 25cm。其截面积要求，铜线不小于 $25mm^2$，铝线不小于 $35mm^2$。

(3) 避雷线接地引下线不允许串联，不得穿入金属管内，不得使用绝缘线和铝线。铜绞线截面积不小于 $25mm^2$；引下线对地距离不小于 3m，与接地网连接处应牢固可靠。

(4)从运输到安装，避雷器都必须垂直放置，并且上、下方向不得颠倒，必须摆放平稳固定牢靠，避免受到冲击和碰撞。

(5) 在条件许可的情况下，应尽可能装置放电记录器，与避雷器配合使用，以记录避雷器运行中动作次数。放电记录器应串联在避雷器的接地引下线中，其接线如图 4.15 所示。

(6) 避雷器的接地应连接在电气设备的接地装置上，其接地电阻应小于 10Ω。

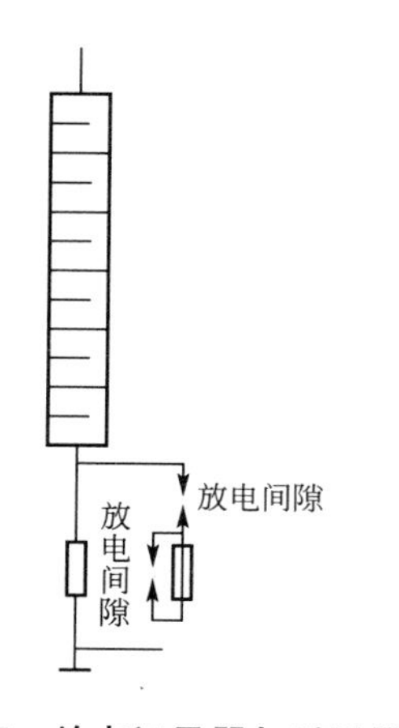

图 4.15　放点记录器与避雷器连接

安装好的避雷器如图 4.16 所示。

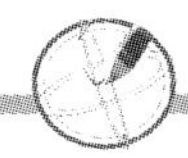

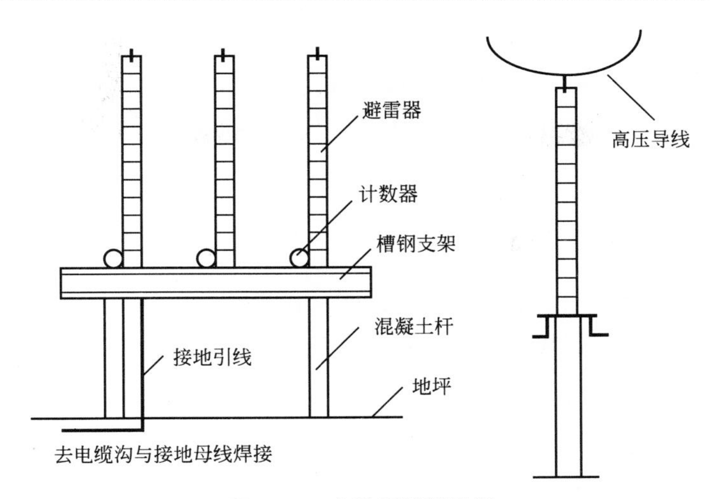

图 4.16　安装好的避雷器

二、 互感器的安装

1. 互感器的安装要求

1）互感器的搬运

搬运互感器时应符合以下要求。

（1）运输和保管。互感器在运输和保管期间，应防止受潮、倾斜或遭受机械损伤。

（2）直立搬运。油浸式互感器应直立搬运，运输倾斜角不宜超过 15°。

（3）互感器起吊。油浸式互感器整体起吊时，吊索应固定在规定的吊环上，不得利用瓷裙起吊，且在起吊时不得碰伤瓷裙。

2）互感器的检查

互感器运达安装现场后，应进行外观检查。安装前应进行器身检查(油浸式互感器发现异常情况时才需进行器身检查)，检查项目与检查要求如下。

（1）零配件。零配件应齐全，无锈蚀或机械损伤。

（2）瓷件。瓷件质量应符合有关技术规定，瓷套管应无掉落、裂纹等现象，瓷套管与上盖间的胶合应牢固，法兰盘应无裂纹，穿心导电杆应牢固可靠。

（3）油位。油浸式互感器的油位应正常，密封良好，油位指示器、瓷套管法兰盘连接处、放油阀等均应无渗油现象，各部螺栓应无松动现象。

（4）铁心及线圈。铁心无变形、无锈蚀，线圈应无损，绝缘应完好，油路应无堵塞现象，绝缘支持物应牢固。

（5）变比分接头。电力互感器的变比分接头位置应符合设计规定。

（6）二次端子。互感器的二次接线板应完整，引出端子应连接牢固，绝缘良好，标注清晰。

（7）其他。互感器除应按上述项目和要求检查外，还应遵照电力变压器检查的有关规定。

3）互感器安装要求

安装互感器时应符合下列基本要求。

(1) 安装角度。互感器应水平安装，并列安装的互感器应排列整齐。

(2) 互感器的极性。同一组互感器的极性方向应一致。

(3) 其他要求。互感器的二次接线端子和油位指示器的安装位置，应位于便于维护和检查的一侧。

2. 电流互感器的安装

1) 电流互感器的固定

电流互感器的安装尺寸如图 4.17 所示，电流互感器安装时一般在金属构件上(如母线架上等)，母线穿越墙壁处或楼板处安装固定。安装固定时应注意以下几点。

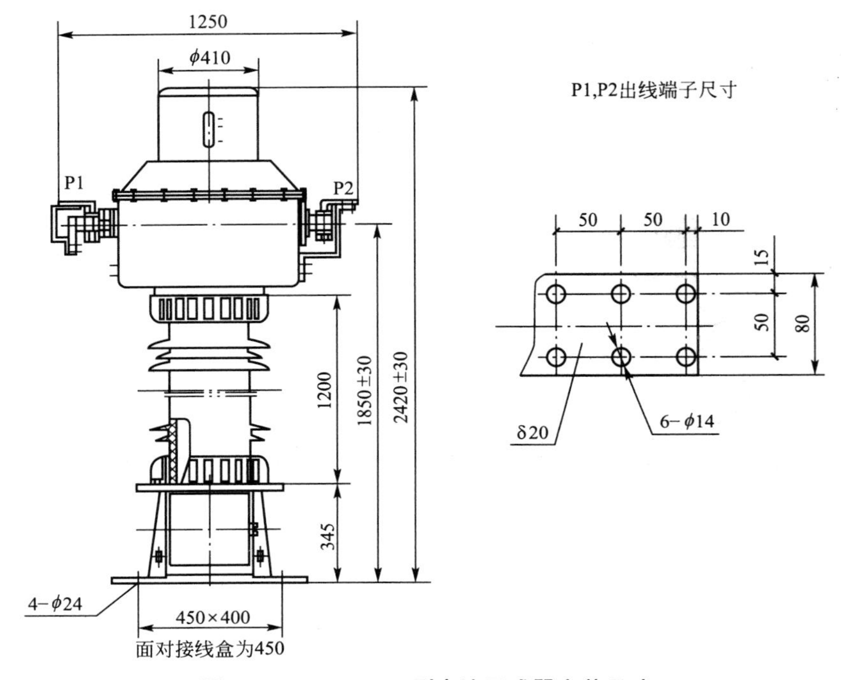

图 4.17 LVB－110 型电流互感器安装尺寸

(1) 安装孔洞。电流互感器安装在墙孔或楼板中心时(一般为穿墙式电流互感器，安装方法与穿墙套管相似)，其周边应有 2～3mm 的间歇，然后塞入油纸板，以便于拆卸维护和避免外壳生锈。

(2) 安装中心线。每相的电流互感器，其中心应安装在同一个平面上，并与支持绝缘子等设备在同一个中心线上，互感器的安装间距应一致。

(3) 零序电流互感器。安装零序电流互感器时，与导磁体或其他无关的带电导体的距离不应太近，互感器构架或其他导磁体不应与铁心直接接触，或不应构成分磁回路。

2) 电流互感器的接线

电流互感器在实际接线时，应符合下列要求。

(1) 母线引接。接至电流互感器端子的母线，不应使电流互感器受到任何拉力。

(2) 接地连接。套管式电流互感器的法兰盘及铁心引出的接地端子，一般采用裸铜线并用螺栓进行接地连接。

（3）绝缘电阻。当电流互感器二次线圈的绝缘电阻低于 10～20MΩ 时，必须进行干燥处理，使其恢复绝缘。

（4）二次侧不允许开路。电流互感器在运行时，二次侧不允许开路。电流互感器二次线穿管引出示意图如图 4.18 所示。

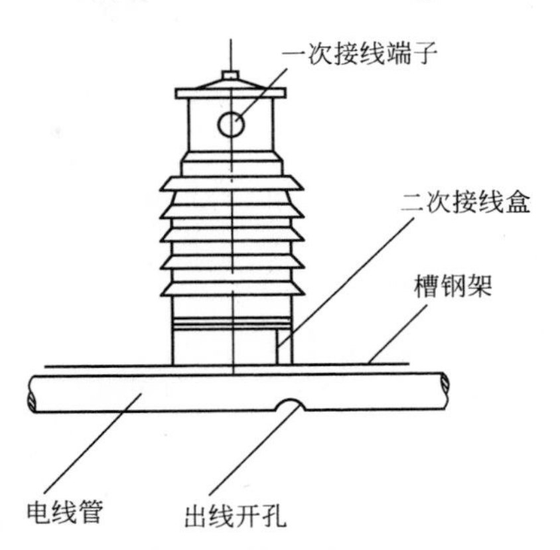

图 4.18　电流互感器二次线穿管引出示意图

3）电流互感器测试

（1）线圈绝缘电阻的测试。参照变压器绝缘电阻，见表 4－1。

（2）绕组对外壳的交流耐压试验。一次绕组交流耐压试验标准见表 4－5，二次绕组的交流耐压试验标准为 1kV。

表 4－5　工频耐压试验电压标准

额定电压/kV	最高工作电压/kV	1min 工频耐受电压有效值/kV																	
		油浸电力变压器		并联电抗器		电压互感器		断路器电流互感器		干式电抗器		穿墙套管				隔离开关		干式电力变压器	
												纯瓷和纯瓷充油绝缘		固体有机绝缘					
		出厂	交接大修	出厂	交接大修	出厂	交接大修	出厂	交接大修	出厂	交接大修	出厂	交接大修	出厂	交接大修	出厂	交接大修	出厂	交接大修
3	3.6	20	17	20	17	25	23	25	23	25	25	25	25	25	23	25	25	10	8.5
6	7.2	25	21	25	21	30	27	30	27	30	30	30	30	30	27	32	32	20	17
		(20)	(17)	(20)	(17)	(20)	(18)	(20)	(18)	(20)	(20)	(20)	(20)	(20)	(18)	(20)	(20)		
10	12	35	30	35	30	42	38	42	38	42	42	42	42	42	38	42	42	28	24
		(28)	(24)	(28)	(24)	(28)	(25)	(28)	(25)	(28)	(28)	(28)	(28)	(28)	(25)	(28)	(28)		
15	18	45	38	45	38	55	50	55	50	55	55	55	55	55	50	57	57	38	32
20	24	55	47	55	47	65	59	65	59	65	65	65	65	65	59	68	68	50	43
		(55)	(43)	(50)	(43)														
35	40.5	85	72	85	72	95	85	95	85	95	95	95	95	95	85	100	100	70	60
66	72.5	150	128	150	128	155	140	155	140	155	155	155	155	155	140	155	155		
110	126	200	170	200	170	200	180	200	180	200	200	200	200	200	180	230	230		
220	252	395	335	395	335	395	356	395	356	395	356	395	395	395	356	395	395		
500	550	680	578	680	578	680	612	680	612	680	680	680	680	680	912	680	680		

注：括号内低电阻接地系统。

（3）一次线圈连同套管一起的介质损失角正切值 tanδ(%)的测试。

当电流互感器在 20℃时的 tanδ(%)应满足表 4－6 的规定。

表 4-6　电流互感器 20℃ 下介质损耗角正切值 $\tan\delta$(%)

	不同额定电压下介质损耗角正切值 $\tan\delta$/(%)			
	35kV	63～220kV	330kV	500kV
充油式	3	2		
充胶式	2	2		
胶质电容式	2.5	2		
油质电容式		1.0	0.8	0.6

(4) 绝缘油的试验。绝缘油的试验应按表 4-2 和表 4-3 的规定进行。

(5) 电流比试验。电流比应与铭牌相符。电流比试验时通过标准电流互感器 TA_1 和标准电流表 A_3 进行的，如图 4.19 所示，最大试验电流应达到 1～1.2 倍额定电流，只有当额定电流在 1kA 以上时才可适当减小 30%。由图 4.19 可以看出 3 只电流表的读数应相等，标准互感器可利用改变一次串绕的匝数而改变电流比。

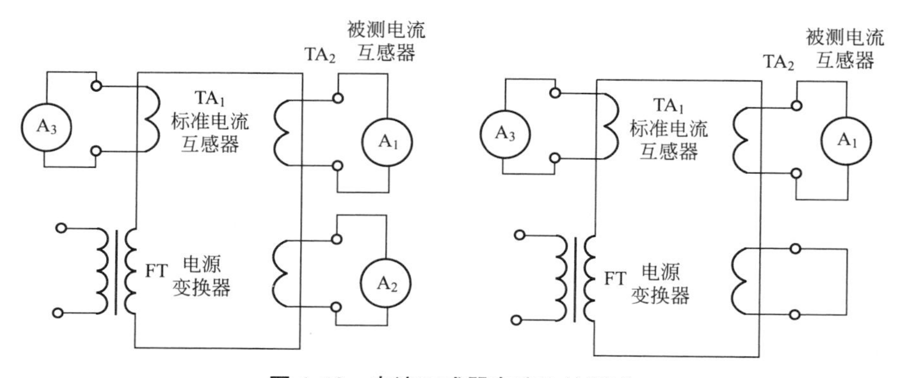

图 4.19　电流互感器电流比的测试

(6) 铁心夹紧螺栓绝缘电阻的测试。

一般仅对外露的或吊心检查时对可接触到的夹紧螺栓进行测量，规范中对其值不做规定，通常应大于 10MΩ，可使用 1000V 或 2500V 的绝缘电阻表进行。

3. 电压互感器的安装

1) 电压互感器的固定

电压互感器如图 4.20 所示，电压互感器一般直接安装固定在混凝土墩或其他金属构件上。如在混凝土墩上安装固定，需等混凝土达到一定强度后进行。一般采用膨胀螺栓或机械螺栓固定，并在期间垫上平垫圈和弹簧垫圈。

2) 电压互感器的接线

在接线时应注意以下几点。

(1) 引入接线。连接到互感器套管上的母线或引线，不应使套管受到拉力，以免损坏套管。

(2) 接地连接。电压互感器外壳及分级绝缘互感器的一次线圈的接地引出端子必须妥善接地。

(3) 熔断器。电压互感器低压侧要装设熔断器，熔体电流一般以 2A 为宜。

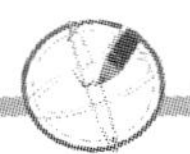

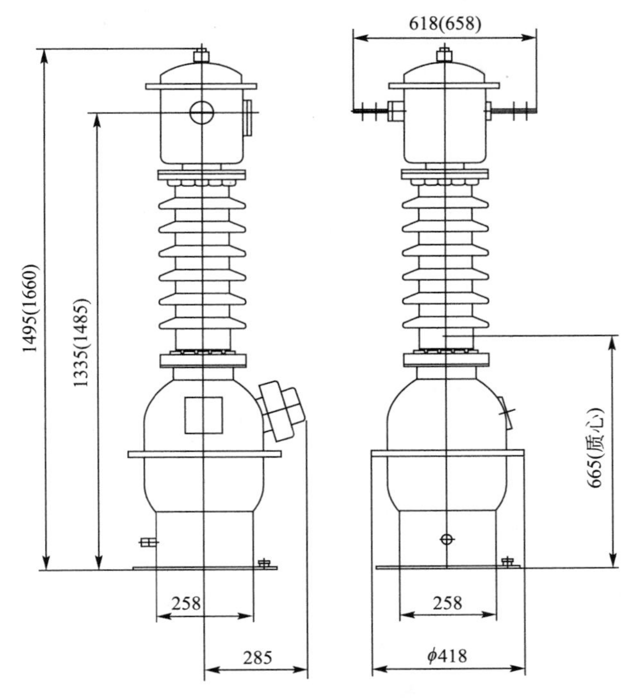

图 4.20　LABN6－35 型电压互感器安装尺寸

(4) 交流耐压试验。电压互感器与新装变压器一样，交接运行前必须经过交流耐压试验。

(5) 绝缘电阻。安装后应测量线圈的绝缘电阻(一次线圈对外壳的绝缘电阻用 2500V 绝缘电阻表测量，二次线圈对一次线圈及外壳的绝缘电阻用 1000V 绝缘电阻表测量)。

(6) 二次侧不允许短路。电压互感器在运行中，二次侧不允许短路。

3) 电压互感器的测试

电压互感器的测试基本同电流互感器，对电压互感器，应测量一次线圈的直流电阻，应与制造厂的数据基本相符；应测量互感器的空载电流，额定电压下其值不做规定，但不得过大，经验数据一般为 10mA 以下；电压比试验应使用标准电压互感器及标准电压表进行。

任务三　高压隔离开关、断路器的安装

一、 高压隔离开关的安装

1. 设备的保管及检查

(1) 设备应按其用途置于室内或室外平整、无积水的场地保管。

(2) 设备及其瓷套管应安放稳妥，以防倾倒损坏；触头及操作机构的金属传动部件应有防锈措施。

(3) 接线端子及载流部分应清洁，且接触良好；载流部分的可挠连接不得有折损，载流部分表面应无严重的凹陷及锈蚀。

(4) 绝缘瓷件表面应清洁，无裂纹、破损、焊接残留斑点等缺陷，瓷铁黏合应牢固。

(5) 底座转动部分应灵活，无锈蚀。

(6) 操动机构的零部件应齐全，固定连接部位紧固，转动部位灵活并应涂以适合当地气候条件的润滑脂。操作手柄转动90°时，开关灵活自如，传动轴有力稳固，使用液压操动机构时，其油位应正常，无渗漏油现象。辅助开关的动作正常，接触良好，绝缘可靠。

(7) 外观整体上无明显的机械损伤，焊接部位无裂纹、虚焊，铁件电镀良好，无脱落及锈蚀；无影响性能的不妥之处。

2. 设备的测试

(1) 用2500V或5000V绝缘电阻表测量有机材料传动杆的绝缘电阻，应符合表4-7的要求；同时测量胶合元件的绝缘电阻，应大于300MΩ。

表4-7 有机物绝缘拉杆的绝缘电阻标准

额定电压/kV	3～15	20～35	63～220	330～500
绝缘电阻值/MΩ	1200	3000	6000	10000

(2) 绝缘子交流耐压试验，应按表4-5的要求进行。

(3) 检查触头的接触是否良好紧密，接触压力是否均匀。一般用0.05mm×10mm的塞尺进行检查：对于线接触的，应塞不进去；对于面接触的，其塞入深度不得超过表4-8的规定。

表4-8 触头面接触塞尺塞入深度

接触面宽度	塞入深度最大值
50mm及以下	4mm
60mm及以上	6mm

通常是用手将单极的隔离开关推动闭合，而后即用塞尺检查。

(4) 配电动操动机构的要测试操动机构的最低动作电压，在80%～130%额定电压范围内应保证可靠动作，30%时操动机构不动作。测试时，交流操作电压用调压器和标准电压表，直流操作电压可用变阻器和标准电压表，接线如图4.21所示。

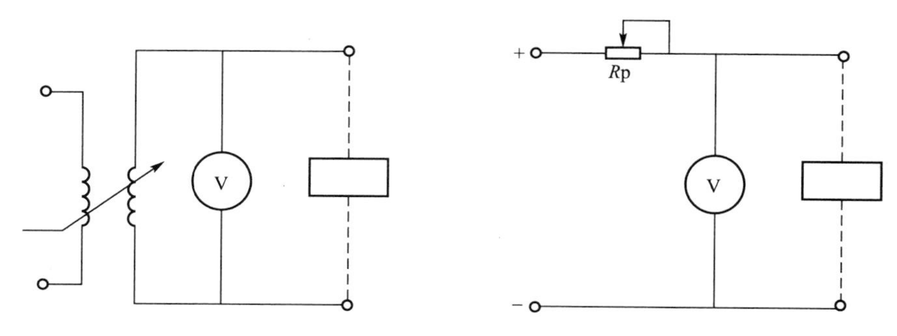

图4.21 电动操动机构动作电压的测试

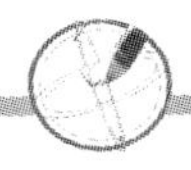

气动或液动的操动机构应在85％～110％额定压力下进行，并应可靠动作。

3. 安装

(1) 为了保证安装位置的准确，每只单极隔离开关在金属构件上安装位置的开孔，通常应在现场用实物比试进行。开孔必须保证中心间距≥1200mm，3只单极隔离开关底座的中心连线必须与线路方向垂直，每只开关底座前后开孔的中心连线应平行，安装尺寸如图4.22所示。

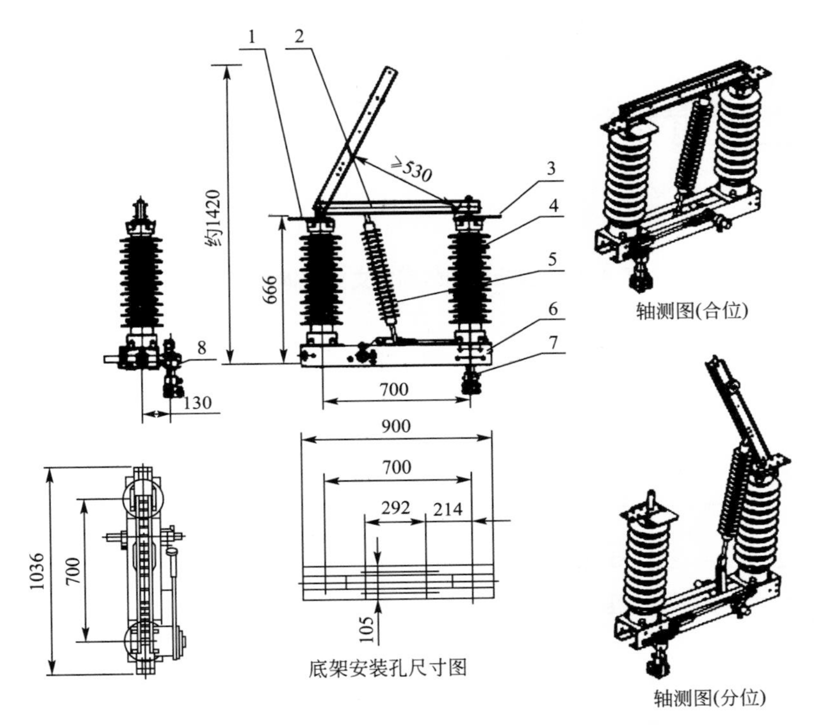

图4.22　GW4C－27.5T垂直开启型户外隔离开关在金属架上安装示意图

1—左出线板；2—隔离刀片；3—右出线板；4—支柱绝缘子；5—拉杆绝缘子；6—安装底架；7—连接抱箍；8—转动主轴

(2) 将中间相的单极隔离开关合闸后吊到金属构架上，用水平尺找平找正，两V形支柱绝缘子的中心垂面应与构架垂离(与线路方向平行)且位于4个固定孔的中点上，一般用金属垫片校正其水平或垂直偏差，使触头相互对准且接触良好，然后用螺栓稍加固定，可先不必拧紧。

(3) 以中间相的单极隔离开关为准，将两边相的开关用上述方法找平找正，然后将固定螺栓紧固好。3只开关的方位应一致，水平拉杆的连接板应位于一个方向上。连接板的位置取决于操动机构的安装位置，通常把操动机构安装在距值班室门口至混凝土门形杆较近的一侧。因此操动机构安装的位置是一致的。

(4) 装水平拉杆。将3只单极开关置于完全合闸的位置，用水平拉杆(与设备配套)的接头(调节螺栓)将3只开关的连接板连接起来，连接要有调节的余地，一般将丝扣调节在中间位置，并保证两段拉杆处于同一平面上，如图4.22所示。

（5）安装操动机构。根据设计要求，操动机构可将其装于开关中间极或边极的下部，一般都安装在混凝土杆上的支架上，其顶部标高应大于 1m。由于操动机构多种多样，因此支架也不尽相同；支架的安装方法有焊接在杆上的钢圈上，也可将支架固定在杆上，如图 4.23 和图 4.24 所示。

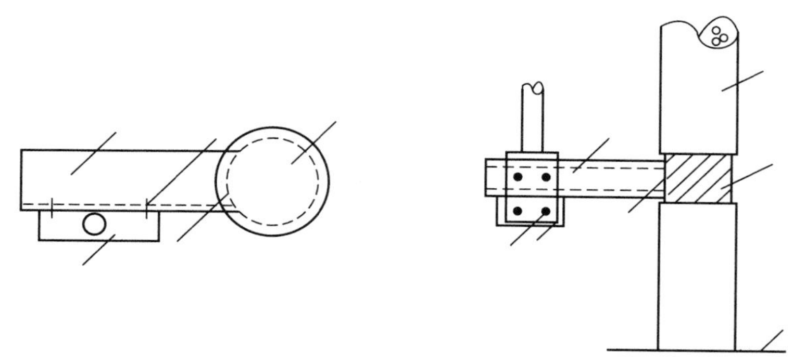

图 4.23　操动机构的固定支架在钢圈的焊接

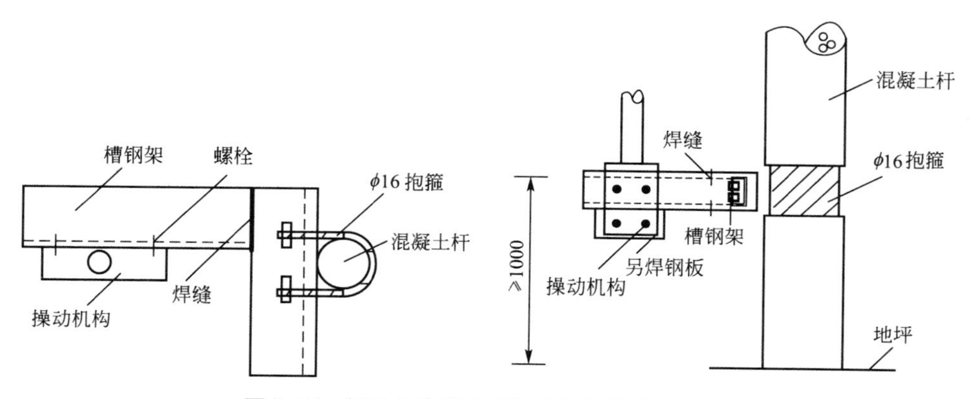

图 4.24　操动机构的支架与水泥杆的抱箍连接

将操动机构用螺栓固定在支架上，但必须保证操动机构主刀闸的传动轴应与开关的安装平面垂直，且与开关底部的拨权对正于同一条垂线上。如果采用带接地刀的隔离开关 GW_5-35GD，其操动机构的接地刀闸传动轴必然也垂直且对正于接地刀分合闸的传动连杆（拉杆）。

固定操动机构的支架及螺栓的强度及安装的稳定性，必须远远大于操动机构动作时所产生的弹性变形及刚性变形。

（6）配制操作拉杆。

① 操作拉杆是用 ϕ32～40mm 的煤气无缝钢管制作的，其长度是由开关的安装高度和操动机构的安装高度决定的，其内径则由操作开关传动轴的外径决定的，无缝管内径应略大于轴外径，但一般不超过 1mm。

② 使 3 只开关处于完全闭合的位置，并注意触头的插入深度三相应基本一致，可用水平拉杆上的螺母及丝扣进行调节。同时使操动机构的手柄到达合闸的终点，这时将操动机构上方的那只开关底座下面的圆盖取掉，便露出拨叉，这时用钢卷尺丈量拨叉下部到操动机构传动轴底部的尺寸，同时注意拨叉和轴上开有 ϕ10mm 小孔的位置。

③ 根据丈量的尺寸用优质的煤气钢管下料，然后将其拿到安装位置处，比对拨叉和轴上的孔的位置，在钢管的两端做好标记，这个位置应准确无误。经复核后即可在台钻上开孔 ϕ10 mm，孔位必须位于管壁的中间且于管的中心轴线垂直。再将管拿到安装位置上复检。

④ 将做好的拉杆安装到开关和操动机构上去，并用专用的锁钉插入孔内锁定。

⑤ 转动手柄，即可分闸、合闸。

⑥ 将拉杆取下，除锈涂漆两遍。

4．调整及测试

经合闸试验后操动机构可灵活且不太费力地操作隔离开关的分闸或合闸，然后即可进行测试，必要时要进行调整。

(1) 测量隔离开关相与相、相与地、相与接地刀的绝缘电阻，应符合要求。

(2) 测量合闸后触头的接触电阻(小于 0.001Ω)及分闸后的绝缘电阻(大于 300MΩ)，应符合要求。同时可用塞尺进行检查，应符合要求。

(3) 测量三相触头分合的同步进，必要时可调整水平拉杆的螺钉。

(4) 测试带接地开关的开关联锁性，即主刀开关合闸后，操作接地手柄即不能动作，只有主刀开关分闸后，接地手柄才能动作；接地开关合闸后，操作合闸手柄即不能动作，只有接地开关分闸后，主刀开关手柄才能动作。

(5) 隔离开关合闸后，触头间的相对位链、分闸后触头间的净距离或拉开角度，应符合产品技术条件的规定。

(6) 将操动机构的盖打开，测试辅助开关，应符合要求。

(7) 拉杆与带电部分的距离应符合表 4－9 和表 4－10 的规定。

表 4－9　室内配电装置安全净距

符号	适用范围	额定电压/kV									
		3	6	10	15	20	35	60	110J	110	220J
A1	1. 带电部分至接地部分之间 2. 网状和板状遮栏向上延伸线距地 2.5m 处，与遮栏上方带电部分之间	70	100	125	150	180	300	550	850	950	1800
A2	1. 不同相的带电部分之间 2. 断路器和隔离开关的断口两侧带电部分之间	75	100	125	150	180	300	550	900	1000	2000
B1	1. 栅状遮栏至带电部分之间 2. 交叉的不同时停电检修的无遮栏带电部分之间	825	850	875	900	930	1050	1300	1600	1700	2550
B2	网状遮栏至带电部分之间	175	200	225	250	280	400	650	950	1050	1900
C	无遮栏裸导体至地(楼)面之间	2375	2400	2425	2450	2480	2600	2850	3150	3250	4100
D	平行的不同时停电检修的无遮栏裸导体之间	1875	1900	1925	1950	1980	2100	2350	2650	2750	3600
E	屋外出线套管至屋外通道路面	4000	4000	4000	4000	4000	4000	4500	5000	5000	5500

表 4-10 室外配电装置的安全净距

符号	适用范围	额定电压/kV								
		3～10	15～20	35	60	110J	110	220J	330J	500J
A1	1. 带电部分至接地部分之间 2. 网状遮栏向上延伸线距地 2.5m 处与遮栏上方带电部分之间	200	300	400	650	900	1000	1800	2500	3800
A2	1. 不同相的带电部分之间 2. 断路器和隔离开关的断口两侧带电部分之间	200	300	400	650	1000	1100	2000	2800	4300
B1	1. 设备运输时，其外廓至无遮栏带电部分之间 2. 栅状遮栏至绝缘体和带电部分之间 3. 交叉的不同时停电检修的无遮栏带电部分之间 4. 带电作业时的带电部分至接地部分之间	950	1050	1150	1400	1650	1750	2550	3250	4550
B2	网状遮栏至带电部分之间	300	400	500	750	1000	1100	1900	2600	3900
C	1. 无遮栏裸导体至地面之间 2. 无遮栏导体至建筑物、构筑物顶部之间	2700	2800	2900	3100	3400	3500	4300	5000	7500
D	1. 平行的不同时停电检修的无遮栏带电部分之间 2. 带电部分与建筑物、构筑物的边缘部分之间	2200	2300	2400	2600	2900	3000	3800	4500	5800

(8) 定位螺钉应调整适当，并加以固定，一般可用锁母锁死或用电焊点焊住，防止传动装置拐臂超过死点。

(9) 所有传动部位应涂以适合当地气候条件的润滑脂；触头面应涂以少许中性凡士林或复合脂。

(10) 测量及调整应仔细耐心，不得急于求成而马虎，测试完毕后应经工程师或技师复核。

其他型号的户外隔离开关及其配套的操动机构，其检查、测试、安装、调整的要求与上述基本相同，安装时应仔细阅读产品说明书，并按其要求进行安装。

二、断路器的安装

图 4.25 为 DW_8-35 型多油断路器外形及安装尺寸，有关技术数据见表 4-11，一般作为主变压器的控制和保护使用。DW_8-35 型多油断路器配用 CD_{11}-X 型电磁操作机构，断路器和电动操作机构是装设为一体的，配套供应，其中 CD_{11}-X 型电磁操作机构的技术参数见表 4-12。

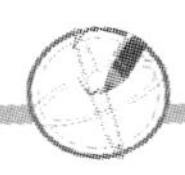

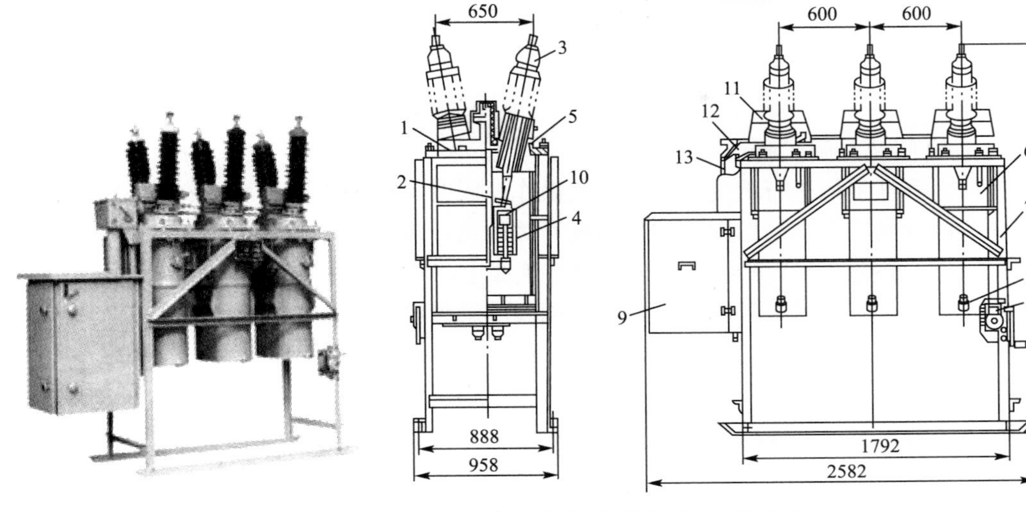

图 4.25　DW_8－35 型多油断路器外形及安装尺寸

1—油箱盖；2—提升杆；3—套管；4—灭弧室；5—套管型电流互感器；
6—油箱；7—支座；8—油箱升降器；9—操动机构；10—定触头；
11—外罩；12—水平连杆；13—传动拉杆；14—放油阀

表 4－11　DW_8－35 型高压多油断路器相关技术数据

额定电压/kV	最高工作电压/kV	额定电流/A	额定断流容量/MW	额定开断电流/kA	极限通过电流峰值/kA	4s 热稳定电流，有效值/kA	自动重合闸无电流间隔时间/s
35	40.5	1000	1000	16.5	41	16.5	0.5

表 4－12　CD_{11}－X 型电磁操作机构相关技术参数

固有分闸时间/s	固有合闸时间/s	质量/kg		直流合闸线圈		直流分闸线圈	
		总重	油重	电压/V	电流/A	电压/V	电流/A
≤0.07	≤0.3	≈1470	≈380	110/220	163/81.5	110/220 24/48	5/2.5 37/18.5

注：操动机构分、合闸线圈的额定电压系指线圈接线端在通电时电压的额定值。

1. 设备的运输及检查

（1）油断路器在运输吊装过程中不得倒置、碰撞或受到剧烈的振动。为防止合闸提升杆变形，多油断路器在运输及吊装过程中应处于合闸状态。

（2）油断路器及其操动机构的所有部件及备件应齐全，无锈蚀及机械损伤，瓷件应黏合牢固；绝缘部件不应有变形、受潮现象；油箱焊缝良好、外部油漆完整，无渗漏痕迹；充油运输的灭弧室等其他部件不应渗漏绝缘油；电容套管完好，无裂纹、闪络及渗漏痕迹。

（3）油断路器及其操动机构应按其用途置于室内或室外平整、无积水的场地保管，要注意防潮或绝缘部件变形；少油断路器的灭弧室内应充满合格的绝缘油；多油断路器存放时应处于合闸状态；操动机构的金属转动摩擦部件、油开关的提升装置的钢丝绳等，应有防锈措施。

（4）说明书、合格证、装箱单等技术文件齐全，铭牌完整清晰，并标有制造厂商的许可证号。

2. 多油断路器的测试及调整

1）手动合闸及分闸试验

转动手力合闸手柄进行缓慢分闸及合闸操作，同时可用3只万用表接在同相套管的两端观察开关的分闸和合闸的情况，初步掌握开关的动作情况。

2）用2500V或5000V的绝缘电阻表测量绝缘电阻

主要有合闸状态下导电部分对地及相与相间的绝缘电阻，分闸状态下本相断口之间的绝缘电阻及相与相、相与地的绝缘电阻。三相处在同一油箱的多油断路器(DW_6-35)，测量相与地、本相断口间的绝缘电阻时，应将另外两相接地；对于不便直接测量可动部分绝缘电阻的断路器，可用下面的公式进行计算，即

$$R=\frac{R_{分}\times R_{合}}{R_{分}-R_{合}}$$

式中：R——可动部分绝缘电阻，MΩ；

$R_{分}$——断路器分闸状态下的绝缘电阻，MΩ；

$R_{合}$——断路器合闸状态下的绝缘电阻，MΩ。

有机物制成的拉杆，绝缘电阻值不应小于表4-13的规定。

表4-13　有机物绝缘拉杆的绝缘电阻标准

额定电压/V	3～15	20～35	63～220	330～500
绝缘电阻值/Ω	1200	3000	6000	10000

3）介质损耗角正切值 tanδ(%)的测量

通常应在分闸、合闸两种状态下三相一起进行，发现问题则再进分相测量。当分闸状态下测量结果超标时，则应取下油箱、消弧装置等，直至找出缺陷部位。

合闸状态下测量主要是检查拉杆的绝缘，同时判断灭弧装置是否受潮或有无脏污等缺陷；分闸状态下测量主要是检查套管的绝缘，并判断内部是否受潮等缺陷。

DW_2、DW_8型油断路器不应大于表4-14中相应套管的 tanδ(%)值增加2后的值；对DW_1型油断路器，不应大于表4-14中相应套管的 tanδ(%)值增加3后的数值。

表4-14　套管介质损耗角正切值 tanδ(%)的标准

套管型式		不同额定电压下介质损耗角正切值 tanδ/（%）		
		≤63kV	≤110kV	20～500kV
电容式	油浸纸			0.7
	胶贴纸	1.5	1.0	
	浇铸绝缘			1.0
	气体			1.0
非电容式	浇铸绝缘			2.0

注：1. 复合式及其他型式的套管的 tanδ(%)值可按产品技术条件的规定。

2. 对35kV及以上电容式充胶或胶纸套管的老产品，其 tanδ(%)值可为2或2.5。

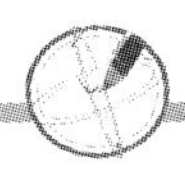

4）泄漏电流的测量

支柱瓷套管及灭弧室每个断口的试验电压为直流 40kV，泄漏电流值应不大于 10μA，220kV 及以上的不宜大于 5μA。

5）交流耐压试验

多油断路器应在合闸状态下进行交流耐压试验；整油箱的断路器应分相进行，且另外两相和油箱应接地；少油开关应分别在合闸、分闸状态下进行。试验电压的标准见表 4－5。

交流耐压试验前后的绝缘电阻应无显著变化，一般下降值不应超过 25%。测量时如有断续的轻微放电声时，则应落下油箱检查，或者对绝缘油进行处理；如有微弱且间断的放电声，经晃动油箱后重新试验放电消失则可不进行处理。

6）每相导电回路直流电阻的测量

现场一般采用直流压降法，如图 4.26 所示，其中蓄电池可用 4～6V、100～200Ah 的优质电池，毫伏表、电流表应用 0.1 级的标准表，电流控制在 150～200A 左右，测量接触必须良好，测量线尽量短而粗。测量时应先缓慢升起电流，然后再测电压，断开时应先将电流缓慢减小后再断开电源。测量结果可用欧姆定律进行计算。

测量时应电动合闸几次后再进行测量，以便使触头接触良好，并磨去氧化膜。主触头与灭弧触头并联的斯路断路器，应分别测量其主触头和灭弧触头导电回路的电阻值。测量结果符合产品的要求。一般情况下，导电回路的电阻值不得超过规定值的 2 倍。

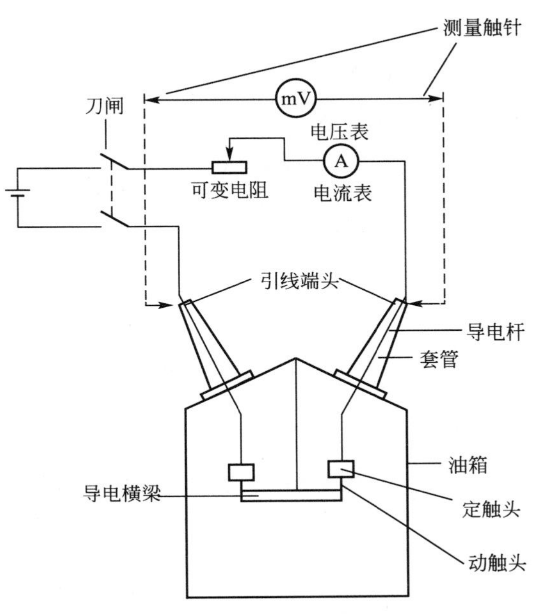

图 4.26　电压降法测量导电回路电阻接线示意图

3. 安装方法及要求

1）基础的验收

断路器通常是安装在混凝土基础上的，基础的中心距离(相对于隔离开关的中相)及高度(相对于地平±0.00)的误差不应大于 10mm；预留地脚螺栓孔或预埋铁件的中心线误差不应大于 l0mm；预埋地脚螺栓中心线的误差不应大于 2mm。基础应与图样相符，外观坚实无蜂窝现象。

2）浇注地脚螺栓

地脚螺栓的规格应与设备要求相符，并有丁字头或鱼尾。用 300 号水泥砂浆浇注，要以实测设备地脚的孔距为依据，使地脚螺栓中心线的误差小大于 2mm。浇注好后应进行不少于 7d 的养护，并有防止异物碰撞或位移的措施(一般在 20 多天以后安装)。

在预埋件上焊接螺栓时，必须保证与地平垂直，其他同上。

3）吊装及要求

(1) 丈量地脚螺栓的间距应在误差范围之内，然后在螺栓上套上塑料帽。将断路器吊起并使地脚螺栓对准螺孔，缓慢将其放下落在基础上。

（2）一般应用水平尺及铅垂线找平，可用凹字形的铁垫片垫衬，垫片不宜超过 3 片，总厚不应大于 10mm，且各片间应电焊牢固，然后加弹、平垫将螺母拧紧，通常用双母锁定。

（3）断路器应垂直安装，且牢固稳定。

（4）电动合闸后，用样板检查传动机构中间轴与样板的间隙；传动机构杠杆与止钉间的间隙；应符合产品的技术要求；同时复合行程、超行程、相间(包括同相各断口间)接触的周期性，应与前数值相同。

（5）安装好的断路器应进行手动慢合闸分闸操作及电动分闸、合闸操作，开关应灵活自如。

4．油断路器在安装、测试、调整中的基本操作要点

1）部件的清洗

金属部件应用毛刷蘸汽油或磷酸三钠清洗，然后用干净自布擦净风干。坚硬的油垢应用刮刀轻轻铲去或者用钢丝刷清理，然后再清洗。

绝缘部件应用毛刷蘸汽油或甲苯清洗。在绝缘油内设置的部件还要放到合格的绝缘油内清洗，然后用白布擦净风干。使用的白布不得脱毛或掉纤维。瓷件一般用抹布蘸温水清洗风干。

压缩空气或油管路，应先穿入钢丝，然后在钢丝上绑上白布或绸带在管内往复运动，必要时应在白布上浸以汽油。清理干净后，则应用高压空气吹除。

2）密封的处理

油断路器常用耐油、耐低温、压缩还原性能和力学性能好的丁腈橡胶和氯丁橡胶做密封材料，把其压制成 O 形、V 形或矩形的密封件或者适合于转动密封和滑动密封的特殊油封件。对于定密封，如螺栓、法兰、油坐标等螺纹压紧连接部件，多用 O 形橡胶密封垫。

3）绝缘的处理

（1）绝缘部件受潮，但漆层完整。把部件放入烘箱或干燥室内，根据部件的材料性能控制干燥温度和时间，见表 4－15。温和降温的速度一般为 10℃/h，干燥室内上下部位的温差不应超过 5℃。长形的部位应立起来干燥，超过 1m 的部件应用夹具夹紧进行干燥；较小的部件可放在 80～90℃的变压器内干燥，时间一般为 24～48h。

表 4－15　绝缘部件的干燥湿度和保持时间

序号	组成绝缘部件的材料	干燥温度/℃	保持时间/h	备　注
1	反白纸板	70～80	12～24	湿热带产品，干燥温度为 90～100℃ 浸气干漆时，干燥温度不超过 60℃
2	胶合木质板	70～80	12～24	
3	酚醛胶纸板或管(厚度大于 20mm)	70～80	16～32	
4	酚醛胶纸板或管(厚度小于 20mm)	80～90	8～16	
5	酚醛胶布板或管	80～90	8～16	
6	玻璃布板、管或棒	80～90	12～24	
7	电磁线圈	100～100	12～24	
8	其他材料	80～90	12～24	

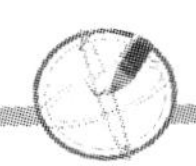

(2) 绝缘部件受潮，而漆层损坏。先用锉刀、小刀除清漆层，然后用2号砂纸除去毛刺和漆泡，再用0号砂纸研磨，直至边缘无毛、平整、光洁为止，再用干净白布蘸汽油将其洗净，风干后按上述方法烘干。干燥完毕后，把部件的温度降至50℃左右时立即进行涂漆处理。油漆及其稀释剂可按表4-16进行选择。先把油漆和稀释剂倒进容器内搅拌混合，至达到规定的黏度，漆液应用100目的铜丝网过滤，以除杂质。

表4-16 绝缘处理的常用油漆和稀释剂

序号	绝缘部件的类型	常用油漆		稀释剂	施工黏度/s（4号黏度计，15～35℃）	备注
		名称	型号			
1	耐油型部件	醇酸覆盖漆三聚氰胺醇酸浸渍漆	1231 1032	甲苯；二甲苯 甲苯；二甲苯	12～14 12～14	
2	耐油、耐弧型部件	三聚氰胺醇酸浸渍漆环氧树脂绝缘漆	0132 5804	甲苯；二甲苯 甲苯；二甲苯	12～14 12～14	
3	耐弧、耐潮型部件	环氧酯绝缘漆环氧灰磁漆	5804 5080	甲苯；二甲苯 甲苯；二甲苯	12～14 18～20	
4	湿热带型部件	醇酸覆盖漆环氧酯浸渍漆	1231 1033	甲苯；二甲苯 甲苯；二甲苯	12～14 12～14	添加防霉剂 添加防霉剂
5	耐潮型电磁线圈	沥青覆盖漆	1211	松节油	40～50	
6	耐油、耐潮型电磁线圈	醇酸性油基浸渍漆烘干灰磁漆	1012 1320	松节油 松节油	30～40 35～40	
7	湿热带型电磁线圈	环氧树脂浸渍漆环氧灰磁漆	1033 5080	甲苯；二甲苯 甲苯；二甲苯	25～35 70～85 90～100	低黏度为漆包线圈采用；高黏度为玻璃丝包线圈采用

注：表内的油漆尽量用原一机部的型号，非原一机部的型号和相当工厂的型号对照，见表4-17。

表4-17 油断路器常用油漆的型号对照表

序号	油漆名称	部型号		产地型号				备注
		原一机部	原化工部	哈尔滨	西安	上海	沈阳	
1	沥青浸渍漆	1010	L-30-9	5012			5012	
2	醇酸性油基浸渍漆	1012	F-30-5				1012	
3	醇酸浸渍漆	1030	C-30-11	5057				
4	三聚氰胺醇酸浸渍漆	1032	A-30-1	5064			Л-1260	
5	环氧树脂浸渍漆	1033	H-30-2		720	3404	720	
6	沥青覆盖漆	1211	L-31-3	5031			5031	
7	沥青半导体漆	1214	L-38-1	5143			5143	
8	醇酸覆盖漆	1231	C-31-1	5035	150		408	
9	烘干灰磁漆	1320	C-32-8	5174			СПД	

（续）

序号	油漆名称	部型号		产地型号				备　　注
		原一机部	原化工部	哈尔滨	西安	上海	沈阳	
10	气干灰磁漆	1321	C-32-9	5173	602		СВД	
11	烘干红磁漆	1322	C-32-8	5172			КПД	
12	气干红磁漆	1323	C-32-9	5171			КВД	
13	酚醛醇酸树脂漆			5068				
14	酚醛树脂漆			5121			185	
15	环氧树脂绝缘漆		H-30-5			5804	5804	
16	环氧灰磁漆		H-31-4	5080		8363		
17	环氧醇酸绝缘漆		H-30-6			8340		
18	环氧醇酸红磁漆			5175				

① 浸漆法。黏度达到表4-16中的下限时，部件的温度为50～48℃时，即可将其浸入漆筒内，直到在漆液中小起泡为止，然后缓慢将部件取出，片刻即可再次浸入漆液内，以弥补第一次浸漆的不足。第二次的时间可稍短一点，取出后即挂起风干4～8h，也可烘干。

② 刷漆法。适用于较长的部件，当黏度达到表4-16中的上限时，部件应接近室温，用质地优良的毛刷均匀涂刷，然后风干4～8h。

风干后的部件应进行干燥处理，可按表4-15的规定进行。

要求漆厚0.04mm以上时，应进行多遍涂漆，可用0号砂纸磨去表面的麻点、鼓泡、漆团，并用浸汽油的白布擦拭表面，然后再重复上述干燥、涂漆、干燥的过程，直至达到厚度要求。

对于耐油、耐潮的绝缘部件还要涂2层5080环氧灰瓷漆，再涂2层5804环氧树脂绝缘漆。

对于湿热带型的部件还应在漆中加防霉剂。1033漆、1231漆内应加入酸性硫柳汞（$C_9H_{10}O_2SHg$），重量比为0.5%。先把酸汞放进烧杯，注入适量的甲苯或二甲苯搅拌溶解，然后倒入漆液中搅拌均匀再进行稀释搅拌，使黏度达到表4-16中的要求。涂漆工艺同上，一般为2～3遍。

1032漆用于温热带时要加3%的对硝基粉，并用酒精加以溶解。

(3) 电磁线圈受潮，而且漆层损坏。先用浸汽油的白布擦净线圈的表面，然后按表4-15的规定烘干；干燥结束后待线圈降温到50℃时，即开始浸漆，体积较小时也可刷漆。可按表4-16选择油漆及稀释剂，搅拌均匀达到规定黏度。冬季宜高黏度，夏季宜低黏度，并用100目铜丝网过滤。浸漆应高出线圈100mm，时间1～2h，待漆液不冒泡为止，取出后挂起风干1～2h；然后烘干，烘干后降温至50℃时，再按上述方法浸第二遍漆并烘干。

浸渍1211沥青覆盖漆的电磁线圈，可在室温下晾干。

耐油耐潮型线圈，先涂一遍1012醇酸性油基浸渍漆，再涂1～2遍1320灰磁漆。

湿热带型线圈，除用1033环氧酯浸渍漆浸刷外，要涂刷添加酸性硫柳汞的5080环氧

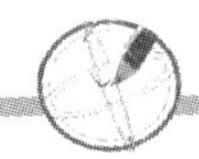

灰瓷漆，重量比为0.8%。工艺与前述相同，各刷两遍。

(4) 套管的电气绝缘不合格或有明显渗漏。充油套管，先取油样作耐压试验，再作耐压试验，最后再烘干处理，每一环节如恢复绝缘则可不往下进行。

充胶套管，先更换绝缘胶，再进行套管芯子的干燥。

拆下套管顶部的接线端子、防雨罩和密封盖后，将其送到干燥室，垂直倒立在支架上，下面放一金属容器，以10～15℃/h的升温速度使干燥室的温度达到100℃左右，套管内部的绝缘胶渐熔化并流入容器内。全部流出后，缓慢降温至50℃，这时用60～70℃的清洁变压器油清洗套管，除尽残留绝缘胶。

然后测量空套管的介质损失角，20℃时不得超过1.5%，如不合格，就拆开套管，进行芯子的检查和干燥。

芯子的表面应均匀、坚硬、光滑，没有起泡、开裂、起皱和机械损伤，芯子里面的紫铜梗要与芯子的铝箔紧密接触，芯子中部绑扎的紫铜线必须牢固。套管芯子的干燥温度为100～105℃，保持时间24～48h。

干燥后，在芯子的表面涂两道1231醇酸覆盖漆；若为湿热带型产品，涂两道5804漆或1032漆，风干后注胶。

注胶时，先把套管垂直竖立在干燥室的支架上，温度70～80℃，保持2～4h，烘干胶中潮气并使其温度均匀。浇注过程中要保持套管温度在60℃以上，室温20℃以上。

绝缘胶由石蜡基石油沥青与变压器油混合熬制而成。配方为：4#沥青(软化点70℃)72%，变压器油28%；或4#沥青(软化点75℃)70%，变压器油30%；或4#沥青(软化点80℃)68%，变压器油32%。

先把沥青砸碎，放到锅内，加热到160～180℃使其熔化，然后降温到140～160℃后加变压器油，并不断搅拌，并保持150℃左右熬制5h，直到锅内不起气泡为止。

可用乌氏滴点试验器测定滴点温度，并把胶灌进标准放电器中冷却至室温时即可进行介质损失角和击穿电压的测量。如果滴点温度高于规定温度，应添加变压器油，每增加1%的变压器油，滴点温度降低1.5℃；如滴点温度低于规定时，应添加适量的沥青。添加后的胶都要在140～160℃下继续熬制2～3h，直到不起泡为止，并测试滴点温度，直至合格。

滴点湿度合格后，可用铜丝网过滤绝缘胶，然后即可灌注，灌注温度应保持在130～140℃，通常用带嘴的桶从套管顶部不间断地灌进，直到上层胶液距管顶为10～15mm为止。然后应加热套管，在80℃左右保持4h以上，直到胶液不产生气泡，最后以10～15℃/h速度降至室温，这时胶的表面应光滑，无气泡、裂纹和斑点，胶体与套管内壁黏合紧密，无明显分离现象。如不符合要求，应按上述工艺过程，熔化胶液，重新浇注。充胶式套管绝缘胶的技术性能见表4-18。

表4-18　充胶式套管用绝缘胶的技术性能

序号	项　目	标　准
1	外　观	黑色，有光泽，无裂纹和气泡
2	机械杂质	涂在玻璃片上，肉眼观察，无机械杂质
3	滴点湿度	乌氏滴点试验器40～45℃

（续）

序号	项　　目	标　　准
4	击穿电压	不低于35kV
5	介质损失角	不大于50%(100℃时)
6	闪火点	不低于170℃
7	收缩率	不大于6%
8	冻裂点	不高于−35℃

(5) 油箱绝缘的干燥。装配后注油前应对油箱内部的绝缘进行干燥。在现场一般在油箱内部安装电热器或红外灯泡，并用调压器控制温度，油箱温度保持在80～95℃，保持12～24h，温速10～15℃/h，最高温度不得超过110℃，以防过热而烤焦绝缘，同时加热元件要布置合理。

干燥完毕后，应立即注入合格的绝缘油，油应预先化验。注油24h后，应取样化验，要求同前。

4) 胶黏处理

(1) 氧化铝-甘油胶黏剂。适用于35kV充胶式套管的电容芯子与法兰、瓷套与法兰、一般瓷套与金属法兰的胶装。

胶黏剂的重量配方比：氧化铝75%，甘油25%。其中氧化铝应保持干燥，否则应在60～70℃温度下烘干4h，然后用100目细筛滤去大块；甘油应用纯净蒸馏水按照表4-19进行调整比重。

表4-19　甘油(84%)比重与温度的关系

温度/℃	15～20	20～25	25～30
比重/(g/cm^3)	1.222 ～ 1.220	1.220 ～ 1.216	1.216 ～ 1.213

先把氧化铝倒进容器，然后倒进甘油，进行搅拌，一般为2min，使之成为均匀的胶状溶液。

胶装时，应将部件清洗干净，特别是原有的胶黏剂。一般宜在室内进行，室温在15～35℃之间，同时应预先24h前将部件搬进室内低温预热。

胶装时，应按照组装顺序将部件的垂直、水平、同心度、胶装间隙调好且固定后即可将黏胶迅速而均匀地倒进胶装缝内，必要时可用金属件捣实。最后用抹布擦去表面的胶黏剂并修理平整。

胶装好后应原地放好，在15～35℃的温度下保持8h以上，不宜在高温下硬化，以免强度降低。

硬化后应注入变压器油进行严密性检查，合格后在表面先刷1～2遍1231漆，再刷2遍1321漆或5080漆。刷漆应按绝缘处理的要求进行。

一氧化铝有毒，应戴好手套和口罩，操作时应禁止粉尘飞扬。

(2) 硅酸盐水泥胶黏剂。适用于小型瓷套与金属法兰的胶装。

胶黏剂质量配方比见表4-20。

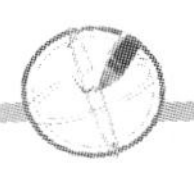

表 4－20　胶黏剂质量配方比

500# 硅酸盐水泥	66.7%
瓷砂(25～80 目)	33.3%
无水氯化钙	水泥重量的 1% ～2%
水(呈中性)	水泥和瓷砂总质量的 25%～35%

先把水泥和冲洗干净的瓷砂放入容器，搅拌均匀，然后把氯化钙和水的混合溶液例进带柄的容器内，继续搅拌，直至成为无凝团气泡的均匀胶状溶液。搅拌时间一般为 5min，胶液应于 15min 内用完。

胶装与前述相同。浇注后放于原地，硬化时间不大于 2h，然后用湿布包裹住胶装缝 8～12h，而后取下湿布，在 15～35℃的温度下，低烘 2h。这时可用金属工具敲击胶装缝，其胶剂不应片状脱落而呈现粉尘状，即为硬化，否则应继续湿润硬化。

硬化后，要在 70～80℃的温度下，保持潮湿，养护 12～24h 即可。

严密性试验和刷漆同上。

(3) 硫黄-石墨胶黏剂。用于工作温度不超过 80℃的各种瓷套与金属法兰的胶装，质量配方比见表 4－21。

表 4－21　质量配方比

纯度 99.5%以上的工业硫黄粉	50%
石墨粉(200 目)	5%
石英砂(粒度 40～70 目)	45%

先把硫黄、石墨倒入锅内，搅拌均匀后加热，硫黄熔化后把冲洗干净的石英砂倒进锅内，继续加热搅拌。当温度达到 140～160℃时，胶液由黏稠状变成流动液状，此时应继续加热，到 180℃时，又成黏稠状，即停加热，加速搅拌。当温度降至 155℃左右时，胶剂又呈流动液状，这时应立即胶装。

胶装与前述相同，但要将其温度控在 120～150℃之间，以免黏度增大而不能浇注。

浇注后原地放置，当胶温降到 50℃以下时，再冷却 2h。这时可用刮刀清理多余溅散在表面的胶剂，并将其修以平整。

严密性试验和刷漆同上。

(4) 环氧树脂胶黏剂。用于酚醛胶纸、酚醛胶布、玻璃布热硬性绝缘材料之间，热硬性绝缘材料与金属之间，金属与电瓷之间的黏接和胶装。

① 当黏接面为平面或胶装间隙小于 0.5m 时，胶黏剂的重量配方比见表 4－22。

表 4－22　胶黏剂的重量配方比

1421 环氧树脂	88.5%
间苯二胺	11.5%

先将树脂放入烧杯，加热到 70～80℃，然后倒入粉末状的间苯二胺，搅拌溶解，等混合成均匀胶状液即可使用。一般应在 20min 内配制用完。

黏接时，先将黏接面上的油污脏迹用甲苯清洗干净，然后放在70～80℃烘箱内预烘1～2h。取出后立即在两个黏接面上涂抹0.05～0.10mm厚的树脂胶剂，黏合后加以0.1～0.2MPa的压力，在室温下放置3h以上。这时将其放进70～80℃烘箱烘干，同时保持压力，烘干2～3h。随后根据部件的耐热性能升温到100～120℃，干燥2～3h，使之充分硬化，最后降温到50℃左右，卸掉压力后取出即可。

② 当胶装间隙大于0.5mm时，胶黏剂质量配方比见表4-23。

表4-23 胶黏剂质量配方比

1820环氧树脂	71.5%
苯二甲酸酐	28.5%
石英粉	树脂重量的100%～200%

先用200目的筛子筛选石英粉，除去大颗粒及杂质，然后放在125～130℃的烘箱烘干3h以上。

配制时，把树脂倒进烧杯加热到110～120℃，然后陆续加入125 ～130℃的石英粉，充分搅拌，使其在110～120℃的温度下均匀混合，直到无气泡为止。这时将其与加热到130～135℃而充分溶解的苯二甲酸酐混合，搅拌均匀即可使用。应在20min内配制用完。

胶装时，先用甲苯清洗，并按要求将部件夹好，放入100～110℃烘箱预烘1～2h。取出后，把胶黏剂注入胶装缝内，并把外面清理干净。根据部件的耐热性能，将其再放入110～130℃烘箱内干燥12～24h，使之硬化，最后降温至50℃后，卸下夹具即可。

③ 当黏接钢板与胶合木质或木质纤维板时，胶黏剂的质量配方比见表4-24。

表4-24 胶黏剂的质量配方比

6101环氧树脂	55.5%
聚酰胺(H-4环氧固化剂)	44.5%
石英粉	树脂质量的50%～100%
稀释剂(环氧氯丙烷)	适量

用270目的筛子筛选石英粉后，先把树脂倒入烧杯，加热至30～40℃，再把加热至30～40℃的聚酰胺和石英粉倒入树脂杯内，充分搅拌，这时可加入适量的稀释剂，直至均匀后即可使用。

黏接时，先用甲苯清洗黏接面上的油污，然后放入70～80℃干燥室内预烘2h；取出后，用毛刷在黏接面上涂以0.5mm厚的胶接剂，黏接后放在夹具中并加以0.1～0.2MPa的压力，在室温下放置10h以上，然后检查黏接面无显著的起层、气泡即可。

树脂胶的配制要有防护措施(详见丛书《电缆的安装敷设及运行维护》分册)。

(5) 绝缘胶黏漆。用于酚醛胶纸、酚醛胶木、玻璃布等绝缘材料之间以及橡胶垫与金属法兰或电瓷之间的胶黏。主要有1231醇酸覆盖漆、5121酚醛树脂漆、2#或3#聚乙烯醇缩醛胶等。

安装现场胶黏漆的使用主要以修补碰伤或者焊接部位的涂漆处理，在选用漆料和处理上应注意以下几点。

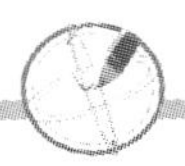

① 涂漆前，应先清理表面，除去氧化皮、油污、灰尘、水分、旧漆皮、焊渣、药皮等杂物。

② 按表 4-24 选择底漆涂刷，再刷面漆。

③ 对于无镀层的钢件，铜或镀铜件、磷化部件应选用铁红过氯乙烯底漆。

④ 对于表面光滑的钢件，镀银或镀锡件应选用铁红醇酸底漆。

⑤ 对于铝件，铝合金件和镀锌件以及镀银、镀锡件、铜件应选用磷化底漆或锌黄醇酸底漆。

⑥ 户内宜选用硝基面漆；户外宜选油性漆或过氯乙烯漆。

⑦ 涂过氯乙烯面漆的铝及铝合金件，要有锌黄醇酸底漆。在涂过氯乙烯底漆或面漆上涂刷油性漆时应间隔 30min 以上。

⑧ 对于接触绝缘油的部件，应选用醇酸绝缘清漆。

⑨ 喷漆时的压力为 0.2～0. 4MPa，喷嘴距漆面宜为 200～250mm，前后两次喷漆面积应重叠 1/3～1/2。环境温度不宜低于 12℃，相对湿度不宜大于 80%。当环境相对湿度大于 75%时，要在过氯乙烯瓷漆或硝基瓷漆中分别添加 10%的 F_1 或 F_2 型防潮剂，效果仍然不好则应停止作业。

⑩ 涂剩前，应用 80 ～100 目的铜网过滤漆液，并调整油漆的黏度。对于湿热带型油断路器，要适量增加底漆和面漆的涂刷遍数，同时应尽量选用环氧型底漆。

⑪ 涂完底漆之后，要填充腻子，一般为 2～3 层，总厚度不超过 1.5mm。前一层腻子全干燥后，再抹一层，干后用 0# 砂纸磨光，并清除黏附的粉质之后再涂剧面漆。涂刷第二道面漆时，则应用 0# 废旧砂纸打磨前一次的面漆。

⑫ 涂刷每遍底漆和面漆时，都要使漆层完全干燥后再涂刷下一遍漆。干燥可采用自然风干或放到烘箱或干燥室内加温烘干，其烘干温度和时间，应参照表 4-25。

表 4-25　金属部件的常用防护油漆和稀释剂(仅供参考)

序号	油漆名称	型号	稀释剂	施工黏度/s (4 号黏度计 19～21℃)		干燥时间/h		适用范围	备　注
				喷漆法	刷漆法	15～23℃	80～110℃		
1	磷化底漆	X06-1	乙醇∶丁醇 3∶1	18～20	20～22	0.5		黑色和有色金属	
2	铁红过氯乙烯底漆	SQG06-1	过氯乙烯冲淡剂	13～18		3		黑色金属	
3	铁红醇酸底漆	C06-1	醇酸冲淡剂；松节油	20～22	30～35	12	1～1.5	黑色金属	
4	锌黄醇酸底漆	C06-12	松节油	20～22	35～50	12	1～1.5	有色金属	
5	铁红酚醛底漆	F06-9	甲苯；二甲苯	18～22	35～40	24	1	黑色金属	
6	铁红环氧底漆	H06-2	甲苯；二甲苯	18～22	35～40	24～36	1～1.5	黑色金属	
7	锌黄环氧底漆	H06-2	甲苯；二甲苯	18～22	35～40	24～36	1～1.5	有色金属	
8	硝基红磁漆	Q04-2	甲级香蕉水	18～22		1		户内式产品	

（续）

序号	油漆名称	型号	稀释剂	施工黏度/（Pa·s）（4号黏度计 19～21℃）		干燥时间/h		适用范围	备注
				喷漆法	刷漆法	15～23℃	80～110℃		
9	过氯乙烯磁漆	G04－10	过氯乙烯冲淡剂	13～18		3	1	户外式产品	红、灰、浅灰等色
10	醇酸磁漆	C04－2	松节油	20～25	35～50	16～24	1	户内式、户外式产品	红、灰、浅灰等色
11	醇酸绝缘清漆	C31－1	松节油	20～22	35～50	14～20	1	接触绝缘油的部件	

注：油漆型号以厂家标注为准，不同型号的漆料应按厂家使用说明进行。

3）导电回路的检查和处理

（1）触头接触面的处理。当接触面上黏附有油垢、不导电的纤维、微粒等杂质时，应用蘸有汽油、不脱毛絮的干净白布将其擦净。

当铜、铝导电部件触面上有氧化铜或氧化铝膜时，应用砂纸或钢丝刷子研磨或刷洗触面，除去氧化膜而露出金属光泽。铜件可在处理完后涂一层中性凡士林；而铝件则应在处理前先涂凡士林，后处理，处理后将其擦干净，再涂一层干净的凡士林。

（2）触头接触压力的调整。对于螺栓压紧连接的接触面，接触压力由螺栓的松、紧来决定。但螺栓不宜拧得太紧，应以用 0.05 mm×10mm 的塞尺塞不进接触面的边缘为准，同时在拧紧时，还要注意由于螺栓的拧紧而使触面发生变形。

对于触头连接，动触头和定触头之间的接触压力由强力弹簧或弹簧钢片的压缩程度来保证。弹簧应无锈蚀损坏，导向装置准确，当压缩或伸长时，不发生阻卡或偏移。使用多只弹簧或弹片维持压力时，每只弹簧或弹片的弹性和预压程度要近似，使触头受力均匀。

任务四　高压开关柜的安装

高压开关柜是金属封闭开关设备的俗称，是按一定的电路方案将有关电气设备组装在一个封闭的金属外壳内的成套配电装置。高压开关柜广泛应用于配电系统，作接受与分配电能之用。既可根据电网运行需要将一部分电力设备或线路投入或退出运行，也可在电力设备或线路发生故障时将故障部分从电网中快速切除，从而保证电网中无故障部分的正常运行，以及保证设备和运行维修人员的安全。因此，高压开关柜是非常重要的配电设备，其安全、可靠运行对电力系统具有十分重要的意义。

一、高压开关柜的分类

按照高压开关柜的结构类型可以把高压开关柜分为铠装式、间隔式、箱式 3 种。铠装式是指各室间用金属板隔离且接地，如 KYN 型和 KGN 型；间隔式是指各室间是用一个或多个非金属板隔离，如 JYN 型；箱式是指具有金属外壳，但间隔数目少于铠装式或间隔式，如 XGN 型。

按照断路器的置放可以把高压开关柜分为落地式和中置式两种，如图 4.27 所示。落

地式是指断路器手车本身落地，推入柜内；中置式是指手车装于开关柜中部，手车的装卸需要装载车。

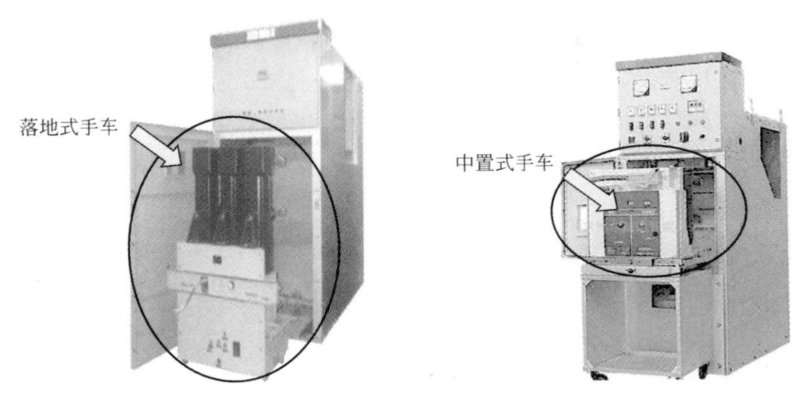

图 4.27　断路器的种类

按照绝缘类型可以把高压开关柜分为空气绝缘金属封闭开关柜和 SF_6 气体绝缘金属封闭开关设备(充气柜)两种。

二、 高压开关柜的组成结构

以 KYN 高压开关柜为例，高压开关柜由固定的柜体和可抽出部件(简称手车)两大部分组成，如图 4.28 所示。

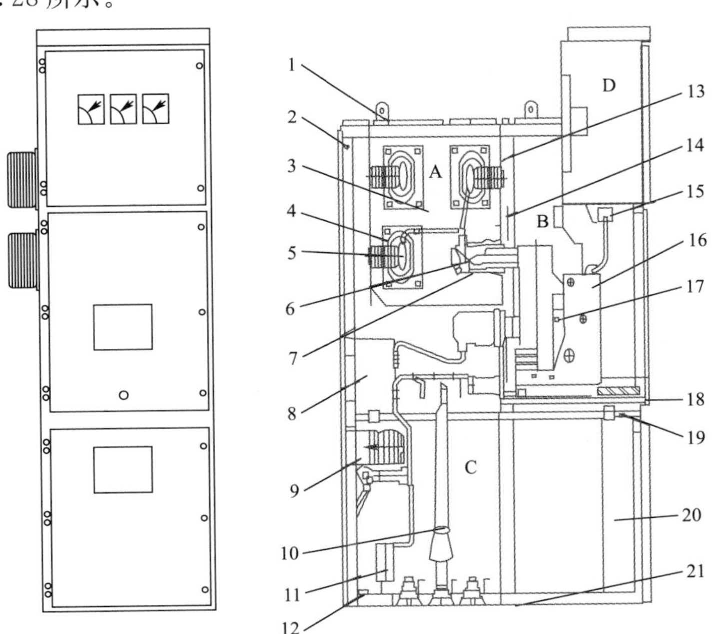

图 4.28　高压开关柜的结构

A—母线室；B—(断路器)手车室；C—电缆室；D—继电器仪表室；1—泄压装置；2—外壳；3—分支母线；4—母线套管；5—主母线；6—静触头装置；7—静触头盒；8—电流互感器；9—接地开关；10—电缆；11—避雷器；12—接地母线；13—装卸式隔板；14—隔板(活门)；15—二次插头；16—断路器手车；17—加热去湿器；18—可抽出式隔板；19—接地开关操作机构；20—控制小线槽；21—底板

1．柜体

开关柜的外壳和隔板采用敷铝锌钢板，整个柜体不仅具有精度高、抗腐蚀与氧化，且机械强度高、外形美观，柜体采用组装结构，用拉铆螺母和高强度螺栓连接而成，因此装配好的开关柜能保持尺寸上的统一性。

开关柜被隔板分成母线室、手车室、电缆室和继电器仪表室，每一单元均接地良好。开关柜内部分布如图 4.29 所示。

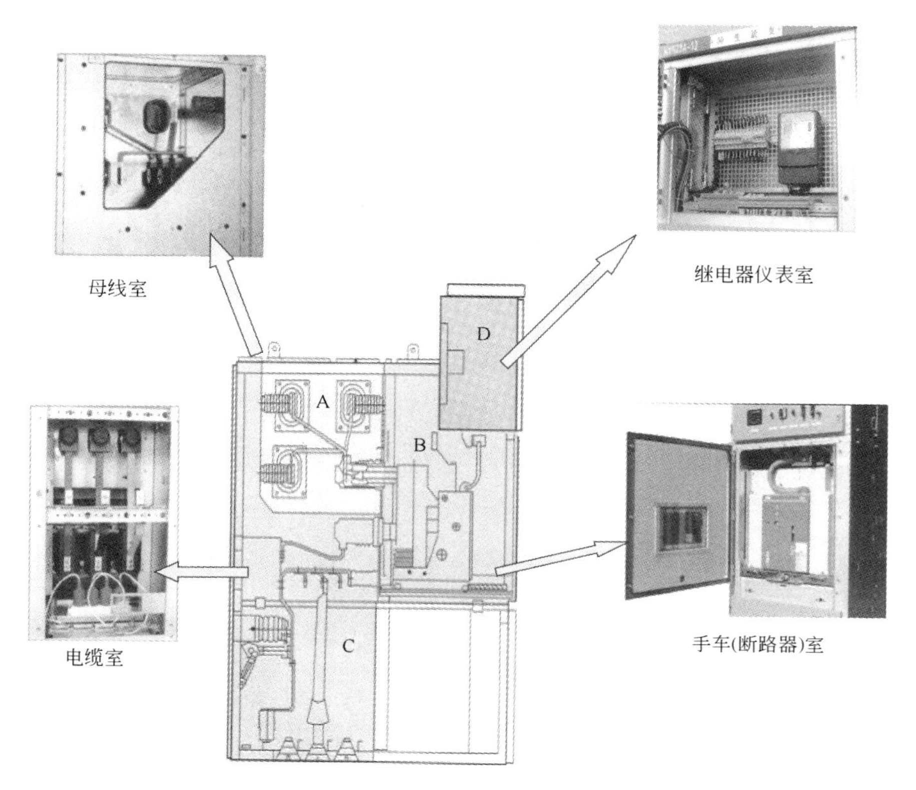

图 4.29　开关柜的内部分布图

1）母线室

母线室布置在开关柜的背面上部，作安装布置三相高压交流母线及通过支路母线实现与静触头连接之用。全部母线用绝缘套管塑封。在母线穿越开关柜隔板时，用母线套管固定。如果出现内部故障电弧，能限制事故蔓延到邻柜，并能保障母线的机械强度。

2）手车(断路器)室

在断路器室内安装了特定的导轨，供断路器手车在内滑行与工作。手车能在工作位置、试验位置之间移动。静触头的隔板(活门)安装在手车室的后壁上。手车从试验位置移动到工作位置过程中，隔板自动打开，反方向移动手车则完全复合，从而保障了操作人员不触及带电体。断路器的结构如图 4.30 所示。

3）电缆室

如图 4.31 所示，电缆室内可安装电流互感器、接地开关、避雷器(过电压保护器)以及电缆等附属设备，并在其底部配制开缝的可卸铝板，以确保现场施工的方便。

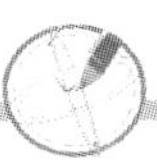

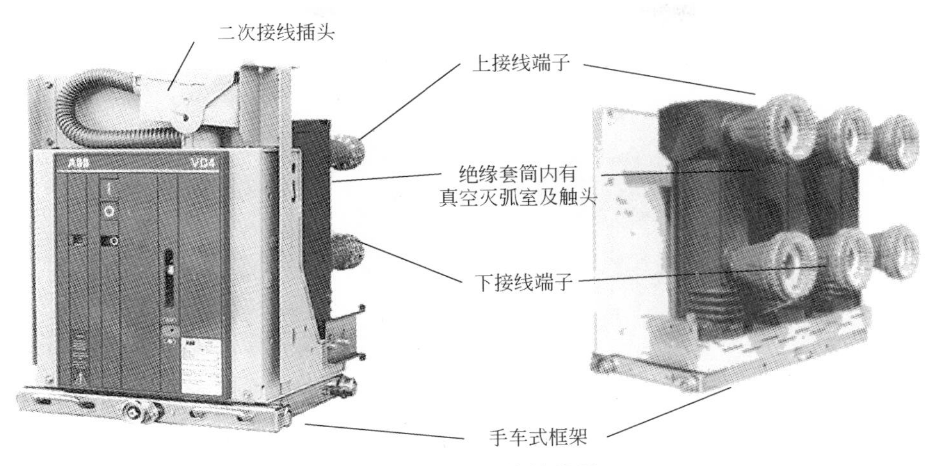

图 4.30　断路器的接线图

4）继电器仪表室

如图 4.32 所示，继电器室的面板上，安装有微机保护装置、操作把手、仪表、状态指示灯(或状态显示器)等；继电器室内，安装有端子排、微机保护控制回路直流电源开关、微机保护工作直流电源、储能电机工作电源开关(直流或交流)，以及特殊要求的二次设备。

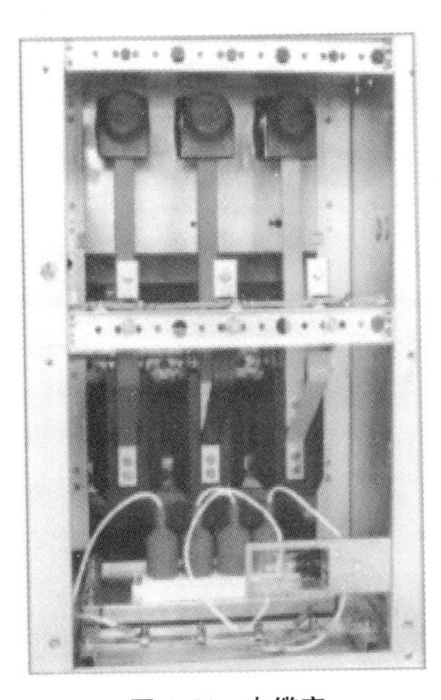

图 4.31　电缆室

图 4.32　继电器仪表室

除此之外，高压开关柜还有带电显示装置部分和防止凝露和腐蚀措施部分，如图 4.33 所示。带电显示装置由高压传感器和带电显示器两单元组成。该装置不但可以指示高压回路带电状况，而且还可以与电磁锁配合，强制闭锁，从而实现带电时无法关合接地开关、防止误入带电间隔，从而提高了配套产品的防误性能。防止凝露和腐蚀措施是为了防止在湿度变化较大的气候环境中产生凝露而带来危险，在断路器室和电缆室内分别装设加热器，以便在上述环境中安全运行和防止开关柜柜体被腐蚀。

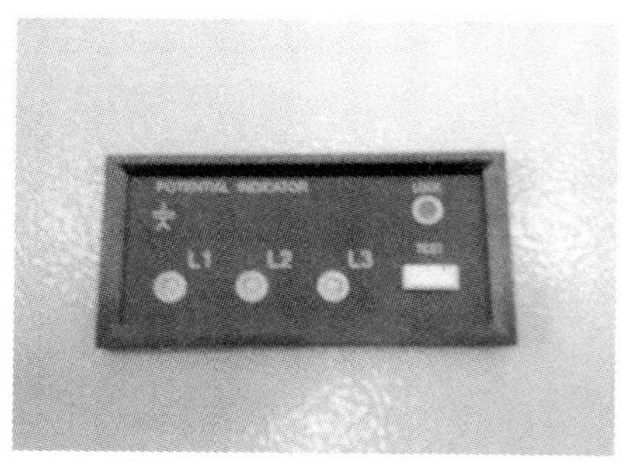

图 4.33　凝露和腐蚀测试装置

2. 手车

在高压开关柜内有断路器手车，如图 4.34 所示。断路器手车在开关柜内部有 3 个位置。一是工作位置，断路器与一次设备有联系，合闸后，功率从母线经断路器传至输电线路。二是试验位置，二次插头可以插在插座上，获得电源。断路器可以进行合闸、分闸操作，对应指示灯亮，断路器与一次设备没有联系，可以进行各项操作，但是不会对负荷侧有任何影响，所以称为试验位置。三是检修位置，断路器与一次设备(母线)没有联系，失去操作电源(二次插头已经拔下)，断路器处于分闸位置。

3. 高压开关柜的联锁位置

开关柜具有可靠的联锁装置(图 4.35)，满足“五防”的要求，切实保障了操作人员及设备的安全。

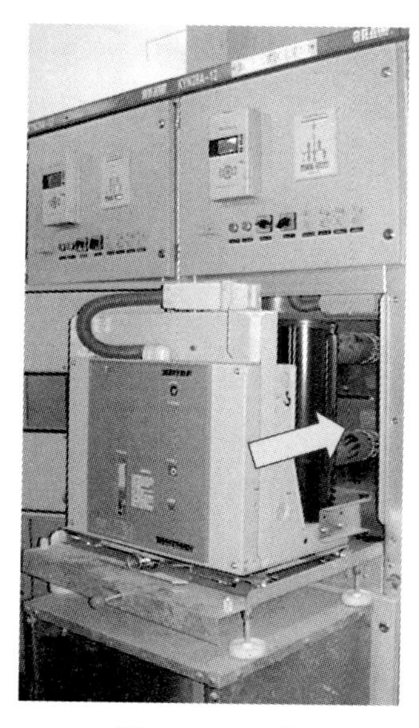

图 4.34　手车

图 4.35　开关柜盘后门与接地开关联锁示意图

(1) 仪表室门上装有提示性的按钮或者转换开关，以防止误合、误分断路器。

(2) 断路器手车在试验位置或工作位置时，断路器才能进行合分操作，而在断路器合

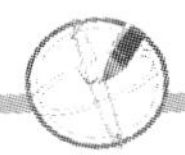

闸后，手车无法移动、防止了带负荷误推拉手车。

(3) 仅当接地开关处在分闸位置时，断路器手车才能从试验/检修位置移至工作位置。仅当断路器手车处于试验/检修位置时，接地开关才能进行合闸操作。这样实现了防止带电误合接地开关，以及防止接地开关处在闭合位置时分合断路器。

(4) 接地开关处于分闸位置时，开关柜下门及后门都无法打开，防止了误入带电间隔。

(5) 断路器手车在试验或工作位置，没有控制电压时，仅能手动分闸，不能合闸。

(6) 断路器手车在工作位置时，二次插头被锁定不能拔出，如图 4.36 所示。

图 4.36　开关柜二次插头被锁定示意图

(7) 各柜体间可实现电气联锁。

(8) 开关设备上的二次线与断路器手车上的二次线的联络是通过手动二次插头来实现的：二次插头的动触头通过一个尼龙波纹收缩管与断路器手车相连，二次静触头座装设在开关柜手车室的右上方。断路器手车只有在试验、断开位置时，才能插上和解除二次插头，断路器手车处于工作位置时由于机械联锁作用，二次插头被锁定，不能被解除。

三、 高压开关柜的安装

1. 安装准备

1) 土建交接验收

检查土建已具备安装条件，并办理交接签证。

(1) 配电室门、窗、墙壁、装饰棚应施工完毕，地面应抹平。

(2) 基础型钢安装牢固可靠，并经验收合格。

2) 设备开箱检查

设备开箱应有物资公司、电厂、制造厂及电气专业人员参加。

(1) 设备型号、数量符合图纸要求。

(2) 设备完好无损伤，附件、备件齐全、完整。

(3) 出厂技术资料齐全。

3) 加工制作安装用垫铁及滚杠

(1) 用厚度为 0.5～2mm 不等的铁板制作垫铁，垫铁大小在 40mm×50mm 左右，数量应满足施工要求。

(2) 准备滚杠。滚杠采用 8 根 1500mm 长的 ϕ50mm 钢管。

4) 检查运输路径，确定合适的吊装方案

(1) 运输道路应平坦，无障碍物。

(2) 吊装口应满足盘柜尺寸要求。

5) 配电室准备工作

(1) 清扫配电室地面。基础型钢上不得有焊渣、水泥等妨碍柜体安装的杂物。

(2) 依据图纸用墨线打出每列柜的平齐线及端线，具体要求如下所述。

① 四列柜的端线要同时打出。

② 黑线清晰，无重影，并用 30m 钢卷尺核实是否与图纸要求一致。

2. 开关柜运输、吊装

（1）开关柜运至现场后，按安装顺序吊运至配电室。

运输过程中车辆驾驶要平稳，封车牢固可靠，且不能损伤设备，吊装由起重工配合，统一指挥。

（2）开关小车与开关柜一体来货时，应将小车移出，放至不妨碍施工的位置。用专用运输手车移动开关小车，开关小车集中放置，罩上塑料布防护。

（3）用专用拖车或滚杠将开关柜体移至安装位置。开关柜摆放顺序应符合图纸要求。

3. 开关柜找正固定

（1）将开关柜端部第一块盘用小滚杠和撬棍移动，使其柜边与所打墨线完全重合。再用线坠测量其垂直度，不符合规范要求时，在柜底四角加垫铁整；达到要求后，将柜体与基础型钢焊接固定。线绳严禁触动，一经触动，需重新核实。

（2）用上述同样方法将本列末端柜找正，但先不要焊接牢固，在首末两柜前面中上部拉线，使线与柜距离在 4～5cm 左右，以线为基准，将成列柜找直。

（3）从第二面柜起，依次将每面柜找正找直，并边连接边固定，最后去掉线绳，将末端柜重新找正，连接固定好。相邻两柜顶部水平度误差≤1.5mm，成列柜顶部水平度误差≤4mm。相邻两柜边不平度应为 0，成列柜面不平度≤4mm，柜间接缝间隙≤1.5mm。

（4）用上述方法找正固定好第二至第四列柜子。所有紧固件均采用镀锌件，螺栓露扣长度一致，在 2～5 扣之间。

4. 母线连接

（1）核实母线规格、数量符合要求，两进线相序相位是否一致。母线制作工艺符合验标及规范要求，相序标示清楚。

（2）穿接母线用力要均匀、一致、柔缓。

（3）母线连接。母线连接面用白布蘸酒精擦试干净，均匀涂抹电力复合脂。所有紧固螺栓必须是镀锌件，平垫、弹簧垫齐全。紧固力矩用力矩扳手检查应在规范要求范围内。

（4）检查母线对地及相间距离。6kV 母线对地及相间距离应大于 100mm。

5. 柜体接地检查

（1）柜体与基础槽钢可靠连接。

（2）装有电器可开启门的接地用软导线将门上接地螺栓与柜体可靠连接。

6. 开关柜机械部件检查

（1）开关柜外观检查，具体要求如下所述。

① 柜面油漆无脱漆及锈蚀。

② 所有紧固螺栓均齐全、完好、紧固。

③ 柜内照明装置齐全。

(2)进出小车检查机械动作及闭锁情况，分合接地刀检查及动作及闭锁情况，具体要求如下所述。

① 小车滚轮与轨道配合间隙均匀，小车推拉轻便不摆动。

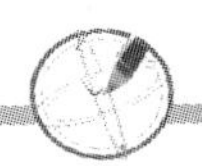

② 安全隔离板开闭灵活，无卡涩。
③ 小车与接地刀闭锁正确，接地刀分合灵活，指示正确。

7. 开关柜电气部件检查

(1) 检查各种电气触点接触是否紧密，通断顺序正确。
触点上涂抹红导电脂，检查触点压痕，应清晰、均匀，触点插入深度符合厂家规定。
(2) 检查带电部分对地距离。
① 一次部分对地距离≥100mm。
② 二次部分对地距离≥4mm。
(3) 对照施工图检查二次接线是否正确，元件配置是否符合设计要求。
① 用万用表或试灯检查接线正确。
② 元件配置符合设计要求。

课内实验　断路器的质量检验

一、工具、仪器和器材

电工常用工具。

二、工作程序及要求

按照断路器的安装要求进行。

三、评分标准(表 4-26)

表 4-26　断路器质量检验评分标准

项目名称	分值	质量标准		评分细则	质量检验结果	得分
本体检查	2	外观检查	部件齐全，无损伤	各部件名称、位置、检查项目，错误一次扣0.5分		
	5	灭弧室外观检查	清洁，干燥，无裂纹、损伤	外观检查内容，错误一次扣1分		
	5	绝缘部件	无变形，绝缘良好	绝缘部件漏查一次扣1分		
	5	分、合闸线圈铁心动作检查	可靠，无卡阻	检查内容漏查一次扣1分		
	5	熔断器检查	导通良好，接触牢靠	导通状态未查扣3分；接触状态未查扣2分		
	2	螺栓连接	紧固均匀	螺栓检查不到位，一处扣1分		

（续）

项目名称	分值	质量标准			评分细则	质量检验结果	得分
本体检查	5	二次插件检查		接触可靠	接触检查，错误一处扣1分		
	5	绝缘隔板		齐全，完好	隔板检查不到位扣1分		
	5	弹簧机构	牵引杆的下端或凸轮与合闸锁扣	合闸弹簧储能后，蜗扣可靠	位置错误扣5分；检查不到位扣1分		
	5		分合闸闭锁装置动作检查	动作灵活，复位准确、迅速，扣合可靠	位置错误扣5分；动作操作不熟练扣1分		
	5		合闸位置保持程度	可靠	动作不熟练扣1分		
导电部分检查	5	触头外观检查		洁净光滑，镀银层完好	触头位置错误扣5分；检查不到位扣1分		
	5	触头弹簧外观检查		齐全，无损伤	位置错误扣5分；检查不到位扣1分		
	5	可挠铜片检查		无断裂、锈蚀、固定牢靠	位置错误扣5分；检查不全面扣1分		
	5	触头行程		按制造厂规定	操作错误一处扣1分		
	5	触头压缩行程			操作错误一处扣1分		
	5	三相同期			操作错误一处扣1分		
其他	5	辅助开关	切换触点外观检查	接触良好，无烧损	位置错误扣5分；检查不全面扣1分		
	3		动作检查	准确、可靠	动作不熟练扣1分		
	3	手动合闸		灵活、轻便	动作不熟练扣1分		
	2	断路器与操动机构联动		正确，可靠	位置错误扣5分；检查不全面扣1分		
	3	分、合闸位置指示器检查		动作可靠，指示正确	动作不熟练扣1分		
操作时间	5	40min			在规定时间内完成得5分，超时的以（所用时间/40min）×5得到分数		
起始时间		结束时间			实际时间		
备注	除超时扣分外，各项内容的最高扣分不得超过配分数				成绩		

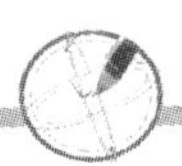

拓展实验　变压器台安装

一、工具、仪器和器材

所需工具、仪器见表 4－27，所需器材见表 4－28。

表 4－27　所需工具表

序号	名　称	规　格	单位	数量	备　注
1	个人用具		套	1	登高、安全防护、常规工具等
2	工具袋		只	1	
3	传递滑车	1t	个	1	
4	绳套	与传递滑车配合	个	1	
5	起吊千斤	钢丝绳 ϕ20	根	2	
6	吊车	5t	辆	1	或使用抱杆和滑轮组
7	钢丝刷		把	1	
8	液压钳	EP－430	把	1	

表 4－28　所需器材表

序号	名　称	规　格	单位	数量
1	熔断器及支架装置		套	1
	熔断器元件(型号根据变压器容量选择)		根	3
	支架	50 ×10＋16	个	3
	玻璃钢绝缘横担		块	1
	绝缘拉撑杆		根	1
	托架	ϕ190	块	1
	圆箍	ϕ190	副	1
	圆箍	ϕ205	副	1
	单帽螺栓	M16×50×40	个	6
	单帽螺栓	M16×90×50	个	6
	单帽螺栓	M16×120×50	个	1
	单帽螺栓	M16×240×65	个	2
	圆垫圈	D＝16mm	片	3
	熔断器		个	3
2	么二挡线装置		套	1
	柱式绝缘子	PS－15	个	3

（续）

序号	名　　称	规　　格	单位	数量
2	四路边担	6×50×1230	块	1
	圆箍	ϕ205	副	0.5
	圆杆托架	ϕ190	副	0.5
	单帽螺栓	M16×200×65	个	2
	圆垫圈	D=16mm	片	2
	单帽螺栓	M16×100×65	个	4
	圆垫圈	D=16mm	片	2
3	双杆变 10kV 挡线装置(1)			
	柱式绝缘子	PS-15	个	3
	杆变引下线横担	63×63×2740	块	1
	圆箍	ϕ190	副	0.5
	圆箍	ϕ205	副	0.5
	托架	ϕ190	块	2
	单帽螺栓	M16×180×65	个	2
	单帽螺栓	M16×200×65	个	2
	圆垫圈	D=16mm	片	4
4	双杆变 10kV 挡线装置(2)			
	柱式绝缘子	PS-15	个	3
	杆变引下线横担	63×63×2740	块	1
	圆箍	ϕ205	副	0.5
	圆箍	ϕ215	副	0.5
	托架	ϕ190	块	1
	托架	ϕ240	块	1
	单帽螺栓	M16×200×65	个	2
	单帽螺栓	M16×220×65	个	2
	圆垫圈	D=16mm	片	4
5	双杆变 10kV 挡线及避雷器装置			
	10kV 氧化锌避雷器	HY5WS5-17/50kV	个	3
	杆变引下线横担	63×63×2740	块	1
	圆箍	ϕ215	副	0.5
	圆箍	ϕ240	副	0.5
	托架	ϕ240	块	2
	单帽螺栓	M16×220×65	个	2
	单帽螺栓	M16×240×65	个	2

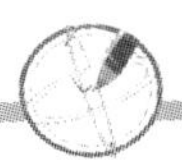

（续）

序号	名　　称	规　　格	单位	数量
	圆垫圈	$D=16$mm	片	4
6	杆变槽钢装置			
	杆变槽钢支架	＃20×2740	个	2
	杆变固定角铁	6×50×900	块	2
	托架	ϕ300	块	2
	托架	ϕ240	块	2
	圆箍	ϕ280	副	1
	圆箍	ϕ255	副	1
	双帽螺栓	M20×430×70	个	2
	双帽螺栓	M20×380×70	个	2
	单帽螺栓	M16×110×50	个	4
	单帽螺栓	M16×100×65	个	4
7	跌落式熔断器箱，低压避雷器装置			
	跌落式熔断器箱，低压避雷器		个	1
	托架	ϕ240	块	2
	圆箍	ϕ280	副	1
	单帽螺栓	M16×220×65	个	4
	圆垫圈	$D=16$mm	片	4
8	杆变低压全跳挡线装置			
	角钢四路横担		块	1
	托架	ϕ240	块	1
	圆箍	ϕ215	副	0.5
	单帽螺栓	M16×220×65	个	2
	单帽螺栓	M16×120×65	个	4
	低压绝缘子		个	4
	圆垫圈	$D=16$mm	片	4
9	杆变低压挡线装置(1)			
	角钢四路横担		块	1
	托架	ϕ240	块	1
	圆箍	ϕ240	副	0.5
	单帽螺栓	M16×220×65	个	2
	圆垫圈	$D=16$mm	片	4
10	杆变低压挡线装置(2)			
	角钢四路横担		块	1

（续）

序号	名　　称	规　　格	单位	数量
10	托架	ϕ190	块	1
	圆箍	ϕ205	副	0.5
	单帽螺栓	M16×220×65	个	2
	圆垫圈	D=16mm	片	4
11	绝缘导线	JKTRYJ－10 25mm^2	m	27
12	绝缘导线	JKY/－0.6/1 240 mm^2	m	25
13	绝缘导线	JKY/0.6/1 185mm	m	8
14	楔形线夹、弹色芯		个	7
15	水泥杆	ϕ190×13m	根	1
16	水泥杆	ϕ190×11m	根	1
17	单帽螺栓 M12×35×30		只	11
18	单帽螺栓	M16×40×30	只	1
19	配变高压绝缘罩	红、绿、黄	只	3
20	配变低压绝缘罩	Ⅰ型红、绿、黄、灰	只	4
21	负荷开关箱绝缘罩	红、绿、黄	只	4
22	短扶梯支架		套	1
23	水泥圆底盘	ϕ600/400	个	2
24	单根接地管子	4×16×4000	根	2
25	接地装置连板		块	1
26	铜接线耳	240mm	只	14
27	铜接线耳	25mm	只	15
28	铜接线耳	185mm	只	3
29	导电膏		支	1
30	挂标识牌配件(不锈钢扎带)		套	2

二、 工作程序及要求

1. 工作流程

变压器台安装的工作流程如图 4.37 所示。

2. 地面检查

变压器台安装前，应按照变压器台装置图，如图 4.38 所示。检查所备工器具、设备材料是否齐备，型号是否满足要求，质量是否良好。

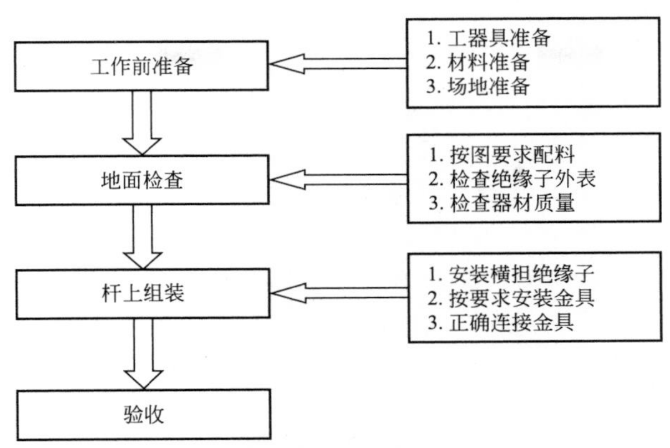

图 4.37　变压器台安装的工作流程图

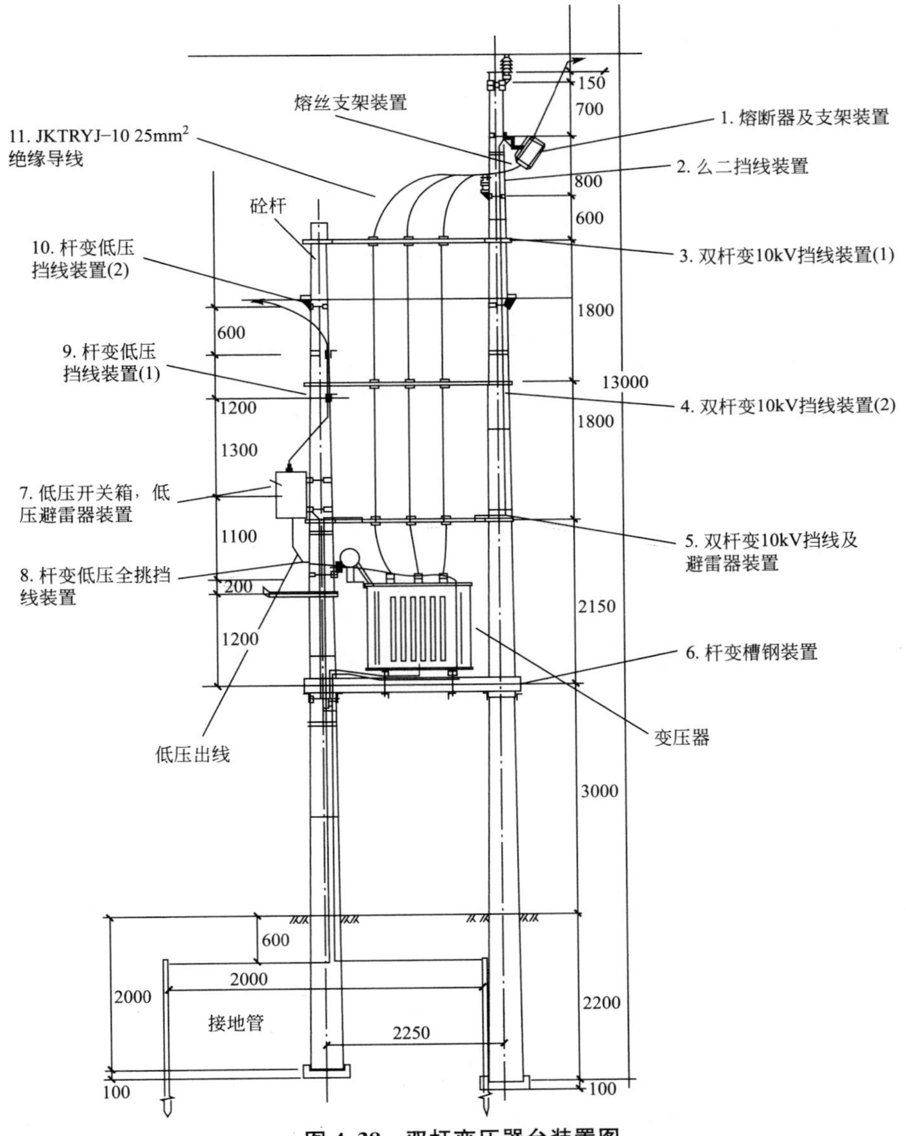

图 4.38　双杆变压器台装置图

3. 变压器台部件组合及要求

(1) 通常变压器是安装在10kV线路的某一处电杆上，该处电杆可以是直线杆也可以是终端杆；在新安装变压器台时，就要考虑此处的横担和绝缘子等，若在原有的电杆上安装时，此处的横但和绝缘子等可以不予考虑。

(2) 由于变压器台需要操作并配有短路保护(有些书称过流保护)，在10kV导线和变压器之间应设置一套10kV跌落式熔断器，熔断器的元件(即保险丝)应按规定选择。

(3) 连接跌落式熔断器和变压器的连线采用10kV绝缘导线，在引线的合适位置(按图纸要求)安装一套10kV避雷器，作为高压侧的过电压保护。

(4) 变压器安装在槽钢上用螺栓固定；根据低压相位要求来考虑变压器接线柱的具体位置，当线路与道路平行时，高压引线应放置在道路的内侧。

(5) 变压器低压出线由其低压绝缘引线和低压闸刀熔丝箱(俗称低压开关)组成，熔丝规格应按要求放置；在引线的合适位置(按图纸要求)安装一套0.4kV避雷器，作为低压侧的过电压保护。引线与0.4kV的低压线路应用符合要求的接续金具连接。

(6) 对100kW及以上的变压器，接地电阻≤4Ω，小于100kW的变压器，接地电阻≤10Ω，在电杆的3m外安装专用的接地连板，用不同截面的导线将两根接地管、两套避雷器的接地端子、变压器外壳、低压中性线接线柱等连接起来。

4. 杆上组装

(1) 地面电工与杆上电工一起将双杆变各附件配料组装完毕，横担螺丝水平方向应与上层10kV横担螺丝穿向一致，符合规范要求。对所需引下线、接地引线进行量尺寸、开断、压接工作(压接绝缘导线注意做好清除氧化层、涂导电膏以及防水工作)，将10kV跌落式熔断器(俗称熔丝)、低压闸刀熔丝开关(俗称跌落式熔断器箱)、变压器桩头上的氧化物清除干净，涂好导电膏，完成所有地面准备工作。

(2) 4名杆上电工(编号1、2、3、4号)身背吊绳，检查个人工器具是否齐全，检查电杆埋深是否符合要求，杆身有无裂纹，新立电杆基础是否稳固，符合要求后，对登高工具做好试蹬试拉，准备登杆；4人分两组，分别登上两根电杆安装好变压器槽钢平台，如图4.39所示。槽钢装好后副杆上一人回到地面作为地面电工，使用24磅(lb)铁锤在两根电杆外侧敲入接地管，接地管间的距离约为4m，接地扁铁和镀锌铁管断面距地面埋深不小于0.6m。

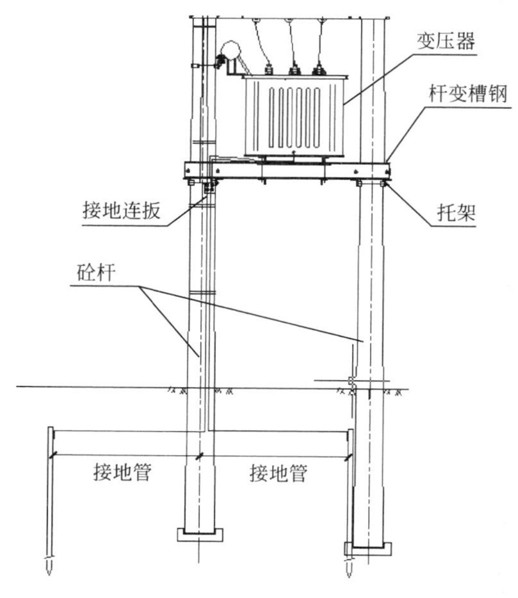

图4.39 变压器槽钢平台

(3) 1号杆上电工束好保险带登高至13m电杆杆顶，在10kV横担螺栓上钩好保险钩，使用吊绳吊起熔丝斜撑及其圆箍，在紧贴上层10kV横担处安装。熔丝斜撑与上层10kV横担平行，位于杆上电工面向11m副杆时的右侧，斜撑末端的圆环平面应朝下。

(4) 跌落式熔断器斜撑安装完成后，1

号杆上电工吊上玻璃钢绝缘横担，放在保险带上，解开绳结，先将斜撑与横担用单帽螺栓(M16×120×50)连接，再将横担通过抱箍螺栓固定在电杆上，横担固定应做到横平竖直，横担歪斜不得大于本身横担长度的1/100。

(5) 横担安装完毕后，1号电工逐相吊上跌落式熔断器，由右至左逐相安装在跌落式熔断器横担上，跌落式熔断器应安装牢固，排列整齐，熔丝管轴线与地面垂线夹角为15°～30°，跌落式熔断器之间的水平距离不小于500mm。

(6) 跌落式熔断器安装完成后，1号电工将跌落式熔断器上下引线吊上连接在跌落式熔断器具上，接头处做好清洁表面和涂导电膏工作。

(7) 接头完成后1号电工取下保险钩转至跌落式熔断器反面位置，在跌落式熔断器横担下方站定，钩好保险钩，吊起么二挡线装置，放在保险带上，通过抱箍螺栓固定在跌落式熔断器横担下方800mm处的电杆上，挡线横担挑出侧应与跌落式熔断器横担一致，横担安装应横平竖直，连接牢固，横担安装好后1号电工将跌落式熔断器下桩头引线绑扎在么二挡线装置的PS-15绝缘子上，工作负责人注意检查引线相位。

(8) 1号电工完成导线绑扎后升至杆顶，将楔形线夹安装工具、楔形线夹、弹射芯和1.5磅铁锤吊上，开始进行跌落式熔断器上桩头与10kV导线的逐相搭接，楔形线夹应位于导线横担外500mm左右，引线搭接前应做好清洁表面和涂导电膏工作(绝缘导线做好防水措施)，搭接后引线应排列整齐，连接可靠，相与相、相与地之间保持足够的安全距离。

(9) 在1号电工上杆的同时，2号与3号电工身背吊绳，束好保险带，分别登上13m和11m电杆，至3m高度站定钩好保险钩，地面工分别将ϕ280元箍吊给2号电工组装，ϕ255元箍吊给3号电工组装，组装过程中注意保持两套元箍在同一水平线上，元箍的螺栓与跌落式熔断器横担螺栓穿向一致。

(10) 工作负责人指挥吊车使用两根钢丝绳(对角布置)将杆变吊在槽钢上，保持带紧钢丝绳，整个杆变应位于双杆的中间位置，杆变铭牌面向道路侧。2号与3号电工使用杆变固定角铁配合将杆变固定在槽钢上，固定完成工作负责人指挥吊车松下钢丝绳并撤离。

(11) 杆变安装完毕后，3号杆上电工登杆至11m电杆顶端，2号电工升至13m电杆上的同一高度，地面电工将挡线横担的两端分别系在2号和3号电工的吊绳上，2号和3号电工按照吊杆变槽钢的方法将挡线横担吊起，在么二挡线装置下500mm处安装双杆变10kV挡线装置(1)，挡线横担平面朝道路，安装3只PS-15绝缘子。

(12) 2号与3号电工在1号电工装好么二挡线装置并绑扎好导线后，将导线按正确相位扎在挡线横担的PS-15绝缘子上(工作负责人注意检查相位是否正确)。

(13) 扎好导线后，2号与3号电工下移至双杆变10kV挡线装置(1)下方1800mm处继续安装双杆变10kV挡线装置(2)，方法与安装双杆变10kV挡线装置(1)相同并扎好线。

(14) 2号与3号电工继续下移，在10kV挡线装置(2)下方1800mm处安装双杆变10kV挡线内藏避雷器装置，横担安装方法与双杆变10kV挡线装置(1)相同，但在安装PS-15绝缘子的位置换成安装避雷器。

(15) 避雷器安装完成后，2号和3号电工在工作负责人的指挥下拉直引下线，并把导线卡进避雷器的触头内，拧紧螺丝并遮好绝缘罩(保证避雷器的触头紧贴导线线芯)，如

图 4.40 所示的杆变 10kV 引线及避雷器装置。

(16) 挡线和避雷器装置安装完毕后，2 号电工登上 11m 电杆，与 3 号电工一起在杆变 10kV 挡线装置(2) 的横担螺丝上挂好滑车，系好吊绳，地面工用吊绳将低压开关箱吊起，提升至杆变槽钢以上 2500mm 处，2 号与 3 号杆上电工分别站在杆塔侧面，配合安装低压开关箱，低压开关箱跌应安装牢固，箱体横平竖直面朝杆塔外侧。

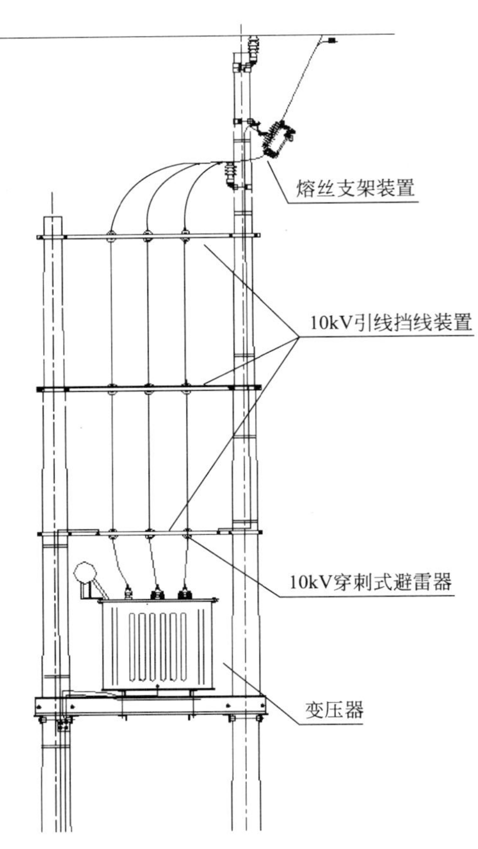

图 4.40　杆变 10kV 引线及避雷器装置

(17) 2 号和 3 号电工进行低压开关箱安装的同时，1 号电工完成了搭接低压开关上装头引线工作，下杆至变压器台架，开始搭接变压器桩头，搭接引线应排列整齐，连接紧密，高压引线应在变压器台架上压接，压接前量好引线尺寸保证避雷器到变压器桩头的引线呈 J 字形，绝缘导线剥离绝缘层后做好清除氧化层和防水措施、涂上导电膏。

(18) 2 号电工在低压开关箱安装完毕后，吊起低压开关箱上桩头引线依次连接在低压开关箱上桩头上；3 号电工下杆至低压开关箱下方吊起杆变低压全挑挡线装置，安装在低压开关箱下方 1100mm 处，横担安装应横平竖直，挑向杆变低压侧。

(19) 杆变低压全挑挡线装置安装完成后，3 号电工配合 1 号电工将低压开关箱下桩头与变压器低压侧桩头用低压引线连接，并将引线绑扎在杆变低压全挑挡线装置的低压绝缘子上(工作负责人检查变压器与低压开关箱导线连接相位是否正确)。

(20) 2 号电工完成低压开关箱上桩头引线连接后，在低压开关箱往上 900mm 和 1900mm 处分别安装杆变低压挡线装置(1) 和杆变低压挡线装置(2)，并扎好扎线。

(21) 3 号电工完成低压开关箱下桩头引线连接后，在杆变低压全挑挡线装置下方 200mm 处安装短扶梯支架。

(22) 2 号电工等 1 号电工完成变压器所有桩头的引线连接后(包括低压中性线)将低压开关上桩头引线搭接在低压导线上，操作步骤同上(8)，搭接完成后工作负责人注意检查相位是否正确，如图 4.41 所示的杆变 0.4kV 引线及低压开关箱装置。

(23) 3 号电工完成短扶梯支架的安装后，将低压开关箱外壳接地引线、变压器外壳接地引线、高压避雷器接地引线压接好的一端分别连接在低压开关箱外壳、变压器外壳的接地螺丝以及双杆变 10kV 避雷器装置的横担上。

(24) 1 号电工完成变压器桩头搭接后，罩好高低压绝缘罩，与 3 号电工一起下杆至槽钢以下，将低压开关箱外壳接地引线、变压器外壳接地引线、中性线接地引线、高压避雷器接地引线以及 2 根接地管连接到接地装置连板上，挂好变压器铭牌。

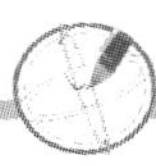

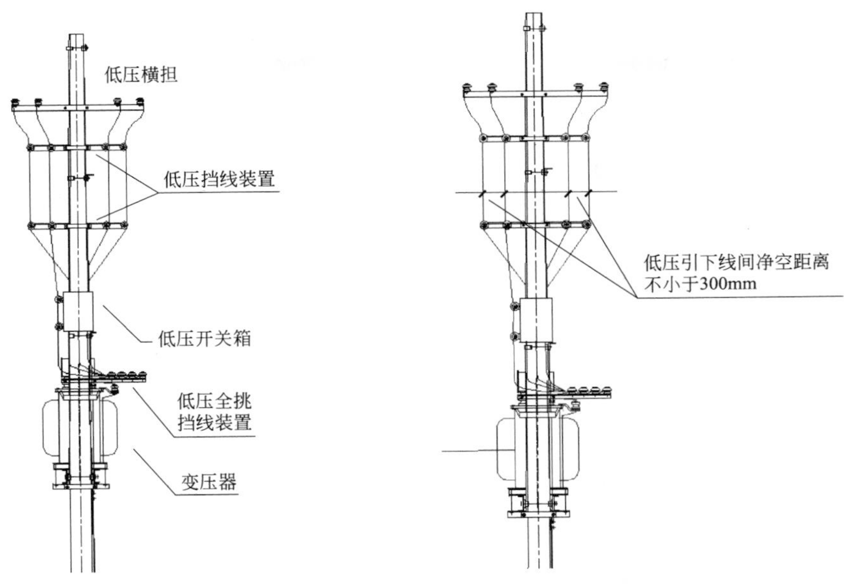

图 4.41　杆变 0.4kV 引线及低压开关箱装置

(25) 工作完成后，3 位杆上电工下杆，地面电工收好所有的工器具，工作负责人检查杆变装置的安装是否符合验收规程，有无工器具或杂物遗留在杆上，搭接相位是否正确(所有电气连接部分都应进行清除氧化和涂导电膏工作)。

5. 验收质量要求

(1) 整个杆变安装位置应与变压器台架装置图一致，横担安装应平正，无明显歪斜，同杆安装的数块横但应无剪刀叉(横但歪斜不得大于本身横但长度的 1/100)。螺栓穿向一致，螺杆应与构件面垂直，螺头平面与构件间不应有间隙，螺杆紧好后，螺杆丝扣露出的长度，单螺母不少于两个螺距，双螺母可与螺母相平，当遇见长腰孔必须加垫圈，每端垫圈不超过两个。

(2) 高低压引线排列整齐、绑扎牢固、无松弛，相间或对构件的距离符合规定，分接头位置符合要求。

6. 清理现场

施工作业结束后，工作负责人依据施工验收规范对施工工艺、质量进行自查验收，按要求清理施工现场，整理工具、材料，办理工作终结手续。

三、 评分标准(表 4－29)

表 4－29　评 分 标 准

序号	项目名称	配分	质量及工艺要求	加、扣分标准	得分
1	工作前准备				
1.1	着装及佩戴	2	戴安全帽，勒紧帽带；穿工作服，扣齐衣、袖扣；穿绝缘鞋，系紧鞋带	着装不符合要求每项，扣 0.5 分	

（续）

序号	项目名称	配分	质量及工艺要求	加、扣分标准	得分
1.2	安全检查	3	电杆埋深合格，杆身无裂纹；脚扣或踏板无损伤，合格期内；安全带无损伤，合格期内	未检查每项扣 0.5 分	
1.3	检查即将使用的设备	4	绝缘子、避雷器、跌落式开关应合格，无裂纹或损坏，擦拭干净，并报告：检查合格！	未检查每件扣 0.5 分；未擦拭扣 0.5 分；未报告扣 0.5 分；未作开合试验扣 0.5 分	
2	工作过程				
2.1	登杆前检查	4	先将测试检查合格的工器具、材料移至登杆处；线路方向(面向受电侧左起 ABC)	未事先移至或来回取工器具和材料每次扣 1 分；未作检查每项扣 1 分；线路方向未确定或错误扣 1 分	
2.2	登杆工具检查	4	检查登杆工具并进行冲击试验(系好安全带并串到腰间再向后绷一下；登上脚扣向下冲击一次)，并报告：检查冲击合格！	未检查登杆工具扣 0.5 分；未作冲击试验扣 1 分；系扣错扣 1 分；系扣处未串到腰间扣 0.5 分；未报告扣 1 分	
2.3	登杆及工作位置确定	5	登杆及下杆动作熟练、规范；调整脚扣大小及时；站位合理；安全带系法正确并及时串系头到腰间；提绳、工具兜固定及时	脚扣踏空、脚扣碰滑每次扣 1 分；上、下杆不用安全带保护扣 2 分；作业中两脚站立位置错误扣 0.5 分；提绳、固定不及时扣 0.5 分	
3	金具安装				
3.1	安装变压器操作台及背铁、支铁	5	背铁应垂直于线路方向水平安装；在背铁的内侧安装支铁(∠50×4×830)，支铁不能喝水；螺栓安装紧固，从内向外穿；承力担加双螺帽；长孔加平垫；螺纹露出部分单螺帽不少于 3 扣，双螺帽应平扣	背铁选错每件扣 0.5 分；支铁选错每件扣 0.5 分；螺栓选错每根扣 0.5 分；螺栓穿向错每处扣 0.5 分；支铁喝水每处扣 0.5 分；背铁歪斜扣 0.5 分；支铁安装错误(装在背铁外侧)扣 0.5 分；螺纹露出部分不符合要求扣 0.5 分	
3.2	(副杆)安装母线横担及支铁和背铁、二次低压开关横担	15	A、B 母线横担(∠70×6×1350)上平面距槽钢上平面 1800mm，支铁(∠50×5×830)装在背铁和母线横担里侧，背铁喝水安装，穿心螺栓从内向外穿；传递工具、材料时不撞击杆身，承力担加双螺帽；长孔加平垫；螺纹露出部分单螺帽不少于 3 扣，双螺帽应平扣；二次低压刀闸担不应喝水安装	螺栓穿向错误每处扣 1 分；螺栓在长孔处未加平垫每处扣 0.5 分；背铁安装歪斜扣 0.5 分；支铁喝水安装扣 0.5 分；母线横担安装尺寸偏差过大或歪斜扣 1 分；二次低压刀闸担喝水安装扣 0.5 分；传递工具、材料时撞击杆身每次扣 0.5 分；螺纹露出部分不符合要求扣 0.5 分；杆上坠落工具或材料大件扣 3 分，小件扣 0.5 分；安装时造成设备、工具、材料损毁每件扣 1 分；工作中用扳手、钳子代替手锤使用每次扣 1 分；脚扣脱落、踏板挂钩反扣 2 分	

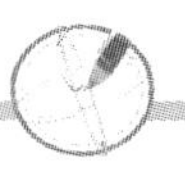

（续）

序号	项目名称	配分	质量及工艺要求	加、扣分标准	得分
4.2	（主杆）安装顶铁及抱箍、导线横担及支铁和抱箍、T形横担、针式绝缘子、母线横担及支铁和背铁、跌落式开关横担	20	顶铁抱箍（ϕ190－2）装在受电侧并距杆顶150±20mm处，螺栓面向受电侧由左向右穿；安装T形横担（∠70×6×1640）及支铁（∠50×5×1150）和抱箍，并调平紧固；安装顶瓶（P－15）和已绑扎绝缘线（35mm^2）的引线瓶；A、B母线横担（∠70×6×1650）上平面距槽钢上平面1800mm；背铁喝水安装，支铁（∠50×5×97）装在背铁和母线横担里侧；穿心螺栓从内向外穿；安装跌落式开关横担（∠70×5×1500）及长脚立瓶应紧固；传递工具、材料时不撞击杆身，承力担加双螺帽；长孔加平垫；螺纹露出部分单螺帽不少于3扣，双螺帽应平扣	导线横担歪斜扣1分；背铁歪斜扣0.5分；母线横担安装尺寸偏差过大或歪斜每处扣2分；支铁喝水安装扣1分；跌落式开关横担安装偏差大或不紧扣2分；传递工具、材料时撞击杆身每次扣0.5分；螺栓在长孔处未加平垫每处扣0.5分；螺纹露出部分不符合要求扣0.5分；杆上坠落工具或材料大件扣3分，小件扣0.5分；安装时造成设备、工具、材料损毁每件扣1分；工作中用扳手、钳子代替手锤使用每次扣1分；脚扣脱落、踏板挂钩反扣2分	
5	设备及绝缘引线安装				
5.1	（主杆）安装跌落式开关、绑扎引下线、母线立瓶、连接变压器高压引出线、绝缘并钩线夹	10	跌落式开关螺栓加平垫和弹簧垫，安装牢固，不歪斜；高压立瓶在安装时加弹簧垫；绑扎引下线（35mm^{2}高压绝缘线），端部压铜铝过度线鼻子（一35mm^2）入开关上端压后应打磨毛边并缠绝缘自黏带处理；高压接引线用并沟线夹压紧后留100mm左右的余量绑扎一下垂直母线入变压器（ST－100kW）抱杆设备线夹	跌落式开关安装不牢固或歪斜扣1分；铜铝过度线鼻子压接质量差每个扣0.1分，鹅头弯处理不美观扣1分；高压接引线预留过长或过短每处扣1分；高压接引线安装在变压器抱杆设备线夹上松动或歪斜每处扣2分；高压立瓶在安装时未加弹簧垫扣0.5分；引下线松动或过渡不合理每处扣1分。跌落式开关在安装结束后未打开扣2分；未打磨毛边和未缠绝缘自黏带处理扣0.1分	
5.2	（副杆）安装避雷器、母线绝缘子、绑扎母线瓶、户外刀熔开关、连接变压器低压引出线、连接接地线	10	复合绝缘氧化锌避雷器垂直安装，上、下端均用铜铝过度线鼻子（一35mm^2）连接，留有余量；高压立瓶在安装时加弹簧垫；母线应绷紧后绑扎，另一端留够余量压铜铝过度线鼻子（一35mm^2）入跌落开关下端；用50mm^{2}低压绝缘线将户外刀熔开关（DJW3－500A/380V）与变压器（ST－100kW）抱杆设备线夹相连；保护接地线（35mm^{2}高压绝缘线）由变压器、避雷器连接至接地极；铜铝线鼻子压后应打磨毛边并缠绝缘自黏带处理	避雷器安装歪斜扣1分，过引线处理三相不一致扣1分，小母线未拉紧每根扣1分；变压器低压引出线过长或过短每根扣1分；铜铝过度线鼻子松动或歪斜扣0.1分；保护接地线和零线引接不规范每处扣2分；高压立瓶在安装时未加弹簧垫扣0.5分；户外刀熔开关安装结束后未打开扣2分；未打磨毛边和未缠绝缘自黏带处理扣0.1分	

（续）

序号	项目名称	配分	质量及工艺要求	加、扣分标准	得分
6	安全文明生产	10	服从裁判指挥和提醒遵守操作规程，爱护工具，节约材料，按要求进行拆装，操作现场清理干净彻底	严重违章操作、人身伤害、工器具的损坏、野蛮拆装每次扣3分；工作结束后未清理现场扣1分；清理不彻底扣1分；未将废旧的原材料放在指定的位置扣1分	
7	时间	8	提前完成并且安装工艺符合要求，每提前5min均加1分，最高加5分；超过或延时每1min扣分	提前完成每1 min加分加1分，最高加5分；超过或延时每1min扣1分，返工一项扣2分	
起始时间		结束时间		实际时间	
备　注	除超时扣分外，各项内容的最高扣分不得超过配分数			成　绩	

小　　结

本学习情境针对高压供配电设备的安装调试要求，详细分析了变压器、隔离开关、互感器、断路器和高压开关柜等设备的安装、测试规范与方法，并结合课内实验及拓展实验对学生进行操作规范、操作方法及安全文明生产的训练。

习　　题

一、填空题

1．变压器上层油温一般要求不超过________，绕组温升不超过________。

2．高压断路的操作机构主要有________、________和________等几种形式，它们都有________和________线圈。

3．高压断路器的主要参数与其结构直接相关，断路器的________决定了断路器各部分绝缘尺寸距离；断路器的________决定了灭弧装置的结构和尺寸；断路器的额定短路关合电流、开断时间、分闸时间则很大程度上取决于所用的________及其中间传动机构。

4．直流二次回路接线时，接线端子上除标明原理图编号外，还应标明接线图编号，二次接线图按________编号。

5．保障电气工作安全的组织措施是________、________、________、________。

6．高压配电装置的分支母线排列顺序是：面对配电柜，从左至右，分别是________，变压器套管相序规定是，面向________，套管从左至右分别是C－B－A。

7．互感器的主要作用是：①用来使________绝缘；②用来扩大________使用范围。

8．高压隔离开关的主要功能是________，以保证其他电气设备及线路的安全检修，

隔离开关没有设置专门的灭弧装置，所以________带负荷操作。

9. CD10型操动机构中，通常有两组辅助触点，一组用于指示，一组用于分合闸控制，二者在结构上主要区别是：分闸操作时，________；合闸操作时，________，调整检修时需注意掌握，在接线时更不可混用。

10. 配电装置的“五防”是指是指：________、________、________、________、________。

11. 绝缘油在变压器中的作用主要是________和________；在少油断路中的主要作用是________和________。

12. 变压器油箱结构形式与其容量、质量大小有关系，通常小型变压器油箱采用________油箱，容量在16MW及以上，质量在15t及以上变压器则采用________油箱。

13. 电器设备上一些机械调整螺栓、整定值调整螺栓上涂以红漆，表示________。

二、判断题

(　　)1. 若变压器一次电压低于额定电压，则不论负载如何，它的输出功率一定低于额定功率，温升也必然小于额定温升。

(　　)2. 油浸式变压器防爆管上的薄膜若因被外力损坏而破裂，则必须使变压器停电修理。

(　　)3. 高压断路器的“跳跃”是指断路器合上又跳开，跳开又合上的现象。

(　　)4. 电气设备安装好后，如有厂家的出厂合格证明，即可投入正式运行。

(　　)5. 安装抽屉式配电柜时，其抽屉的机械联锁或电气联锁应动作正确且动作可靠，其动作正确的判断是：隔离触头分开后，断路器才能分开。

三、单项选择题

1. 发生误操作隔离开关时，正确的处理措施是(　　)。

A. 立即拉开

B. 立即合上

C. 误合时不许再拉开，误拉时在弧光未断开前再合上

D. 停止操作

2. 发生误操作隔离开关时，应采取(　　)的处理。

A. 立即拉开

B. 立即合上

C. 误合时不许再拉开，误拉时在弧光未断开前再合上

D. 停止操作

3. 电压互感器与电力变压器的区别在于(　　)。

A. 电压互感器有铁心、变压器无铁心

B. 电压互感器无铁心、变压器有铁心

C. 电压互感器主要用于测量和保护、变压器用于连接两电压等级的电网

D. 变压器的额定电压比电压互感器高

4. 为降低变压器铁心中的(　　)叠电间要互相绝缘。

A. 无功损耗　　B. 空载损耗　　C. 涡流损耗　　D. 短路损耗

5. 对于中小型电力变压器，投入运行后每隔(　　)要大修一次。

A. 1年　　B. 2～4年　　C. 5～10年　　D. 15年

6. 线路停电作业时，应在线路开关和刀闸操作手柄上悬挂的标志牌是(　　)。

A. 在此工作　　B. 止步高压危险

C. 禁止合闸线路有人工作　　D. 运行中

7. 变压器呼吸器作用是(　　)。

A. 用以清除吸入空气中的杂质和水分

B. 用以清除变压器油中的杂质和水分

C. 用以吸收和净化变压器匝间短路时产生的烟气

D. 用以清除变压器各种故障时产生的油烟

8. 投入主变压器差动保护出口连接片前应先做的工作是(　　)。

A. 用直流电压表测量连接片两端对地无电压后

B. 检查连接片在开位后

C. 检查其他保护连接片是否投入后

D. 检查差动继电器是否良好后

9. 用手接触变压器的外壳时，如有触电感，可能的原因是(　　)。

A. 线路接地引起　　B. 过复合引起　　C. 外壳接地不良　　D. 线路故障

10. 电气工作人员在10kV配电装置附近工作时，其正常活动范围与带电设备的最小安全距离是(　　)。

A. 0.2m　　B. 0.35m　　C. 0.4m　　D. 0.5m

四、简答题

1. 高压断路器操作回路中为何要设置“防跳”回路，“防跳”接线从哪几方面实现?
2. 变压器运行中补油应注意哪些问题?
3. 高压断路器对操动机构的基本要求有哪几方面?
4. 变压器安装的主要内容有哪些方面?
5. 避雷器安装的注意事项有哪些?
6. 互感器安装的试验内容有哪些?
7. 油断路器在安装、测试、调整中的基本操作要点是什么?
8. 隔离开关的操动机构应如何安装?
9. 高压开关柜有哪些主要的组成部分?
10. 高压开关柜的机械部分和电气部分的检查内容有哪些?

学习情境五

三相异步电动机的安装与调试

情境描述

通过对三相异步电动机定位安装、拆装、绕组大修及试验的学习，要求了解电动机安装的规范，掌握电动机安装与调试的方法与步骤，熟悉电动机试验内容及方法。

学习目标

(1) 掌握三相异步电动机的定位安装流程。
(2) 掌握三相异步电动机的拆装方法与步骤。
(3) 掌握三相异步电动机的绕组大修内容及方法。
(4) 掌握三相异步电动机的试验方法。
(5) 培养标准化作业实施能力。

学习内容

(1) 三相异步电动机的定位安装。
(2) 三相异步电动机的拆装。
(3) 三相异步电动机绕组大修。
(4) 三相异步电动机的试验。

任务一　三相异步电动机定位安装

电动机定位安装的工作内容主要包括设备的起重、运输及定子、转子、轴承座和机轴的安装和调整工作，以及电动机绕组接线、电动机干燥等工序。电动机容量大小不同，其安装工作内容也有所区别。电动机的就位安装如图5.1所示。电动机安装的基本工艺流程是：设备拆箱点件→安装前的检查→电动机的安装→抽芯检查→电机干燥→控制、保护和启动设备安装→试运行前的检查→试运行及验收。

图5.1　电动机的就位安装图

一、设备拆箱点件

（1）设备拆箱点件检查应由安装单位、供货单位、建设单位共同进行，并做好记录。

（2）按照设备供货清单、技术文件，对设备及其附件及备件的规格、型号、数量进行详细核对。

（3）电动机本体、控制和启动设备外观检查应无损伤及变形，油漆应完好。

（4）电动机及其附属设备均应符合设计要求。

二、安装前的检查

1. 电动机应完好，不应有损伤现象。转子转动应轻快，不应有卡阻及异常声响。
2. 定子和转子分箱装运的电机，其转子铁心和轴颈应完整无锈蚀现象。
3. 电机的附件、备件应齐全无损伤。
4. 电动机的性能应符合电动机周围工作环境的要求，电机选择应符合表5-1的规定。

表5-1　电动机选择

序号	安装地点	采用电动机型号
1	一般场合	防护式
2	潮湿场合	防滴式及有耐潮绝缘电机
3	有粉尘多纤维及有火灾危险场所	封闭式
4	有易燃易爆危险场所	防爆式
5	有腐蚀性气体及有蒸气侵蚀的场所	密封式及耐酸绝缘电机

三、电动机的安装

（1）电动机安装应由电工、钳工操作，大型电动机的安装需要搬运和吊装时应有起重工配合进行。

电动机搬运时不准用绳子套在轴上或滑环、换向器上搬运，也不要穿过电机的端盖孔

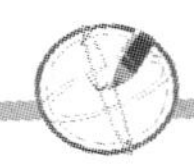

来抬电动机。在搬运过程中应特别注意，不能使电动机受到损伤、受潮或弄脏。如果电动机由制造厂装箱运来，在没有运到安装地点前，不要开箱，宜存放在干燥、清洁的仓库或厂房内。就地保管时，应有防潮、防雨、防尘等措施。中、小型电动机从汽车或其他运输工具上卸下来时，可用起重机械。如果没有起重机械时，可在地面与汽车间搭斜板，将电机平推在斜板上，慢慢地滑下来。但必须用绳子将电机拖住，以防滑动太快或滑出木板及冲击在地面上。重量在100kg以下的电动机，可用铁棒穿过电动机上的吊环，由人力搬运。搬运中所用的机具、绳索、杠棒必须牢固，不能有丝毫马虎。如果搬运中使电动机转轴弯曲扭坏，使电机内结构变动，将直接影响电动机使用，而且修复很困难。

(2) 应审核电动机安装的位置是否满足检修操作运输的方便。

(3) 固定在基础上的电动机，一般应有不小于1.2m维护通道。

(4) 采用水泥基础时，如无设计要求，基础重量一般不小于电动机重量的3倍。基础各边应超出电机底座边缘100～150mm。

(5) 稳固电机的地脚螺栓应与混凝土基础牢固地结合成一体，浇灌前预留孔应清洗干净，螺栓本身不应歪斜，机械强度应满足要求。

(6) 稳装电机垫铁一般不超过3块，垫铁与基础面接触应严密，电机底座安装完毕后进行二次灌浆。

(7) 采用皮带传动的电动机轴及传动装置轴的中心线应平行，电动机及传动装置的皮带轮，自身垂直度误差全高不超过0.5mm，两轮的相应槽应在同一直线上。

(8) 采用齿轮传动时，圆齿轮中心线应平行，接触部分不应小于齿宽的2/3。伞形齿轮中心线应按规定角度咬合，咬合程度应一致。

(9) 采用靠背轮传动时，轴向与径向允许误差，弹性连接的不应大于0.05mm，钢性连接的不大于0.02mm。互相连接的靠背轮螺栓孔应一致，螺帽应有防松装置。

(10) 定子和转子分箱装运的电动机，安装转子时，不可将吊绳绑在滑环、换向器或轴颈部分。

(11) 电机接线应牢固可靠，接线方式应与供电电压相符。

(12) 电动机安装后，应做数圈人力盘车转动试验。

(13) 电机外壳保护接地(或接零)必须良好。

四、抽芯检查

(1) 电动机有下列情况之一时，应做抽芯检查。

① 出厂日期超过制造厂保证期限者。

② 经外观检查或电气试验，质量有可疑时。

③ 开启式电动机经端部检查有可疑的。

④ 试运转时有异常情况者。

(2) 电动机抽芯检查时，应符合下列要求。

① 电机内部清洁无杂物。

② 电机的铁心、轴颈、滑环和换向器等应清洁，无伤痕、锈蚀现象；通风孔无阻塞。

③ 线圈绝缘层完好，绑线无松动现象。

④ 定子槽楔应无断裂、凸出及松动现象。

⑤ 转子的平衡块应紧固，平衡螺丝应锁牢，风扇方向应正确，叶片无裂纹。

⑥ 磁极及铁轭固定良好，励磁线圈紧贴磁极，不应松动。

⑦ 鼠笼式电动机转子导电条和端环的焊接应良好，浇铸的导电条和端环应无裂纹。

⑧ 电机绕组连接正确、焊接良好。

⑨ 直流电动机的磁极中心线与几何中心线应一致。

⑩ 检查电机的滚珠(柱)轴承应符合：轴承工作面光滑清洁，无裂纹或锈蚀；轴承的滚动体与内外圈接触良好，无松动，转动灵活无卡涩；加入轴承内的润滑脂，应填满其内部空隙的2/3，同一轴承内不得填入两种不同的润滑脂。

五、电机干燥

电动机经过运输和保管，容易受潮，安装前必须检查绝缘情况。根据规范要求，对于新安装的额定电压为1000V以下的电动机，其线圈绝缘电阻在常温下应不低于0.5MΩ。额定电压为1000V及以上的电动机，在接近运行温度时定子线圈绝缘电阻应不低于每千伏1MΩ，且其吸收比一般不应低于1.2；转子绕组的绝缘电阻不应低于每千伏0.5MΩ。

当电动机的绝缘电阻低于上述数值时，一般应进行干燥。但经耐压试验合格的额定电压1000V以上的电动机，当绝缘电阻值在常温下不低于每千伏1MΩ时可以不经干燥，即可投入运行。摇测绝缘电阻时，对1000V以下的电动机可用500V兆欧表，1000V及以上的电动机应使用1000V兆欧表测量。

电动机干燥时，周围环境应清洁，机内的灰尘、脏物可用干燥的压缩空气吹净(气压不大于200kPa)。电动机外壳应接地。为防止干燥时的热损失，可采取保温措施，但应有必要的通风口，以便排除电机绝缘中的潮气。

电动机干燥时，其铁心或绕组的温度应缓慢上升，测量温度可用酒精温度计、电阻温度计或热电偶，不准使用水银温度计测量电动机温度，以防温度计破碎水银流入电动机绕组，破坏绝缘。

在干燥过程中，应定期测量绝缘电阻值，做好记录，所使用的兆欧表不应更换。一般干燥开始时，每隔0.5h测量一次绝缘电阻值，温升稳定后，每隔1h测量一次。当吸收比及绝缘电阻达到规定要求，并在同一温度下经过5h稳定不变时，干燥便可结束。

在电机干燥过程中，应特别注意安全。值班人员不得离开工作岗位，必须严密监视温度及绝缘情况的变化，防止损坏电机绕组和发生火灾。干燥现场应有防火措施及灭火器具(如1211灭火器等)。在干燥现场不得进行电焊和气焊，一定要保证安全。

六、控制、保护和启动设备安装

(1) 电机的控制和保护设备安装前应检查是否与电机容量相符。

(2) 控制和保护设备的安装应按设计要求进行，一般应装在电机附近。

(3) 电动机控制设备和所拖动的设备应对应编号。

(4) 引至电动机接线盒的明敷导线长度应小于0.3m，并应加强绝缘，易受机械损伤的地方应套保护管。

(5) 高压电动机的电缆终端头应直接引进电动机的接线盒内。达不到上述要求时，应在接线盒处加装保护措施。

(6) 电动机应装设过流和短路保护装置，并应根据设备需要装设相序断相和低电压保护装置。

(7) 电动机保护元件的选择有以下要求。

① 采用热元件时，热元件一般按电动机额定电流的1.1～1.25倍来选。

② 采用熔丝(片)时，熔丝(片)一般按电动机额定电流的1.5～2.5倍来选。

七、 试运行前的检查

(1) 新的和长期停用的电动机，在使用前应检查电动机绕组绝缘电阻。通常500V以下的电机选用500V的兆欧表。绝缘电阻每1kV工作电压不得小于1MΩ。测量时应断开电源，并在冷却状态下测量。

(2) 检查电动机的铭牌所标示的电压、功率、接法、转速与电源和负载是否相符。

(3) 扳动电动机转轴，检查转子能否自由转动，传动机构的工作是否可靠，转动时有无杂音。

(4) 检查电动机固定情况是否良好，电动机及控制设备等金属外壳接地保护线是否可靠。

(5) 检查电动机的启动、保护和控制电路是否符合要求，接线是否正确。

八、 试运行及验收

(1) 通电试车。先将主电路电源断开，接通控制电路电源进行空操作试车。检查各电器元件能否按要求动作，动作是否灵活，有无机械卡阻，是否有过大噪声。空操作试车正常后，可接通主电路对电动机进行空载试验，观察电动机运转是否正常，并校正电动机正确的转向。

(2) 带负载试车。连接传动装置带负载试车，观察各机械部件和各电器元件是否按要求动作，同时调整好时间继电器、热继电器等控制电器的整定值。

试运行完成后，即可将电动机投入运行。电动机运行过程中，要注意电动机运行状态的监测及维护保养。

任务二　三相异步电动机的拆装

一、 电动机的拆卸

1. 电动机的解体

1) 较大容量电动机的解体步骤

容量较大的电动机的解体步骤如图5.2所示：①卸下前轴承外盖；②卸下前端盖；③卸下风罩；④卸下风扇叶；⑤卸下后轴承外盖；⑥卸下后端盖；⑦卸下转子；⑧卸下轴承及轴承内盖。

2) 较小容量电动机的解体步骤

较小容量的电动机，一般没有轴承内、外盖，拆卸时较为容易，解体步骤如图5.3所示：①卸下风罩；②卸下风扇叶；③卸下固定螺钉；④衬垫木块，用锤子敲打轴伸端，使

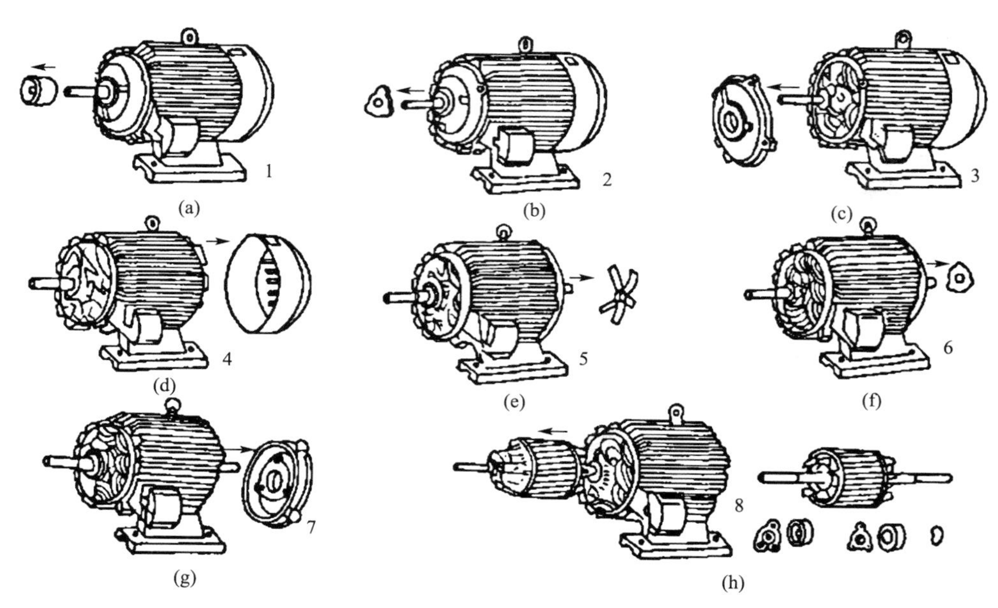

图 5.2　较大容量电动机的解体步骤

后端盖脱离机座；⑤将转子取出，取转子时注意不能磕碰线圈；⑥用木块、锤子将前端盖打下。

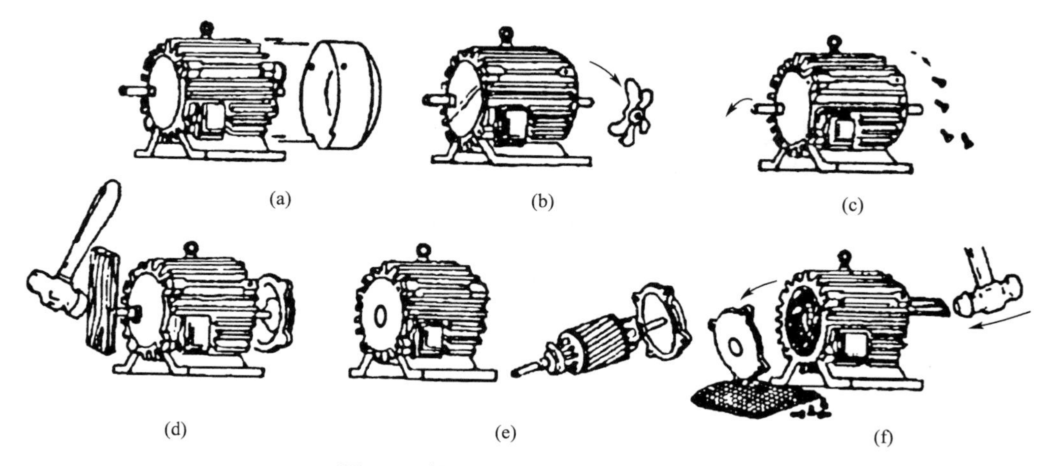

图 5.3　较小容量电动机的解体步骤

2. 拆卸转子的方法

在电动机解体时，需要一些必要的工具，如锤子、活扳手、一字(或十字)旋具、木板，特别是要备有专用工具——拉盘，还要预备汽油(或酒精)、棉丝等物品，拆下转子的方法如图 5.4 所示。

对小型电动机，一般只需取下传动侧的端盖，将非传动侧的螺栓拧下后，便可将端盖带风扇及转子一起用手抽出。对中型电动机，因转子较重，需将两侧端盖取下后再抽出转子。

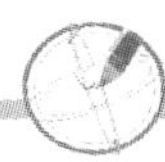

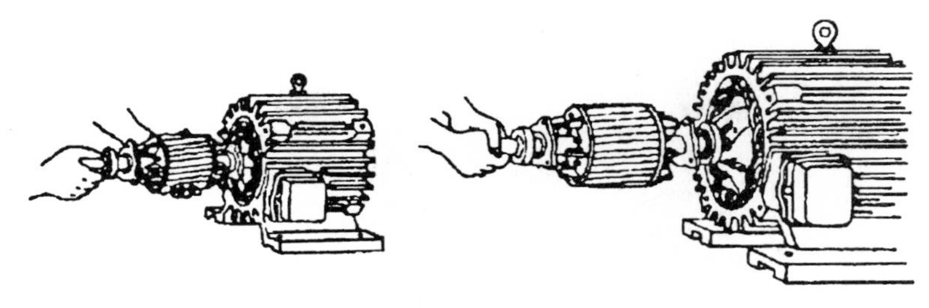

图 5.4　转子的拆卸

3. 皮带轮与轴承的拆卸

1）皮带轮(或联轴器)的拆卸

先将皮带轮或联轴器上的固定螺丝钉或销子松脱或取下，再用专用拆卸器，如图 5.5 所示，转动丝杠，把皮带轮或联轴器慢慢拉出。操作中，丝杠尖要顶正电动机轴，还应随时注意皮带轮或联轴器的受力情况，以防将轮缘拉裂。如果皮带轮或联轴器较紧，一时拉不下来，切忌硬拉强卸，也不能用锤子敲打，因为敲打或硬拉，很容易造成皮带轮、轴或端盖损坏。假如拆卸困难，可以在皮带轮与轴相连外滴些煤油，待煤油渗入皮带轮内孔后再卸。

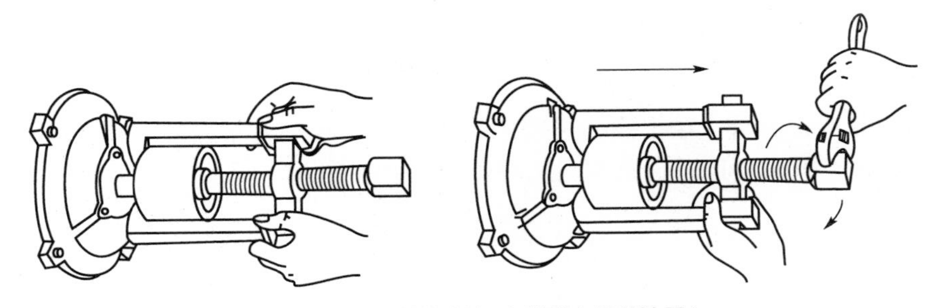

图 5.5　使用拉盘拆卸皮带轮(或联轴器)

2）轴承的拆卸

使用敲打方法可以拆卸轴承，如图 5.6 所示。但是，有时由于轴承和转子之间距离有限，或是因为敲打力量有限、敲击力过大，会对轴承和电动机零件造成损伤，所以利用拉盘拆卸轴承仍是比较好的方法，如图 5.7 所示。

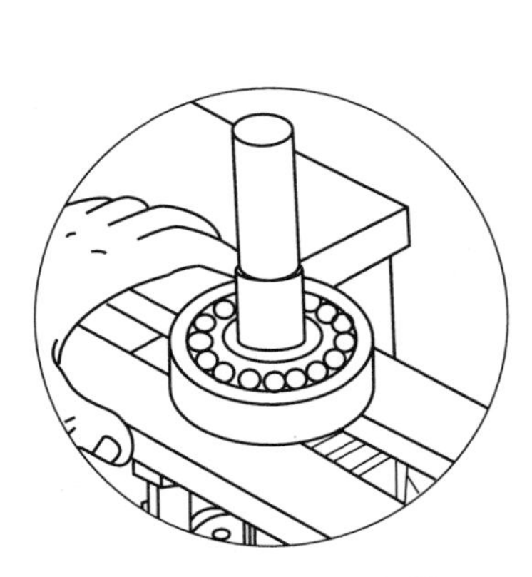

图 5.6　敲打方法拆卸轴承

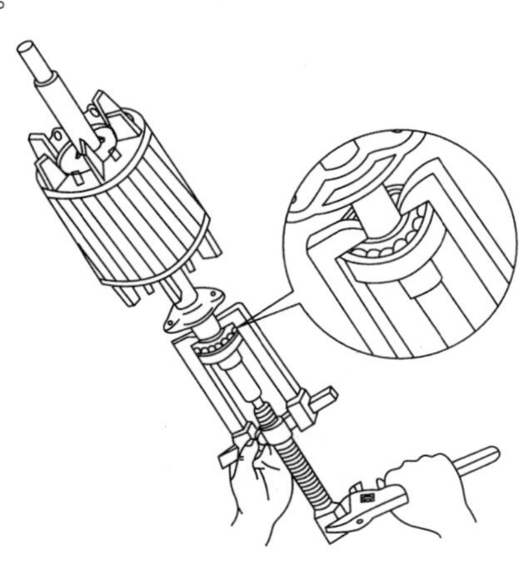

图 5.7　用拉盘拆卸轴承

当轴承离转子的内扇叶或转子端环较近时，有时拉盘不易夹持，所以可以做一个夹持轴承的薄卡板，薄卡板也可以有几种规格，这样在拆卸轴承时得以装卡，拉拔时也非常平稳，如图 5.8 所示。

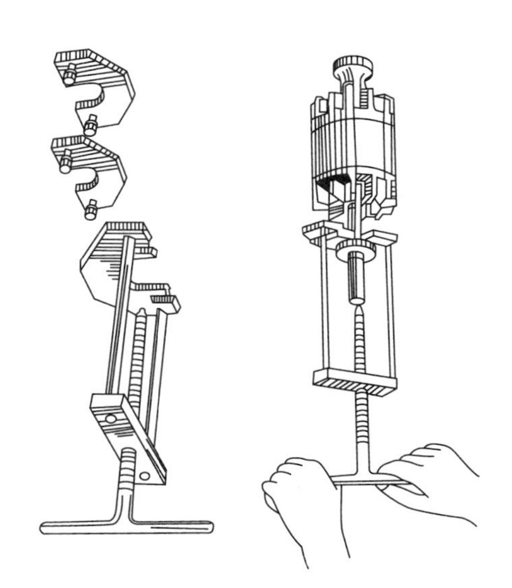

图 5.8　采用薄卡板拉盘

有时两点夹持的拉盘，在拉拔的过程中支点不稳，甚至容易脱开，使拉拔不能成功。因此，对拉盘进行改进，改进后的拉盘为三点夹持，如图 5.9 所示。

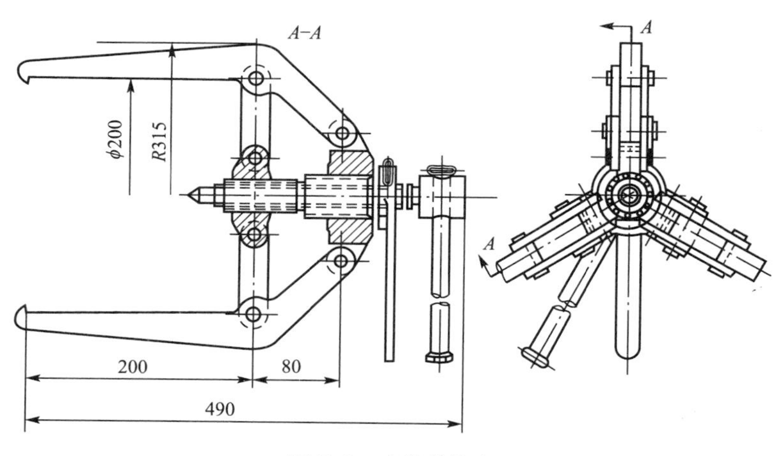

图 5.9　改进的拉盘

4. 端盖的拆卸

先拆除滚动轴承的外盖，再拆端盖。端盖与机座的接缝处要做好记号，便于装配，如图 5.10 所示。一般小型电动机都只拆风扇一侧的端盖，同时将另一侧的轴承盖、螺丝拆下，然后将转子、端盖、轴承盖和风扇一起抽出。中、大型电动机，因转子较重，可把两侧的端盖都拆下来。卸下后应标清上、下及负荷端和非负荷端。为防止定、转子机械碰伤，拆下端盖后应在气隙中垫以钢纸板。

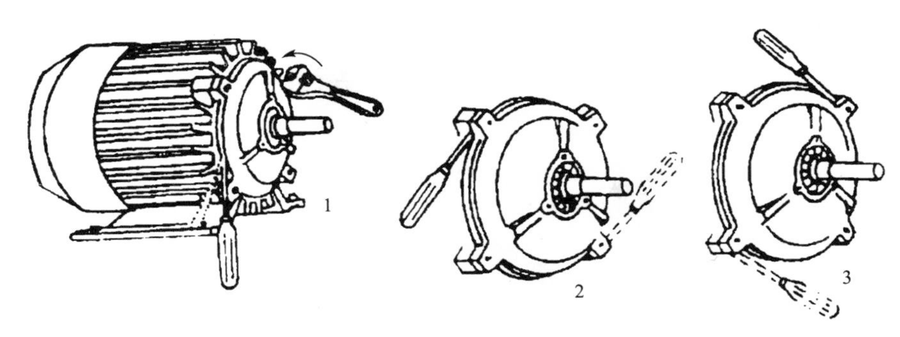

图 5.10　端盖的拆卸

二、 电动机的装配

电动机的装配工序与拆卸的顺序恰好相反，即先拆卸的部分后安装，最后拆卸的部分先装配。

1. 装前清洗工作

在装配前，应将各部分零件用汽油冲洗干净。首先清洗轴承，然后再洗轴承盖等，如图 5.11 所示。并仔细检查定子绕组中有无杂物，用“皮老虎”或压缩空气将电动机内部及定子绕组内的灰尘吹干净。

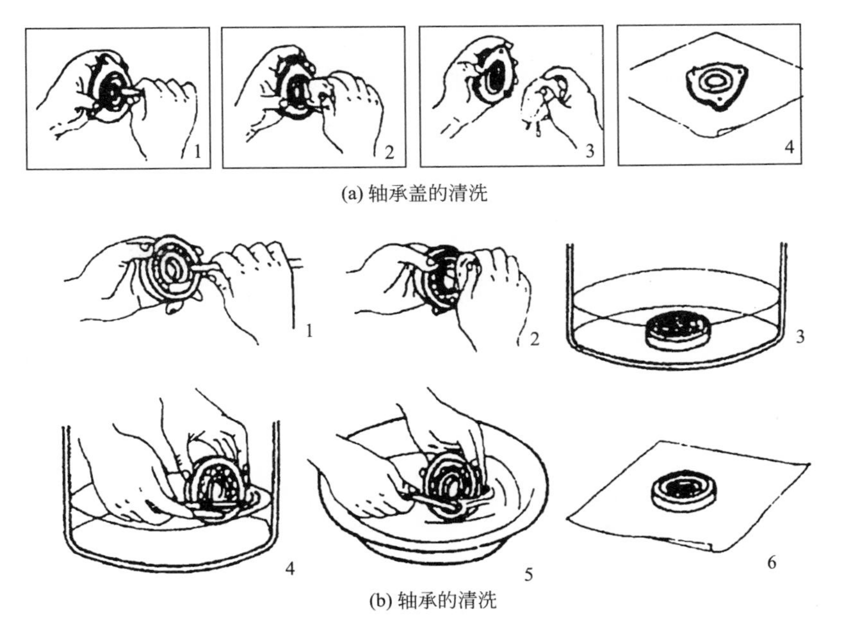

(a) 轴承盖的清洗

(b) 轴承的清洗

图 5.11　轴承与轴承盖的清洗

待汽油挥发后再安装轴承。安装轴承时，如图 5.12 所示，先将轴承内盖抹少许润滑脂后套在里面，再将轴承加入适当的润滑脂，大约占轴承室容积的 2/3。因其中可能有脏物，最好将润滑脂从轴承一端用手指挤入，从另一端挤出一部分，再将挤出的部分抹去。转速较高的电动机可酌情少加点润滑脂，以免高速旋转产生的离心力将润滑脂甩入定子腔内。

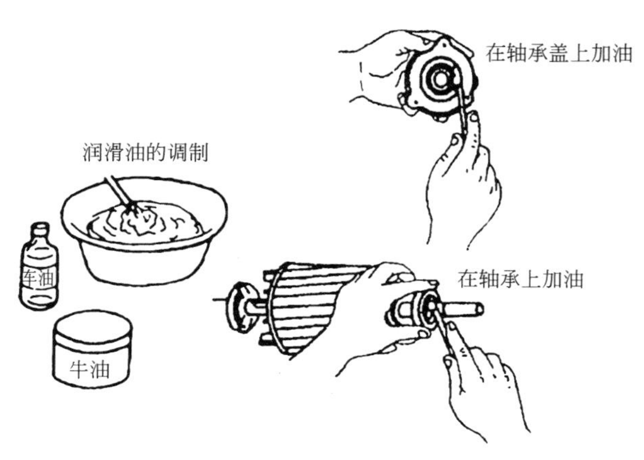

图 5.12 轴承加油

2. 轴承安装

1）利用套管安装轴承

这是一种比较简单实用的装配方法，如图 5.13 所示，套管可用废短管（铁、钢管均可），管内径要比轴颈略大，管子的厚度为轴承内圈厚度的 2/3～4/5，管子要平整，避免有毛刺，两端面与管身垂直。安装时将轴承套在轴颈上，用套管顶住，然后在套管的另一端垫上木板，用锤子轻轻敲打，将轴承慢慢压入轴承座中，切不可用力过猛。如果没有合适的管子，也可用一硬质木棒或有色金属棒顶住轴承敲打，配合时为避免轴承扭曲，应在轴承内圈的圆周上均匀敲打，可沿对称的两点依次进行。

2）利用加热的方法安装轴承

把轴承放在清洁的机油中加热至 110℃，使内圈胀大后，稍许用力就可以装在轴颈上，等轴承冷却后，内圈便牢牢地套在轴上。用这种方法安装较好，不会损伤轴承。但应注意，油的加热温度不能超过 120℃，轴承在预热时必须挂在油槽的中部，因为如果降到槽底，轴承座圈就要受槽底火焰的作用而使局部退火，失去原有的硬度，造成轴承在运转中很快磨损。轴承的加热方法如图 5.14 所示。

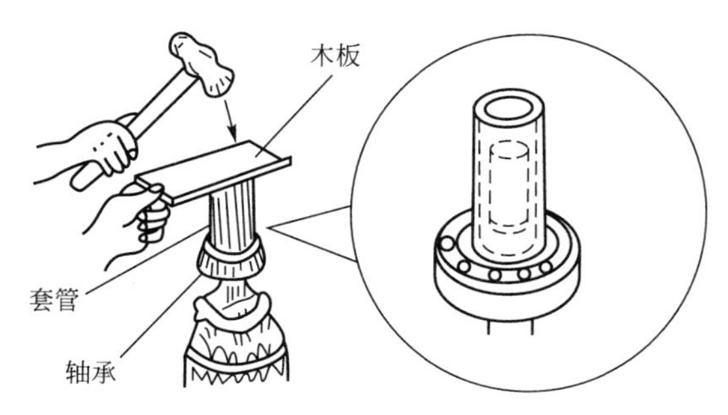

图 5.13 利用套管装配轴承

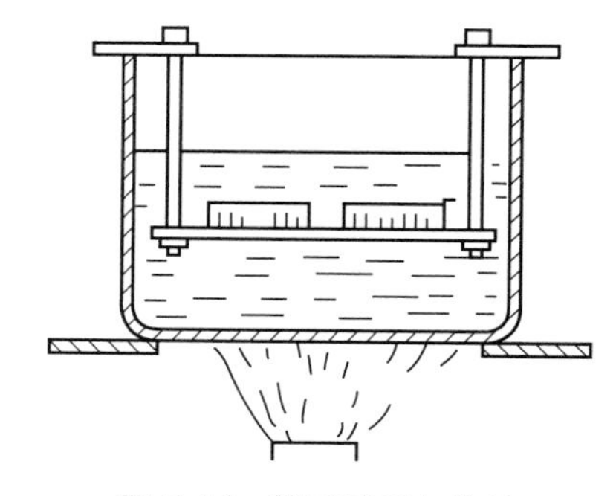

图 5.14 滚动轴承加热法

3. 端盖的安装

装好轴承，即可按照标记装配端盖。注意不能将一侧端盖一下子拧太紧，否则会造成

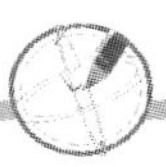

端盖平面与轴不垂直，导致定、转子相擦或电动机轴在装好后难以转动。正确的方法是：装上端盖后，均匀交替地拧紧螺栓，如图 5.15 所示，即稍稍拧紧螺栓 1 后，再拧紧螺栓 3（松紧程度与 1 差不多），然后拧螺栓 2、4，再按 1、3、2、4 的顺序依次对称地将螺栓逐步拧紧。在拧紧螺栓的同时用木棒敲击端盖，以便使端盖与机座止口吻合，使螺栓受力均匀。

一般装第一个端盖时，由于转子位置未定，故容易装配；装第二个端盖时，在转子中立的作用下，端盖不能与机座止口相对，这时就需用力将转子稍提起一些，同时用木榧敲击，将螺栓拧紧。

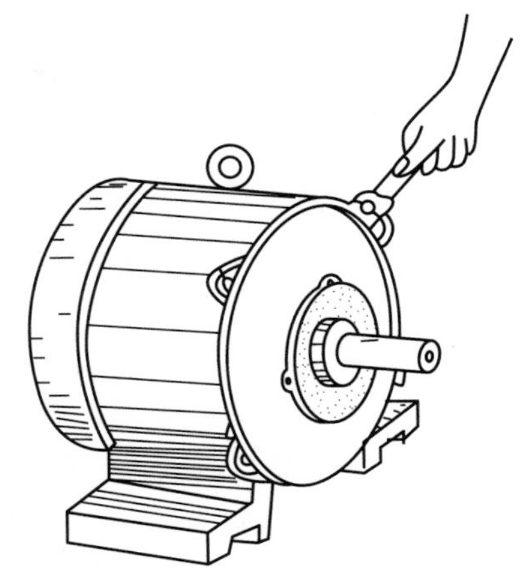

图 5.15　端盖的安装

在装滚动轴承小盖时，应使轴承内外盖螺孔对正，然后用螺栓使内外盖夹紧轴承。在装轴承盖与外盖时，对孔的技巧很重要。内外盖的对应孔一般不易找正，处理比较麻烦，在实践中一般做法是：在端盖拧紧前，先将轴承内盖抹少许润滑脂，使其贴在轴承内侧断面上，然后用细铁丝(或钢丝)，在一端约 2cm 处折成 90°弯，从里侧往外侧穿入孔内，折弯部分勾在内盖的里侧端面。在装外盖时，可将铁丝穿入与内盖对正的外盖孔，对正后稍稍拉紧，再轻轻将其余螺栓孔的螺栓拧上，然后慢慢地把铁丝从眼里抽出(注意不要拉断)，再将此螺栓孔的螺栓拧上，然后将 3 个螺栓分别拧紧即可。

4. 带轮的安装

图 5.16 所示的是用工具安装带轮的方法。该工具有两段槽钢夹板，它们由两根连杆互相连接起来。螺杆穿过一个夹板，并顶着带轮。另一个夹板则在带轮的一端顶着电动轴，转动螺杆时，带轮即被套在轴上。

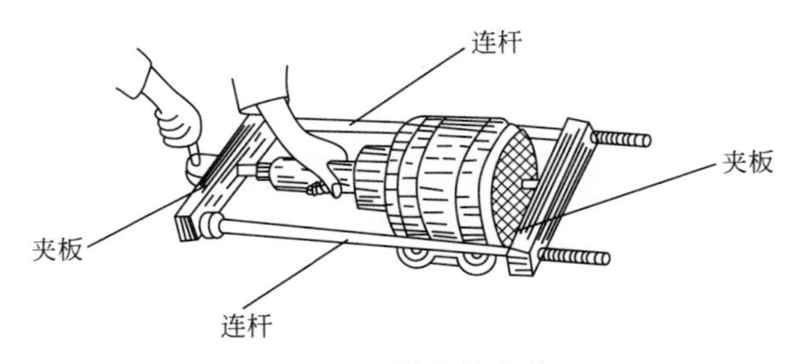

图 5.16　带轮的安装

如果手头没有工具，安装小带轮时，可用铁锤隔着木块敲打带轮的方法来安装。为了不损坏轴承和不使电动机移动，在安装带轮时，轴的下端可顶一方木，再将方木顶在墙上。

任务三　三相异步电动机定子绕组的大修

定子绕组的修理是电动机安装和修理的主要内容。当定子绕组遭到严重损坏，且无法使用时，需要全部拆换绕组。绕组拆换及重绕的工艺流程是：记录原始数据——定子绕组的拆除——绝缘材料的清除与准备——绕组模的制作——线圈的绕制——嵌线——接线——定子绕组的测试——浸漆、烘干——装配——检查试机。

一、 异步电动机定子绕组的拆除

在拆除旧绕组的过程中，要逐步记下铭牌、铁心、绕组、线圈的主要数据，作为重绕嵌线的依据，再按照一定方法把旧线圈拆除下来。

1. 原始数据记录

定子绕组的重绕，应遵循按原样修复的原则。故在旧绕组拆除前和拆除过程中应全面记录、检查、测量各项技术数据，作为修复的依据。

1）铭牌数据

铭牌提供了电动机的型号、额定值等基本数据，应认真记录下来。主要记录项目有型号、功率、转速、绝缘等级、电压、电流、接法等。

2）铁心和绕组数据

铁心和绕组数据包括以下内容：定子铁心内、外径，定子铁心长度，定子铁心槽数，转子铁心的外径，转子铁心的槽数，定子铁心磁轭厚度和齿宽等，此外，还应测出槽形尺寸。用一张质软而又厚些的白纸，按在定子槽形上，用手在纸上向槽口用力按一下，白纸上即可压印出槽形痕迹，再用绘图的分规逐项测出槽形尺寸。定子槽形尺寸如图 5.17 所示。

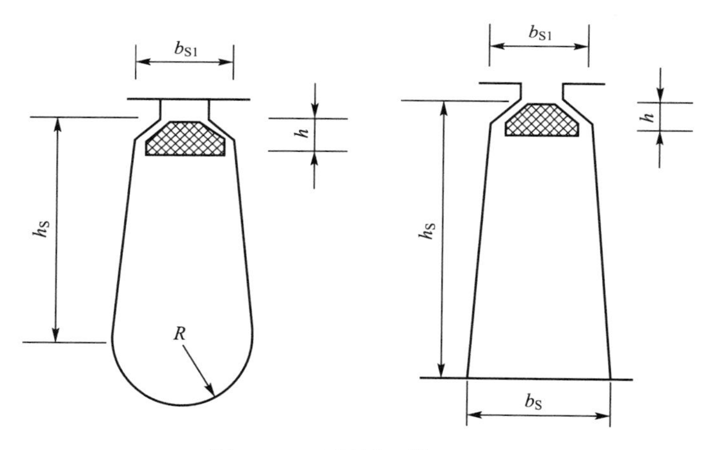

图 5.17　定子铁心槽形尺寸

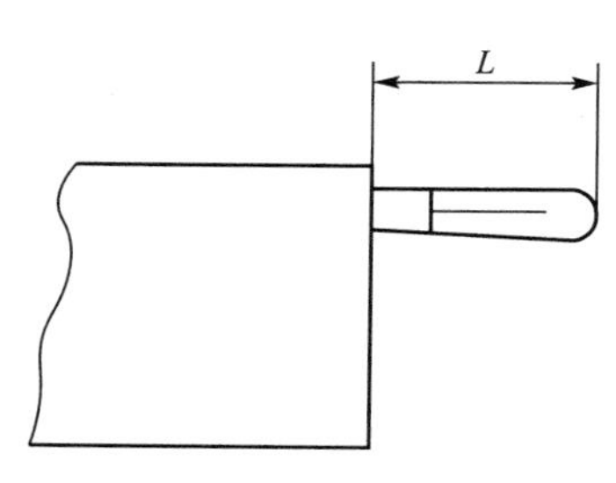

图 5.18　绕组端部伸出铁心长

绕组拆下前，先记下绕组端部铁心的长度，如图 5.18 所示。拆下线圈后，根据线圈的形式，测量、记录线圈各部分尺寸。最后，还应称出拆下的旧绕组的全部重量，以备重绕时参考。如果旧绕组为分数槽时，还应记下各级相租线圈的排列次序。

上述各项数据的记录，可以此阿勇“电机重绕记录卡”的方法，这将给电机修理带来很大便利。“电机重绕记录卡”的样式见表 5－2，其内容可视具体情况增删。

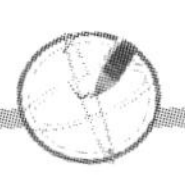

（1）判定绕组极数 $2p$。如果知道待修电动机的额定转速为 n，可以直接判断电动机的极数。异步电动机额定转速 n 接近其同步转速 n_1，而 n_1 与磁极对应关系见表 5－3。

表 5－2　电机重绕记录卡

1. 铭牌数据

   编号________　型号________　功率________　转速________　接法________

   电压________　电流________　频率________　功率因数________

   绝缘等级________

2. 试验数据

   空载：平均电压________　平均电流________　输入功率________

   负载：平均电压________　平均电流________　输入功率________

   定子每相电阻________　转子每相电阻________

   负载时温升：定子绕组________　转子绕组________　室温________

3. 铁心数据

   定子内径________　定子外径________　定子有效长度________

   转子外径________　气隙________　定、转子槽数________　定子轭高________

4. 定子绕组

   导线规格________　每槽导线数________　线圈匝数________　并绕根数________

   并联支路数________　绕组形式________　每极每相槽数________　节距________

5. 转子绕组(绕线型转子)

   导线规格________　每槽导线数________　线圈匝数________　并绕根数________

   并联支路数________　绕组形式________　每极每相槽数________　节距________

6. 绝缘材料

   槽绝缘________　绕组绝缘________

7. 槽形和线圈尺寸(绘图标明尺寸)

修理者：________　修理日期：________

表 5－3　异步电动机同步转速 n_1 与磁极对数 p 的关系

磁极对数 p	1	2	3	4	5
n_1/(r/min)	3000	1500	1000	750	600

不知道转速的，可通过铁心和线圈参数来判断。对单层绕组，数出定子槽数 Z、线圈节距 y(同心式、交叉式等有几种节距的，取平均值)，根据 y 小于并接近极距 r 来确定极数。例如 $Z=24$，则 $Z/y=4.8$，取不足近似值为 4，即电动机为 4 级。

上述方法对双叠绕组有可能不适合，例如 $Z=36$、$q=2$ 的双叠绕组可能为 4 极也可能为 6 极。这时可以通过数每极每相槽数 q(即每一相带内线圈个数)来判断极数 $2p$。查测时，从旧绕组端部所插的相间绝缘纸来区分双叠绕组各相带。仔细数出隔相绝缘纸之间的线圈个数 q，由 $q=Z/(2pm)$（m 为相数），有 $2p=Z/(qm)$，可算出极数。例如 $Z=36$，$q=2$，则 $2p=6$，$q=3$，则 $2p=4$。

（2）判定绕组形式。小型异步电动机采用的绕组形式主要有单层链式、单层交叉式、单层同心式及双层叠绕几种。

（3）判别绕组导体并联根数。成批生产的异步电动机，由于工艺需要，有的采用多股导体并绕。修理工作中，因手边无合适截面积的导线，也常使用多股并绕代替。要判断并绕根数，可把线圈间的连接线开断，端口导体根数即为并联根数。要注意的是，多股并绕线圈的匝数，等于每线圈导体数除以并联根数。

（4）判别绕组并联支路数。较大容量的异步电动机，常采用多路并联。判断它的并联支路数，可以用它一相实有导体数除以并绕根数求得。

对于三相六个端头都引至线盒的绕组，可把绕组出线和出线之间的接头开断，观察绕组侧的导体根数，将之除以绕组并绕根数，就得到并联支路数。

有的旧电机只有 3 根引出线，需首先判定它的连接方式是 Y 或是△。如果电动机内除引出线外还有 3 根绕组出线接在一起的接头，绕组是 Y 连接；如果接头处除引出线外只有两根绕组出线，可判断是△连接。然后确定一根绕组出线开断，数出导体数除以并联根数，即得并联支路数。

（5）判别绕组节距 y。在拆除旧线圈时，数出线圈两边所跨越的槽数，就是节距 y。要注意的是某些单层绕组，如交叉式、同心式绕组，可能会有几种节距。拆除时，必须都数清楚，记录下来，反复检查，保证无误。

（6）测量线圈和导线尺寸。线圈尺寸主要是指它的周长。测量周长的目的是为了制作绕线模，拆下一个线圈后，选择尺寸最小的几匝展开后测量周长。测量后，保留一匝作为制作线模的依据。最好能如图 5.19 所示，保留一个完整的样品线圈做参考。

导线尺寸即指它的线径，一般如图 5.20 那样用千分尺测量。测量时要考虑导线外的漆膜厚度。去掉漆膜的方法最好用火烧，如用火柴或打火机烧后，用棉纱头除去污迹即可测量。不宜采用小刀刮去漆膜，那会使线径偏小。如果烧去漆膜不便，可根据表 5－4 估算漆膜厚度，测量时扣除。

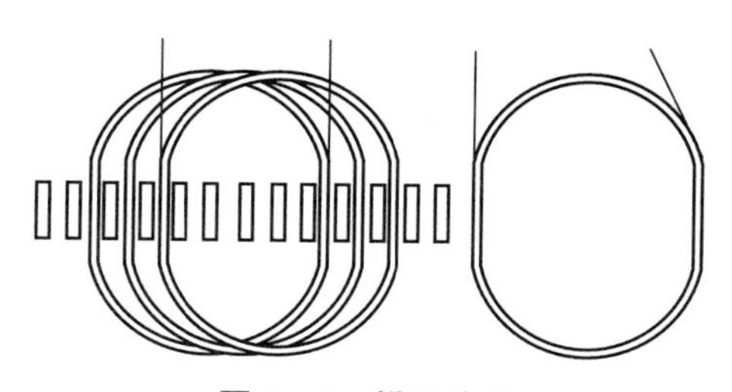

图 5.19　样品线圈

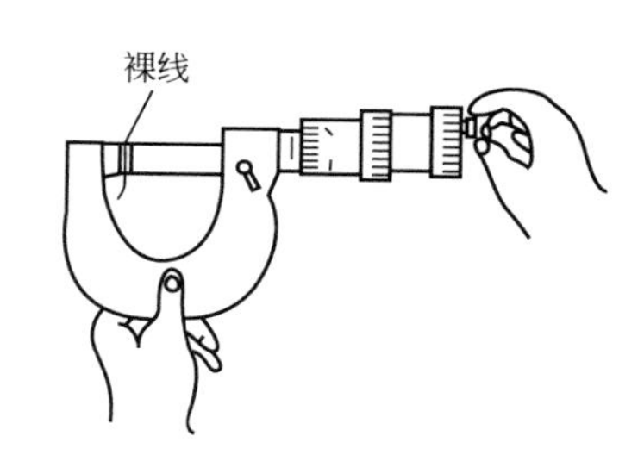

图 5.20　用千分尺测量线径

表 5－4　常用聚酯漆包线漆膜厚度

导线直径/mm	0.27～0.33	0.35～0.49	0.51～0.62	0.64～0.72	0.74～0.96	1.00～1.74
漆膜厚度/mm	0.05	0.06	0.07	0.08	0.09	0.11

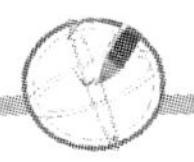

2. 工具、材料的准备

1）工具准备

定子绕组重绕除需要常用的手锤、錾子、锉刀、直尺、电工刀等工具外，还需自制一些专用工具，具体如下所述。

（1）划线板。它又称理线板，是在嵌线圈时将导线划进铁心槽，以及将已嵌进铁心槽的导线划直理顺的工具。划线板常用楠木、胶绸板、不锈钢等磨制而成。长 150～200mm，宽 10～15mm，厚约 3mm，前端略成尖形，一边偏薄，表面光滑，如图 5.21 所示。

（2）清槽片。它是用来清除电动机定子铁心槽内残存绝缘杂物或锈斑的专用工具，一般用断钢锯条在砂轮上磨成尖头或钩状，尾部用布条或绝缘带包扎而成，形状如图 5.22 所示。

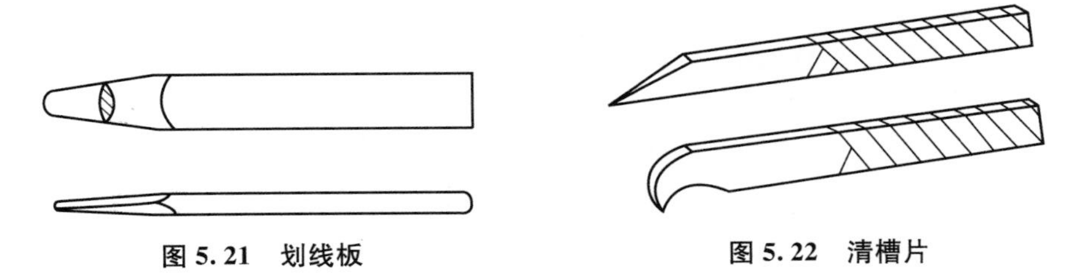

图 5.21　划线板　　　图 5.22　清槽片

（3）压线板。它是把已嵌进铁心槽的导线压紧使其平整的专用工具，用黄铜或钢制成。其可根据铁心槽的宽度制成不同规格、形状，如图 5.23 所示。

（4）划针。它是在一槽导线嵌完以后，用来包卷绝缘纸的工具，有时也可用来清槽，铲除槽内残存的绝缘物、漆瘤或锈斑。其用不锈钢制成，形状如图 5.24 所示。尺寸一般是直线部分 200～250mm，粗 3～4mm，尖端部分略薄而尖，表面光滑。

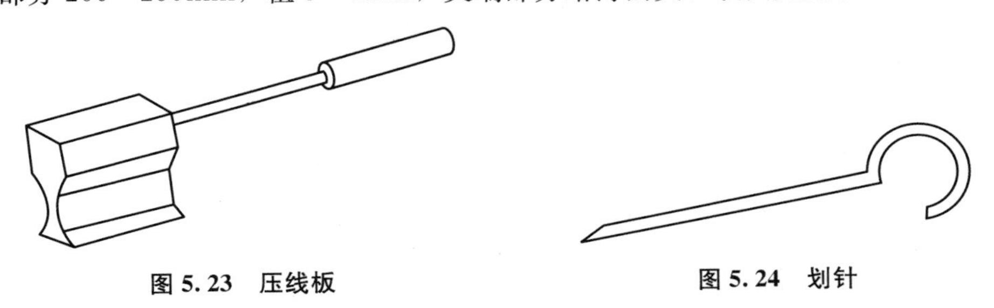

图 5.23　压线板　　　图 5.24　划针

（5）刮线刀。它用来刮掉导线上将要焊接部分的绝缘层。它的刀架用 1.5mm 左右厚的铁皮制成，刀片可用铅笔刀的刀片，且用螺丝钉紧固在刀架上，外形如图 5.25 所示。

（6）垫打板。它是绕组嵌完后，进行端部整形的工具，用硬木制成，如图 5.26 所示。在端部整形时，把它垫在绕组端部上，再用手锤在其上敲打整形。

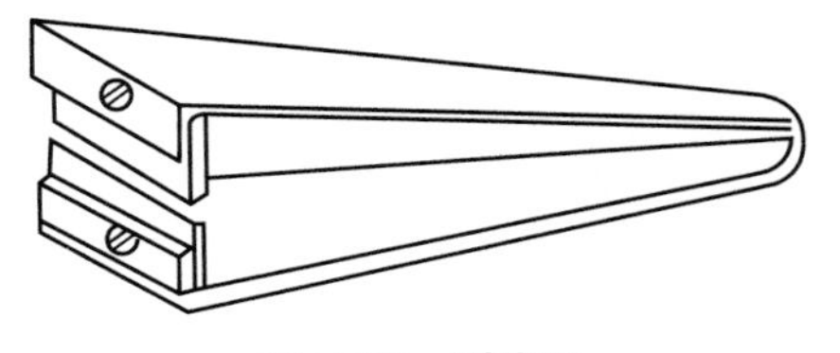

图 5.25　刮线刀

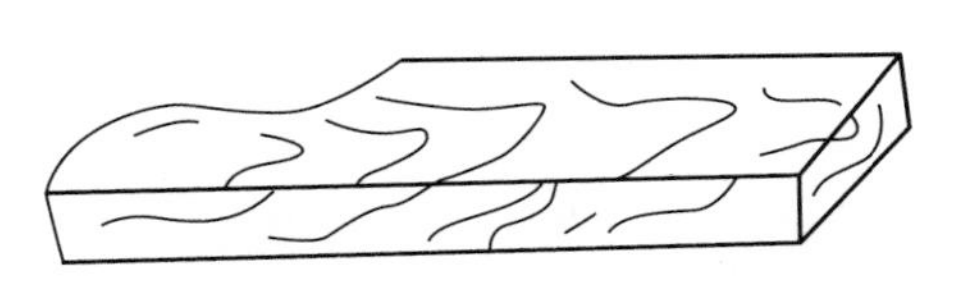

图 5.26　垫打板

2）材料准备

根据待修电动机的类型和现有绝缘材料情况，选用适当的绝缘方案，准备好相应的聚酯薄膜负荷绝缘纸、纱带、黄腊管、竹等绝缘材料。

3. 定子绕组的拆除

电动机绕组经过浸漆、烘干后，成为坚硬的一体，很不容易拆除下来。通常应先通过加热或溶剂溶解，使绝缘漆软化，然后再将线圈拆除。一般对旧绕组的拆除可以采用冷拆、热拆、溶剂溶解等几种方法。冷拆和溶剂溶解法可保护铁心的电磁性能不变，但拆线比较困难；热拆法较为容易，但在一定程度上会破坏铁心绝缘，影响电磁性能。

1）冷拆法

冷拆法能保证定子铁心硅钢片或凸磁极的性能不变，但拆线比较困难。集中绕组拆卸时相对方便些。冷拆法是首先把所有槽楔从一端打出，或用刀片把槽楔从中间破开挑出。若为开口槽可用手钳夹住晃动线圈，然后一次取出或从上层逐次取出。若为闭口槽或半闭口槽，可把绕组一端的端接部分逐根剪断，从另一端把导线抽出。双层绕组，先拆上层线圈，再拆下层线圈。同心绕组，先拆外层线圈，再拆内层线圈。若是单层绕组，则先从某一槽开始拆起，按绕组绕制次序将绕组全部拆除。

2）热拆法

加热方法有烘箱加热法和通电加热法。加热可使绕组的绝缘漆软化或烧焦，再拆除线圈就比较容易了，但铁心硅钢片或凸磁极受高热后性能改变，从而影响电动机的输出功率与效率。

（1）烘箱加热法。有足够容量的烘箱，可以考虑采用此法。把待拆电动机放入烘箱，升温至 80～120℃，保留一段时间，绝缘软化后，趁热拆除。

（2）通电加热法。与烘箱加热法相比，通电加热有设备要求低、加热时间短、加热效果好等优点，简便易行，使用较多。

将电动机绕组接入三相 380V 电源，用调压器(或电焊变压器)控制通入绕组的电流，使其为电动机额定电流的 1.8～3 倍，使线圈发热。密切注意绕组发热情况，当绕组开始冒烟，绝缘软化时，断开电源，拆除绕组。

通电加热法适用于大、中型电动机，其温度容易控制，但要求电源有足够的容量。如果绕组中有断路或严重短路的线圈，则局部不能加热，只能采用热烘法、冷拆法或涂刷溶剂的办法使其绝缘溶解。

3）溶剂溶解法

这是利用某种溶剂将槽楔与绝缘物腐蚀掉的方法。这种方法较简单，也容易清除铁心上剩余的绝缘物，并且不容易损坏铁心，拆卸效果较好。但是这一方法成本较高，在一定程度上限制了它的应用。一般小型、微型电动机绕组拆除时多用此法。

把定子绕组浸入 9%的氢氧化钠溶液中 2～3h(若需加快，可把氢氧化钠溶液加热至 80～100℃)。再把绕组从溶液中取出，用清水冲净，然后抽出线圈，因氢氧化钠能腐蚀铝，浸泡前，应把铝制铭牌取下。铝壳和铝线电动机不能用此法。

拆除绝缘漆未老化的 0.5kW 以下的电动机时(如机床油泵、手电钻等的电动机)，可用丙酮 25%、酒精 20%、苯 55%配成的溶剂浸泡，待绝缘物软化后拆除旧导线。

对于 0.5～3kW 的小型电动机，用溶剂浸泡很不经济，可用溶剂刷浸。溶剂配制方法

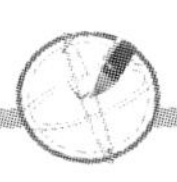

是：把石蜡加热融化，移开热源，先加入甲苯，后加丙酮，搅拌均匀。其比例是：丙酮50%、甲苯45%、石蜡5%。把溶剂刷在绕组的端部和槽口，然后把电动机放入封闭的容器中，防止溶剂挥发太快，1～2h后取出来拆线。

有机溶剂都是易燃品，要注意防火，同时苯与丙酮有一定毒性，工作场地通风要良好。

4）拆除绕组注意事项

无论用什么方法拆除旧绕组，都应注意以下事项：拆卸前应注意记下绕组端部伸出槽外的长度，以保证新绕组的端部与原来的一样；不得损坏铁心；拆卸过程中注意保留几个完整的线圈，作为选择或新制的依据；拆卸过程中随时测量记录所需数据。

4．定子绕组的绝缘清理

1）铁心清理

旧绕组拆除后，定子铁心的槽内必须加以清理，可用断锯条或头上磨成刃口的细钢条，把残存的一切绝缘材料、绝缘漆斑、铁锈斑等杂物铲除干净，如图5.27所示。再用钢丝细布带来回磨刷几次，然后用砂布裹在细铁条上在槽内抽磨，最后用打气筒或“皮老虎”吹扫干净。总之，务必使铁心槽内外不残留任何杂物。在清理时还要注意检查铁心硅钢片有否受损，若有缺口、凸片、弯片，应给予修整，如图5.28所示。

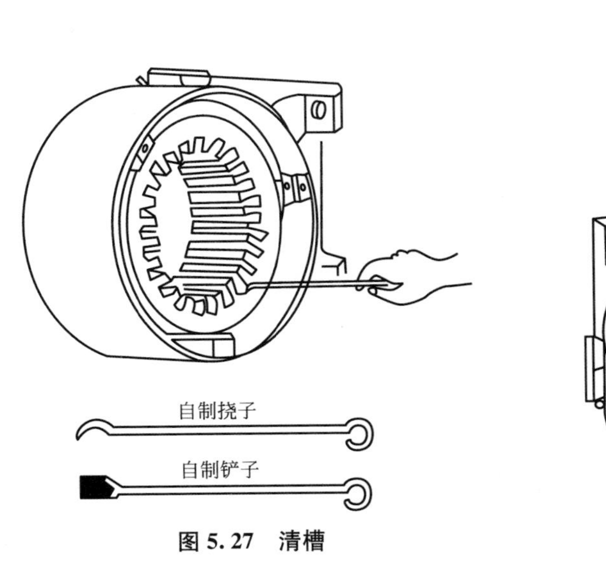

图5.27　清槽

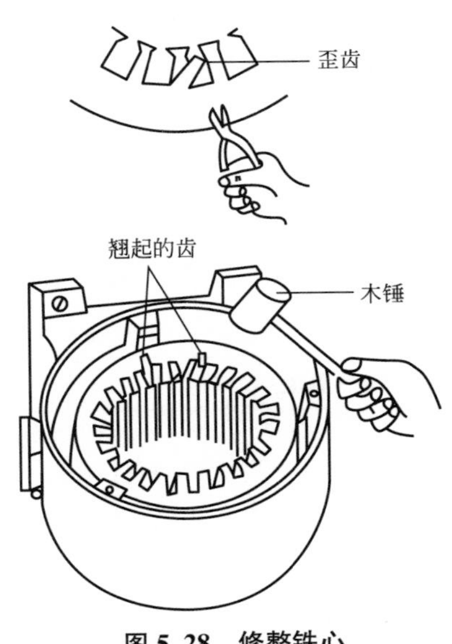

图5.28　修整铁心

2）绕组绝缘

（1）常用绝缘材料的规格与性能。常用的绝缘材料的名称、型号、用途见表5-5。

表5-5　常用绝缘材料与主要用途

名　　称		型号	主要用途
薄膜	聚酯薄膜	2820	中小型电动机槽、匝间、相间绝缘
	聚酯薄膜青壳纸	2920	低压小型电动机衬热绝缘
	聚酯薄膜玻璃漆布箔	2252	湿热带用电动机衬垫绝缘与槽绝缘

（续）

名称		型号	主要用途
玻璃漆布带	油性玻璃布带	2201	电动机衬垫绝缘与线圈绝缘
		2412	
	黑玻璃漆布带	2430	大型电动机衬垫绝缘与线圈绝缘
	硅有机玻璃漆布带	2450	耐高温电动机、电器衬垫、线圈绝缘
漆布带	黄漆布带	2010	低压电动机衬垫绝缘与线圈绝缘包扎
		2017	
	黄漆绸	2210	A、E级绝缘电动机或线圈绝缘包扎
		2212	
云母板带	环氧换向器云母板	5536	中小型电动机滑环间及换向片间绝缘
	沥青绸云母	5032	电动机及线圈绝缘
		5033	
	沥青玻璃云母带	5034	
		5035	
	醇酸玻璃云母带	5034	

（2）电动机的耐热等级。和其他设备一样，三相异步电动机定子绕组的绝缘也可根据它的耐热程度分为不同的等级。在生产实践中广泛使用的各类低压(额定电压500V以下)的异步电动机，常采用A、E、B级几种绝缘。常用绝缘材料耐热等级与配用电磁线见表5-6。

表5-6　用绝缘材料耐热等级与配用电磁线

分类	耐热温度/℃	绝缘材料	配用电磁线
A	105	经过浸漆处理的棉纱、木、纸等有机材料	单纱油性漆包线、双纱包线、纸包线等
E	120	在A级材料上复合或垫衬一层耐热有机漆	高强度聚酯漆包线、高强度聚乙烯醇缩醛漆包线
B	130	用云母、石棉等无机材料为基础，以A级材料补强，用有机漆胶合成	高强度聚酯漆包线、双玻璃丝包线
F	155	与B材料相同，但使用耐热硅有机漆胶合成	聚酰亚胺漆包线、双玻璃丝包线
H	180	与B级材料相同，但没有A级材料补强	硅有机漆浸渍的双玻璃丝包线

电动机绝缘等级越高，相同容量下体积越小，性能也更好。但这使制造要求高，绝缘费用也较高。在对电动机进行修理时，应注意记录原电动机的绝缘等级。修复后，电动机的绝缘不能比原有等级低。

（3）定子绕组的匝间绝缘。低压电动机的匝间绝缘由所采用的漆包线自身的绝缘来担任。一般用高强度聚酯漆包线对定子绕组进行重绕，导线漆膜满足B、E级绝缘要求，可

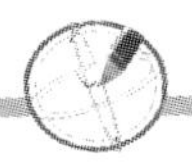

作为匝间绝缘。

(4) 定子绕组对地绝缘(槽绝缘)。槽绝缘是指定子绕组槽内有效边和铁心之间的绝缘。异步电动机槽绝缘设置情况如图 5.29(a)所示。为了加强槽口处的绝缘强度，可把绝缘纸箔两端折回 7～15mm，成为双层，如图 5.29(b)所示。

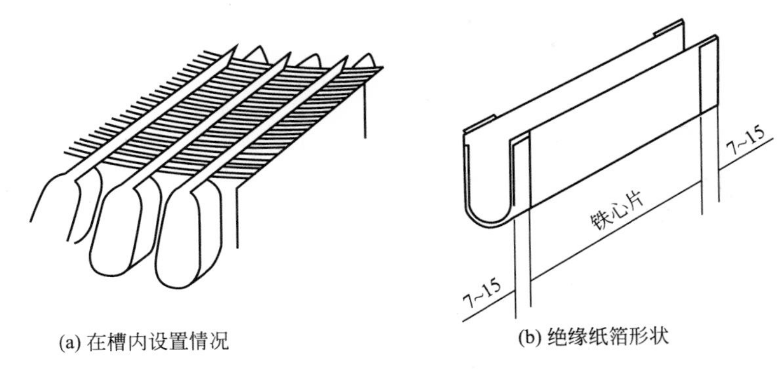

(a) 在槽内设置情况　　(b) 绝缘纸箔形状

图 5.29　槽绝缘

定子槽绝缘由于采用材料的不同、绝缘等级的不同，可以有许多不同的方案。表 5－7 中对常见的 E 级和 B 级等绝缘列出了各种常用的典型结构方案，可供修理时选用。

表 5－7　槽绝缘的常用典型结构形式

耐热等级	结构形式方案编号		绝缘材料名称	型号	层数	每层厚度/mm	总厚度/mm	适用电压等级/V
E	a	1	青壳纸		1	0.20	0.40	380
		2	聚酯薄膜		1	0.05		
		3	油性玻璃漆布	2412	1	0.15		
	b	1	聚酯薄膜绝缘纸复合箔	6250	1	0.25	0.40	380
		2	油性玻璃漆布	2412	1	0.15		
	c	1	聚酯薄膜绝缘纸复合箔	6520	1	0.25～0.35	0.25～0.35	380
B	a	1	醇酸玻璃漆布	2432	1	0.15	0.45	660
		2	醇酸柔软云母板	5133	1	0.15		
		3	醇酸玻璃漆布	2432	1	0.15		
	b	1	聚酯薄膜玻璃漆布复合箔	6530	1	0.20	0.35	660
		2	醇酸玻璃漆布	2432	1	0.15		
	c	1	聚酯薄膜玻璃漆布复合箔	(D) M(D)	1	0.25	0.40	660
		2	醇酸玻璃漆布	2432	1	0.15		
	d	1	聚酯薄膜聚酯纤维纸复合箔	(D) M(D) M	1	0.25～0.35	0.25～0.35	380

（续）

耐热等级	结构形式方案编号		绝缘材料名称	型号	层数	每层厚度/mm	总厚度/mm	适用电压等级/V
F	a	1	聚酯薄膜芳香族聚酰纤维质复合箔	NMN	2	0.25	0.5	660
	b	1	聚酯薄膜聚酯纤维纸复合箔	(F)级 (D) M(D)	1	0.35	0.35	380
H	a	1	硅有机玻璃漆布	2450	1	0.15	0.5	1140
		2	硅有机柔软云母板	5150	1	0.15		
		3	聚酰亚胺薄膜		1	0.05		
		4	硅有机玻璃漆布	2450	1	0.15		
	b	1	硅有机玻璃漆布	2450	1	0.15	0.45	1140
		2	聚酰亚胺薄膜		3	0.05		
		3	硅有机玻璃漆布	2450	1	0.15		
	c	1	聚酯薄膜芳香族聚酰纤维质复合箔	NHN	2	0.25	0.5	1140
C	a	1	聚酰亚胺玻璃漆布		1	0.15	0.25	380
		2	聚酰亚胺薄膜		2	0.05		
	b	1	聚酰亚胺玻璃漆布		1	0.15	0.25	380
		2	聚四氟乙烯薄膜		2	0.05		

(5) 定子绕组层间和相间绝缘。图 5.30 所示是双层绕组槽内绝缘设置情况。除导体对地有槽绝缘外，在上下层导体间有层间绝缘。一般层间绝缘应使用与槽绝缘同样的材料。剪裁层间绝缘材料时，应注意使它的长度比铁心长 40～70mm，宽度比槽宽 5mm 左右，否则不能有效地把上下层导体隔开。

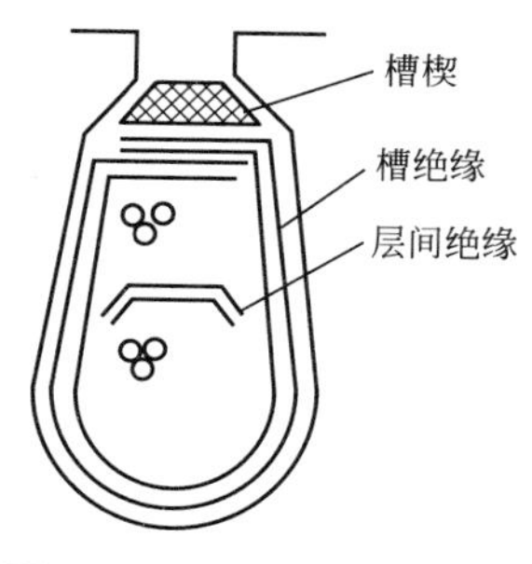

图 5.30　双层绕组槽内绝缘

定子绕组中不同相别的导体，除在槽中上、下层间可能接触外，在绕组端部也会接触。尤其是在下完线对绕组端部进行整形时，会使不同相的导体靠在一起，故在绕组端部的不同极相组之间要垫相间绝缘材料。相间绝缘也应使用与槽绝缘相同的材料。绝缘材料的剪裁应按线圈端部形状，并放宽 10mm 左右剪下，垫入后，应保证把不同相的导体垫开。对端部中处于同一相的相邻导体(如同一极相组中各线圈端部)之间，不另设相间绝缘。另外，对电动机端部整形时，注意端部对地最小距离应大于 10mm。

(6) 槽楔。在图 5.30 中，槽楔的作用是固定和压紧槽内导体，防止它们受到机械损伤。槽楔通常用各种层压板或竹片制成。低压异步电动机常用槽楔见表 5－8。

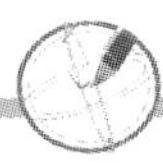

表 5-8　槽楔常用材料和尺寸

耐热等级	槽楔材料	槽楔尺寸/mm	
		长　度	厚　度
A	竹(经变压油煮处理)，红钢纸，电工纸板	比槽绝缘短 2～3	竹厚 3，其余厚 2
E	酚醛层压纸板 3020、3021、3023 酚醛层压布板 3025、3027		2
B	酚醛层压玻璃布板 3231		2

在修理中，对各种老型号电动机(J2 或 JO2)，常用竹片作槽楔。制作时应保证槽楔尺寸，并对竹片进行干燥后，用变压器油煮透。对 Y 系列的新型电动机及其他 B 级绝缘的电动机，则应按表内材料选用层压板制成槽楔。必要时，也可使用环氧酚醛玻璃布板(厚 2mm，型号 3240)代替。若导体全部嵌入后，槽楔不能把导体压紧，则需在槽楔下加垫条(用竹楔时，可重削一块厚一点的竹片)，垫条材料应与槽楔相同，厚度为 0.5～1mm。

二、 定子绕组的制作

线圈的大小对嵌线的质量与电动机性能关系很大，而线圈的大小完全是由绕线模的尺寸决定的。制作合适的绕线模是保证绕组嵌线质量的关键。线圈尺寸偏小，会造成嵌线困难，甚至不能嵌入线槽中；线圈尺寸过大，不仅费铜，过长的绕组端部还可能碰到端盖等金属件，造成短路故障。只有线圈尺寸适当，才能得到电气性能好、外观美观的绕组。因此一定要认真设计绕线模的尺寸，可以用拆下来的一个完整的旧线圈为准来制作绕线模。若没有旧线圈，也可用下面的方法来计算。

1. 绕线模的结构

绕线模可分为固定式和活络式两类。活络式绕线模的通用性好，但制造工艺较复杂。一般工况企业、农村的电动机修理使用固定式绕线模较多。

图 5.31 是固定式绕线模的结构示意图。木制的绕线模由模心和夹板叠成。漆包线绕在模心与两侧夹板所形成的槽内。模心有菱形端部和圆弧形端部两种。菱形端部的绕线模多用于双叠绕组。弧形端部的绕线模多用于各种单层绕组。

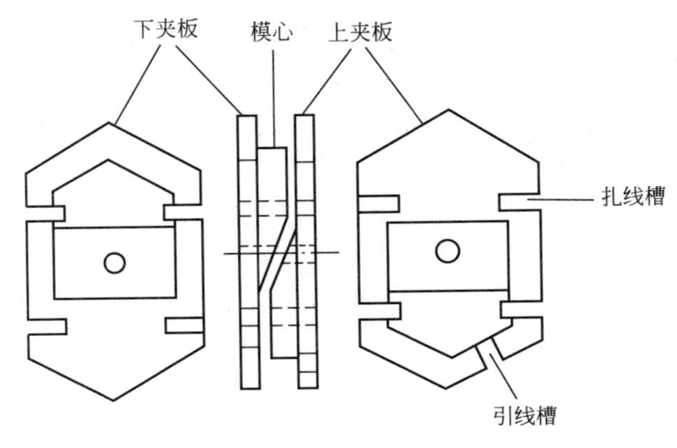

图 5.31　固定式绕线模结构

夹板外形与模心相似，每边外沿比模心大出的尺寸与线圈匝数、线径有关，一般大10mm左右即可。因为工艺原因(为了便于取下绕好的线圈)，模心常如图5.31那样锯成两半，分别黏或钉在夹板上，并在木线模中部开孔，以穿过绕线机轴。

图5.31是一次只绕一个线圈的单个绕线模。它由模心和上、下夹板叠成。如果要把一个极相组的q个线圈一次绕成，可制作多层重叠的绕线模。同心式绕组大、小线圈尺寸不一，也宜做成大、小模心和多层夹板叠成的绕线模。在夹板外边开有扎线槽和引线槽。扎线槽用于扎紧绕好的线圈边，防止松散，引线槽用于放置线圈两端引线。

2. 模心尺寸确定

由上述可知，模心尺寸是制作绕线模的关键，修理中常用以下几种方法来确定模心尺寸。

1）利用旧绕组确定模心尺寸

把拆除旧绕组时留下的一匝旧线圈或一个完整的旧绕组作为决定模心尺寸的依据，依样确定模心尺寸、形状。要注意的是一定要以旧线圈内层尺寸小的一匝为依据，才能绕出合适的线圈。

2）利用待修电动机定子铁心尺寸确定模心尺寸

如果拆除时没有留下完整的旧线圈，可根据原理绕组的形式、节距，用一根导线沿铁心槽和端部围成一个线圈模型来确定模心尺寸，如图5.32所示。

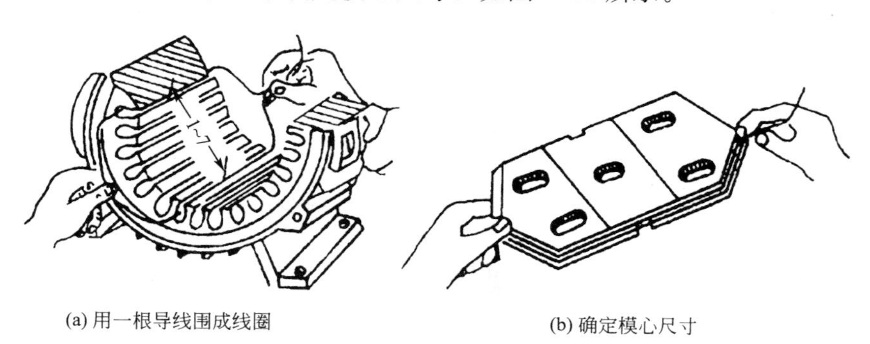

(a) 用一根导线围成线圈　　(b) 确定模心尺寸

图5.32　根据铁心确定模心尺寸

这种方法比较简单，但需要一定经验才能做好。尤其是围线圈时，端部的长短要留得恰当。若操作时无把握，可试作为模心，绕一个线圈后，下到槽内试一下；若有不当，再调整模心尺寸，正式绕线。

3. 绕线

制作好绕线模，便可进行绕线。小型异步电动机线圈常用普通手摇绕线机绕线，如图5.33(a)所示。没有现成的绕线机时，也可自制。用一根长螺杆，一端弯成曲柄，在直杆段设两个支架。绕线模用两个螺母夹紧在支架之间的螺杆上，手摇绕线。夹好绕线模后，把导线头缠在轴上，扎线槽里预放好扎线，便可开始绕组线圈。

绕组线圈时，应当尽可能把同一极相组的q个线圈一次绕完，这时线模如图5.33(b)所示那样的多层重叠。这样可减少线圈之间接头，绕组质量好，故障率低。

新绕的线圈采用QZ型高强度聚酯漆包线。修理老式旧型号电动机，也应用这种导线。另外，从工艺角度看，制作线圈的导线直径不宜过大，一般不超过1.68mm；导线太粗，下线困难，槽满率也不高，遇到这种情况，可考虑用几根较细的导线并绕，以改善工艺性。

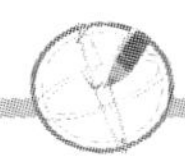

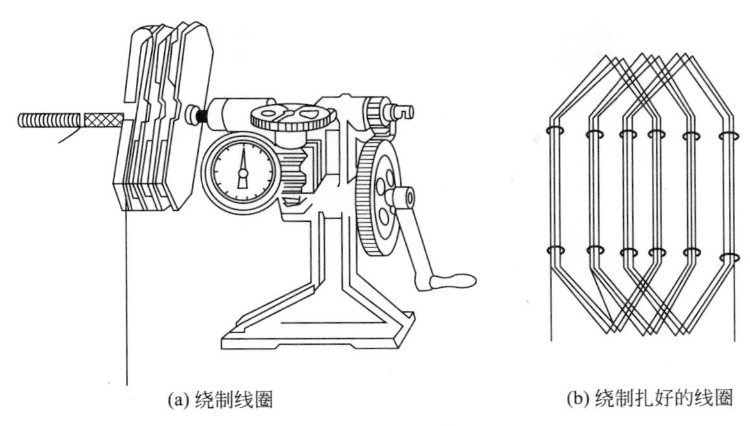

(a) 绕制线圈　　(b) 绕制扎好的线圈

图 5.33　绕线

线圈绕制时，要注意以下几点。

(1) 线圈留出的引线不要太短。线圈端头留量的长度以能达到对面有效边的一半处为宜。若留得过短，下线后可能会使某些接头不便焊接。

(2) 绕线应整齐。如图 5.33(a)所示，从左边第一个线圈绕起。绕制时，注意导线在槽内按先后次序排列整齐，避免交叉和打结，以便下线时能顺利划入槽中。

(3) 接头放在端部。线圈绕制过程中若需接头，一定要接在端部，不允许在槽中的有效边上接头。端部的接头应绞接焊好，套上黄腊管，下完线进行端部绑扎时要用纱带扎紧。

(4) 注意按原样绕制。绕制新线圈时，不能随意变更线圈导线的直径、匝数。随意更改会影响电动机的性能，甚至不能完成嵌线。即使是手边无相应规格的导线，必须用多股线代用，也要认真核算，使代用后导线截面保持不变。

(5) 从绕线模上取下线圈应注意整齐、清洁。绕完线圈，留足引出线，然后用预留的扎线把线圈有效边仔细扎好。取下线模时，注意线圈不要弯曲松散，有效边整齐不交叉错位，避免造成下线困难。取下的线圈组如图 5.33(b)所示。线圈应整齐地放在清洁的地方。

三、 下线工艺与下线规律

1. 下线工艺

把绕制好的线圈嵌入铁心槽内称作下线或嵌线。下线的质量直接决定绕组的性能。下线时稍不注意，就可能擦伤导线，弄破绝缘，造成接地或短路故障。

1) 绝缘材料的配置和剪裁

从某种意义上说，绕组的质量是指绕组的绝缘质量，因此下线前配置好绕组绝缘是至关重要的。不同耐热等级的电动机，配置的绝缘也不同。修理中常见的 JO2 系列电动机采用 E 级绝缘，Y 系列电动机为 B 级绝缘。它们的槽绝缘、相间绝缘、层间绝缘的材料可按表 5－7 和表 5－8 中所列选用。

(1) 槽绝缘。槽绝缘的剪裁要注意长、宽适当。它的长度应使它在端部伸出槽端头 7～15mm。为防止下线时破裂，槽绝缘两端一般应回折，如图 5.29 所示。必要时，可使回折部分进入铁心槽 4～5mm。容量特别小的电动机，当绝缘强度足够时，也可不回折。槽绝缘伸出铁心两端的长度因电动机容量大小而不同，可按表 5－9 选择。

表 5－9 槽绝缘定子铁心的伸出长度

电动机类别	JO2 1～3 号机座	Y 系列中心高 80～100	JO2 4～5 号机座	Y 系列中心高 112～160	JO2 6～7 号机座	Y 系列中心高 180～200	JO2 8 号机座	Y 系列中心高 225～250	JO2 9 号机座	Y 系列中心高 280
伸出长度/mm	7		8		10		12		15	

槽绝缘的宽度因绝缘设置方案不同而有两种。这两种绝缘设置方案如图 5.34 所示。图 5.34(a)所示是不使用引槽纸的方案。这种方案的特点是外层绝缘宽度较窄，紧贴槽壁边缘略低于槽口；内层较宽，两端各高出槽口 5～15mm，下线时保护、引导导线。图 5.34(b)所示的方案内、外绝缘宽度相同，紧贴槽壁但略低于槽口。下线时在槽口插入两片宽度约为 20mm 的聚酯薄膜青壳纸作临时引槽纸，当一槽导线全部嵌完，把引槽纸抽出，插到另一槽中使用。

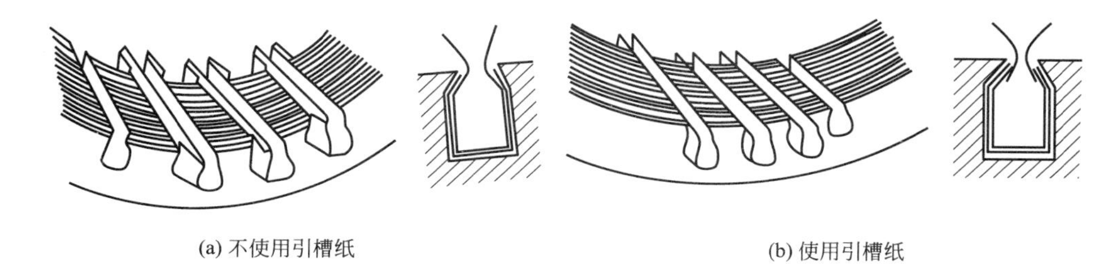

(a) 不使用引槽纸　　(b) 使用引槽纸

图 5.34 槽绝缘的两种设置方案

中、小型异步电动机定子内径小，临时引槽纸较占空间，嵌线不方便，一般使用图 5.34(a)的方案，不用引槽纸。下线时，不必事先把各槽的绝缘全部放好，而是放一槽嵌一槽。嵌完一槽就把高出槽口的绝缘剪去，所用的剪刀要采用刀尖上翘的弯剪，然后用划针包卷后插入槽楔，再放入另一槽绝缘，如图 5.35 所示。

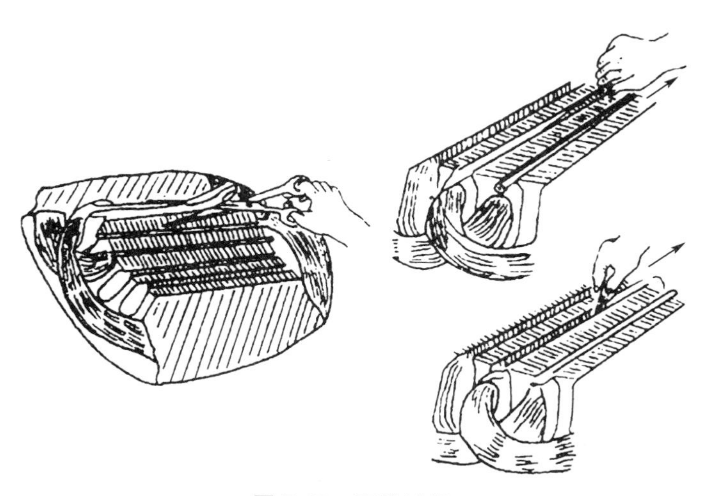

图 5.35 下线过程

(2) 层间绝缘。层间绝缘的操作与槽绝缘相同。剪裁时，它的长度应比槽绝缘两端各长 5～10mm，以保证上、下层在端部也能隔开。它的宽度应裁为平均槽宽的两倍。放置情况如图 5.36 所示。下线时，嵌完下层边后，用压线板把下层导线压实，再把层间绝缘弯成 U 形插入压实，确信无下层导体在层间绝缘上方后，再嵌入上层导体。

(3) 相间绝缘。相间绝缘的作用是在电动机端部垫开不同相的线圈。它的材料与槽绝缘相同，形状和裁剪尺寸应视电动机要垫开的线圈端部形状和尺寸来定，一般先剪成足够隔开不同相线圈的三角形。垫完后再修剪掉多余部分，不能把多余的绝缘纸包裹在绕组端部上，否则在浸漆时被包裹的部分浸不透绝缘漆。

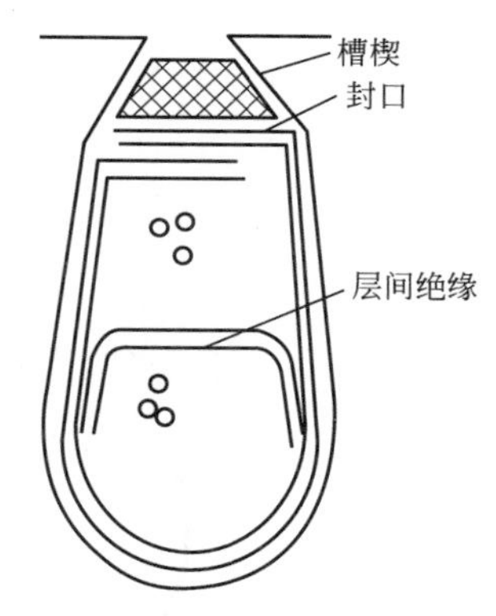

图 5.36　双层绕组间绝缘设置

(4) 绝缘套管。线圈、极相组、相绕组的引线都要套绝缘套管。引线套管一般使用黄腊管，其长度根据引线位置和焊接点位置确定，不能太短，要把引线完全与其他导体隔开。在引线焊接处，常使用大、小两种直径的套管。细套管直接套在引线上，从槽口一直套到焊点；粗套管套在焊点两侧的细套管外面，作为焊点的绝缘。

2) 下线

下线的操作工艺和手法决定了嵌线的效率和定子绕组的质量。若下线时不慎，把导线弄乱甚至打结，导线卡在槽口，将造成返工。下线前，首先要注意待下线圈是否规则整齐，尤其是导体有效边是否排列整齐、无交叉。一般只要在线圈取下线模之前把它的有效边仔细用扎线扎好，它就不会散乱；其次，要注意线圈嵌入定子的方向，尤其是接线盒不在中部的电动机，要注意防止把引线放在离接线盒较近、易于制作引出线的一侧。

在开始嵌线时，首先要确定下线的第一槽。因为确定好第一槽，可以使嵌完线后制作的引出线最短，在绕组端部所占空间最少。一般以接线盒位置的线槽作为下线的第一槽。

下线的基本手法如图 5.37 所示。首先，如图 5.37(a)所示，把待嵌线圈的一边去掉扎线，用两手的拇指和食指捏扁。为使整个有效边全长都保持扁薄状，可适当扭曲导线束。然后，把扁薄状的导线束如图 5.37(b)那样顺势拉入垫好绝缘的槽内。如果导线束的形状和手法掌握好，一次可把全部或大部分导线滑入槽中，不能滑入槽的其他导线，可用划线板顺槽口划入。划入时要注意先后次序，避免导线交叉重叠卡在槽口。导线全部嵌入后，握住两端，两手轻轻来回拉一下，使其在槽内平整服帖，并注意保持线圈直线部分在铁心

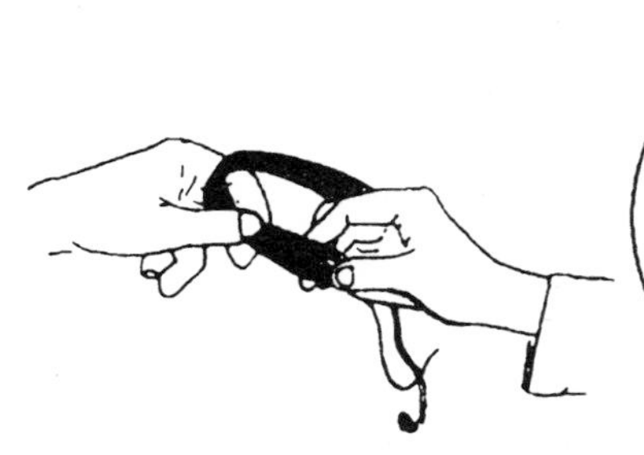

(a) 把线圈的一边捏扁

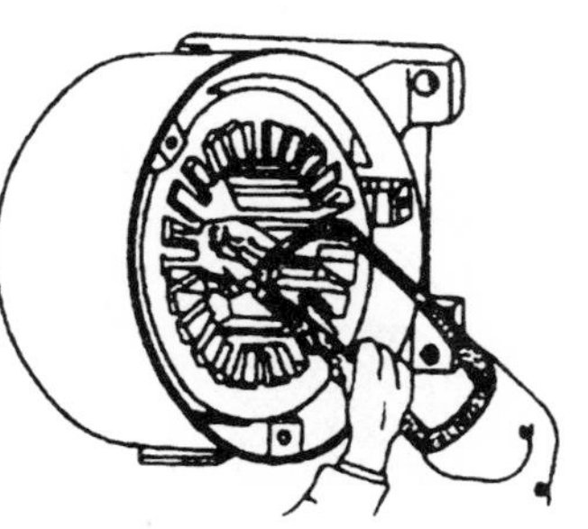

(b) 把导体拉入槽内

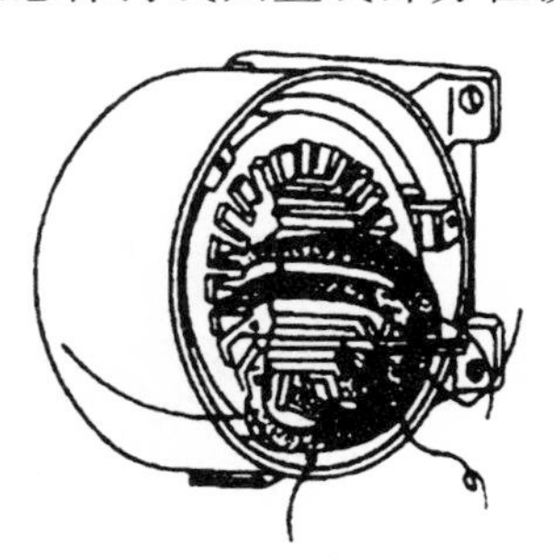

(c) 暂不嵌入的一边吊把(垫好)

图 5.37　下线手法

两端伸出的长度相等。

线圈的另一边，一般要等其他几个线圈的第一边嵌入后才能下线。应当把这些线圈边用绝缘带吊住(吊把)或用绝缘纸垫好，如图 5.37(c)所示，以防下线操作中割坏、损伤绝缘性。这些吊把的线圈边不能再采用捏扁滑入的方法，只有用划线板划入。具体操作手法如图 5.38 所示。把线圈推至槽口、理直，左手拇指和食指把导线束捏扁，从最下端的导线开始，依次把导线送入槽口，右手持划线板，把送进槽口的几根导线顺槽口划入槽内。以上操作的关键是注意导线束中导体的顺序，先划排在最下面的，避免划入上面的导线而造成交叉。划线板的柄向槽口两端交替划线，边划边压，把导线送入槽底。

在嵌线过程中，一般每嵌完一组线圈后，应用 500V 绝缘电阻表检测对地绝缘电阻。如果有对地短路情形，应取出线圈重新嵌线，以免绕组都嵌完后，才发现其中有线圈对地短路的问题，这样返工的工作量将会很大。下线至大部分导线入槽后，把线圈端部适当往下按，以利于线圈端部初步形成喇叭口形，并使刚划入的导线不致从槽口弹出，如图 5.39 所示。

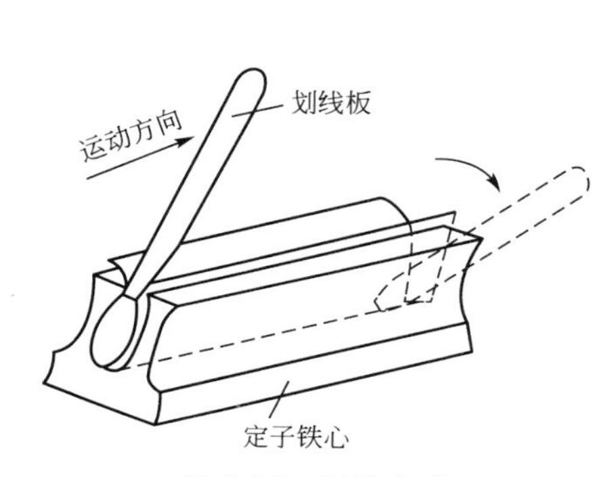

图 5.38　划线方式

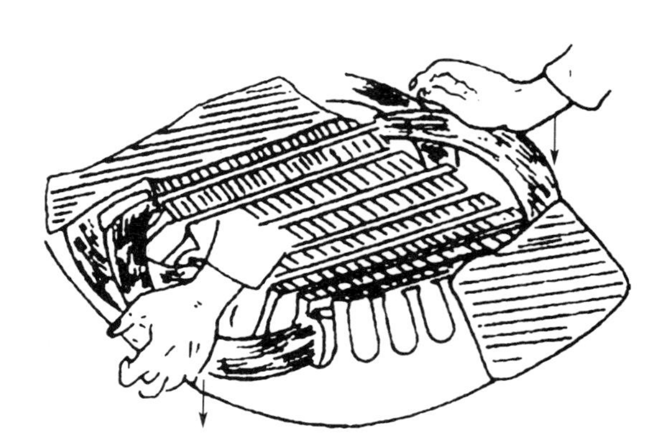

图 5.39　绕组端部的整理

当一槽导体全部嵌完，就应包裹槽绝缘，处理好槽口，插入槽楔。根据槽绝缘的不同设置方案，常采用以下两种方法包裹槽绝缘。

(1) 不用引槽纸的槽绝缘包裹步骤(图 5.40)。下线完后用弯头剪沿槽口剪去槽绝缘伸出槽口部分，然后用划线板或划针从内到外，逐层把槽绝缘包上。包裹时，先压下一侧绝缘，然后再压下另一侧覆盖其上。如图 5.40(a)、图 5.40(b)所示，由于绝缘纸有弹性，操作时要边压边退。覆盖好后，用划线板或压线板压紧，再插入槽楔，如图 5.40(c)所示。

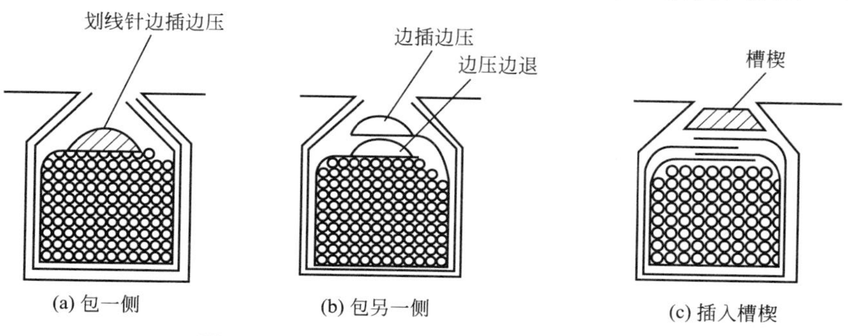

图 5.40　不用引槽纸的槽绝缘包裹示意图

（2）使用引槽纸的槽绝缘包裹步骤(图 5.41)。下线时，使用专门的引槽纸引导，如图 5.41(a)所示，然后抽出引槽纸，把导线压实，用一块封口绝缘纸(尺寸与双层绕组层间绝缘尺寸类似)弯成 U 形，插入槽内包住导线，如图 5.41(b)所示；再如图 5.41(c)所示，插入槽楔。

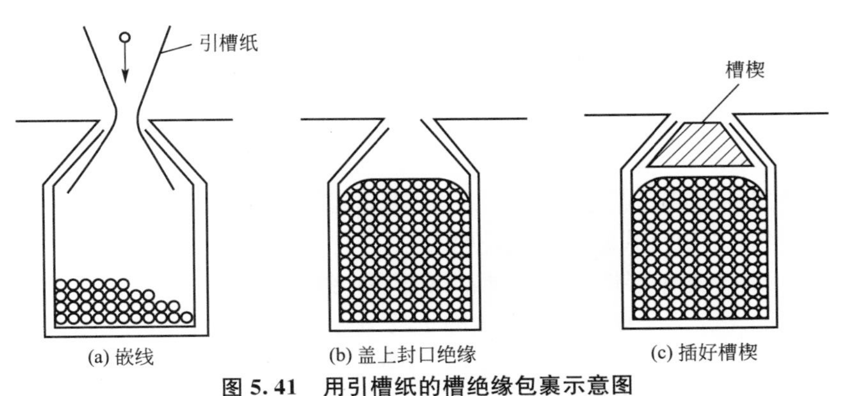

图 5.41　用引槽纸的槽绝缘包裹示意图

3）端部处理

定子线圈全部下入槽中以后，进行端部处理。定子绕组端部处理包括两个内容：垫相间绝缘和端部整形。

（1）垫相间绝缘。垫入相间绝缘的方法如下：把定子机座一侧的端盖螺丝旋入，并以它们为支撑把定子竖立(螺丝应高于绕组端部，以免压住绕组)，对定子上方的端部插相间绝缘。用划线板插入不同相导体的接触处，稍撬开，插入绝缘。注意要把所有不同相线圈在端部的接触点都垫开，不能漏掉。不同形式绕组相间绝缘的垫法不同，操作时要仔细确认每一个线圈的相别。垫入时，要注意把相间绝缘插到底，与槽口的层间绝缘，槽绝缘有少许重合。全部插完，再按线圈端部轮廓修剪相间绝缘边缘，使之露出线圈外 3～4mm 即可。整个端部都垫好，再翻过定子插另一端，如图 5.42 所示。

（2）端部整形(敲喇叭口)。端部整形的方法如图 5.43 所示。用垫打板垫在线圈端部内侧，再用木棰均匀敲打，逐渐形成喇叭口的形状。

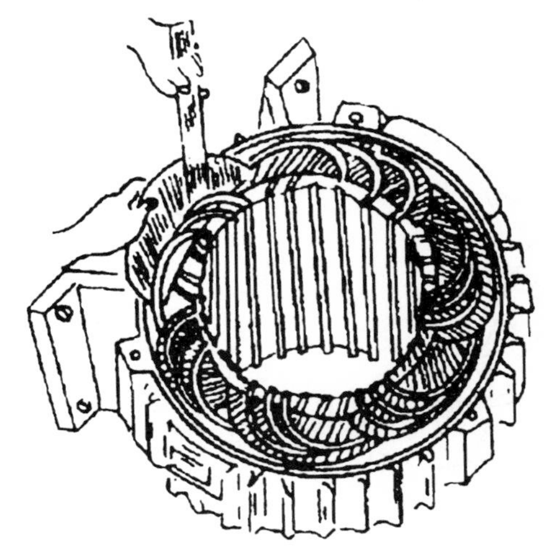

图 5.42　安放相间绝缘

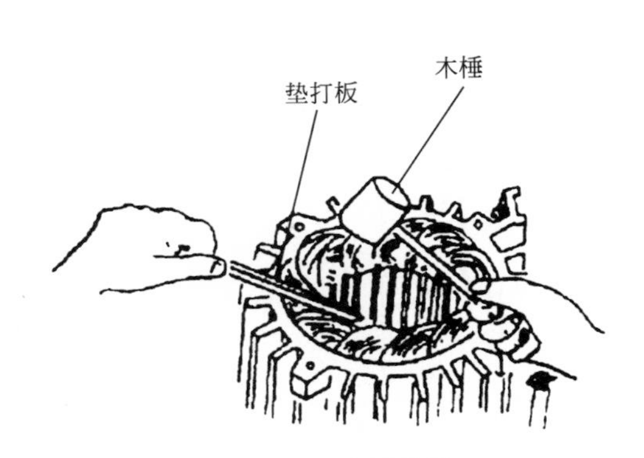

图 5.43　端部整形

操作时，注意不要把喇叭口敲得过大，否则使绕组端部太靠近机座。为保证绕组对地绝缘，线圈端部各部位距机座等铁件的距离不应小于 10mm。喇叭口也不应过小，否则将使转子装入困难，甚至造成定子绕组与转子相擦，同时也影响电动机风路的畅通，使电动机散热不良。

2. 各种绕组的下线规律

各种类型的绕组结构差异很大，要使它们在下线后有一个对称、合理的端部，必须遵循它们各自特定的规律和步骤来下线。

1）单层链式绕组

单层链式绕组的端部特点是一环扣一环，整个端部的线圈像链条似重叠，很对称，现以$Z=24$，$2p=4$ 的单层链式绕组为例说明。

图 5.44 所示是上述单层链式绕组端部展开图，线圈侧的数字是线圈号，铁心侧的数字是槽号和下线顺序。下线顺序是先把线圈 1 的一边嵌入第 6 槽，它的另一边要压在线圈 11、12 上面，需等到线圈 11、12 嵌入第 2、4 槽之后，才能嵌入第 1 槽，暂时只有吊在定子内(吊把)，但要用绝缘纸保护好。然后空一槽(第 7 槽)，将线圈 2 的一边嵌入第 8 槽，因它的另一边要压在线圈 12 上面，只能暂时吊起，待线圈 12 嵌入第 4 槽后，才能下入第 3 槽中。然后再空一槽(第 9 槽)，将第 3 个线圈的一边嵌入第 10 槽。因第 6、8 槽已嵌了线圈的一个边，按节距 $y=5$ 的规则，第三个线圈的另一边可直接嵌入第 5 槽，不需再“吊把”。接着再空一槽，将第四个线圈的一边嵌入第 12 槽，另一边嵌入第 7 槽。以后各个线圈均按此规律下一槽，空一槽。在嵌完线圈 11、12 的上层边后，再将线圈 1、2 的吊把依次嵌入第 1、3 槽(收把)。为使读者对下线顺序有更直观的认识，图 5.45 画出了未展开的绕组端部下线顺序图，图中内层数字为铁心槽号，外层数字是下线顺序。

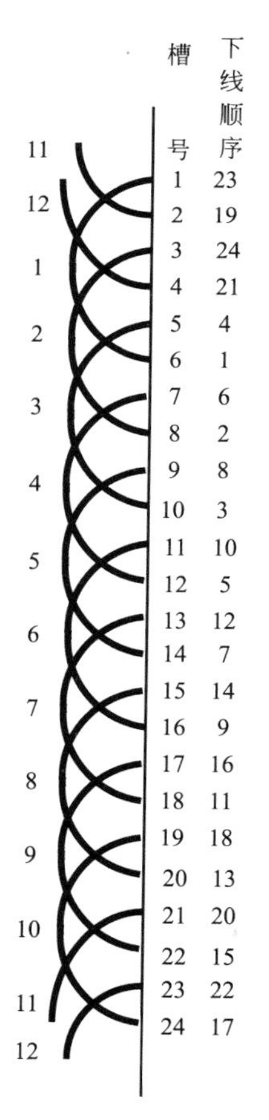

图 5.44　三相四极单链绕组下线顺序图

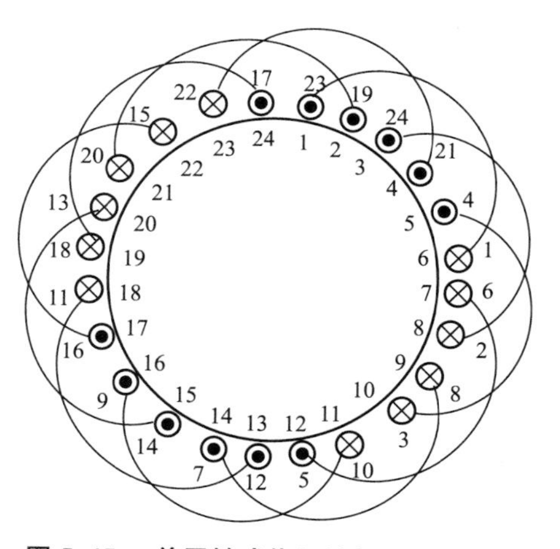

图 5.45　单层链式绕组端部下线顺序图

综上所述，单链绕组的下线规律为：下一槽、空一槽，再下一槽、再空一槽，依此类推；开始几个元件要吊把，吊把线圈数等于每极每相槽数 q。

2）单层交叉式绕组

现以 $Z=36$，$2p=4$ 的电动机为例说明单层交叉式绕组下线规律。图 5.46 是这种电动机的端部展开图。

如图 5.46 所示，首先将第一组两个大线圈的下层边嵌入第 9 及第 10 槽，由于它们的另一边还要压着线圈 11、12，另一边暂不能嵌入第 1、2 槽，故作吊把处理。接着空一槽，将第二组的一个小线圈嵌入第 12 槽，由于它的上层边要压着线圈 12，暂不嵌入第 5 槽，仍作吊把处理。然后再空两槽，将第三组的两个大线圈下层边嵌入第 15、16 槽。由于第一组、第二组线圈已下入第 9 槽、10 槽和 12 槽，第三组线圈的上层边可按 $y=8$ 下入第 7 槽和第 8 槽。接着空一槽，将第四组的小圈嵌入第 18 槽，它的另一边按 $y=7$ 的规则直接下进第 11 槽。以后可按上述规则往后嵌。待第 11、12 组线圈嵌完时，再将第 1 组和第 2 组的吊把收把入槽，全部嵌线顺序还可见图 5.47，图中仍以内层数字为槽号，外层数字为嵌线顺序。

因此可以总结出单层交叉式绕组的下线规律：下两槽、空一槽，下一槽、空两槽，依此类推；开始几个线圈要吊把，吊把线圈数为 q（本例中 $q=3$）。

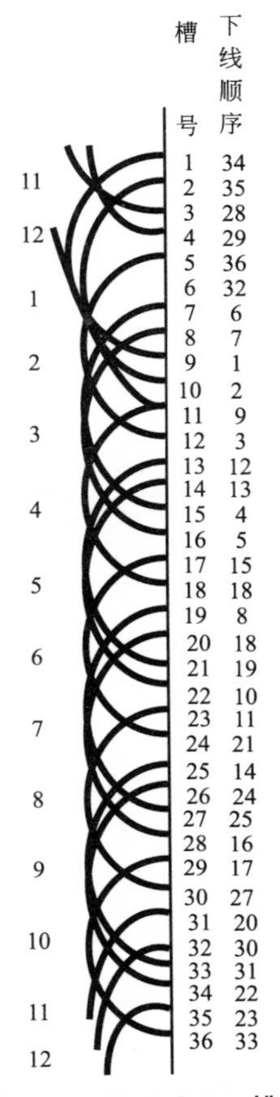

图 5.46　三相四极 36 槽单层交叉式绕组下线顺序图

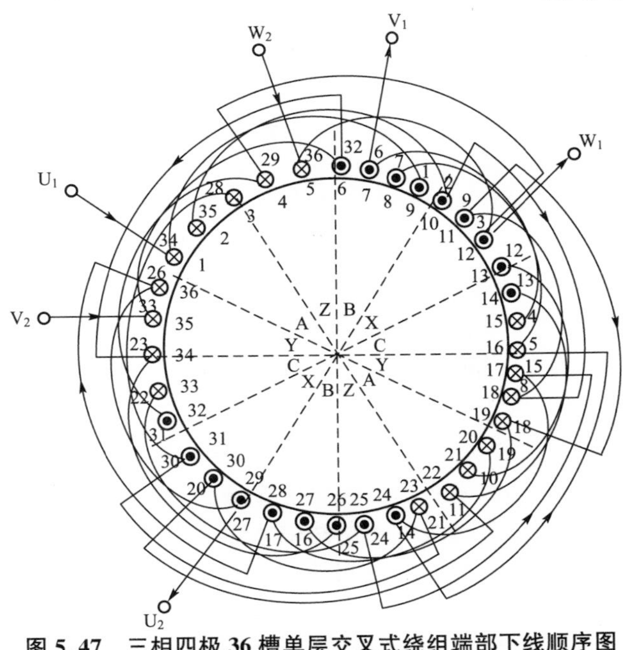

图 5.47　三相四极 36 槽单层交叉式绕组端部下线顺序图

3）单层同心式绕组

同心式绕组有二平面、三平面同心式绕组和同心链式绕组之分。二平面、三平面同心式绕组的特点是端部分层，互不交叉，下线方法简单；同心链式绕组的下线与单链绕组有共同点。

（1）$Z=24$，$2p=4$ 的二平面同心绕组。图 5.48 是其端部展开图。下线步骤为：先把第 2 组线圈的 4 个有效边分别下到 5、6、11、12 槽，再把第 4、6 组的各线圈边分别下入 13、14、19、20，21、22、3、4 槽。这就完成了下层平面全部线圈的下线。然后把已嵌好的线圈端部稍下按，适当整形后，再嵌入上层平面的三组线圈。

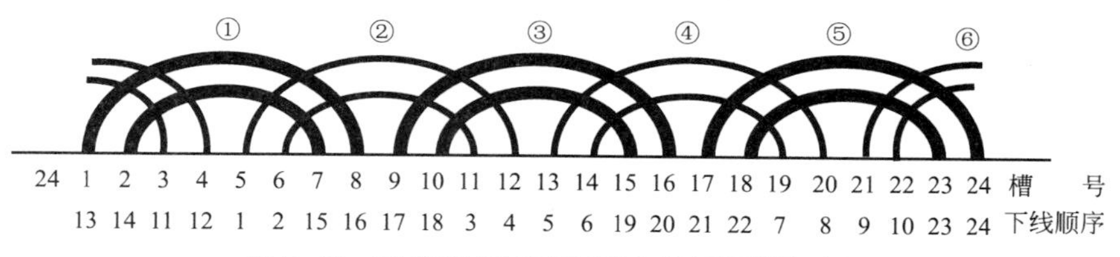

图 5.48　24 槽四极两平面同心绕组下线顺序图

（2）$Z=24$，$2p=2$ 的三平面同心绕组。其端部展开图如图 5.49 所示。它的 6 组线圈，端部分别处在三个平面上。从图中可见，2、5 组线圈处于最上层，1、4 组线圈在中间，3、6 组位于最下层。下线时，应先下处于最下层的 3、6 组线圈，并一次把全部线圈边下完。然后照样下中间的 1、4 线圈组，最后下最上层的 2、5 线圈组。下完一层后，要适当下按端部进行整形，以便给下一层端部留出位置。

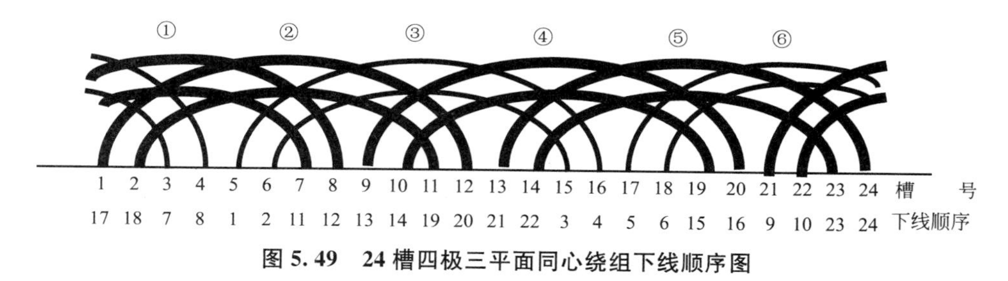

图 5.49　24 槽四极三平面同心绕组下线顺序图

同心式二平面和三平面绕组有类似的下线规律：按线圈组所在平面，从下到上，逐层下线，不需吊把处理。

（3）$Z=24$，$2p=2$ 的同心链式绕组。同心链式绕组同时具有同心式和链式绕组的特点。如果把单层链式绕组每一元件扩展成由相邻两个线圈构成的同心式线圈组，并相应把电机槽数增加一倍，就形成了同心链式绕组。也就是说，当把同心链式绕组的同心式线圈组看作一个线圈，则它的下线规律就与单链式绕组相同。这里以 $Z=24$，$2p=2$ 的电动机为例说明，图 5.50 表示了这种绕组的下线顺序。其中内圆圈中的数字为铁心槽编号，在内圆圈外铁心槽口附近的一圈数字表示下线顺序的编号。

把第一相的第一个小圈带引出线的下层边嵌入第 2 槽，另一边暂不嵌入第 11 槽而作吊把处理，接着将该相第一个大线圈的一有效边嵌入第 1 槽，另一边暂不嵌入第 12 槽作吊把处理。空两槽，将第二相带引出线的小圈下层边嵌入第 22 槽，大圈下层边嵌入第 21 槽，另外两边暂不嵌入第 22 槽，大圈下层边嵌入第 21 槽，另外两边暂不嵌入 7、8 槽也

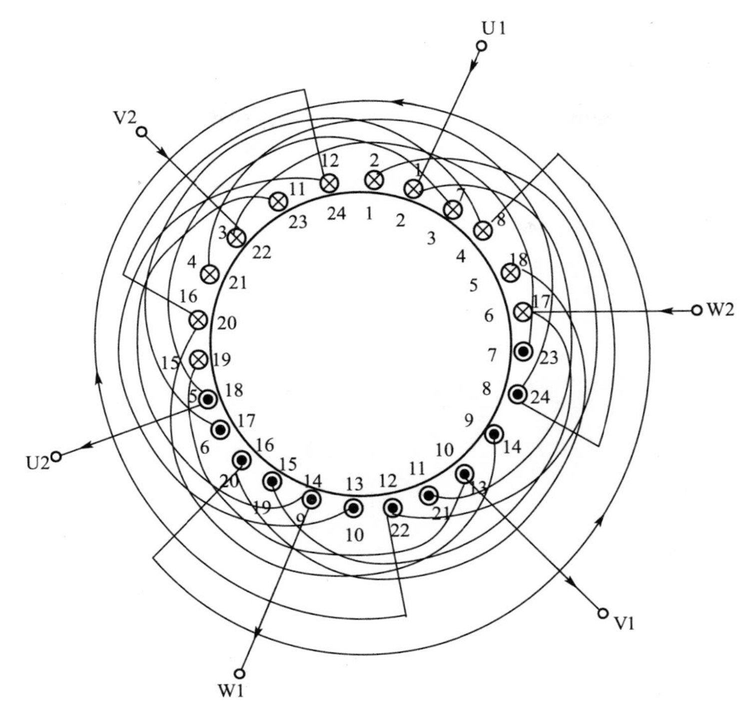

图 5.50　24 槽二极同心链式绕组端部连接图

作吊把，至此共吊 4 把。再空两槽。将第三相有引出线的小圈下层边嵌入第 18 槽，大圈下层边嵌入第 17 槽。因 1、2 槽已嵌完线，本组的另两个有效边可按 $y=9$ 和 $y=11$ 的规则直接下入第 3、4 槽，依此类推。没嵌完一个线圈组的两槽，就空两槽，再嵌两槽(上层边也如此)，直到最后对第 11、12 槽和 7、8 槽收把为止。

由上可知，同心链式绕组的下线规律为：下两槽、空两槽，下两槽、空两槽，依此类推；前几组线圈需要吊把处理，吊把线圈数为 q(本例 $q=4$)。

4）双层叠绕组

双层叠绕组的端部排列规律是线圈一个依次压一个，其下线规律较为简单。现以 $Z=24$，$2p=4$，$y=1\sim6$ 的短距绕组为例说明。图 5.51 为其端部展开图。下线时，先把线圈 1 的下层边下入 6 槽。它的上层边本应下入 1 槽，但它在 1 槽中要压在下层的线圈上，而下层线圈 20 的线圈边尚未下入 1 槽中，同时它在端部要压住的线圈，21、22、23、24 也未下线，故它的上层边需吊把处理。然后不空槽，逐槽下线圈 2、3、4、5 的下层边，它们的上层边都需吊把处理。直到把线圈 6 的下层边下入 11 槽时，它对应的上层边所要压住的各下层导体已全部下入槽内，且第 6 槽的下层边也已装入，故可随即把线圈 6 的上层边下在第 6 槽，不再吊把处理。以后的各线圈，可将两有效边同时下入，直到完成下线。

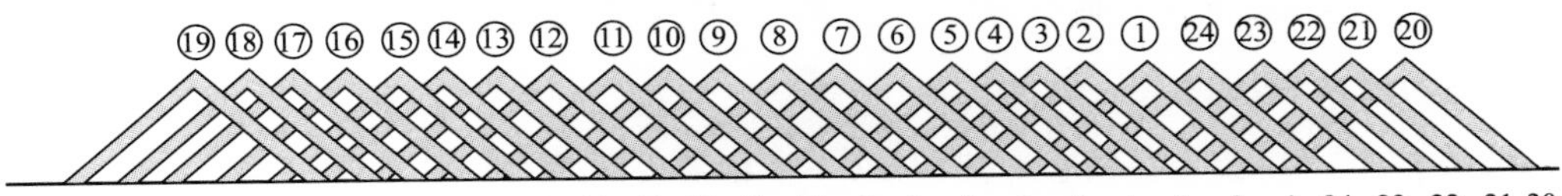

图 5.51　24 槽四极双叠绕组端部展开图

双叠绕组的下线规律为：从任一槽开始，把元件的下层边逐槽依次下入；前几个线圈需要吊把处理，吊把的线圈数等于节距 y，从 $y+1$ 号线圈开始，可同时下入上、下层边，不再吊把处理。

5）单双层绕组

以三相四极 36 槽($Z=36$，$2p=4$)电动机为例，来分析单双层绕组的下线规律。图 5.52 为其端部下线顺序展开图。图中有 3 排数字：上排表示铁心槽编号，中间一排表示大线圈和小线圈下层边入槽的顺序编号，下排表示小线圈上层边入槽顺序编号。下面以图 5.52 为例，来研究它的下线规律。

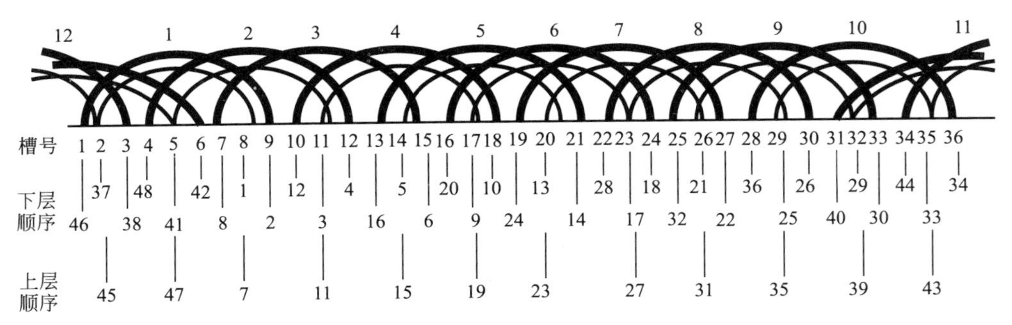

图 5.52 单双层绕组下线顺序展开图

先将第一组线圈中大圈的一边和小圈的下层边(即右侧两边)嵌入第 8、9 槽。该大圈的另一边和小圈的上层边(左侧两边)要压着线圈组 11 和 12 的右侧，暂不能按 $y_1=8$ 和 $y_2=6$ 嵌入第 1、2 槽，故作为吊把处理。空一槽，将第二组线圈中右侧的一大一小两条边分别嵌入第 11、12 槽，它们的左侧线圈边要压着线圈 12 的右侧边，仍作吊把处理。再空一槽，将第三组线圈的右侧边嵌到 14、15 槽，另两边不再吊把处理，按 $y_1=8$、$y_2=6$ 的节距嵌入第 8、7 槽。以后每空一槽下一个线圈组的右侧边，左侧边按规定节距接着下。待第 11、12 组线圈嵌完后，再将吊把的第一、二组线圈左侧边嵌入 1、2、4、5 槽进行收把处理。

由此可以得出单双层绕组的下线规律：嵌一组、空一槽，再嵌一组、再空一槽；大、小线圈吊把数为大线圈节距数的 1/2。

四、 接线与引线制作

刚下完线的绕组，线圈之间有待连接。为了便于连接，习惯上在下线时注意把线圈的头(首端)留在定子槽口，而线圈的尾(末端)留在槽底。下线完毕，把槽口的出线弯向内，槽底的出线弯向外，这样元件之间首尾分明，对正确接线十分有利。

线圈组合一相绕组的接线，具体操作时要经过连接、对连接的校核、接头制作、引线的选择、接头焊接和端部连线捆扎等工艺步骤，才能完成电动机接线与引线的制作。

1. 线圈的连接和校核

对下好线的定子绕组，在铁心上按相带(一个相带占几槽)和 U1－W2－V1－U2－W1－V2 的顺序进行相带划分，需要认真区分出每一个线圈及线圈边所属的相带。对各槽导体，按所属相带应有的电流参考方向，用石笔或粉笔轻轻标在铁心槽齿上，以此作为连接

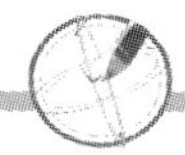

依据。

先不刮去各线圈首、尾出线外的漆，也不剪短，按接线规律把应连接的线头轻扭在一起。电动机的全部接头都扭接完后，再按接线规律和槽齿上的箭头方向，对每一接头进行校核。确定无误后再逐个松开扭接，并制作接头。

2. 接头制作

接头制作工艺流程包括：剪去引线的多余长度、套入绝缘套管、刮漆、接头绞接、焊接、套好外层绝缘套管等。

引线的长短要根据接头的实际位置来确定。剪掉多余长度时，注意留下用于绞接的长度。

常用的接头形式如图 5.53 所示，图 5.53(a)是对绞，图 5.53(b)是并绞，它们都是采用绝缘套管绝缘。在待绞接的线圈引出线上套细绝缘套管，在绞接处套上较粗的绝缘套管。在剪去多余长度后，就可根据待接出线长度确定细绝缘套管长度。细绝缘套管套入后，在绞接端应留出绞接头位置，在引出端套住引线全长。图 5.53(a)所示的对绞接头，在绞接前应事先套入外层绝缘套管。

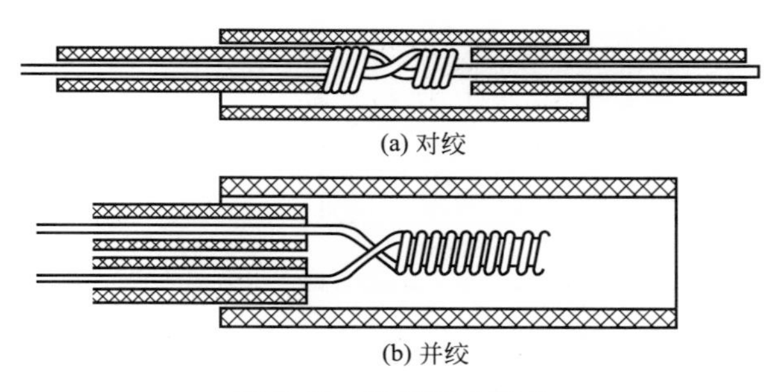

(a) 对绞

(b) 并绞

图 5.53　导线接头方式

该套管长度视接头长短而定，一般 40～80mm，以完全套住接头导体并与细套管有一段重合为宜。导线绞接前，必须进行刮漆和搪锡，以保证接头导电、焊接良好。刮漆可用电工刀或专门的刮漆刀。操作时，导线应不断转动，确保导体四周不留余漆，为了保证焊接的质量，刚刮好的导线应尽快涂上焊剂，加热后搪上一层焊锡。

导线之间的连接方式，除图 5.53 所示的对绞和并绞外，引出线和一相出线之间还常用图 5.54 所示的连接法。图 5.54(a)是线圈出线较细的情况，直接把导线绞接在多股的引出线上；图 5.54(b)中线圈导线较粗，可把引出线分成两段，分别用较细的扎线与导线扎好。

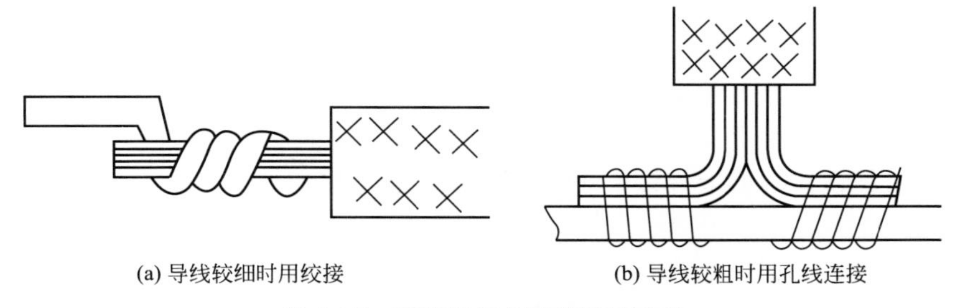

(a) 导线较细时用绞接　　(b) 导线较粗时用孔线连接

图 5.54　引出线与导线的连接方法

3. 引线的选择

连接好的定子绕组由 6 根引出线把三相首尾端引至接线盒。引出线一般采用橡皮绝缘软导线或其他多股绝缘软铜线，其规格可根据电动机功率或额定电流在表 5－10 中选用。

表 5－10　三相电动机电源引出线规格

功率/kW	额定电流/A	导线横截面/mm^2	可选用导线规格/(根/mm)
0.35 以下	1.2 以下	0.3	16/0.15
0.6～1.1	1.6～2.7	0.7～0.8	40/0.15，19/0.23
1.5～2.2	3.6～5	1～1.2	7/0.43，19/0.26，32/0.2，40/0.19
2.8～4.5	6～10	1.7～2	32/0.26，37/0.26，40/0.25
5.5～7	11～15	2.5～3	19/0.41，48/0.26，7/0.7，56/0.26
7.5～10	15～20	4～5	49/0.32，19/0.52，63/0.32，7/0.9
13～20	25～40	10	19/0.82，7/1.33
22～30	44～47	15	49/0.64，133/0.39
40	77	23～25	19/1.28，98/0.58
55～75	105～145	35～40	19/1.51，133/0.58，19/1.68

4. 接头焊接

互相绞合的导线在运行中的高温作用下会很快氧化。氧化膜使导线间的接触电阻增加，发热加剧，形成热点，造成绝缘老化甚至断线，因此电动机中的所有接头都必须焊接。

通常用含锡量 60％、铅量 38％的锡铅合金作焊料进行焊接。小型电动机，也可以用含锡 50％、铅 31％、镉 18％的低温焊锡丝作焊料，焊剂用松香酒精溶液，松香酒精有去氧作用，它不仅可以将氧化铜还原成铜，而且在焊料熔化后，可以自行覆盖在焊件表面，阻止焊接处氧化。在铜线的焊接中，禁止使用酸性焊剂，以免腐蚀导线和绕组绝缘。对铜线接头的焊锡常用以下两种形式。

(1) 烙铁焊。焊接的工具主要是电烙铁。焊接时，先把刮净并绞合好的接头涂上焊剂，并放在焊锡槽内的松香上，将烙铁头压在焊接处，待松香熔化沸腾时，立即将焊条(或焊锡丝)伸到焊接面。待熔锡均匀覆盖在焊接面后，将烙铁头沿着导线轴向移开，以免在导线径向留下毛刺，以后会刺破绝缘造成短路。在施焊过程中，要保护好绕组，切不可使熔锡掉入线圈缝中而留下短路隐患。

(2) 浇焊。在铁锅内盛上焊锡，置于电炉或其他热源上加热，使焊锡熔化。焊锡温度可按下述情况做粗略估计：用小勺或铁棍拨开熔锡表面的氧化层，若熔锡表面呈银白色，在 10s 左右呈金黄色，说明温度在 280℃左右，最适于浇焊。此时可将清除了氧化层的线头置于接锡盘上方，用小勺将熔锡浇注到待焊部位，大线头要多浇几次，一直到填满焊头

部位线间缝隙，并使焊接部位光滑无毛刺为止，浇锡工具如图 5.55 所示。

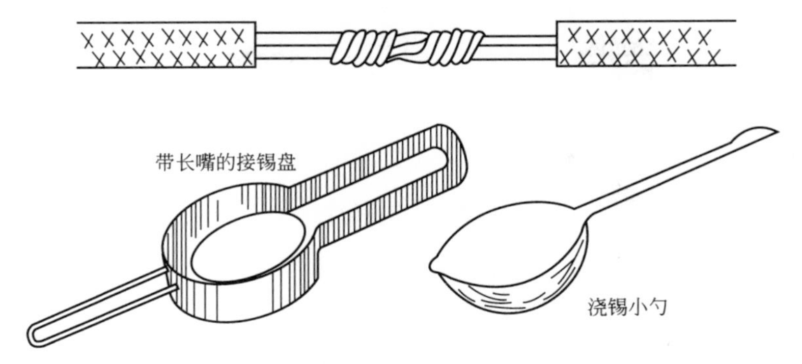

图 5.55　浇锡工具

浇锡时要采用相应保安措施，严防烫伤操作人员和熔锡掉入线圈缝中，盛锡小勺要预热，不能有水分，否则盛锡时将发生爆炸。

5. 端部连线绑扎

焊接好并套上绝缘的引线，必须在绕组端部上绑扎牢固，才能进行浸漆。用白纱带或蜡线绑扎后，跨接线、引出线及相应的套管应当固定牢靠。在电动机运行时应不碰、不擦相邻部件，且不松动。

图 5.56 所示是定子绕组端部的两种绑扎方式。小型异步电动机常把接线绑扎在绕组端部外侧，如图 5.56(b)所示。中型电动机接线较粗，一般采用图 5.56(a)的方案，把接线绑在顶端。当然，电动机端部的绑扎方式，也要遵循按原样修复的原则，拆卸旧绕组时，就应记住其绑扎方式，按原样绑扎。

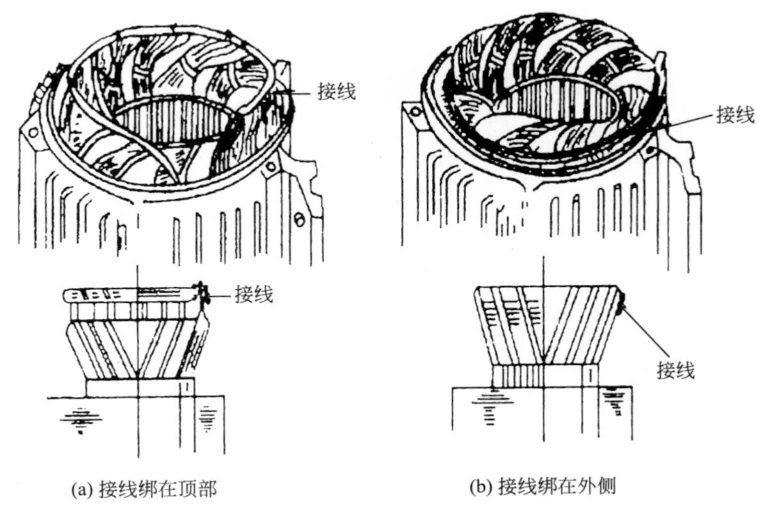

图 5.56　端部接线绑扎方式

在跨接线、引出线上套有长短粗细不同的各种套管，绑扎时，要注意把每根套管都绑牢。用一根长纱带绑扎，要注意处处拉紧，过一段打一个结。引出线受外力拉扯的可能性大，绑扎时要如图 5.57 所示，把引出线折一下，用纱带穿过扎头扎紧。

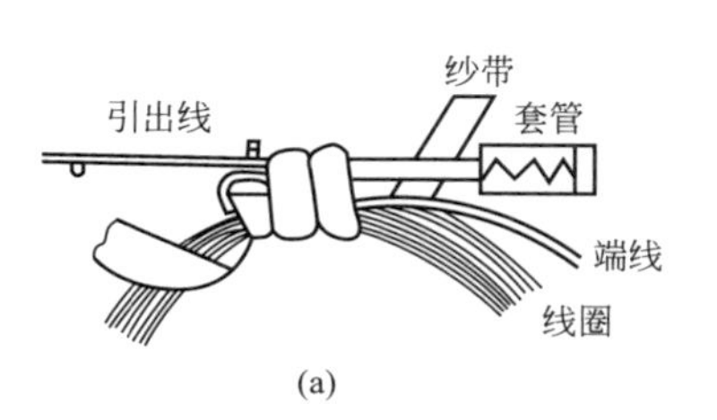

(a)

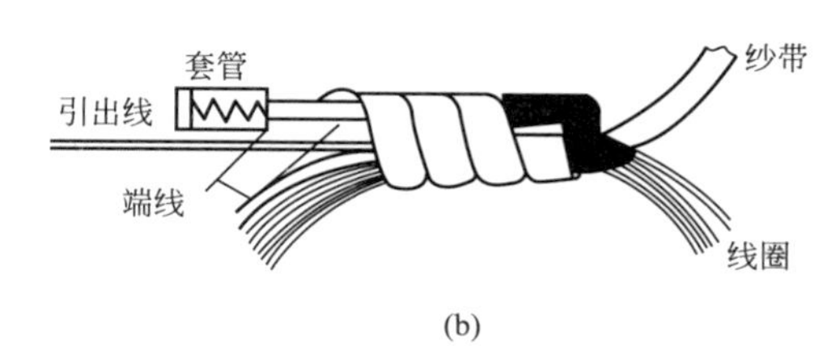

(b)

图 5.57 引出线绑扎方式

五、 定子绕组的检测、 浸漆与烘干

1. 绕组的初步检测

绕组在完成接线、端部整形及绑扎以后、浸漆之前，应对绕组进行检查和试验，看有无断路、短路、接地、线圈接错，以及直流电阻、绝缘电阻是否达到要求。在浸漆前线圈未固化，发现问题时检查和翻修较方便；若浸漆以后发现故障，翻修将困难得多。所以绕组在浸漆前的初步检测是十分必要的。

1）外观检查

（1）检查绕组端部是否过长，有没有碰触端盖或与端盖距离过近的情况。如有，必须对端部重新整形，方法是将线圈端部弧形部分向两边拉宽，缩短端部高度。

（2）检查喇叭口是否符合要求，喇叭口过小，影响通风散热，甚至转子装不进去；喇叭口过大，有可能使其外侧端部与端盖距离过近或碰触端盖造成对地短路。

（3）检查铁心槽两端出口处槽绝缘是否破裂，如有，应用同规格绝缘纸将破损部位垫好。

（4）检查槽楔或槽绝缘纸是否凸出槽口，如有，应铲除或剪去；若槽楔松动，应予更换。

（5）检查相间绝缘是否错位或未垫好，如有，应按要求垫到位。

2）测量绕组绝缘电阻

用兆欧表测量绕组的对地绝缘电阻和相间绝缘电阻，若使用绝缘电阻表测得绝缘电阻低于规定值，甚至为零，则可判定电动机绝缘不良或存在短路。

若对地绝缘不良，可能是槽绝缘在槽端伸出槽口部分破损或未伸出槽口，或没有包裹好导线，使导线与铁心相碰。要寻找对地短路点，在接线前用绝缘电阻表检查最简单。

若相间绝缘不良，多半是相间绝缘错位，或者相间绝缘纸未插到底。对双层叠绕组，可能是层间绝缘未垫好，使两相绕组在一个铁心槽内相碰。上述情况如果故障点明显，可直接纠正；若故障点不明显，可以用划线板插入相间绕组的缝隙来回波动绕组，看兆欧表指针是否有明显变化，由此逐点检查纠正，直到相间绝缘达到要求为止。

3）检测三相绕组的直流电阻

小型电动机用万用表相应的电阻挡测量，目的是检查三相直流电阻是否平衡。三相绕组直流电阻不平衡，有以下 3 种可能原因。

（1）相绕组内部接线错误，可能部分线圈未接入电路，或串、并联关系弄错。应对电阻严重偏离平均值的相绕组拆开检查，纠正错误的接线点。

（2）绕制线圈时，由于不慎或绕线机转动不灵造成匝数误差。若匝数相差不是太大，

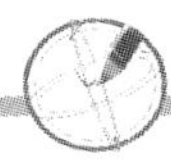

尚可使用；若误差太大，必须纠正。

（3）导线质量不好，或绕线嵌线不慎使导线绝缘损坏，造成匝间短路。可用短路侦察器检查故障点予以修理。

4）检查绕组是否接错

绕组接错后若直接通电试机，往往会因为电流过大造成事故，严重时会烧毁绕组。在初步检测时必须认真检查。下面介绍一种判断绕组是否接错的简便方法：将硅钢片剪成圆形，正中间钻一小孔，小孔穿入钢丝时圆片能以钢丝为轴灵活转动，如图 5.58 所示。用三相调压器向三相绕组通以 20%～30%的额定电压(注意逐步升压，监视定子电流低于额定值，避免烧毁电动机)后，置于定子中心位置的硅钢圆片应正常转动。无论是极相组还是线圈接线错误，均会造成硅钢圆片转动不正常甚至停止转动。

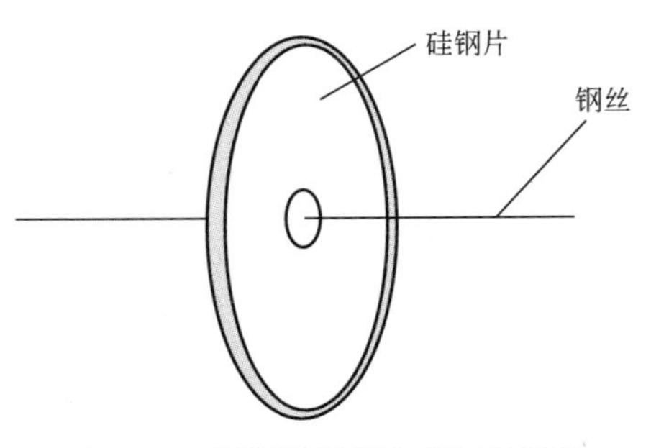

图 5.58　判断绕组接线情况的装置

5）检测三相空载电流是否平衡

电动机全部装好，转动部分手动能灵活旋转后，即可进行空转检查并测定电动机三相空载电流(空载电流可用钳形电流表进行测量)。根据测量结果可对三相空载电流的对称性、稳定性和占额定电流的比例作出判断。若空载电流的上述各指标不满足有关要求，则可能电动机绕组有匝数不等、接线错误等缺陷。应检查、排除后重测空载电流，直至合格。

2. 定子绕组的浸漆与烘干

上述工序完成以后，紧接着就是对绕组浸漆和烘烤的绝缘处理，对绕组进行绝缘处理的目的是提高电动机绕组的防潮性能，增强绕组的电气绝缘强度，改善散热条件，增强导热性能并提高绕组的机械强度。

1）绝缘漆的选用

修理中根据被修理电动机的绝缘等级、是否耐油等条件，选用相应牌号的绝缘漆。在使用中还应根据绝缘漆的黏度加入适量的稀释剂，如甲苯、二甲苯、200 号轻质汽油等。如果电动机绕组用的是油基漆包线，稀释剂只能用松节油。常用绝缘漆牌号、性能列于表 5-11。

表 5-11　常用绝缘漆的性能与用途

名　称	型号	颜色	溶剂	漆膜干燥条件		耐热等级	特性及用途
				温度/℃	时间/h		
沥青漆	1010	黑色	200 号溶剂、二甲苯	105±2	6	A，E(B)	耐潮湿、耐温度变化，不耐油，适于浸渍电动机绕组和转子
	1210				10	A，E	耐潮湿、耐温度变化，不耐油，适于电动机绕组覆盖用
	1211			20±2	3	A，E	干燥快，不耐油，适于电动机绕组覆盖用

（续）

名称		型号	颜色	溶剂	漆膜干燥条件		耐热等级	特性及用途
					温度/℃	时间/h		
绝缘浸渍漆	耐油清漆	1012	黄褐	200号溶剂	105±2	2	A	干燥迅速、耐油、耐潮湿，漆膜平亮光滑，适于浸渍电动机绕组
	丁基酚醛醇酸漆	1031	黄褐	200号溶剂、二甲苯	120±2	2	B	有较好的流动性、干透性、耐热性、耐油性，适于温热带浸渍电动机、电器线圈用
	晾干醇酸清漆	1231	黄褐	二甲苯、甲苯	105±2	2	B	干燥快、硬度大，有较好弹性，耐温、耐气候性好，介电性能好
绝缘浸渍漆	醇酸清漆	1031	黄褐	二甲苯、甲苯	105±2	2	B	性能较沥青漆和清烘漆好，有较好的耐油性、耐电弧性，漆膜光滑，适于浸渍电动机、电器线圈
	三聚氰胺醇酸树脂漆	1032	黄褐	200号溶剂、甲苯	120±2	2	B	具有较好的干透性、耐热、耐油性、耐电弧性和附着力，漆膜光滑，适于温热带浸渍电动机、电器线圈
	环氧树脂	1033	黄褐	二甲苯和丁醇等	120±2	2	B	具有较好的耐热性、耐潮湿性，漆膜光滑、有弹性，适于温热带浸渍电动机绕组或作电动机、电器等部件表面覆盖层
	氨基酚醛醇酸树脂漆		黄褐	二甲苯及溶剂	105±2	1	B	固化性好，对油性漆包线溶解性小，适于浸渍电动机、电器线圈
绝缘浸渍漆	无溶剂漆	515-1 515-2	黄褐		130	16	B	固化快、耐热性及介电性能好，不需用活性溶剂，适于浸渍电器线圈
	硅有机漆	1050	淡黄	甲苯	200	12	H	耐热性高，固化性良好，防霉、防油性及介电性能优良，适于高温线圈浸渍及石棉水泥防潮处理
		1052			20	14	H	性能同1050相似，耐热性稍低，用于高温电器线圈浸渍及绝缘零部件表面修补(低温干燥)
覆盖漆	灰磁漆	1320	灰	二甲苯	105±2	3	E	漆膜强度高，耐电弧、耐油、耐潮性及介电性能较差，适于电动机、电器线圈覆盖用
	气干红磁漆	1323	红	二甲苯	20±2	24	E	同1320，但低温干燥，适于不宜高温烘烤的电动机电器线圈覆盖及各种电器零部件表面修饰
	硅有机磁漆	1350	红	二甲苯	200	3	H	耐热性高，耐潮、耐冲击和介电性能良好，适于高温电器线圈覆盖

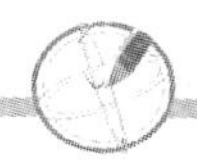

2）浸漆的主要方法

浸漆方法较多，根据修理的设备条件、电动机体积的大小及其对绝缘质量的不同要求可以选用下列方法。

（1）浇浸。对于单台修理的电动机浸漆，可采用浇浸。将定子垂直放置在滴漆盘上，绕组一端向上，用漆壶或漆刷向绕组上端部浇漆，直至绕组缝隙灌满漆液且另一端缝隙浸出漆来，再将定子翻转，浇另一端绕组，直至浇透为止。对零星修理的小型电动机，使用此法，可减少绝缘漆的浪费。

（2）沉浸。对批量修造的中小型电动机可以用沉浸。操作时先在漆罐中装入适量绝缘漆，然后将电动机定子吊入，使漆面淹没过电动机定子在200mm以上。待绝缘漆浸透绕组和绝缘纸的所有缝隙后，再将定子吊出滴漆。若在浸漆时加300～500kPa的压力，则效果更好。

浸漆完毕，将定子置于金属丝网上，将漆滴干，并用蘸有汽油的棉布将定子铁心的表面和机座外表面的漆膜擦净。

3）浸漆与干燥工艺

浸漆与干燥包括预烘、浸漆、干燥3个过程。浸漆前对新嵌绕组进行预烘的目的是排除绕组和绝缘材料内部的潮气，为使潮气容易散发，预烘温度要逐渐增加。如果加热太快，绕组内外温差大，在表面水分蒸发时，一部分潮气将往绕组内部扩散，影响预烘效果。一般温升速度以不大于20～30℃/h为宜。在烘烤温度达到105～125℃后，保温4～6h。烘干后的绕组，用绝缘电阻表测量，绝缘电阻应符合规定数值。

预烘后绕组要冷却到60～80℃才能浸漆。如果绕组温度过高，绝缘漆会快速挥发，在绕组表面形成漆膜，从而阻碍后面浸入的漆浸透绕组。如果绕组温度过低，绕组又会吸入潮气，而且这是绝缘漆黏度大，流动性和渗透能力均差，不容易浸透绕组。

第一次浸漆，要求绝缘漆流动性较大，渗透能力较强。能渗透绕组内部。故第一次浸漆时，要求绝缘漆黏度要小一些。第二次浸漆要求能在绕组表面形成一层较好的漆膜，进一步固化绕组内部，要求绝缘漆黏度较大。

浸漆后的烘烤，是为了驱除水分和挥发溶剂，使绕组干燥形成坚实的整体。为了实现烘烤的良好效果，应将烘烤分成低温和高温两个阶段。低温用70～80℃烘烤，目的是挥发绝缘漆中的溶剂，如苯的挥发点是78.5℃，所以采用这种低温烘烤是适合的；如果温度调得过高，溶剂快速挥发，在绕组表面的漆膜上会出现许多小气孔，影响浸漆质量；再则，由于表面溶剂快速挥发，绝缘漆会很快在表面形成漆膜，从而阻碍绕组内部溶剂的挥发。所以待低温烘烤2～4h后，才能进行高温干燥。浸漆、干燥的工艺过程和高温烘烤的温度、时间详见表5-12。

表5-12　绕组浸漆与干燥工艺过程

工序名称	绝缘等级	烘烤或绕组温度/℃	产品机座号	时间/h	热态绝缘电阻/MΩ	备　注
预烘	A	110±5	5号以下 Y80-132	4	>50	
			6～9号 Y160～280	6	>50	
	E，B	120±5	5号以下 Y80-132	4	>50	
			6～9号 Y160～280	6	>20	

（续）

工序名称	绝缘等级	烘烤或绕组温度/℃	产品机座号	时间/h	热态绝缘电阻/MΩ	备　　注
第一次浸漆		60～80		>20min		
滴干		室温		>30min		
第一次干燥	A	120±5	5 号以下 Y80 - 132	9	>3	浸漆完毕到开始烘烤时间应大于 1h，小于 4h
			6～9 号 Y160～280	12	>2	
	E，B	130±5	5 号以下 Y80 - 132	9	>10	
			6～9 号 Y160～280	12	>8	
第二次浸漆		60～80		10～20min		
滴干		室温		>30min		
第二次干燥	A	120±5	5 号以下 Y80 - 132	11	>1	浸漆完毕到开始烘烤时间应大于 1h，小于 4h
			6～9 号 Y160～280	14	>1	
	B，E	130±5	5 号以下 Y80 - 132	11	>1	
			6～9 号 Y160～280	14	>1	
喷表面漆		室温		24		

表 5 - 12 所列数据系典型参考值，在实际应用中应注意下列几点。

(1) 预烘时间。要看是用哪一种烘烤方式，现以烘房预烘为例，就在同一个烘房中，所烘电动机的大小和数量不同，所用的预烘时间也不一样。在大批烘烤时，通常可采用试验来确定预烘时间，在预烘过程中，每小时测一次三相绕组对地绝缘电阻，并记录测量结果。若连续 3 次测量，绝缘电阻已不再变化，说明预烘已达到目的。将这个时间乘上 1.1～1.2 的保险系数，即为实际所需预烘时间。

(2) 浸漆的次数。按绕组的绝缘要求来确定，第一次是把漆浸透到绕组内部，填满微孔和间隙；第二次浸漆是把绝缘层和导线黏牢，进一步填充第一次烘干时溶剂挥发后留下的空隙和微孔，并在绕组表面形成漆膜，防止潮气侵入；第三次及其以后的浸漆，主要是使绝缘层表面形成一层加强保护的外层。在相对湿度不大于 70%的正常湿度下工作的电动机，若浸渍有溶剂绝缘漆，一般应浸两次；浸渍无溶剂只需一次。在相对湿度为 80%～95%的高湿度条件下工作的电动机，浸渍有溶剂漆一般应 3 次；浸渍无溶剂漆一般应为两次。在相对湿度大于 90%以上或有化学气体、盐雾腐蚀环境下使用的电动机，还应酌情增加浸漆次数。

(3) 浸漆的时间。上述各次浸漆的时间应一次比一次更短。以牌号 1032 绝缘漆为例，第一次 15～20min，第二次 10～15min，第三次 5～10min，第四次 5～10min。因后面浸漆的时间如果过长，反而会将已形成的漆膜溶坏。

每次浸漆，待漆滴干后，应用棉纱蘸少量溶剂，揩净定子铁心及机壳表面的余漆。

4) 绕组干燥方法

电动机绕组浸漆后的干燥，分外部和内部干燥两大类。

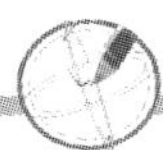

（1）外部灯泡干燥。此法工艺、设备都方便，耗电少，适用小型电动机的干燥，烘烤设备如图 5.59 所示。将电动机定子放置在灯泡之间（最好用红外线灯泡）。烘烤时首先要注意用温度计监视箱内温度，不得让其超过表 4－11 中所规定的允许值；灯泡也不可过于靠近绕组，以免烤焦。灯泡的功率可按 5kW/m³ 左右考虑。在整个烘烤过程中，箱盖上都应开排气孔以排出潮气和溶剂挥发的蒸气。

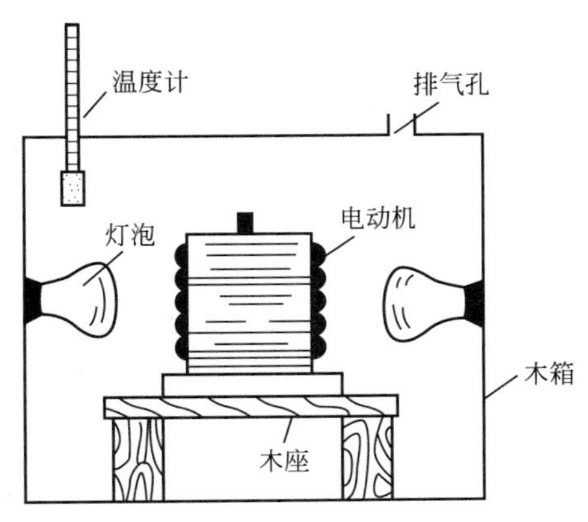

图 5.59　灯泡干燥法

（2）内部电流干燥（铜损干燥法）。此法是将电动机绕组按一定接线方式输入低压电流，利用绕组本身的铜损发热进行烘烤。它的接线方式有并联加热式、串联加热式、混乱加热式、星形加热式、三角形加热式等。但不管哪种方式，每相绕组所分配到的烘烤电流都应控制在它额定电流的 60％左右。由于各种电动机的体积、烘烤条件不尽相同，电流的控制以通电 3～4h、绕组温度达 70～80℃为宜。

并联加热式的接线如图 5.60 所示。用电焊变压器次级低压交流电源向并联的三相绕组送电，电焊变压器次级电流可连续调节。这时低压电流能均匀地分配到三相绕组，这种方式适用于 75kW 以下电动机绕组的烘烤。

串联加热式也叫开口三角形接法，接线如图 5.61 所示。它适用于三相绕组的 6 根引出线都在接线板上的电动机。这种加热方式的优点也是三相绕组受热均匀，在烘烤过程中不需改动接线，而且有些小型电动机可以直接送入 220V 交流电源加热，省去另备低压电源。

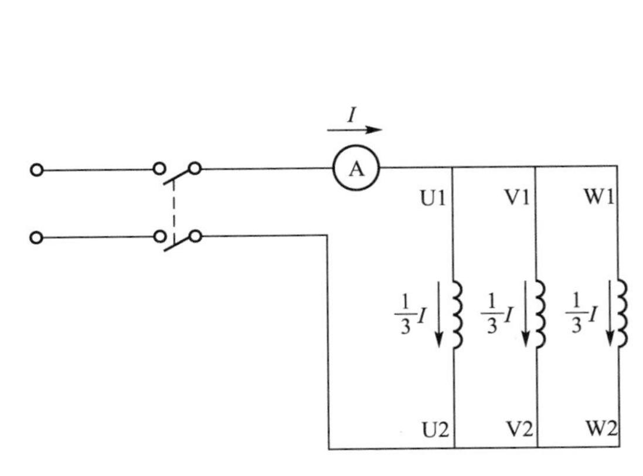

图 5.60　并联加热法

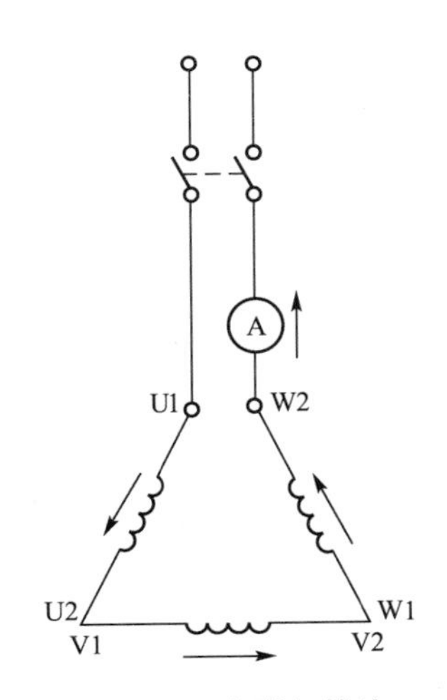

图 5.61　串联加热法

混联加热方式如图 5.62 所示，它适用于功率较大的电动机，先把两相绕组分别短接然后将未短接的一相输入低压交流电源，为使三相绕组受热均匀，每隔 5～6h 应依次将低压电源调换到另外一组，原接电流的一相也应短接。

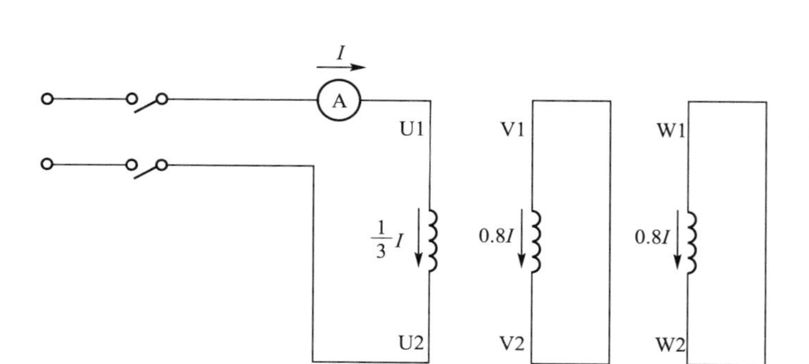

图 5.62　混联加热法

星形加热和三角形加热两种方式如图 5.63 所示。

它适用于修理现场有三相调压器的场合。它的优点也是三相绕组受热均匀，只要三相绕组有 3 根引出线即可，在烘烤过程亦无须改动接线。

上述各种接线方案中，可以通过改变绕组接法来获得适当大小的干燥电流。若电焊变压器或三相调压器等低压电源提供电流不足，可以用两台电焊变压器或三相调压器的次级串联供电，或者将转子从定子中抽出一定程度来控制烘烤电流大小，转子从定子中抽出越多，烘烤电流越大。若转子全部抽出，烘烤电流可增加到 1.5～2 倍。

如果电动机成批烘烤，可以将几台电动机的绕组串联后接入 380V 交流电路，省去低压电源。如果低压电源容量有余，也可将几台电动机并连接于低压电源变压器次级同时烘烤，这样可提高工作效率。

在修理中，若不具备上述烘烤条件的小型电动机，可将电动机的三相绕组接成开口三角形，送入 220V 交流市电，加变阻器来调节绕组的输入电压进行烘烤。其电流、电压的大小可参照用三相调压器烘烤电动机的数据，其接线如图 5.64 所示。

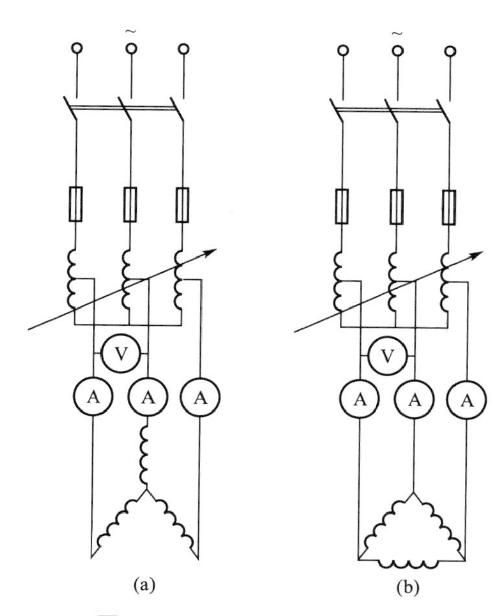

图 5.63　星形和三角形加热法

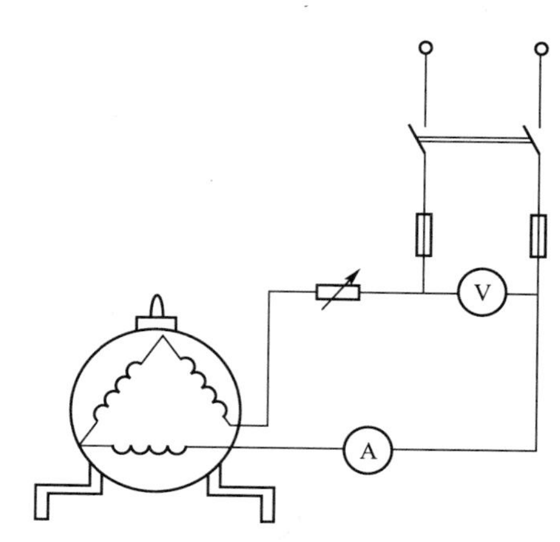

图 5.64　开口三角形加热法

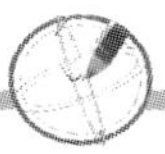

烘烤电动机时应注意以下事项：①烘烤前必须将电动机清理干净，特别是黏在绕组漆膜上的杂物，干燥后就不易清除了；②凡通电烘烤的电动机，外壳必须可靠接地，确保操作人员的人身安全；③整个烘烤过程都要用温度计监测烘烤温度，以免造成烘烤质量不佳或烤坏绕组；④烘烤封闭式电动机，必须拆开端盖，使其内部潮气散发，否则会使潮气侵入绕组内部导致绝缘电阻下降；⑤烘烤时既要注意保温，减小能量损耗，又要使电动机潮气易于散发；⑥烘烤过程要定时测量绕组的绝缘电阻并做好记录，开始时记录间隔为15min记录，以后1h记录一次。在烘烤的前段，由于绕组的温度升高和驱除潮气，绝缘电阻在一个不长的时间内有所下降，随后开始回升；若绝缘电阻已远大于规定值且能保持3～5h不变，说明烘烤已达到要求，即可停止烘烤，进行整机组装并进行检验。

任务四　三相异步电动机试验

电动机试验项目有很多，按试验目的的不同可分为两类。一类是电动机的出厂试验和型式试验；另一类是电动机修理的检查试验。型式试验是制造厂对每种新产品按标准规定进行的全面试验。检查试验的目的是检查制造厂生产的成品和大修前、中、后的电动机质量。三相异步电动机的一般检查试验项目有以下5项：外观检查、测量绝缘电阻、测量每相绕组的直流电阻、耐压试验、空载试验。

一、 绝缘电阻及直流电阻的测量

1. 绝缘电阻的测定

1）试验目的

绝缘电阻的测定主要是检查绕组对机壳及绕组相互间的绝缘状况。测定电动机绕组的绝缘电阻可以判断绕组的绝缘质量，还可以判断绝缘是否存在受潮、玷污及其他绝缘缺陷等情况。

2）试验要求

交接和大修时，额定电压1000V以下的电动机，常温下绝缘电阻不低于0.5MΩ；1000V以上的电动机，定子绕组每千伏不低于1MΩ，转子绕组不低于0.5MΩ。

3）测量方法

（1）测量电动机绕组对机壳及绕组相互间绝缘电阻。在检查试验时，应在实际冷状态下进行。

（2）测量前，先根据电动机的额定电压，按表5-13所列选用绝缘电阻表。测量埋置检温计的绝缘电阻时，应采用不高于250V的绝缘电阻表。测量前，应检查绝缘电阻表是否正常，开路时是否指“∞”，短路时是否指“0”。

表5-13　绝缘电阻表规格的选择

电动机绕组额定电压/V	≤500	500～3300	≥3300
绝缘电阻表规格/V	500	1000	2500以上

（3）对交流电动机，如各相绕组的始末端均引出机壳外，则应分别测量每相绕组对机壳及其相互之间的绝缘电阻。如果三相绕组已在电动机内部连接，且仅引出3个出线端，

则测量三相绕组对机壳的绝缘电阻。

(4) 测量时，绝缘电阻表的读数应在仪表指针稳定以后读出。

(5) 测量后，应将绕组对地放电。

绕组热态绝缘电阻值 R 应满足：

$$R > \frac{U}{1000 + P/100}$$

式中：U 为绕组额定电压(V)；P 为电动机额定功率(kW 或 kV・A)。绕组冷态绝缘电阻值，一般应高于热态绝缘电阻值。

2. 绕组在实际冷态下直流电阻的判定

1) 试验目的

对修理后的电动机，测定绕组在实际冷状态下直流电阻的主要目的是检查定子、转子绕组嵌线接头及焊接是否良好，选用线径和接线是否正确，三相绕组的三相电阻是否平衡。

2) 试验要求

1000V 或 100kW 以上电动机，各相绕组的差别不超过 2%。

3) 试验方法

将电动机在室内放置一段时间，用温度计(或埋置检温计)测量电动机绕组端部或铁心的温度。当所测温度与冷却介质温度之差不超过 2℃时，则所测温度即为实际冷状态下绕组的温度。若绕组端部或铁心的温度无法测量时，允许用机壳的温度代替。对大、中型电动机，温度计的放置时间应不少于 15min。

绕组的直流电阻，10Ω 以上时可采用万用表测量或用伏安法测量；10Ω 以下的用双臂电桥或单臂电桥测量；电阻在 1Ω 及以下时，必须采用双臂电桥测量；绕组的直流电阻也可采用自动检测装置或数字式微欧计等仪表测量。

检查试验时，每一电阻可仅测量一次。测量时，电动机的转子应静止不动。电动机定子绕组的电阻，应在电动机的出线端上测量。

对三相异步电动机，如果电动机的每相绕组有始末端引出时，应测量每相绕组的电阻。若三相绕组已在电动机内部连接且仅引出 3 个出线端时，可在每两个出线端间测量电阻，则各相电阻值(Ω)按下式计算。

对星形连接的绕组：

$$R_{\mathrm{U}} = R_{\mathrm{AV}} - R_{\mathrm{VW}}$$

$$R_{\mathrm{V}} = R_{\mathrm{AV}} - R_{\mathrm{WU}}$$

$$R_{\mathrm{W}} = R_{\mathrm{AV}} - R_{\mathrm{UV}}$$

对三角形连接的绕组：

$$R_{\mathrm{U}} = \frac{R_{\mathrm{VW}} R_{\mathrm{WU}}}{R_{\mathrm{AV}} - R_{\mathrm{UV}}} + R_{\mathrm{UV}} - R_{\mathrm{AV}}$$

$$R_{\mathrm{V}} = \frac{R_{\mathrm{WU}} R_{\mathrm{UV}}}{R_{\mathrm{AV}} - R_{\mathrm{VW}}} + R_{\mathrm{VW}} - R_{\mathrm{AV}}$$

$$R_{\mathrm{W}} = \frac{R_{\mathrm{UV}} R_{\mathrm{VW}}}{R_{\mathrm{AV}} - R_{\mathrm{WU}}} + R_{\mathrm{WU}} - R_{\mathrm{AV}}$$

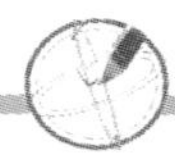

式中：R_{UV}、R_{VW}、R_{WU}分别为出线端 U 与 V、V 与 W、W 与 U 间测得的电阻值(Ω)；R_{AV}为 3 个线端电阻的平均值(Ω)，R_{AV}计算公式为：

$$R_{AV}=\frac{R_{UV}+R_{VW}+R_{WU}}{3}$$

如果各线端间的电阻值与 3 个线端电阻的平均值之差，对星形连接的绕组，不大于平均值的 2%。对三角形连接的绕组，不大于平均值的 1%～5%时，各相电阻值可按下式计算。

对星形连接的绕组：

$$R=\frac{1}{2}R_{AV}$$

对三角形连接的绕组：

$$R=\frac{3}{2}R_{AV}$$

测量的绕组电阻，应根据绕组的测量温度，换算为 15℃时的标准电阻值：

$$R_{15}=\frac{Rt}{1+\alpha(t-15)}$$

式中：R_{15}为绕组在 15℃时的电阻值(Ω)；α 为导线的温度系数，可以查表得到；t 为测量电阻时的绕组温度(℃)。

4) 测量绕组直流电阻的注意事项

测量绕组的直流电阻，用来校验绕组的实际电阻是否符合设计要求，检查绕组是否存在匝间短路、焊接不良或接线错误。此外，还根据绕组的热态与冷态电阻之差确定绕组的平均温升。测量时应注意以下注意事项。

(1) 测量绕组电阻时，应同时测量绕组的温度。

(2) 电路直接接到引线端，测转子绕组电阻时须把变阻器切除。

(3) 采用同一仪表测量同一绕组的热冷态电阻，应尽可能减小测量误差，测量仪表的精度不应低于 0.5 级。

(4) 仪表的读数须在测量的同时记下。为了避免错误，测量可连续 3～4 次，从中求出平均值。

(5) 测量时须特别注意测量仪表接线的触点质量。

绕组的直流电阻取决于导线的长度、截面积、电阻率及绕组温度。用相同工艺生产同样形状的线圈，其导线长度和线径几乎相同。故对同一台电动机而言，同样线圈的直流电阻值应相同，允许偏差为±2%。多相绕组的每相电阻，彼此相差也不超过 2%。

5) 故障判别及处理方法

一般电动机各绕组的每相电阻与以前测得的数值或出厂的数据相比较，其差别不应超过 2%～3%，平均值不应超过 4%。对三相绕组，其不平衡度以小于 5%为合格。如果电阻值相差过大，则焊接线质量有问题，尤其在多路并联的情况下，可能是一支路脱焊。如果三相电阻数值都偏大，则表明线径过细。

三相定子绕组如是星形连接且一相断线，则测得一相线电阻正常，其他两相线电阻无穷大；如是三角形连接且一相断线，则测得两相线电阻为正常值的 1.5 倍，断线一相的线电阻为正常值的 3 倍；如是三角形连接绕组误接成星形，则测得三相线电阻都比正常值大 3 倍。

若绕组电阻不合格，但阻值变化不大，又无上述规律，可通过空载试验分析原因。若三相电阻不平衡，测得三相电流也不平衡，电阻大而空载电流小的一相绕组，可能匝数过多。若三相空载电流平衡，则电阻不合格大多是绕组焊接不良或部分细导线在绕线时被拉伸所致。

转子绕组电阻不合格时，可通过测定转子开路电压来判别原因。电阻偏大而转子开路电压又偏高的一相，大多是匝数过多；若三相电阻不平衡，但转子三相开路电压正常，则大多是焊接不良；若转子三相开路电压也不平衡或转子开路自行启动，则大多是绕组引出线头接线错误，并头套短路，使部分导线自成短路回路而使电动机转动。

二、 对地绝缘耐压试验及空载试验

1. 对地绝缘耐压试验

1）试验目的

本试验的目的主要是考核绕组绝缘是否遭到损伤，发生电击穿。

2）耐压试验的一般要求

参见 GB/T 755—2000，试验前，应先测定绕组的绝缘电阻。在冷状态下测得的绝缘电阻，按绕组的额定电压计算应不低于 1MΩ/kV。

试验应在电动机静止状态下进行，试验时，电压应施加在绕组与机壳之间，其他不参与试验的绕组和铁心均应于机壳连接。对额定电压在 1kV 以上的多相电动机，若每相的两端均单独引出，试验电压施加在每相(两端相并接)与机壳之间，此时其他不参与试验的绕组和铁心均应与机壳连接。其接线如图 5.65 所示，其中 T_1 为调压变压器，T_2 为高压变压器，R 为限流保护电阻，TV 为测量用电压互感器，R_0 为球隙保护电阻(低压电机不接)，V 为电压表。

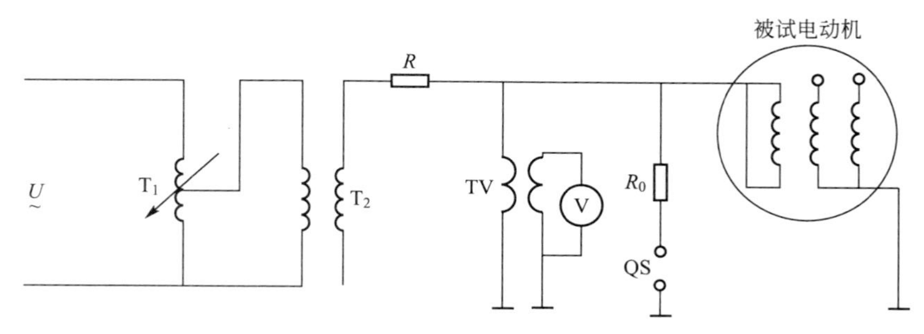

图 5.65　电动机耐压试验原理图

3）试验电压和时间

试验电压的频率为 50Hz，波形尽可能接近正弦波，异步电动机的交流耐压值见表 5－14。但是电动机在修理过程中，为了提供绕组绝缘的可靠性，应在每个工序(如线圈包扎、嵌放、接线、总装等)后，进行耐压试验，不同工序的耐压标准见表 5－15。如绝缘被击穿，可及时进行修补。

表 5-14　电动机绕组交流耐压试验标准值

电动机或部件	试验电压(有效值)
功率小于 1kW，U_N<100V 的电动机绝缘绕组	500V+$2U_N$
功率小于 10000kW 的电动机绝缘绕组，但上一项除外	1000V+$2U_N$，最低为 1500V
10000kW 及以上电动机绝缘绕组， $U_N \leqslant 24000$V $U_N > 24000$V	 1000V+$2U_N$ 按专门协议
非永久性短路(例如用变阻器启动)的异步电动机或同步感应电动机的次级绕组(一般为转子) 1. 不逆转或仅在停止后才逆转的电动机 2. 在运转时将电源反接而使之逆转或制动的电动机	 1000V+2 倍转子开路电压 1000V+4 倍转子开路电压
成套设备	对新的成套设备做试验，其每一组件已事先通过耐电压试验，则试验电压应为成套装置任意一组件中最低试验电压的 80%

表 5-15　电动机全部更换绕组时的交流耐压标准

试验工序	电动机额定电压 U_N		
	<500V	<3300V	3300～6600V
嵌线前	—	4500V+2.75U_N	4500V+2.75U_N
嵌线后	2500V+$2U_N$	2500V+2.5U_N	2500V+2.5U_N
接线后	2500V+$2U_N$	2500V+2.25U_N	2000V+2.25U_N
装配后	1000V+$2U_N$(不低于 1500V)	1000V+$2U_N$	2.5U_N

试验时，施加的电压应从不超过试验电压全值的一半开始，然后以不超过全值的 5% 均匀地分段地增加至全值。电压自半值增加至全值的时间不应少于 10s，全值电压试验时间应持续 1min。

4）重复耐电压试验和重绕绕组试验

电动机应不重复进行本项试验。如有需要重复耐压试验，在试验前应将电动机烘干。试验电压应不超过表 5-14 中所规定的 80%。

对绕组部分重绕的电动机，试验电压应不超过表 5-14 中规定的 75%。试验前，应对未重绕的部分进行清洁和干燥。

对拆装清理过的电动机，在清洁干燥后用 1.5 倍的额定电压试验，但对额定电压为 100V 及以上的应不少于 1000V，额定电压为 100V 以下的应不少于 500V。

2. 空载试验

1）试验目的

(1) 检查电动机运行情况。首先应注意定、转子是否有摩擦，运行是否平稳、轻快，

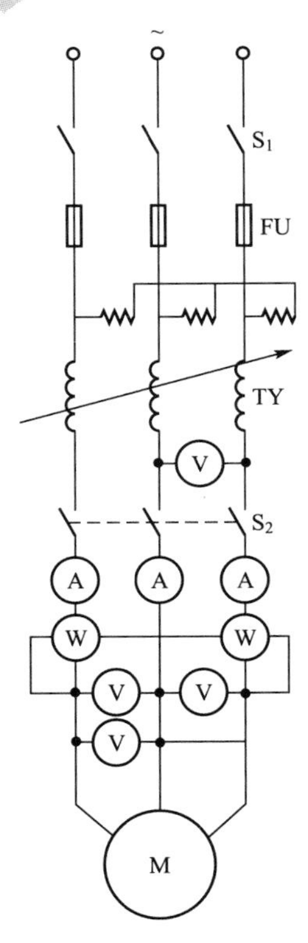

图 5.66　三相异步电动机空载试验接线

正常的电动机运行声音均匀而不夹带异常的杂音，轴承不应有过高的温升。

(2) 观察电动机的空载电流。观察三相电流是否在正常范围内。

(3) 观察试验过程中电流的变化。三相空载电流要保持平衡，任意一相电流的值与三相电流的平均值的偏差不应超过10%。

(4) 测定空载电流及空载损耗，并从空载损耗中分离出铁耗和机械损耗。判别空载电流及空载损耗是否合格，检查铁心质量是否合格。

2) 试验方法

空载试验时，按图 5.66 接线，并在电动机的三个引线端加上额定频率的三相对称电压，电动机轴上不带任何负载，使电动机先稳定运行一段时间(30～60min)。额定功率较低(<10kW)的电动机，运行时间可适当减少。当电动机的机械损耗达到稳定状态之后，再测量额定电压时的空载电流及空载损耗。不同电动机的空载电流大致范围可参见表 5－16 或按下式进行估算：

$$I_0=K_0\left[(1-\cos\varphi_N)\sqrt{1-\cos^2\varphi_N}\right]I_N$$

式中：I_N为电动机额定电流(A)；$\cos\varphi_N$为额定功率因数；K_0为系数，按表 5－17 查取；P_N为额定功率；$2p$ 为极数。

表 5－16　电动机空载电流占额定电流的百分比(三相平均值)

	0.5kW 以下	2kW	10kW	50kW	100kW
2	45～70	40～50	30～40	23～30	15～25
4	60～75	45～55	35～45	25～35	20～30
6	65～80	50～60	40～60	30～40	22～33
8	70～85	50～65	40～65	35～45	35～35

表 5－17　系数 K_0 与额定功率因数 $\cos\varphi_N$、极数的关系

$\cos\varphi_N$	$2p$	K_0
>0.85	2、4	5.5
0.81～0.85	4、5、6	4.2
0.76～0.8	4、6、8	3.4
<0.75	6、8	3.0

3．空载电流和空载损耗

当三相电源对称时，在额定电压下的三相空载电流，任何一相与平均值之差，不得大

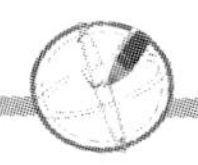

于平均值的5%，空载电流不超过正常值的10%。

(1) 空载电流和空载损耗增大而绕组直流电阻正常，一般是定子、转子铁心压装配合差，净铁心长度不足。

(2) 空载电流过大而空载损耗正常，如果检查试验空载损耗与空载电流之比，大于同规格型式试验所对应空载电流之比，表明空载电流偏大是由于气隙过大或磁路饱和引起的；反之，则表明电动机铁耗和机械损耗偏大。

(3) 空载电流不平衡且空载损耗大，这表明绕组各并联支路的匝数不等，有少数线圈匝间短路。

课内实验　三相笼型异步电动机的拆、装、保养

一、工具、仪器和器材

旋具、手锤、活扳手、套筒扳手、卡尺、拉具、吹尘器、钳形表、兆欧表、煤油、汽油、油刷、抹布、铜棒、铜板块、润滑脂等。

二、工作程序及要求

1. 拆卸

(1) 切断电源。拆开电动机与电源的连线，并对电源线线头做好绝缘处理。

(2) 脱开皮带轮或联轴器，松掉地脚螺钉和接地螺栓。

(3) 拆卸带轮或联轴器。先在带轮(或联轴器)舞曲伸端(或联轴器端)做好尺寸标记，再将皮带轮(或联轴器)上的定位螺丝钉或销子松脱取下，装上拉具，拉具的丝杆端要对准电动机轴的中心，转动丝杠，把皮带轴或联轴器慢慢拉出。如拉不出，不要强拉；可在定位螺孔内注入煤油，等待几小时后再拉。如仍拉不出，可用喷灯等急火在皮带轮外侧轴套四周加热，使其膨胀，便可拉出。加热温度不能太高，防止轴变形。拆卸过程中不能用手锤直接敲击皮带轮，防止皮带界线中联轴器碎裂、轴变形和端盖受损等。

(4) 拆卸风扇罩、风扇。封闭式电动机在拆卸皮带轮或联轴之后，就可以把外风扇罩的螺栓松脱，取下风扇罩，然后松脱或取下转子轴尾端风扇上的定位螺钉或销子，用手锤在风扇四周均匀轻敲，风扇就可以取下。小型电动机的风扇一般可不用取下，可随转子一起抽出。如果后端盖内的轴承需要加油或更换时就必须拆卸。

(5) 拆卸轴承盖和端盖。先把轴承外盖的螺栓松下，拆下轴承外盖。为了方便装配时复位，应在端盖与机座接缝处的任意位置上做一标记，然后松开端盖的紧固螺栓，最后用手锤均匀敲打端盖四周(调皮打时要垫一木块)，把端盖取下。较大型电动机端盖较重，应先把端盖用起重设备吊住，以免端盖卸下时跌碎或碰坏绕组。对于小型电动机，可以先把轴伸端的轴承外盖卸下，再松开后端盖的紧固螺栓(如风扇叶是装在轴伸端，则需先把端盖的轴承外盖取下)，然后用木棰轻敲轴伸端，就可以把转子和后端盖一起取下。

(6) 抽出或吊出转子。小型电动机的转子可以连同后端盖一起取出，抽出转子时应小心缓慢，不能歪斜，防止碰伤定子绕组。对于大、中型电动机其转子较重，要用起重设备将转子吊出。用钢丝绳套住转子两端轴颈，轴颈受力处要衬垫纸板或棉纱、棉布，当转子

的重心已移出定子时，立即在定子和转子间隙内塞入纸板垫衬，并在转子移出的轴端垫一支架或木块架住转子，然后将钢丝绳改吊住转子体(不要将钢丝绳吊在铁心风道里，同时在钢绳与转子之间衬垫纸板)，慢慢将转子吊出。

2. 保养

(1) 清尘。用吹尘器(或压缩空气)吹去定子绕组中的积尘，并用抹布擦净转子体。检查定子和转子有无损伤。

(2) 轴承清洗。将轴承和轴承盖先用煤油浸泡后，用油刷清洗干净，再用棉布擦净。

(3) 轴承检查。检查轴承有无裂纹，再用手旋转轴承外套，观察其转动是否灵活、均匀。如发现轴承有卡住或过松现象，要用塞尺检查轴承的磨损情况。磨损情况如超过表 5 - 18 允许值，应考虑更换新轴承。

表 5 - 18　滚动轴承的允许磨损值

轴承内径/mm	最大磨损/mm	轴承内径/mm	最大磨损/mm
20～30	0.1	85～120	0.3～0.4
35～80	0.2	120～150	0.4～0.5

(4) 更换轴承。如更换新轴承，应将其放于 70～80℃的变压器油中加热 5min 左右，待全部防锈脂熔去后，再用煤油清洗干净，并用棉布擦净待装。

3. 装配

电动机的装配顺序按拆卸时的逆顺序进行。装配前，各配合处要先清理除锈，装配时应按各部件拆卸时所做标记复位。

1) 滚动轴承的安装

(1) 冷套法。把轴承套到轴上，对准轴颈，用一段内径略大于轴径而外径略小于轴承内圈的铁管，将其一端顶在轴承的内圈上，用手锤敲打铁管的另一端，将轴承推进去。有条件的可用压床压入法。

(2) 热套法。把轴承置于 80～100℃的变压器油中加热 30～40min。加热时轴承要放在浸于油内的网架上，不与箱底或箱壁接触。为防止轴承退火，加热要均匀，温度和时间不宜超过要求。热套时，要趁热迅速把轴承一直推到轴颈；如套不进，应检查原因，若无外因，可用套筒顶住轴承内圈，用手锤轻敲入，并用棉布擦净。

(3) 注润滑脂。已装的轴承要加注润滑脂于其内外套之间。塞装要均匀洁净，不要塞装过满。轴承内外盖中也要注润滑脂，一般使其占盖内容积的 1/3～1/2。

2) 后端盖的安装

将轴伸端朝下垂直放置，在其端面上垫付上木板，将后端盖套在后轴承上，用木榧敲打，把后端盖敲进去后。装轴承外盖，紧固内外轴承盖的螺栓时要逐步拧紧，不能先紧一个，再紧另一个。

3) 转子的安装

把转子对准定子孔中心，小心地往里送放，后端盖要对准机座的标记，旋上后端盖螺栓，暂不要拧紧。

4）前端盖的安装

将前端盖对准与机座的标记，用木锤均匀敲击端盖四周，不可单边着力，并拧上端盖的紧固螺栓。拧紧前后端盖的螺栓时，要按对角线上下左右逐步拧紧，使四周均匀受力；否则易造成耳攀断裂或转子的同心度不良等。然后再装前轴承外端盖，先在外轴承盖孔内插入一根螺栓，一手顶住螺栓，另一手缓慢转动转轴，则轴承内盖也随之转动，当手感觉到轴承内外盖螺孔对齐时，就可以将螺栓拧入内轴承盖的螺孔内，再装另外几根螺栓。紧固时，也要逐步均匀拧紧。

4. 风扇和风扇罩的安装

先安装风扇叶，对准键槽或止紧螺钉孔，一般可以推入或轻轻敲入；然后按机体标记，推入风扇罩，转动机轴，风扇罩和风扇叶无摩擦，拧紧固螺钉。

5. 皮带轮的安装

安装时要对准键槽或止紧螺钉孔。中小型电动机可在皮带轮的端面上垫上木块或铜板，用手锤打入。若打入困难，可将轴的另一端也垫上木块或铜板顶在坚固的止挡物上，打入皮带轮。安装大型电动机的皮带轮(或联轴器)，可用千斤顶将皮带轮顶入，但要用坚固的止挡物顶住机轴另一端和千斤顶底座。

6. 装配后的检验

(1) 一般检查。检查所有螺栓是否拧紧；转子转动是否灵活，轴伸端径向是否有偏摆现象。

(2) 绝缘电阻测定。用500V绝缘电阻表，测电动机定子绕组的相与相、相与机壳的绝缘电阻，其值不得小于0.5MΩ。

(3) 三相电流测量。按电动机铭牌的技术要求正确接线，机壳接好保护线，接通电源，用钳形表分别测量三相空载电流的大小及平衡情况。

(4) 温升检查。检查铁心、轴承的温度是否过高，轴承在运行时是否有异常声音等。

7. 注意事项

(1) 在拆卸端盖前，不要忘记在端盖和机座的接缝处做好标记。

(2) 抽出转子和安装转子时，注意不要碰伤定子绕组。

(3) 在拆卸和装配时要小心仔细，不要损坏零件。

(4) 竖立转子时，地面上必须垫上木板。

(5) 紧固端盖螺栓时，要按对角线方向上下左右逐步拧紧。

(6) 在拆卸和装配时，不能用手锤直接敲打零部件，必须垫上铜块或木板。

(7) 操作时注意安全。

三、评分标准

1. 主要考核项目

(1) 拆卸、保养、装配的工艺和技能水平。

(2) 检验能力。

(3) 按时完成。

(4) 安全生产和文明生产。

评分标准见表 5－19。

表 5－19 评分标准

项目内容	配分	评分标准			得分
拆卸	30	1. 步骤不对，每步扣 5 分			
		2. 方法不对，工具使用不当，每次扣 5 分			
		3. 损坏零件，每只扣 5 分			
清洗保养	30	1. 定子清尘不彻底，每处扣 2～10 分			
		2. 轴承等件清洗不洁净，每处扣 2～10 分			
		3. 轴承检查，每处扣 2～10 分			
		4. 轴承更换程序或方法不对，每处扣 2～10 分			
装配	30	1. 装配步骤不对，每次扣 5 分			
		2. 装配方法有错，每次扣 5 分			
		3. 损坏零件，每只扣 10 分			
		4. 螺丝未拧紧，每只扣 10 分			
		5. 转动不灵活，扣 20 分			
测试	10	1. 仪表使用方法不对，每次扣 5～10 分			
		2. 漏测项目，每项扣 5 分			
		3. 温升及一般检查漏项，每项扣 2～5 分			
定额时间	4～6 (90min)	不得超时检查。若在故障修复过程中，允许超时，但以每超 1min 扣 5 分计算			
起始时间		结束时间		实际时间	
备注	除超时扣分外，各项内容的最高扣分不得超过配分数			成绩	

2. 数据记录

记录实验中的重要信息及数据，拆装训练记录在表 5－20，运行情况登记在表 5－21 上，解体前的检测情况记录在表 5－22 上，解体后的检测情况记录在表 5－23 上。

表 5－20 三相笼型异步电动机拆装训练记录

步骤	内容	工艺要点
1	拆装前的准备工作	1. 拆卸地点＿＿＿＿＿＿＿＿ 2. 拆卸前所作记号： (1) 联轴器或皮带轮与轴台的距离＿＿＿＿＿ mm (2) 端盖与机座间记号作于＿＿＿＿＿方位 (3) 前后轴承记号的形状＿＿＿＿＿ (4) 座在基础上的记号＿＿＿＿＿＿＿＿
2	拆卸顺序	1. ＿＿＿＿＿；2. ＿＿＿＿＿； 3. ＿＿＿＿＿；4. ＿＿＿＿＿； 5. ＿＿＿＿＿；6. ＿＿＿＿＿

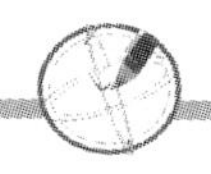

（续）

步骤	内　　容	工艺要点
3	拆卸皮带轮或联轴器	1. 使用工具＿＿＿＿＿＿＿＿ 2. 工艺要点＿＿＿＿＿＿＿＿
4	拆卸轴承	1. 使用工具＿＿＿＿＿＿＿＿ 2. 工艺要点＿＿＿＿＿＿＿＿
5	拆卸端盖	1. 使用工具＿＿＿＿＿＿＿＿ 2. 工艺要点＿＿＿＿＿＿＿＿
6	检测数据	定子铁心内径＿＿＿＿mm，铁心长度＿＿＿＿mm 转子铁心外径＿＿＿＿mm，铁心长度＿＿＿＿mm 转子总长＿＿＿＿mm 轴承内径＿＿＿＿mm，外径＿＿＿＿mm 键槽长＿＿＿＿mm，宽＿＿＿＿mm，深＿＿＿＿mm

表 5－21　三相笼型异步电动机运行情况登记表

步骤	内　　容	巡视结果记录			
1	电压检测	线电压	额定值/V		
			实测值	U_{UV}	
				U_{VW}	
				U_{WU}	
2	电流检测	线电流	额定值/A		
			实测值	I_U	
				I_V	
				I_W	
3	是否出现故障	故障现象：			
		可能原因：			
		处理方法与结果：			

表 5－22　三相笼型异步电动机解体前的检测记录

步骤	内　　容	检查结果		
1	用绝缘电阻表检查绝缘电阻/MΩ	对地绝缘	U 相绕组对机壳	
			V 相绕组对机壳	
			W 相绕组对机壳	
		相间绝缘	U、V 相绕组间	
			V、W 相绕组间	
			W、U 相绕组间	

（续）

步骤	内　　容	检查结果	
2	用万用表检查各相绕组直流电阻/Ω	U相	
		V相	
		W相	
3	检查各紧固件是否符合要求（按紧固、松动、脱落三级填写）	端盖螺丝	
		地脚螺丝	
		轴承盖螺丝	
		处理情况	
4	检查接地装置	线径/mm	
		是否合格	
		处理情况	
5	检查传动装置的装配情况（联轴器、皮带轮、皮带等）	是否校正	
		是否松动	
		传动是否灵活	
		处理情况	
6	检查启动设备	启动设备类型	
		是否完好	
		是否动作正常	
		处理情况	
7	检查熔断器	型号规格	
		熔体直径	
		是否完好	
		处理情况	

表 5－23　三相笼型步电动机解体后检测记录

步骤	内　　容	检查结果
1	外观检查	有损伤的零部件____________ 处理情况____________
2	电动机解体步骤	1. ______；2. ______； 3. ______；4. ______； 5. ______；6. ______
3	零部件的清洗与检查	已清洗的零部件____________ 零部件的故障____________ 处理情况____________

（续）

步骤	内容	检查结果
4	检查定子、转子、铁心及转轴有无故障	故障现象 故障部位 处理情况
5	检查空载电流/A	I_U ______ I_V ______ I_W ______ 空载电流之间最大差距______ 空载电流占额定电流比例______% 处理情况______

拓展实验　三相笼型异步电动机绕组故障的排除

一、工具、仪器和器材

划线板、清槽片、压脚、划针。

二、工作程序及要求

1. 绕组断路故障的检查与排除

1）绕组断路的原因用故障现象

导致绕组断路的主要原因有：①绕组受机械损伤或碰撞后发生断裂；②接头焊接不良在运行中脱落；③绕组短路，产生大电流烧断导线；④在并绕导线中，由于其他导线断路，造成三相电流不平衡、绕组过热，时间稍长，将冒烟烧毁。

2）绕组断路故障的检查

（1）不拆开电动机检查断路绕组。电动机绕组接法不同，检查绕组断路的方法也不一样。

对于星形连接且在机内无并联支路和并绕导线的小型电动机，可将万用表置于相应电阻挡，一支表笔接星形接法的中点，另一支表笔分别接在三相绕组端头 U、V、W 上，如果某一相不通，电阻为∞，则该相断路。

星形连接中性点未引出到接线盒时，将万表置于相应电阻挡，分别测量 UV、VW、WU 各对端子，若 UV 和 WU 不通，说明 W 相两次不通，则断路点在 W 相绕组。

三角形连接时，如果只有 3 个线端引出到接线盒，仍用万用表检测每两个线端之间的电阻。设每相绕组实际电阻为 r，万用表测得 UV 间的电阻为 R_{UV}，若三相绕组完好，则 $R_{UV}=2r/3$。若 UV 间有开路，则 $R_{UV}=2r$，VW 或 WU 任意一相开路，$R_{UV}=r$。

三角形连接时，如果有 6 个线端引到接线盒，先拆开三角形连线之间的连线之间的连接片，使三相绕组互相独立，可直接测各相绕组首尾端电阻，不通的那相，即为断路的一相。

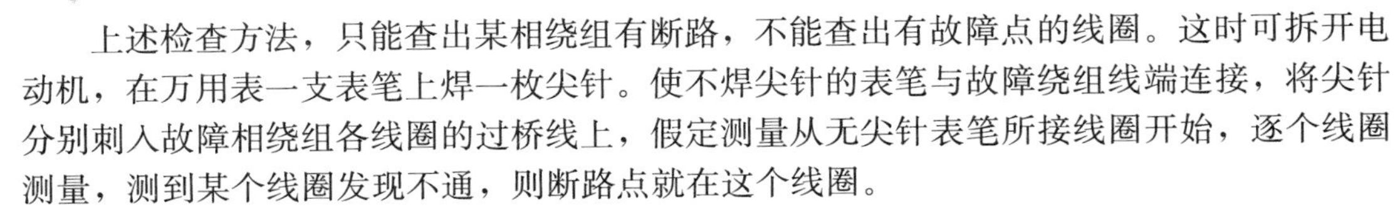

上述检查方法，只能查出某相绕组有断路，不能查出有故障点的线圈。这时可拆开电动机，在万用表一支表笔上焊一枚尖针。使不焊尖针的表笔与故障绕组线端连接，将尖针分别刺入故障相绕组各线圈的过桥线上，假定测量从无尖针表笔所接线圈开始，逐个线圈测量，测到某个线圈发现不通，则断路点就在这个线圈。

(2) 多股及多路并联绕组断路的检查。对中等容量以上的电动机，绕组系多股导线并绕和多条支路并联，其断线的检查较为复杂，可用下面方法检查：在星形连接时，用电桥或万用表低电阻挡分别测量三相绕组直流电阻，哪相电阻大，断点就在哪能相；若绕组是△连接时，先拆开一个接点，再用电桥或万用表低电阻挡分别检测三相绕组冷态直流电阻，哪相电阻大，断路点就在哪相。

3) 绕组断路的修理

若断路点在铁心槽外，又只是一股导线断开，可重新焊牢并处理好绝缘；若是两股以上断开，则应仔细判断断点处的线头和线尾，否则接通后容易造成人为短路；若断路是因为桥线或引出线焊得不牢，可套上套管，重新焊接；若断路点在铁心槽内，只好更换故障线圈。若绕组断路严重必须更换整个绕组。若电动机有急用，一时不能停下，也可采用应急修理法——跳接法，即将某个故障绕组首尾端短接，暂时使用。

2. 绕组绝缘下降后的检修

长期在恶劣环境中使用或停放的电动机，由于潮气、水滴、灰尘、油污、腐蚀性气体的侵蚀，将导致绕组绝缘电阻下降。使用前若不及时检查处理，通电运行后，有可能引起电动机绕组击穿烧毁。

1) 绕组绝缘下降的检查

参照绝缘电阻的检测方法进行。

2) 绕组绝缘下降后的修理

绕组绝缘下降的直接原因，除一部分是绝缘老化外，主要是受潮。一般进行干燥处理。电动机绕组的干燥方法采用外部干燥法和内部干燥法两种。

3. 绕组接地故障的检查与排除

1) 绕组接地故障的原因

绕组接地又叫绕组对地短路，绕组接地故障是指绕组导电部分直接与机壳相通，使机壳带电。其原因可能是电动机运转中发热、振动、受潮或受腐蚀性气体侵蚀使绝缘性能变坏，在绕组通电时被击穿；也可能由于转子扫膛产生高热，使绝缘炭化造成短路；还可能是在嵌线时槽内绝缘被子铁心毛刺刺破，或在嵌线、整形时槽口绝缘被压破裂，使绕组碰触铁心；还可能因绕组端部过长，碰触端盖等。

2) 绕组接地故障的检查

对绕组接地故障通常用绝缘电阻表检查。将绝缘电阻表 L 接线桩用导线与绕组珠另一端相连，E 接线桩与机壳裸露部分相连，用 120r/min 的转速摇动手柄，逐相检测对地绝缘电阻。若某相绕组对地绝缘电阻为零，则该相绕组有接地故障。为进一步确定，还可用万用表低阻挡进行复核，若电阻在几 Ω 以下，确系对地短路。若手边没有绝缘电阻表，用万用表 10kΩ 挡亦可代用。查出有接地故障的相绕组后，还需进一步确定绕组接地点，方法是轻摇绝缘电阻表，使指针保持在“0”位(或将万用表 10kΩ 挡接入被测绕组保持“0”位)。然后用楠竹片、硬木片或紫铜板撬动绕组端部，或在绕组上垫着木板用榔头轻轻敲

击，若动到某一位置，绝缘电阻表(或万用表)指针向“∞”方向摆，则短路点就在被撬动或敲动点的附近。如果绕组因浸绝缘漆后硬度太大，上述方法不能奏效，可采用分组淘汰法。先拆开三相绕组之间的边接片(点)，用绝缘电阻表或万用表找出接地绕组在哪一相，再将该相中间过桥线拆开，测量接地点在该相哪一半绕组中，查出后又把这半个相绕组分成极相组，直至某个线圈，最后找出接地点。如果电动机接地故障严重，接地点会有大电流烧过的痕迹，这时可用肉眼直接查出。

3）绕组接地故障的排除

由于绕组接地故障的部位不同，排除方法也不一样，若绕组绝缘老化变质，必须更换；若短路点在槽口附近，可将绕组加热软化，用划线板撬开槽绝缘，插入大小及厚度适当的绝缘材料；如果两根以上的导线绝缘损坏，在处理好槽绝缘后，可在导线间绝缘损坏部位插入黄蜡布隔离，最后涂上绝缘漆，烘干后重新用绝缘电阻表复测。如果故障线圈有较多的导线绝缘损坏，只好另换新线圈，若干绕组接地严重者，必要时可拆换整个绕组。

4. 绕组间、匝间短短故障的检查与排除

1）故障原因

造成绕组短路故障的原因通常是电动机电流过大；电源电压偏高或波动太大；机械损伤；绝缘老化；使用维修中碰伤绝缘等。绕组短路使各组绕组串联匝数不等，各相磁场分布不均匀，使电动机运行时振动加剧、噪声加大、温升偏高甚至烧毁。绕组短路有 3 种类型：匝间短路——同一个线圈内匝与匝之间短路；极相组短路——极相组引线间或相邻线间短路；相间短路——异相绕组间短路。

2）绕组短路故障的检查

(1) 外观检查法。短路比较严重时，在短路点往往能直接观察出发过高热的痕迹，如绝缘漆焦脆变色，甚至散发出焦糊味。也有的故障用肉眼观察不明显，可使电动机通电 20min 左右，断电后迅速拆开端盖，用手探测，凡是发生短路的地方，温度往往比其他地方要高。

(2) 直流内部匝间短路可用万用表低阻挡或电桥检查，将电动机接线盒中三相绕组之间的连接片拆去，分别检查各相绕组的冷态直流电阻，直流电阻明显偏小的一相有短路故障存在。如要具体找出是哪个极相组或线圈有短路，可在万用表表笔或电桥引线上连接尖针，先后分别刺进极相组或线圈之间的过桥线进行测量，凡是电阻明显偏小的极相组或线圈多有短路故障存在。

(3) 测量相绕组之间的短路，使用绝缘电阻表比较方便。检测前仍先拆去接线盒中相绕组端头之间的连接片，然后将绝缘电阻表 L、E 接线桩上的两根输出线分别接待测两相绕组的端头，按 120r/min 的转速摇动手柄，指针稳定位置即指示出两相绕组之间的绝缘电阻，若该电阻值明显小于正常值或为零，则有相间绝缘不良或短路故障存在。

3）绕组短路故障的排除

(1) 匝间短路。发生匝间短路时，由于短路电流大，在短路部位的电磁线上，通常有发生高热的痕迹，如绝缘漆变色、烧焦乃至剥落，若绝缘层损坏不严重，可对绕组加热，使绝缘物软化，用划线板撬起坏导线，塞入新的绝缘材料，并趁热浇上绝缘漆，烘干即可。如果有少数导线绝缘损坏严重，在加热使绝缘物软化后，剪断坏导线端部，将其抽出铁心槽，再用穿绕法换上同规格的新漆包线并处理好接头。若电动机急需使用，也可采用跳接法：将短路线圈一端断开，用绝缘材料包缠好断头，再将该线圈首尾端短接即可。采用了这种应急措施的电动机，使用中应减轻负荷，一旦条件许可，应及时彻底修理。

(2) 线圈之间短路。线圈之间的短路多数是由于线圈之间的过桥线处理不当、双层叠绕组嵌线粗糙、层间绝缘破损、端部整形时敲击过重等原因造成。其短路点多在端部，可采用在短路部位垫付绝缘纸并浇绝缘漆予以修复。

(3) 极相组之间短路。极相组之间发生短路的原因是极相组之间连接头的绝缘套管过短、破损或被接头的毛刺刺穿待。这种故障在同心式绕组中发生较多。修理时可先对绕组加热，软化绝缘、重新拆换套管或在短路部位用绝缘织物包缠、扎牢，再浇绝缘漆。

(4) 相间短路。相绕组之间的短路多由于各相绕组引出线套管处理不当或绕组两个端部相间绝缘纸破裂或未嵌到位造成。这种情况下，只需处理好引线绝缘套管，或者在绕组长端部短路位塞入完好的相间绝缘材料即可消除故障(在塞入相同间绝缘前应将绕组加热，软化绝缘)。

5. 定子绕组接错后的检修

1) 绕组接错的故障现象及类型

定子绕组接错后，将造成电动机启动困难、转速低、振动大、响声大、三相电流严重不平衡，严重时将使绕组烧毁。

定子绕组接错的常见类型有：某极相组中一只或几只线圈嵌反或首、尾端接错，极相组首尾端接反，某相绕组首尾接反使相与相引出线之间的角度不是120°；多路并绕支路接错，星形误接成三角形或相反等。

2) 绕组接错的检查

(1) 相绕组首尾接反的检查。

将三相绕组接成星形，从一相中通入36V交流电源。在另外两相之间接入已置于10V交流挡的万用表，交换任意两相各相，测两次，若两次万用表指针均不动，说明绕组首尾端接线正确；若两次万用表指针都偏转，则两次均为接电源的那一相绕组首尾端接反；若只有一次指针偏转，另一次指针不动，则指针不动那一次为接电源的一相首尾端接反。若无36V交流电源，可用干电池或蓄电池等低压直流电源配合万用表检测，万用表置于直流毫安挡，量程尽量选小，将三相绕组中任意两相串联，两端与万用表笔相连。另一相通过开关低压直流电源，在接通或分断开关瞬时，若万用表指针不摆动，表明两相绕组相连的两个线头同为首端或同为尾端；若指定这两个线头为首端，则用同样方法亦可找出第三相绕组首尾端。

(2) 极相组之间接错的检查。极相组内线圈接反、嵌反等故障用上述方法是不能判断的。用指南针法则可较为准确地查出：将3～6V低压直流电源输入待测相绕组，然后将指南针沿着定子内圆周移动，若该相各极相组、各线圈的嵌线和接线正确，指南针经过每个极相组时，其指向呈南北交替变化。若指南针经过两个相邻的极相组时，指向不变，则指向应该变而不变的极相组内有线圈接反或嵌反。按此方法可依次检测其余两相绕组。若三相绕组为三角形连接，应拆3个节点。如果为星形连接，可不必拆开，只需要将低压直流电源从中性点和待测绕组首端输入 ，再配合指南针用上述方法检测。

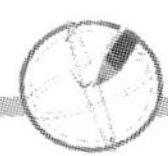

三、评分标准

1. 评分标准(表 5-24)

表 5-24　评 分 标 准

<table>
<tr><th>项目内容</th><th>配分</th><th colspan="3">评分标准</th><th>得分</th></tr>
<tr><td rowspan="3">正常运行电动机分析</td><td rowspan="3">20</td><td colspan="3">1. 三相电压测试与记录，每错一处扣 5 分</td><td rowspan="3"></td></tr>
<tr><td colspan="3">2. 三相绕组电阻及绝缘电阻检测与记录，每错一处扣 5 分</td></tr>
<tr><td colspan="3">3. 三相电流检测，每错一处扣 5 分</td></tr>
<tr><td rowspan="3">故障电动机故障现象与分析</td><td rowspan="3">30</td><td colspan="3">1. 故障现象分析不清，每处扣 2～10 分</td><td rowspan="3"></td></tr>
<tr><td colspan="3">2. 三相电流、三相电压及转速记录，每错一处扣 5 分</td></tr>
<tr><td colspan="3">3. 比较结果分析，每错一处扣 2～10 分</td></tr>
<tr><td rowspan="4">定子绕组局部故障分析与排除</td><td rowspan="4">40</td><td colspan="3">1. 故障检查方法错误，每错一处扣 5 分</td><td rowspan="4"></td></tr>
<tr><td colspan="3">2. 检修方法错误，每错一处扣 20 分</td></tr>
<tr><td colspan="3">3. 检修结果分析错误，每错一处扣 10 分</td></tr>
<tr><td colspan="3">4. 损坏绕组，每处扣 20 分</td></tr>
<tr><td>定额时间</td><td>10min</td><td colspan="3">不得超时检查。若在故障修复过程中，允许超时，但每超 1min 扣 5 分</td><td></td></tr>
<tr><td>起始时间</td><td></td><td>结束时间</td><td></td><td>实际时间</td><td></td></tr>
<tr><td>备　注</td><td colspan="3">除超时扣分外，各项内容的最高扣分不得超过配分数</td><td>成　绩</td><td></td></tr>
</table>

2. 数据记录

实验中要记录相关数据，正常电动机及运行中有关数据记录在表 5-25 中，故障的情况记录在表 5-26 中，定子绕组故障检修记录在表 5-27 中。

表 5-25　正常电动机及运行中有关数据记录

<table>
<tr><td>电动机铭牌额定值</td><td colspan="5">电压______V，电流______A，转速______r/min，功率______kW，连接______</td></tr>
<tr><td rowspan="8">实际检测</td><td colspan="2">三相电源电压</td><td colspan="3">U_{12}=______V，U_{13}=______V，U_{23}=______V</td></tr>
<tr><td colspan="2">三相绕组电阻</td><td colspan="3">U 相________Ω，V 相________Ω，W 相________Ω</td></tr>
<tr><td rowspan="2">绝缘电阻</td><td>对地绝缘</td><td colspan="3">U 相绕组对地为______MΩ，V 相绕组对地为______MΩ，W 相绕组对地为______MΩ</td></tr>
<tr><td>相间绝缘</td><td colspan="3">UV 绕组间为______MΩ，VW 绕组间为______MΩ，WU 绕组间为______MΩ</td></tr>
<tr><td rowspan="2">三相电流</td><td>空载</td><td colspan="3"></td></tr>
<tr><td>满载</td><td colspan="3"></td></tr>
<tr><td>转速</td><td>空载</td><td>r/min</td><td>满载</td><td>r/min</td></tr>
</table>

表 5－26　故障电动机有关情况及数据记录

预设故障部位	直观故障现象	检测情况			与正常值比较（用＞或＜表示）
		项目	仪表	数据(带单位)	
在运行中一相熔体断路		空载电流	钳形表	I_{U}＝______ A	
				I_{V}＝______ A	
				I_{W}＝______ A	
		相绕组端电压	万用表	UV 间为______ V	
				UW 间为______ V	
				WU 间为______ V	
		转速	转速表	______ r/min	
一相绕组接反		空载电流	钳形表	I_{U}＝______ A	
				I_{V}＝______ A	
				I_{W}＝______ A	
		转速	转速表	______ r/min	
一相绕组碰壳（在接线盒中设置）		空载电流	钳形表	I_{U}＝______ A	
				I_{V}＝______ A	
				I_{W}＝______ A	
		相绕组端电压	万用表	U_{UV}＝______ A	
				U_{VW}＝______ A	
				U_{WU}＝______ V	
		对地绝缘电阻	兆欧表	U 相为______ MΩ	
				V 相为______ MΩ	
				W 相为______ MΩ	
		转速	转速表	______ r/min	
将三角形连接改接成星形连接		负荷电流	钳形表	I_{U}＝______ A	
				I_{V}＝______ A	
				I_{W}＝______ A	
		负载转速	转速表	______ r/min	
		空载电流	钳形表	I_{U}＝______ A	
				I_{V}＝______ A	
				I_{W}＝______ A	
		空载转速	转速表	______ r/min	

（续）

预设故障部位	直观故障现象	检测情况			与正常值比较（用＞或＜表示）
		项目	仪表	数据(带单位)	
将星形连接改成三角形连接		负载电流	钳形表	I_U=______ A	
				I_V=______ A	
				I_W=______ A	
		负载转速	转速成表	______ r/min	
		空载电流	钳形表	I_U=______ A	
				I_V=______ A	
				I_W=______ A	
		空载转速	转速表	______ r/min	

表 5－27　定子绕组局部故障检修记录

步骤	内　　容	检测工艺要点与数据
1	定子绕组绝缘下降故障的排除（一相绕组人为受潮）	1. 检查方法与工具：______________________ 2. 检查结果 （1）绕组对地绝缘电阻 R_U=______ MΩ，R_V=______ MΩ，R_W=______ MΩ； （2）绕组冷态直流电阻 R_U=______ Ω，R_V=______ Ω，R_W=______ Ω； 3. 干燥工艺 （1）烘烤方法______；（2）烘烤时间=______h； （3）烘烤温度=______℃；（4）烘烤设备______； （5）烘烤完成后绕组对地绝缘电阻 R_U=______ MΩ，R_V=______ MΩ，R_W=______ MΩ
2	定子绕组接地故障的排除（一相绕组人为接地）	1. 检修方法与工具：______________________ 2. 检修结果：绕组对地绝缘电阻 R_U=______ MΩ，R_V=______ MΩ，R_W=______ MΩ 3. 检查故障点的程序：______________________ ______________________ 4. 接地故障点______________________ 5. 排除故障工艺要点：______________________ ______________________
3	定子绕组断路故障的排除（一相绕组人为开路）	1. 电阻法 （1）Y连接，中心点在机外：R_U=______ Ω，R_V=______ Ω，R_W=______ Ω，断路点在______相； （2）Y连接，中心点在机内：R_{UV}=______ Ω，R_{WR}=______ Ω，断路点在______相； （3）△连接，R_{UV}=______ Ω，R_{VW}=______ Ω，R_{WU}=______ Ω，断路点在______相。 2. 三相电流平衡法 （1）三相低压电源电压=______ V； （2）测量结果：Y连接，I_u=______ A，I_v=______ A，I_W=______ A，断路点在______相；△连接，（拆开三个节点）I_u=______ A，I_V=______ A，I_W=______ A，断路点在______相。 3. 排除故障工艺要点______________________

（续）

步骤	内容	检测工艺要点与数据
4	定子绕组短路故障的排除（一相绕组人为相间短路）	1. 检查匝间短路 (1) 电流平衡法：I_U＝______ A，I_V＝______ A，I_W＝______ A，故障点在______相； (2) 直流电阻法：R_U＝______ Ω，R_V＝______ Ω，R_W＝______ Ω，故障点在______相； (3) 电压降法：U_U＝______ V，U_V＝______ V，U_W＝______ V，故障点在______相； (4) 短路侦探器法；在______相绕组的铁心槽锯条发生振动，故障点在______相； (5) 排队故障工艺要点：______ 2. 极相组间短路 检查工艺要点：______ 故障点在______ 3. 相间短路 检查工艺要点：______ ______ 故障点在______
5	定子绕组接错故障的排除（绕组端子人为接错）	1. 灯泡检查法 U、V两相串联灯泡，W相与电池相碰，刚接通电池瞬间时，灯泡发光，U、V两相系______串联（填正或反）；使V、W两相与灯泡串联，U相与电池相碰，灯泡发光，V、W两相系______串联；从而测出三相绕组首尾端 2. 用万用表判断 Y连接：在U相绕组加36V交流电压；用万用表测V、W两端，其指针动作为______，U、V接头处为______端；36V电源加在W相，测UV两端，其指针动作为______，U、V接头处为______端；其三相绕组首尾端即可确定 3. 指南针法 (1) 向定子绕组注入低压交流电压为______ V； (2) 指南针沿定子槽移动，从第______槽开始，指南针方向混乱，故障点在______相，第______个线圈

小　　结

本学习情境针对三相异步电动机的拆装、绕组大修及试验进行分析，详细论述了电动机的安装、检修及调试方法、步骤，并通过电动机的拆装及电机绕组故障检修实验考查学生在三相异步电机的结构原理、安装规范及任务分析与处理等方面的理论与实践技能进行训练。

习　　题

一、 判断题

(　　)1. 三相交流电机定子绕组的单层绕组就是在铁心槽内嵌有上、下两个线圈的

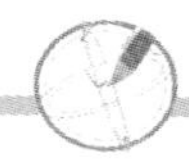

绕组，通称为单层绕组。

(　　)2. 三相交流电机定子绕组的双层绕组的特点是每一个槽内有上、下两个线圈边，线圈的某一个边嵌在某一个槽的下层，另一个边则嵌在相隔Y槽的上层，整个绕组的线圈数正好等于槽数。

(　　)3. 在电机(直流电机)拆装过程中，拆除所有接线时，应标好各线端，尤其是具有极性的线端。

(　　)4. 拆开电机后，用手摇动轴承外圈，正常的轴承不会松动。

(　　)5. 若轴承运转时有轻微杂声时，必须加以清洗。

(　　)6. 清洗轴承，必须将轴承从轴上拆卸下来。

(　　)7. 润滑脂由润滑剂和胶化剂组成，还含有一定量的稠化剂和添加剂。

(　　)8. 电机转轴常见的损坏现象有轴头弯曲、轴颈磨损、轴裂纹或者断裂等。

(　　)9. 电机铁心烧损严重时，必须将烧损区域的冲片换掉，或将整台球铁心冲片都更新件，重新叠压并紧固。

(　　)10. 在修理标准电动机，通过降低电机损耗改制高效率电动机的标准是：与原有的总损耗相比应降低20%～30%，功率因数不低于原电机水平，则认为改成了高效率电动机。

(　　)11. 当电动机损坏的绕组已被拆除，只剩下空壳铁心，又无铭牌和原始数据可查时，该电动机就无法修复了，只能报废。

(　　)12. 三相异步电动机的定子绕组，无论是单层还是双层，其节距都必须是整数。

(　　)13. 对于异步电动机，其定子绕组匝数增多会造成嵌线困难、浪费铜线，并会增大电机漏抗，从而降低最大转矩和启动转矩。

(　　)14. 若三相异步电动机定子绕组接线错误或嵌反，通电时绕组中电流的方向也将变反，但电动机磁场仍将平衡，一般不会引起电动机振动。

(　　)15. 为了提高三相异步电动机的启动转矩，可使电源电压高于电机的额定电压，从而获得较好的启动性能。

(　　)16. 机械损耗与铁损耗合称为同步发电机的空载损耗，它随着发电机负载的变化而变化。

(　　)17. 三相异步电动机定子绕组引出线首端和尾端的识别方法有灯泡检查法和电压表检查法。

(　　)18. 绝缘材料的耐热等级按其在正常运行条件下容许的最高工作温度分为Y、A、E、B、F、H、C 7个等级。

(　　)19. 对于决定绕组重绕进行大修的电动机，在拆线前应判断出三相绕组的接法，假使每根电源线与两个线圈相连接，则可能是一路三角形连接或两路并联星形连接。

(　　)20. 数一下该电机定子有多少极相组，然后再除以相数，就能知道电动机的极数是多少。

(　　)21. 计算一下跨接线的数目，如一台电动机绕组连接是两路星形连接，并有6根跨接线，则是一台6极电动机。

(　　)22. 交流电机定子绕组根据结构和制造方法的不同，可分为软绕组(散嵌绕组)和硬绕组(成型绕组)两大类型。

(　　)23. 直到今天，云母带作为高压电机的主绝缘还无法被其他材料所取代。

(　　)24. 一些丝绸及棉纱纤维织物是适合各耐热等级的优良的补强材料。

(　　)25. 热固性环氧树脂或其改性漆，其黏合性强、固化性好，在工作温度下仍能保护绝缘的整体性，因而获得广泛应用。

(　　)26. 电机在运行中出现短路故障后，由于工作原因不能把电机长久的停下做永久的修理，这时可将故障线圈截除于电路之外，维持运行。

(　　)27. 发电机转子绕组一点接地后，影响很大，发电机不可继续运行。

(　　)28. 检查交流电机定子绕组断路故障的方法有：①万用表或检查灯检查法；②三相电流平衡法；③电桥法等。

(　　)29. 发电机转子绕组绝缘损坏、导线严重变形或绕组端部与中心环相碰，均会使转子绕组接地。

(　　)30. 为了保证线圈形状，对于大型电机的转子磁极线圈和特殊要求的电机转子磁极线圈，可以采用两次整形，即在引线加工焊接后再进行一次整形。

二、选择题

1. 电动机转速(1500～3000)r/min时，润滑脂填充量为(　　)轴承腔。

A. 2/3　　B. 1/2　　C. ≤1/3　　D. 1/5

2. 更换滚动轴承时，原则上应采用(　　)的轴承。

A. 大一规格　　B. 小一规格　　C. 相同规格　　D. 任意规格

3. 大型电机测量轴承绝缘电阻时，应不低于(　　)。

A. 0.5MΩ　　B. 1MΩ　　C. 2MΩ　　D. 3MΩ

4. 装配滑动轴承时，要求密封环与轴颈的间隙在(　　)之间。

A. 0.1～0.2mm　　B. 1～2mm　　C. 1.5～2mm　　D. 2～3mm

5. 选择滑动轴承润滑油时，应考虑润滑油的(　　)。

A. 温度　　B. 纯度　　C. 密度　　D. 黏度

6. 大型电机铁心修理好后，嵌线前须做(　　)试验，确定无局部发热才能嵌线。

A. 铁耗　　B. 铜耗　　C. 耐压　　D. 匝间

7. 控制铁心叠压质量的三个要素是：铁心冲片质量；铁心冲片片间压力；(　　)。

A. 铁心长度尺寸　　B. 铁心的截面积大小

C. 铁耗　　D. 铁心冲片漆膜质量

8. 铁心冲片局部破损或漆膜损坏，会引起电机(　　)。

A. 转速低　　B. 铁心涡流大　　C. 温升低　　D. 电流变小

9. 蛙绕组在嵌最后一个节距的波叠绕组线圈时，需将第一个节距内的上层边向外扳开，将下层放入槽内后，再将(　　)内的相应的上层边嵌入槽内，直至结束。

A. 第一节距　　B. 第二节距　　C. 第三节距　　D. 合成节距

10. 修理电机时，选用电磁线直径小于修理前的电磁线直径，其他数据没变，运行时电机可能(　　)。

A. 电流大　　B. 电流小　　C. 温升高　　D. 温升低

11. 槽满率是衡量导体在槽内填充程度的重要指标，三相异步电动机定子槽满率一般应控制在(　　)较好。

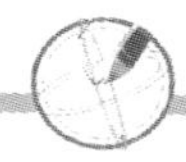

A. 大于0.7　　B. 小于0.8
C. 0.5～0.8范围内　　D. 0.6～0.8范围内

12. 修理电机时，因不慎记录错原始数据，把线圈9匝记录成8匝，修理绕制线圈时按8匝绕线，空载试验时，电机(　　)。

A. 空载电流大　　B. 空载电流小　　C. 不能启动　　D. 振动巨大

13. 对三相异步电动机进行耐压试验后，其绝缘电阻与耐压试验前的电阻值(　　)。

A. 稍大　　B. 稍小　　C. 相等　　D. 不能确定

14. 三相异步电动机进行烘干后，待其机壳温度下降至(　　)时才可浸漆。

A. 40～50℃　　B. 50～60℃　　C. 60～70℃　　D. 70～80℃

15. 三相异步电动机浸漆后，在烘干过程中，约每隔1h用绝缘电阻表测量绝缘电阻一次，开始绝缘电阻下降，然后上升，最后3h用必须趋于稳定，一般在(　　)以上，才算烘干。

A. 1MΩ　　B. 3 MΩ　　C. 5 MΩ　　D. 7 MΩ

16. 4极复波绕组，具有16个线圈元件的直流电机电枢，它的接线特点是它的实质相当于两个或两个以上的(　　)交叠在一起，并靠电刷并联起来工作。

A. 单叠绕组　　B. 单波绕组　　C. 蛙绕组　　D. 复叠绕组

17. 异步电动机的三相绕组中，如果一相绕组头尾反接，则机身(　　)，并有明显的电磁噪声。

A. 平缓运行　　B. 严重振动　　C. 稍有振动　　D. 时有时无振动

18. 异步电动机的三相绕组中，如果一相绕组头尾反接，即使空载运行，电动机也要(　　)。

A. 严重发热，如不及时断电，电动机很容易烧毁
B. 发热，可运转下去
C. 发热，可短时间运行
D. 不发热，可以长期运行

19. 大中型电机轴电流的存在，会对电机运行产生危害，尤其是对轴瓦，解决的办法是(　　)。

A. 安装时严格对中　　B. 认真校好动平衡
C. 电源加装滤波装置　　D. 将一个轴承座进行绝缘处理

20. 1032三聚氰胺醇酸漆为(　　)级绝缘材料。

A. A　　B. B　　C. F　　D. H

三、简答题

1. 一台电动机，24槽、三相、二极，采用单层同心绕组，画出该电动机的定子绕组展开图。
2. 试分析三相异步电动机接通电源后不能启动的原因。
3. 怎样用干电池和万用表来判别电动机的首、尾端？
4. 三相异步电动机修复后，一般应做哪些试验？
5. 一台长时间搁置的三相异步电动机，在使用前应做哪些检查？

参 考 文 献

[1] 技工学校机械类通用教材编审委员会. 电工工艺学 [M]. 北京：机械工业出版社，2011.
[2] 白玉珉. 变配电装置及变配电所的安装调试 [M]. 北京：机械工业出版社，2012.
[3] 谢忠钧. 电气安装实际操作 [M]. 北京：中国建筑工业出版社，2000.
[4] 盛国林. 电气安装与调试技术 [M]. 北京：中国电力出版社，2013.
[5] 刘光源. 简明电气安装工手册 [M]. 北京：机械工业出版社，2001.
[6] 陆文华. 电气设备安装与调试技术 [M]. 上海：上海科学技术出版社，2002.
[7] 白玉珉. 电气工程安装及调试技术手册 [M]. 北京：机械工业出版社，2013.
[8] 《电气工程师手册》编辑委员会. 电气工程师手册 [M]. 北京：中国电力出版社，2008.
[9] 李正吾. 新电工手册 [M]. 合肥：安徽科学技术出版社，2012.
[10] 北京照明学会照明设计专业委员会. 照明设计手册 [M]. 北京：中国电力出版社，2013.
[11] 戴仁发. 输配电线路施工 [M]. 北京：中国电力出版社，2006.
[12] 单文培. 电气设备安装运行与检修 [M]. 北京：中国水利水电出版社，2008.
[13] 徐德淦. 电机学 [M]. 北京：机械工业出版社，2004.
[14] 朱照红. 电气设备安装工(高级) [M]. 北京：机械工业出版社，2005.
[15] 王建，赵金周. 电气设备安装与维修 [M]. 北京：机械工业出版社，2007.
[16] 《1000MW 超超临界火电机组施工技术丛书》编委会. 电气设备安装 [M]. 北京：中国电力出版社，2012.
[17] 王红明. 电气线路安装及运行维护 [M]. 北京：化学工业出版社，2008.

北京大学出版社高职高专机电系列规划教材

序号	书号	书名	编著者	定价	印次	出版日期
		"十二五"职业教育国家规划教材				
1	978-7-301-24455-5	电力系统自动装置(第 2 版)	王　伟	26.00	1	2014.8
2	978-7-301-24506-4	电子技术项目教程(第 2 版)	徐超明	42.00	1	2014.7
3	978-7-301-24475-3	零件加工信息分析(第 2 版)	谢　蕾	52.00	2	2015.1
4	978-7-301-24227-8	汽车电气系统检修(第 2 版)	宋作军	30.00	1	2014.8
5	978-7-301-24507-1	电工技术与技能	王　平	42.00	1	2014.8
6	978-7-301-24648-1	数控加工技术项目教程(第 2 版)	李东君	64.00	1	2015.5
7	978-7-301-25341-0	汽车构造(上册)——发动机构造(第 2 版)	罗灯明	35.00	1	2015.5
8	978-7-301-25529-2	汽车构造(下册)——底盘构造(第 2 版)	鲍远通	36.00	1	2015.5
9	978-7-301-25650-3	光伏发电技术简明教程	静国梁	29.00	1	2015.6
10	978-7-301-24589-7	光伏发电系统的运行与维护	付新春	33.00	1	2015.7
11	978-7-301-24587-3	制冷与空调技术工学结合教程	李文森等	28.00	1	2015.5
12		电子 EDA 技术(Multisim)(第 2 版)	刘训非			2015.5
		机械类基础课				
1	978-7-301-13653-9	工程力学	武昭晖	25.00	3	2011.2
2	978-7-301-13574-7	机械制造基础	徐从清	32.00	3	2012.7
3	978-7-301-13656-0	机械设计基础	时忠明	25.00	3	2012.7
4	978-7-301-13662-1	机械制造技术	宁广庆	42.00	2	2010.11
5	978-7-301-19848-3	机械制造综合设计及实训	裘俊彦	37.00	1	2013.4
6	978-7-301-19297-9	机械制造工艺及夹具设计	徐　勇	28.00	1	2011.8
7	978-7-301-18357-1	机械制图	徐连孝	27.00	2	2012.9
8	978-7-301-25479-0	机械制图——基于工作过程(第 2 版)	徐连孝	62.00	1	2015.5
9	978-7-301-18143-0	机械制图习题集	徐连孝	20.00	2	2013.4
10	978-7-301-15692-6	机械制图	吴百中	26.00	2	2012.7
11	978-7-301-22916-3	机械图样的识读与绘制	刘永强	36.00	1	2013.8
12	978-7-301-23354-2	AutoCAD 应用项目化实训教程	王利华	42.00	1	2014.1
13	978-7-301-17122-6	AutoCAD 机械绘图项目教程	张海鹏	36.00	3	2013.8
14	978-7-301-17573-6	AutoCAD 机械绘图基础教程	王长忠	32.00	2	2013.8
15	978-7-301-19010-4	AutoCAD 机械绘图基础教程与实训(第 2 版)	欧阳全会	36.00	3	2014.1
16	978-7-301-24536-1	三维机械设计项目教程(UG 版)	龚肖新	45.00	1	2014.9
17	978-7-301-17609-2	液压传动	龚肖新	22.00	1	2010.8
18	978-7-301-20752-9	液压传动与气动技术(第 2 版)	曹建东	40.00	2	2014.1
19	978-7-301-13582-2	液压与气压传动技术	袁　广	24.00	5	2013.8
20	978-7-301-24381-7	液压与气动技术项目教程	武　威	30.00	1	2014.8
21	978-7-301-19436-2	公差与测量技术	余　键	25.00	1	2011.9
22	978-7-5038-4861-2	公差配合与测量技术	南秀蓉	23.00	4	2011.12
23	978-7-301-19374-7	公差配合与技术测量	庄佃霞	26.00	2	2013.8
24	978-7-301-25614-5	公差配合与测量技术项目教程	王丽丽	26.00	1	2015.4
25	978-7-301-25953-5	金工实训(第 2 版)	柴增田	38.00	1	2015.6
26	978-7-301-13651-5	金属工艺学	柴增田	27.00	2	2011.6
27	978-7-301-17608-5	机械加工工艺编制	于爱武	45.00	2	2012.2
28	978-7-301-23868-4	机械加工工艺编制与实施(上册)	于爱武	42.00	1	2014.3
29	978-7-301-24546-0	机械加工工艺编制与实施(下册)	于爱武	42.00	1	2014.7
30	978-7-301-21988-1	普通机床的检修与维护	宋亚林	33.00	1	2013.1
31	978-7-5038-4869-8	设备状态监测与故障诊断技术	林英志	22.00	3	2011.8

序号	书号	书名	编著者	定价	印次	出版日期
32	978-7-301-22116-7	机械工程专业英语图解教程(第 2 版)	朱派龙	48.00	2	2015.5
33	978-7-301-23198-2	生产现场管理	金建华	38.00	1	2013.9
34	978-7-301-24788-4	机械 CAD 绘图基础及实训	杜　洁	30.00	1	2014.9
数控技术类						
1	978-7-301-17148-6	普通机床零件加工	杨雪青	26.00	2	2013.8
2	978-7-301-17679-5	机械零件数控加工	李　文	38.00	1	2010.8
3	978-7-301-13659-1	CAD/CAM 实体造型教程与实训 (Pro/ENGINEER 版)	诸小丽	38.00	4	2014.7
4	978-7-301-24647-6	CAD/CAM 数控编程项目教程(UG 版)(第 2 版)	慕　灿	48.00	1	2014.8
5	978-7-5038-4865-0	CAD/CAM 数控编程与实训(CAXA 版)	刘玉春	27.00	3	2011.2
6	978-7-301-21873-0	CAD/CAM 数控编程项目教程(CAXA 版)	刘玉春	42.00	1	2013.3
7	978-7-5038-4866-7	数控技术应用基础	宋建武	22.00	2	2010.7
8	978-7-301-13262-3	实用数控编程与操作	钱东东	32.00	4	2013.8
9	978-7-301-14470-1	数控编程与操作	刘瑞已	29.00	2	2011.2
10	978-7-301-20312-5	数控编程与加工项目教程	周晓宏	42.00	1	2012.3
11	978-7-301-23898-1	数控加工编程与操作实训教程(数控车分册)	王忠斌	36.00	1	2014.6
12	978-7-301-20945-5	数控铣削技术	陈晓罗	42.00	1	2012.7
13	978-7-301-21053-6	数控车削技术	王军红	28.00	1	2012.8
14	978-7-301-25927-6	数控车削编程与操作项目教程	肖国涛	26.00	1	2015.7
15	978-7-301-17398-5	数控加工技术项目教程	李东君	48.00	1	2010.8
16	978-7-301-21119-9	数控机床及其维护	黄应勇	38.00	1	2012.8
17	978-7-301-20002-5	数控机床故障诊断与维修	陈学军	38.00	1	2012.1
模具设计与制造类						
1	978-7-301-23892-9	注射模设计方法与技巧实例精讲	邹继强	54.00	1	2014.2
2	978-7-301-24432-6	注射模典型结构设计实例图集	邹继强	54.00	1	2014.6
3	978-7-301-18471-4	冲压工艺与模具设计	张　芳	39.00	1	2011.3
4	978-7-301-19933-6	冷冲压工艺与模具设计	刘洪贤	32.00	1	2012.1
5	978-7-301-20414-6	Pro/ENGINEER Wildfire 产品设计项目教程	罗　武	31.00	1	2012.5
6	978-7-301-16448-8	Pro/ENGINEER Wildfire 设计实训教程	吴志清	38.00	1	2012.8
7	978-7-301-22678-0	模具专业英语图解教程	李东君	22.00	1	2013.7
电气自动化类						
1	978-7-301-18519-3	电工技术应用	孙建领	26.00	1	2011.3
2	978-7-301-17569-9	电工电子技术项目教程	杨德明	32.00	3	2014.8
3	978-7-301-22546-2	电工技能实训教程	韩亚军	22.00	1	2013.6
4	978-7-301-22923-1	电工技术项目教程	徐超明	38.00	1	2013.8
5	978-7-301-12390-4	电力电子技术	梁南丁	29.00	3	2013.5
6	978-7-301-17730-3	电力电子技术	崔　红	23.00	1	2010.9
7	978-7-301-19525-3	电工电子技术	倪　涛	38.00	1	2011.9
8	978-7-301-24765-5	电子电路分析与调试	毛玉青	35.00	1	2015.3
9	978-7-301-16830-1	维修电工技能与实训	陈学平	37.00	1	2010.7
10	978-7-301-12180-1	单片机开发应用技术	李国兴	21.00	2	2010.9
11	978-7-301-20000-1	单片机应用技术教程	罗国荣	40.00	1	2012.2
12	978-7-301-21055-0	单片机应用项目化教程	顾亚文	32.00	1	2012.8
13	978-7-301-17489-0	单片机原理及应用	陈高锋	32.00	1	2012.9
14	978-7-301-24281-0	单片机技术及应用	黄贻培	30.00	1	2014.7
15	978-7-301-22390-1	单片机开发与实践教程	宋玲玲	24.00	1	2013.6

序号	书号	书名	编著者	定价	印次	出版日期
16	978-7-301-17958-1	单片机开发入门及应用实例	熊华波	30.00	1	2011.1
17	978-7-301-16898-1	单片机设计应用与仿真	陆旭明	26.00	2	2012.4
18	978-7-301-19302-0	基于汇编语言的单片机仿真教程与实训	张秀国	32.00	1	2011.8
19	978-7-301-12181-8	自动控制原理与应用	梁南丁	23.00	3	2012.1
20	978-7-301-19638-0	电气控制与 PLC 应用技术	郭　燕	24.00	1	2012.1
21	978-7-301-18622-0	PLC 与变频器控制系统设计与调试	姜永华	34.00	1	2011.6
22	978-7-301-19272-6	电气控制与 PLC 程序设计(松下系列)	姜秀玲	36.00	1	2011.8
23	978-7-301-12383-6	电气控制与 PLC(西门子系列)	李　伟	26.00	2	2012.3
24	978-7-301-18188-1	可编程控制器应用技术项目教程(西门子)	崔维群	38.00	2	2013.6
25	978-7-301-23432-7	机电传动控制项目教程	杨德明	40.00	1	2014.1
26	978-7-301-12382-9	电气控制及 PLC 应用(三菱系列)	华满香	24.00	2	2012.5
27	978-7-301-22315-4	低压电气控制安装与调试实训教程	张　郭	24.00	1	2013.4
28	978-7-301-24433-3	低压电器控制技术	肖朋生	34.00	1	2014.7
29	978-7-301-22672-8	机电设备控制基础	王本轶	32.00	1	2013.7
30	978-7-301-18770-8	电机应用技术	郭宝宁	33.00	1	2011.5
31	978-7-301-23822-6	电机与电气控制	郭夕琴	34.00	1	2014.8
32	978-7-301-17324-4	电机控制与应用	魏润仙	34.00	1	2010.8
33	978-7-301-21269-1	电机控制与实践	徐　锋	34.00	1	2012.9
34	978-7-301-12389-8	电机与拖动	梁南丁	32.00	2	2011.12
35	978-7-301-18630-5	电机与电力拖动	孙英伟	33.00	1	2011.3
36	978-7-301-16770-0	电机拖动与应用实训教程	任娟平	36.00	1	2012.11
37	978-7-301-22632-2	机床电气控制与维修	崔兴艳	28.00	1	2013.7
38	978-7-301-22917-0	机床电气控制与 PLC 技术	林盛昌	36.00	1	2013.8
39	978-7-301-18470-7	传感器检测技术及应用	王晓敏	35.00	2	2012.7
40	978-7-301-20654-6	自动生产线调试与维护	吴有明	28.00	1	2013.1
41	978-7-301-21239-4	自动生产线安装与调试实训教程	周　洋	30.00	1	2012.9
42	978-7-301-18852-1	机电专业英语	戴正阳	28.00	2	2013.8
43	978-7-301-24764-8	FPGA 应用技术教程(VHDL 版)	王真富	38.00	1	2015.2
44	978-7-301-26201-6	电气安装与调试技术	卢　艳	38.00	1	2015.8
		汽车类				
1	978-7-301-17694-8	汽车电工电子技术	郑广军	33.00	1	2011.1
2	978-7-301-19504-8	汽车机械基础	张本升	34.00	1	2011.10
3	978-7-301-19652-6	汽车机械基础教程(第 2 版)	吴笑伟	28.00	2	2012.8
4	978-7-301-17821-8	汽车机械基础项目化教学标准教程	傅华娟	40.00	2	2014.8
5	978-7-301-19646-5	汽车构造	刘智婷	42.00	1	2012.1
6	978-7-301-25341-0	汽车构造(上册)——发动机构造(第 2 版)	罗灯明	35.00	1	2015.5
7	978-7-301-25529-2	汽车构造(下册)——底盘构造(第 2 版)	鲍远通	36.00	1	2015.5
8	978-7-301-13661-4	汽车电控技术	祁翠琴	39.00	6	2015.2
9	978-7-301-19147-7	电控发动机原理与维修实务	杨洪庆	27.00	1	2011.7
10	978-7-301-13658-4	汽车发动机电控系统原理与维修	张吉国	25.00	2	2012.4
11	978-7-301-18494-3	汽车发动机电控技术	张　俊	46.00	2	2013.8
12	978-7-301-21989-8	汽车发动机构造与维修(第 2 版)	蔡兴旺	40.00	1	2013.1
14	978-7-301-18948-1	汽车底盘电控原理与维修实务	刘映凯	26.00	1	2012.1
15	978-7-301-19334-1	汽车电气系统检修	宋作军	25.00	2	2014.1
16	978-7-301-23512-6	汽车车身电控系统检修	温立全	30.00	1	2014.1
17	978-7-301-18850-7	汽车电器设备原理与维修实务	明光星	38.00	2	2013.9
18	978-7-301-20011-7	汽车电器实训	高照亮	38.00	1	2012.1
19	978-7-301-22363-5	汽车车载网络技术与检修	闫炳强	30.00	1	2013.6

序号	书号	书名	编著者	定价	印次	出版日期
20	978-7-301-14139-7	汽车空调原理及维修	林　钢	26.00	3	2013.8
21	978-7-301-16919-3	汽车检测与诊断技术	娄　云	35.00	2	2011.7
22	978-7-301-22988-0	汽车拆装实训	詹远武	44.00	1	2013.8
23	978-7-301-18477-6	汽车维修管理实务	毛　峰	23.00	1	2011.3
24	978-7-301-19027-2	汽车故障诊断技术	明光星	25.00	1	2011.6
25	978-7-301-17894-2	汽车养护技术	隋礼辉	24.00	1	2011.3
26	978-7-301-22746-6	汽车装饰与美容	金守玲	34.00	1	2013.7
27	978-7-301-25833-0	汽车营销实务(第 2 版)	夏志华	32.00	1	2015.6
28	978-7-301-19350-1	汽车营销服务礼仪	夏志华	30.00	3	2013.8
29	978-7-301-15578-3	汽车文化	刘　锐	28.00	4	2013.2
30	978-7-301-20753-6	二手车鉴定与评估	李玉柱	28.00	1	2012.6
31	978-7-301-17711-2	汽车专业英语图解教程	侯锁军	22.00	5	2015.2
电子信息、应用电子类						
1	978-7-301-19639-7	电路分析基础(第 2 版)	张丽萍	25.00	1	2012.9
2	978-7-301-19310-5	PCB 板的设计与制作	夏淑丽	33.00	1	2011.8
3	978-7-301-21147-2	Protel 99 SE 印制电路板设计案例教程	王　静	35.00	1	2012.8
4	978-7-301-18520-9	电子线路分析与应用	梁玉国	34.00	1	2011.7
5	978-7-301-12387-4	电子线路 CAD	殷庆纵	28.00	4	2012.7
6	978-7-301-12390-4	电力电子技术	梁南丁	29.00	2	2010.7
7	978-7-301-17730-3	电力电子技术	崔　红	23.00	1	2010.9
8	978-7-301-19525-3	电工电子技术	倪　涛	38.00	1	2011.9
9	978-7-301-18519-3	电工技术应用	孙建领	26.00	1	2011.3
10	978-7-301-22546-2	电工技能实训教程	韩亚军	22.00	1	2013.6
11	978-7-301-22923-1	电工技术项目教程	徐超明	38.00	1	2013.8
12	978-7-301-17569-9	电工电子技术项目教程	杨德明	32.00	3	2014.8
14	978-7-301-17712-9	电子技术应用项目式教程	王志伟	32.00	2	2012.7
15	978-7-301-22959-0	电子焊接技术实训教程	梅琼珍	24.00	1	2013.8
16	978-7-301-17696-2	模拟电子技术	蒋　然	35.00	1	2010.8
17	978-7-301-13572-3	模拟电子技术及应用	刁修睦	28.00	3	2012.8
18	978-7-301-18144-7	数字电子技术项目教程	冯泽虎	28.00	1	2011.1
19	978-7-301-19153-8	数字电子技术与应用	宋雪臣	33.00	1	2011.9
20	978-7-301-20009-4	数字逻辑与微机原理	宋振辉	49.00	1	2012.1
21	978-7-301-12386-7	高频电子线路	李福勤	20.00	3	2013.8
22	978-7-301-20706-2	高频电子技术	朱小祥	32.00	1	2012.6
23	978-7-301-18322-9	电子 EDA 技术(Multisim)	刘训非	30.00	2	2012.7
24	978-7-301-14453-4	EDA 技术与 VHDL	宋振辉	28.00	2	2013.8
25	978-7-301-22362-8	电子产品组装与调试实训教程	何　杰	28.00	1	2013.6
26	978-7-301-19326-6	综合电子设计与实践	钱卫钧	25.00	2	2013.8
27	978-7-301-17877-5	电子信息专业英语	高金玉	26.00	2	2011.11
28	978-7-301-23895-0	电子电路工程训练与设计、仿真	孙晓艳	39.00	1	2014.3
29	978-7-301-24624-5	可编程逻辑器件应用技术	魏　欣	26.00	1	2014.8
30	978-7-301-26156-9	电子产品生产工艺与管理	徐中贵	38.00	1	2015.8